A Series of Food Science
& Technology Textbooks

食品科技
系列

普通高等教育"十三五"规划教材

U0264769

食品微生物检验

李凤梅 主编

化学工业出版社

·北京·

本书是普通高等教育"十三五"教材规划和全国高等农林院校规划教材，书中全面、系统地对食品微生物检验进行了阐述。教材以食品微生物学理论为基础，以食品安全为切入点，深入浅出地阐述食品微生物检验基础共性内容，又有机地结合了实践和国内外最新微生物检验标准。每章有本章提要、思考与练习等。本书是食品质量与安全专业、食品科学与工程专业、预防医学专业和各相关专业的教材，也可供从事食品微生物检验、传染病学和公共卫生学以及食品生产、科研和管理工作等相关人员参阅。

图书在版编目（CIP）数据

食品微生物检验/李凤梅主编．—北京：化学工业出版社，2015.8（2019.1重印）
普通高等教育"十三五"规划教材
ISBN 978-7-122-24532-8

Ⅰ．①食… Ⅱ．①李… Ⅲ．①食品微生物-食品检验-高等学校-教材 Ⅳ．①TS207.4

中国版本图书馆 CIP 数据核字（2015）第 151423 号

责任编辑：赵玉清　　　　　　　　文字编辑：何　芳
责任校对：宋　玮　　　　　　　　装帧设计：尹琳琳

出版发行：化学工业出版社（北京市东城区青年湖南街 13 号　邮政编码 100011）
印　　刷：北京京华铭诚工贸有限公司
装　　订：北京瑞隆泰达装订有限公司
787mm×1092mm　1/16　印张 21　字数 529 千字　　2019 年 1 月北京第 1 版第 3 次印刷

购书咨询：010-64518888　　　　　　售后服务：010-64518899
网　　址：http://www.cip.com.cn
凡购买本书，如有缺损质量问题，本社销售中心负责调换。

定　　价：42.00 元

《食品微生物检验》编写人员

主　　编　李凤梅

副 主 编　刘　玲

李有文

朱英莲

编　　者　（按拼音排序）

都启晶　青岛农业大学

李凤梅　青岛农业大学

李有文　新疆塔里木大学

刘　玲　沈阳农业大学

杨　宁　山西农业大学

赵宏坤　青岛农业大学

朱英莲　青岛农业大学

前　言

食品安全是全球性公共卫生问题，无论在发达国家还是在发展中国家，由食品安全问题导致的食源性疾病都是一个严峻的挑战，人人都面临着患食源性疾病的危险。据世界卫生组织统计，全世界每年数以亿计的食源性疾病患者中，70%是由于各种病原生物污染的食品和饮用水引起的，可见食品微生物检验在食品安全中的重要意义。

食品微生物检验是利用微生物的技术和方法对食品中影响食品安全的微生物进行检验、鉴定，以保证食品安全。由于食品千差万别，食品中污染的微生物种类也多种多样，检验、鉴定方法也各有所异。经过与编写人员和相关人员的反复研究、讨论，借鉴国内外相关学科的理论体系，我们构建了食品微生物检验的基本框架。在各位编者的努力和配合下，《食品微生物检验》教材面世了，它在食源性病原菌与食品安全和人类健康关系的基础上，全面、系统地介绍了食品常规检测项目和常见的病原菌的国家标准和部分相关国际标准的检测方法，并介绍了不同食品中重点监测的微生物指标和检测方法。全书共7章，前2章为总论，后5章为各论。本书介绍了各种食源性病原菌的基础知识及其与食源性疾病的对应关系、相关的食品微生物检验标准。本书不是对不同微生物检测步骤和检测要求的简单罗列，而是针对食品微生物实验课时多理论课少的特点，既重视基础知识的阐述，又深入浅出地加强了对检测方法理论性内容的阐述，既有机地结合实践，又尽可能地与当前最新研究成果结合，汇总了最新食品安全国家标准和国际标准，并提供了大量的图片，增强学生对检测微生物的直观性。本教材不仅可以作为高等学校食品质量与安全专业及其相关专业的教材或教学参考书，还可供从事食品安全、卫生检验和食品科学研究及加工等领域的专业人员参阅。

食品微生物检验涉及食品微生物学、食品安全学、病源生物学和食品科学等学科知识，是这些学科有机融合的产物。本教材的编者多年从事相关学科教学与科研的工作，并在各自的领域取得一定的业绩。付出辛勤劳动参与本书编写的主要作者有：青岛农业大学李凤梅（第1章、第2章第2～4、6节和第4章第1～9节、13节、第5章第2节部分及附录）、山西农业大学杨宁（第2章第1、5节和第5章第1、3节）、新疆塔里木大学李有文（第3章）、青岛农业大学朱英莲（第4章第10～12节和第6章第1、2、5、6节）和都启晶（第6章第3、4节和第4章第14节）、沈阳农业大学刘玲（第7章）。本教材的出版是各位编者共同协作、集体智慧的结晶。青岛农业大学食品科学与工程学院赵宏坤教授为此教材的出版提出了宝贵的建议，山东省出入境检验检疫局食品农产品检验中心的雷质文研究员在书稿材料方面提供了帮助，化学工业出版社的编辑们为本书的出版付出了辛勤的努力，在此，一并向他们表示真诚的感谢！同时还要感谢在本教材编写过程中理解、支持和鼓励我们的所有人，向他们表示最崇高的敬意。

尽管参加本书编写的所有作者为写好本书付出了艰辛的劳作，但作为食品微生物检验的第一版教材，由于涉及领域广泛、编写水平有限，加之编写过程仓促，书中难免有不足和疏漏之处。我们打算在本教材使用后，广泛征集广大授课教师、学生和其他读者的使用意见，对本教材加以修改，敬请广大同行和读者提出批评和建议，以便我们今后修订、补充和进一步完善本部教材。

青岛农业大学　李凤梅
2015 年 4 月

目　录

第3章　食品微生物常规检验　　63

第4章 食品中常见致病菌检验 96

第1章 概论

● [本章提要]

　　本章介绍了食品腐败菌、致病菌及指示菌含义,食品中各种主要致病菌的来源,引入了细菌 VBNC 状态概念,并简单介绍了细菌性食物中毒及引起中毒的细菌特性。

1.1 食品腐败菌和致病菌

一般食品工厂环境中存在各种微生物，食品自身也可能带微生物，微生物在适宜条件下就会迅速增殖，形成一种或几种主要的微生物菌相。经过一定时间，不同的食品中就会形成不同食品各自特有的菌相。

1.1.1 食品的腐败及腐败菌

（1）食品的腐败变质　食品的腐败变质广义是指食品受到各种内外因素的影响，造成其原有化学性质或物理性质和感官性状发生变化，降低或失去其营养价值和商品价值的过程。

一般来说，食品发生腐败变质与食品本身的性质、污染微生物的种类和数量以及食品所处的环境等因素有着密切的关系。它们三者相互作用、相互影响。造成食品腐败变质的原因很多，有物理因素、化学因素以及生物性因素。微生物的污染是导致食品腐败变质的最重要的根源。

食品的腐败变质狭义是指食品在一定的环境因素影响下，在以微生物为主的多种因素作用下所发生的食品失去或降低食用价值的一切变化，包括食品成分和感官性质的各种变化，从而使食品失去食用价值。

由微生物引起蛋白质食品发生的变质，通常称为腐败，引起脂肪发生的变质称为酸败，引起的糖类物质发生的变质，习惯上称为发酵或降解。

（2）腐败菌　是指能降解蛋白质，并产生如氨、硫化氢、胺、吲哚和酚类物质等恶臭性物质的一类细菌。其产生的这些废物不但是恶臭，更严重的是它有损人体健康，以致诱发肿瘤及促使衰老。在人体抵抗力差或微生态失调时，这些菌群肆虐，大量繁殖并释放毒素，造成痢疾、腹泻、炎症等。人体的腐败菌有梭状芽孢杆菌、类杆菌、链球菌、韦荣球菌、大肠埃希氏菌等。

1.1.2 优势腐败菌

细菌菌相是指共存于食品中的细菌种类及其相对数量的构成，其中数量较大的细菌为优势菌。

食品腐败时一小部分微生物先在其中优势生长，该小部分微生物群便成为食品腐败的主要原因菌。在食品正常储存过程中导致食品腐败而占优势生长的菌称为优势腐败菌。

食品中优势腐败菌一般有假单胞菌属、黄杆菌属、微球菌属、产碱菌属、乳杆菌属、芽孢杆菌属、梭状芽孢杆菌属、肠球菌属、大肠埃希氏菌属、变形杆菌属以及霉菌和酵母菌等。假单胞菌属具有很强的利用各种碳源的能力，是大多数食品的主要腐败菌。产碱菌属能利用不同的有机酸和氨基酸为碳源，常与高蛋白食品变质有关。棒杆菌在新鲜食物中经常出现，但不新鲜时失去踪影。

冷却肉能够最大限度地保持肉品风味和营养价值，导致肉类腐败的优势腐败菌中猪肉、羊肉和牛肉最常检出的是假单胞菌（*Pseudomonas* spp.）、气单胞菌（*Aeromonas* spp.）、肠杆菌（*Enerobacteriaceae* spp.）和热杀索丝菌（*Brochothrix thermosphacta*）。腐败菌产生的生物胺是冷却猪肉的主要腐败产物，其中又以尸胺变化较为显著。

优势菌的变化取决于以下条件。

① 环境因素：环境温度、湿度变化、氧气有无及气体组成、氧化还原电位的变化等。

② 食品因素：食品化学成分、水分活度、酸碱度的改变。

③ 已定居的微生物之间及已定居的微生物与环境之间拮抗、竞争、共生等相互作用。

如在食用肉中，需氧菌的生长导致氧化还原电位的下降，使沙门氏菌、大肠埃希氏菌、变形杆菌等兼性厌氧菌快速生长，10℃以下时李斯特氏菌可能成为优势菌。若以63℃ 30min处理食品后，剩余菌一般为球菌和产芽孢菌。

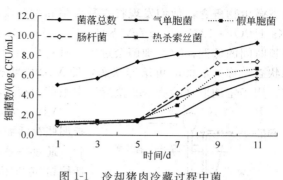

图 1-1　冷却猪肉冷藏过程中菌落总数和优势腐败菌的变化

如图 1-1 所示，菌落总数和优势腐败菌在冷藏第 5 天后显著增长，与第 5 天前差异显著 $P<0.05$。优势腐败菌中肠杆菌增长最快，热杀索丝菌相对最慢。优势腐败菌是导致冷却猪肉菌落总数快速上升并发生腐败的作用微生物。

1.1.3　食品卫生指示菌

在环境中病原微生物数量少、种类多、生物学性状多样，检验和鉴定的方法比较复杂，食品中直接检测目的病原微生物有一定的难度，因此需要寻找某些带有指示性的微生物。

食品卫生指示菌（hygienic indicator bacteria）是在常规安全卫生检测中，用以指示检验样品卫生状况及安全性的指示性微生物。检验指示菌的目的，主要是以指示菌在检品中存在与否以及数量多少为依据，对照国家卫生标准，对检品的饮用、食用或使用的安全性做出评价。

食品卫生指示菌可分为三种类型。

（1）评价被检样品的一般卫生质量、污染程度以及安全性，最常用的指标是菌落总数、霉菌数和酵母菌数。

（2）特指粪便污染的指示菌　一般认为，作为食品被粪便污染的理想指示菌应具备以下特征。

① 来自于人或动物的肠道，并在肠道中占有极高的数量。

② 在肠道以外的环境中，具有与肠道病原菌相同的对外界不良因素的抵抗力，能生存一定时间，生存时间应与肠道致病菌大致相同或稍长。

③ 培养、分离、鉴定比较容易。

一般将大肠菌群、粪链球菌、产气荚膜杆菌、铜绿假单胞菌、金黄色葡萄球菌等作为粪便污染指示菌。其中以大肠菌群最常使用，他们的检出标志着样品受过人、畜粪便的污染，而且有肠道病原微生物存在的可能性。

（3）其他指示菌　由于不同食物的生态环境不同，其腐败的优势菌也不同，因此可以选择一些微生物作为特定食品的指示菌。如明串珠菌常出现在高糖食物。假单胞菌、乳酸杆菌经常出现在肉类食品中，可以选作食用肉新鲜度的指示菌。

1.2　细菌活的非可培养状态

1.2.1　概念

美国 Colwell 实验室在 1982 年提出活的非可培养（viable but non culturable，VBNC）

状态微生物概念，他们发现将霍乱弧菌和大肠埃希氏菌转到不含营养物质的盐水 M9 盐溶液（$Na_2HPO_4 \cdot 12H_2O$ 14.7g，KH_2PO_4 3.0g，NaCl 5g，NH_4Cl 1.0g，蒸馏水 1000mL）中，经长时间的低温保存，细菌会进入一种有代谢活力但在正常实验室培养条件下不能形成菌落的状态，称为活的非可培养状态，即 VBNC 状态。图 1-2 是用于研究 VBNC 状态细菌的装置，用于定期取样检查 M9 盐溶液中细菌的存活状态。

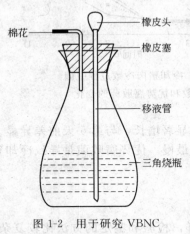

棉花
橡皮头
橡皮塞
移液管
三角烧瓶

图 1-2　用于研究 VBNC
状态细菌的装置

VBNC 状态是微生物在自然界中生存的一种状态，是指那些存活而不增殖的微生物，它们在受到外界压力刺激后，通过一系列类似分化的遗传程序而使自身处于一种能抵抗饥饿和压力的状态。处于 VBNC 状态下的微生物不能在普通的培养基上形成菌落或只能形成肉眼不可见的微小菌落，但如果给予合适条件又能够恢复生长繁殖。

样品中有致病菌存在，但有可能培养不出来，如在冬天 5℃ 以下的海水中很难分离到副溶血性弧菌，但在夏天很容易分离到；在普通培养基上不生长的带耐药性标记的霍乱弧菌，能在游离于腹腔的结扎的兔肠管中生长等。这种现象在沙门氏菌、大肠埃希氏菌、空肠弯曲菌、霍乱弧菌等许多细菌的试验中也得到了证实。进入这种状态的原因可能是由于其生存环境的变化，如营养、渗透压、水分活度的改变等。经实验证明，霍乱弧菌、大肠埃希氏菌 O157、副溶血性弧菌在低温和营养贫乏的状态下经过几十天至 100 多天后，人工进入 VBNC 状态。经测定表明，进入 VBNC 状态后，细菌的脂肪酸组成发生明显改变。

一些实验结果表明，自然界中约 90% 以上的细菌用常规方法是培养不出来的，有大量 VBNC 状态（活的但是培养不出来）的细菌存在。用微量酵母膏试液加萘啶酮酸，然后接种大肠埃希氏菌。此时发现菌体细胞变大、伸长，但因萘啶酮酸的作用，菌体无法分裂增殖。由此判断自然界中有许多细菌有增殖能力，但不能培养，因为有抑制其细胞分裂的物质存在。有人用特殊方法观察到土壤稀释液培养的菌落计数平板中有许多 10～20 个细菌菌体组成的微菌落存在，但目前还没有办法使这些微菌落培养成肉眼可见的菌落。这些微菌落在适当的培养基中有可能形成正常大菌落。

大体上可以把 VBNC 细菌分成两类：一类是常见的已知的细菌，如霍乱弧菌等，它们在某些条件下能够进入不可培养状态；另一类是未知的至今还未曾获得分离培养的细菌，其存在一般通过其 16S rRNA 的 PCR 扩增和测序来确定。

1.2.2　VBNC 状态细菌培养性的恢复

某些 VBNC 状态的微生物在合适条件下是可以恢复培养性的。例如将对数期后期的大肠埃希氏菌 E32511/HSC 菌株接种在无菌蒸馏水中，4℃ 条件下培养 21d，再将其涂到普通平板培养基上，发现菌落数由 3×10^6 CFU/mL 下降到 0.1CFU/mL，但如果在平板培养基上加入能降解过氧化氢的物质如过氧化氢酶、丙酮酸钠或 α-酮戊二酸，则可使菌落数在 48h 内达到 $10^4 \sim 10^5$ CFU/mL。对此现象的成因，Bloomfield 等推测那些由于营养缺乏而进入 VBNC 状态的微生物，所产生的一个变化就是营养基质与转运途径之间亲和力大大提高了，当重新接种到营养丰富的培养基上时，由于过量营养物质的摄入，基质会迅速氧化导致过多的自由基和超氧化物的产生，损害了细胞甚至能导致细胞死亡。而加入具有除氧性质的物质会促进 VBNC 状态菌恢复生长活性。采用高倍稀释的细菌用培养基，可从低营养的自然环境分离到专性的寡营养需求细菌，它们在高浓度蛋白胨的培养基上不能增殖。另有实验表明，未灭菌的人粪便、人尿、土壤浸出液，热刺激，BHT、BHA 等抗氧化剂可帮助 VBNC 状态菌恢复生长。而经过灭菌的人粪便、人尿及土壤浸出液对由饥饿状态进入 VBNC 状态的霍乱弧菌的复苏没有作用。也有人证明侵肺军团菌在一种阿米巴原虫存在时可以从 VBNC 状态复苏。这些事实表明获得生命可能给 VBNC 状态的细菌提供了促使它恢复生长的物质。

1.2.3 VBNC 状态细菌数的检验方法

一般细菌数测定三个指标：总菌数、有生理活性（如酯酶活性、呼吸活性）的细菌数，可培养的活菌数（图 1-3）。总菌数包括死菌、VBNC 状态的细菌数和可培养的活菌数；有生理活性的细菌数，包括 VBNC 状态的细菌和可培养的活菌数。

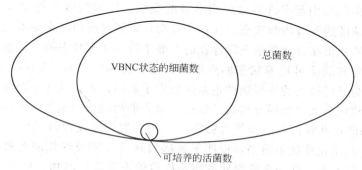

图 1-3　细菌总数各指标之间关系

总菌数用荧光染色直接计数法测定。现在较多用 DAPI（4,6-diamidino-2-phenylindole，一种可以穿透细胞膜的蓝色荧光染料）测定，其与双链 DNA 结合后可以产生比 DAPI 自身强 20 多倍的荧光，染色灵敏度比溴化乙锭（EB）要高很多倍。也可用 EB、SYBRGreen Ⅱ 等多种荧光染料直接对菌体染色。水中总细菌数用荧光染料吖啶橙测定。这些染料与菌体 DNA 结合后发出荧光（表 1-1），通过荧光显微镜计数后得总菌数。

表 1-1　常用荧光染色剂

荧光染色剂	激发光波长/nm	发射光波长/nm	染色对象	主要用途
DAPI	359	461	A-T 区域	总菌数测定
溴化乙锭（EB）	518	605	双链 DNA	死菌数检出
SYBRGreenI	290,497	520	双链 DNA	总菌数测定
CFDA	495	520	被酯酶水解	活细胞检出
CTC	488	602	随呼吸被还原	活细胞检出

有生理活性的细菌数测定一般用 CFDA（羧基二乙酰荧光素），carboxyfluoresceind-iacetate、CTC（5-氰-2,3-二甲苯基-四唑盐酸盐，5-cyano-2,3-ditolyltetrazolium）、DVC（直接活菌计数，direct viable count）等方法。

CFDA 法用于测定具有酯酶活性的细菌。CFDA 被细菌内的酯酶加水分解放出荧光素。细胞经过 CFDA 染色后有酯酶活性者通过荧光被检测出来。由于 CFDA 极性较大，不易进入菌体内，因此可以加入 EDTA 以帮助其进入细胞内。在土壤细菌检测中使用含 5%氯化钠的磷酸缓冲液配制 CFDA，使其最终浓度为 $100\mu g/mL$。30℃培养 1h 后可进行测定。

CTC 用于检验细菌与呼吸作用相关的脱氢酶的活性。CTC 与细胞色素系统相偶联，产生甲替。甲替为非水溶性物质，沉积于细胞内，可通过荧光显微镜观察计数。需要注意的是一个细菌体内一般染成2～3个发荧光的点。因此用CTC还原直接计数法测定的细菌数并不完全等同于具有呼吸酶活性的细菌数。使用时CTC终浓度为0.05%，同时添加酵母膏20～250μg/mL和氧化还原辅助剂。

DVC法使用萘啶酮酸等抑制细胞分裂的物质。具有增殖能力的细菌在含少量酵母膏的溶液中因萘啶酮酸等的作用变得伸长、肥大，再通过荧光染色，利用荧光显微镜对伸长、肥大者计数，达到与不能变大的细菌区别的目的。伸长、肥大者视为有生理活性的细菌。

有生理活性的细菌数与可培养的细菌数相减可得VBNC状态的细菌数。活菌计数一般用菌落计数法。

1.2.4 研究意义

VBNC概念的提出引起了许多微生物学者的重视，目前的微生物学检验主要是用常规培养法。由于细菌活的非可培养状态的存在和发现，常规法所得结果是不完全可靠的，因为常规培养法不能检测出在自然界中实际存在的、处于特殊休眠状态的、仍然具有毒力的、在特定条件下可以复苏的非可培养状态的致病菌。在流行病学领域，VBNC的提出使人们对于一些曾经被认为已经消失的流行病的重新爆发有了新的认识，这些常规法检测不出来的细菌容易成为某些致病菌大规模爆发流行的原因，对人们的健康构成潜在的威胁。有试验表明进入VBNC状态的霍乱弧菌仍然能使人腹泻。一些大规模爆发流行的致病菌（如大肠埃希氏菌O157:H7）其生化性状不典型，说明了这些致病菌可能曾经长期在极端恶劣的环境下以VBNC状态生存下来。这一现象也使致病菌检验的不确定度增加。研究VBNC状态菌的恢复生长，对致病菌的流行及致病机制研究可能有帮助。

而对于从事微生物资源研究开发的学者来说，随着对VBNC状态的深入研究，无疑会帮助其挖掘出更多有价值的新的微生物种类。

1.3 致病菌和食物中毒

1.3.1 致病菌及食品中各种主要致病菌的来源

致病菌（pathogenic bacteria）能引起疾病的微生物成为病原微生物或致病菌。病原微生物包括细菌、病毒、螺旋体、立克次体、衣原体、支原体、真菌及放线菌等。一般所说的致病菌指的是病原微生物中的细菌。细菌的致病性与其毒力、侵入数量及侵入门户有关。虽然绝大多数细菌是无害甚至有益的，但是相当大一部分可以致病。在某种特定条件下可致病的细菌，称为条件致病菌，也称机会致病菌。条件致病菌是人体的正常菌群，当其聚集部位改变、机体抵抗力降低或菌群失调时则可致病。金黄色葡萄球菌和链球菌也是正常菌群，常可以存在于体表皮肤、鼻腔而不引起疾病，但可以潜在引起皮肤感染、肺炎（pneumonia）、脑膜炎（meningitis）、败血症（sepsis）。食品中各种主要致病菌及其来源见表1-2。

1.3.2 细菌性食物中毒

食物中毒指食用了被有毒有害物质污染的食品或者食用了含有毒有害物质的食品后出现的急性或亚急性疾病。

表 1-2 食品中主要致病菌生物学特征及污染源

种类	生物学特征
沙门氏菌	革兰氏阴性菌,无芽孢杆菌,兼性厌氧。该菌热敏感。生长的水分活度为 0.94 传播源是人、家禽、猪、牛及其他动物的粪便。可重点检查肉、蛋、乳和农产品
志贺氏菌	革兰氏阴性菌,兼性厌氧,杆菌。降低水分活度该菌可慢慢死亡。可经水污染 人和灵长类是该菌的适宜宿主。主要通过人、手的接触,土壤,粪便,苍蝇传播。重点检验生食的水和未加工蔬菜、水果表面、凉拌菜、冷食肉
金黄色葡萄球菌	革兰氏阳性菌,串状球菌,兼性厌氧。该菌对热敏感。生长的水分活度为 0.85。致病菌毒素热稳定 该菌普遍存在,多数在温血动物的黏膜和皮肤表面发现。需重点检查熟肉、乳品、含高淀粉的干燥高营养食品,人和动物接触处
溶血性链球菌	革兰氏阳性菌,无芽孢,无鞭毛。需氧或兼性厌氧菌,营养要求较高。该菌抵抗力不强,60℃ 30min 即被杀死 可通过直接接触、空气飞沫传播或通过皮肤、黏膜伤口感染。上呼吸道感染患者、人畜化脓性感染部位常成为食品污染的污染源
副溶血性弧菌	革兰氏阴性无芽孢杆菌,需氧或兼性厌氧 源于大海,易被污染的食物包括蟹、牡蛎、虾及龙虾等,需重点检查海产品、咸菜等相关食品。可能是食品加热不够或储存不当污染引起
单核细胞增生李斯特氏菌	革兰氏阳性、无芽孢、兼性厌氧杆菌。3～42℃生长(最佳为 30～35℃),pH 值为 5.0～9.0(最低为 4.4),水分活性>0.92。该菌可在 10%盐浓度的环境中生长 李斯特病在很大比例上都是食源性的。通常传播的食物包括生乳、软干酪、肉酱、猪舌冻、生的蔬菜及凉拌卷心菜
空肠弯曲菌	革兰氏阴性、无芽孢、弯曲或螺旋状的运动型杆菌,对氧敏感(在二氧化碳中低氧水平下生长最好)。最佳 pH 值为 6.5～7.5,最佳生长温度为 42～45℃,28～30℃以下不能生长。对热、盐、pH 水平的降低(<6.5)及干燥条件非常敏感。该病原体在冷的条件比室温存活更好 主要通过摄入被污染的食物传播。易污染食物主要为生乳、生的或未煮熟的家禽。通过交叉污染或未经处理的水和动物及鸟类的接触传播至其他食物。其他传播来源包括接触活的动物(宠物和农场动物)
大肠埃希氏菌 O157:H7/NM	革兰氏阴性、不形成芽孢、兼性厌氧的肠杆菌科杆菌。典型的嗜温生长,从 7～10℃到 50℃(最佳为 37℃)。生长的最小水分活性为 0.95,pH 值为 4.4～8.5 主要通过来源于被感染动物的生的或未熟透的碎肉产品以及生乳等食品传播。被粪便污染的水或其他食物以及食品加工过程中的交叉污染都可导致感染。易污染的食物包括碎肉、生乳及蔬菜等
蜡样芽孢杆菌	革兰氏阳性、兼性厌氧、运动型杆菌,普遍嗜温,生长于 10～50℃(最佳温度 28～37℃),pH 4.3～9.3,水分活度(A_w)>0.92。能产生耐热芽孢,芽孢在冷冻和干燥的情况下可以生存。一些菌株需要在热激活的条件下,芽孢才能发育和生长。可产生腹泻性毒素 自然界(土壤、灰尘、水)中广泛分布,导致的食物中毒事件(尤其是呕吐综合征的事件)常与烹调过的或者油炸过的储存于室温的米饭相关联。米饭在较高温度放置(10℃以上),蜡样芽孢杆菌迅速生长。易污染的食品包括煮过或者炸过的米饭、调味品、干制食品、牛乳、乳制品、蔬菜拼盘和沙司等

　　食物中毒分为细菌性食物中毒、真菌毒素中毒、动物性食物中毒、植物性食物中毒、化学性食物中毒。

　　细菌性食物中毒是指人们摄入含有细菌或细菌毒素的食品而引起的食物中毒。引起食物中毒的原因有很多,其中最主要、最常见的原因就是食物被细菌污染。据我国近五年食物中毒统计资料表明,细菌性食物中毒占食物中毒总数的 50%左右,而动物性食品是引起细菌性食物中毒的主要食品，其中肉类及熟肉制品居首位，其次有变质禽肉、病死畜肉以及鱼、乳、剩饭等。

细菌性食物中毒的发生与不同区域人群的饮食习惯有密切关系。美国多食肉、蛋和糕点，葡萄球菌食物中毒最多；日本喜食生鱼片，副溶血性弧菌食物中毒最多；我国食用畜禽肉、禽蛋类较多，多年来一直以沙门氏菌食物中毒居首位。引起细菌性食物中毒的始作俑者有沙门氏菌、葡萄球菌、大肠埃希氏菌、肉毒杆菌、肝炎病毒等。这些细菌、病毒可直接生长在食物当中，也可经过食品操作人员的手或容器污染其他食物。当人们食用这些被污染过的食物，有害菌所产生的毒素就可引起中毒。每至夏天，各种微生物生长繁殖旺盛，食品中的细菌数量较多，加速了其腐败变质；加之人们贪凉，食用未经充分加热的食物，所以夏季是细菌性食物中毒的高发季节。不同致病菌通过食物进入人体肠道后出现病症的时间和发病需要的菌量（活细胞数）不同。

临床上引起食物中毒的细菌很多，如沙门氏菌、空肠弯曲菌、葡萄球菌副溶血性弧菌、蜡样芽孢杆菌、致病性大肠埃希氏菌、变形杆菌、肉毒梭菌、小肠结肠炎耶尔森氏菌等。

1.3.3 引起细菌性食物中毒的致病菌潜伏期及发症菌量

① 伤寒沙门氏菌：潜伏期 $30\sim60d$，通常 $7\sim14d$。可引起伤寒，症状为头痛、持续高热、腹痛、浑身酸痛、乏力等，病程 $1\sim8$ 周。

② 其他沙门氏菌：潜伏期 $6h\sim10d$，通常 $6\sim48h$。沙门氏菌发症菌量 $1\sim10^9$ 个/人，一般 $100\sim10^5$ 个/人。可引起胃肠炎，症状为腹泻、恶心、腹痛、中等程度发热、畏寒等，病程 $2\sim5d$。

③ 志贺氏菌：潜伏期 $12h\sim6d$，通常 $1\sim4d$。发症菌量：痢疾 $10\sim100$ 个/人；福氏 $100\sim10^9$ /人；宋内氏 $10\sim10^4$ /人。引发疾病的特点是突然腹部痉挛、腹泻和发热。

④ 金黄色葡萄球菌：$30min\sim8h$，通常 $2\sim4h$。发病菌量 $10^5\sim10^6$ /人。常见症状为恶心、呕吐、腹部痉挛和腹泻等，病程通常为 $2d$。

⑤ 霍乱弧菌：潜伏期 $1\sim5d$。发病菌量：1000 个/人。

⑥ 副溶血性弧菌：潜伏期 $4\sim30h$。发病菌量：$10^6\sim10^9$ 个/人；溶藻性弧菌发症菌量：100 个/人。副溶血性弧菌引发急性胃肠的症状为腹痛、腹泻、呕吐等。病程较短，一般 $2\sim3d$。

⑦ 小肠结肠炎耶尔森氏菌：潜伏期 $1\sim10d$，通常 $4\sim6d$。发症菌量：$3.9\times10^7\sim10^9$ 个/人。

⑧ 大肠埃希氏菌：大肠埃希氏菌 O157：H7 及其他产志贺样毒素的（EHEC），潜伏期 $1\sim10d$，通常 $4\sim5d$；ETEC，$6\sim48h$；EPEC，可变的；EIEC，可变的。O157：H7 发病菌量，$10\sim1000$ 个/人；病原大肠埃希氏菌 $10^6\sim10^{10}$ 个/人。感染可导致较为严重的综合征。

⑨ 单核细胞增生李斯特氏菌：潜伏期 $2\sim6$ 周。发症菌量 $1000\sim10^5$ /人。可引发新生儿及成人脑膜炎和（或）败血症。

⑩ 蜡样芽孢杆菌：呕吐毒素型潜伏期 $1\sim6h$；腹泻毒素型 $6\sim24h$。发症菌量：$10^5\sim10^{11}$ 个/人。

⑪ 布鲁氏菌：潜伏期几天至几月，通常大于 30 天。该菌是人畜共患传染病布鲁氏菌病的病原菌，该疾病常见症状有发热、出汗异常、头痛、神经痛、腹泻、关节疼痛等。

⑫ 弯曲菌：潜伏期 $2\sim10d$，通常 $2\sim5d$。发症菌量 >500 个/人。

⑬ 肉毒梭菌：潜伏期 $2h\sim8d$，通常 $2\sim5d$。发症菌量 300 个/人。

⑭ 产气荚膜梭菌：潜伏期 $6\sim24h$。发症菌量 $10^6\sim10^{11}$ 个/人。

注：上述数据选自 Manual of Clinical Microbiology Vol. 1 及《防菌防霉》杂志等。

这里值得注意的是某些致病菌少数菌量就能使人致病，表明人体肠道的生态非常适合这些致病菌生长。研究筛选这些细菌时应考虑这些因素，对有关培养基的研究可能是有帮助的。

1.4 食品微生物检验特点和相关标准

食品微生物检验具有以下特点。

（1）研究对象以及研究范围广　食品种类多，各地区有各地区的特色，分布不同，在食品来源、加工、运输等环节都可能受到各种微生物的污染；微生物的种类非常多，数量巨大。

（2）涉及学科多样　食品微生物检验是以微生物学为基础的，还涉及生物学、生物化学、工艺学、发酵学等方面的知识以及兽医学方面的知识等。根据不同的食品以及不同的微生物，采取的检验方法也不同。

（3）实用性及应用性强　食品微生物检验在促进人类健康方面起着重要的作用。通过检验，掌握微生物的特点及活动规律，识别有益的、腐败的、致病的微生物，在食品生产和保藏过程中，可以充分利用有益微生物为人类服务，同时控制腐败和病原微生物的活动，防止食品变质和杜绝因食品而引起的病害，保证食品安全。

（4）采用标准化　既然食品微生物常规检验的指标已经确定，那么在全国各地甚至世界各国对指标的检验时采用的方法也应该一致或是能被大家共同接收才具有推广意义。为此在相应的范围内制定标准及标准的检验方法也至关重要。在我国《食品安全国家标准——微生物学检验》标准总则中就规定：食品微生物检验方法标准中对同一检验项目有两个及两个以上定性检验方法时，应以常规培养方法为基准方法。因此微生物检验常规检验意义重大。我国微生物检验标准及方法主要有 GB 4789、ISO 法和 AOAC 法等。

● 食品微生物学检验国家标准法（GB）

GB 是中华人民共和国国家标准的缩写，是由国务院标准化行政主管部门编制计划，协调项目分工，组织制定（含修订），统一审批、编号并批准发布的。 GB 在全国范围内统一实施，是在全国范围内统一的技术要求，对全国经济、技术发展有重大意义。 法律对国家标准的制定另有规定的，依照法律的规定执行。 国家标准的年限一般为 5 年，过了年限后，国家标准就要被修订或重新制定。 此外，随着社会的发展，国家需要制定新的标准来满足人们生产、生活的需要。 因此，标准是种动态信息。 下面是关于国家标准的介绍。

国家标准分为强制性国标（GB）和推荐性国标（GB/T）。 国家标准的编号由国家标准的代号、国家标准发布的顺序号和国家标准发布的年号（采用发布年份或年份的后两位数字）构成。 强制性国标是保障人体健康、人身、财产安全的标准和法律及行政法规规定强制执行的国家标准；推荐性国标是指生产、检验、使用等方面，通过经济手段或市场调节而自愿采用的国家标准。 但推荐性国标一经接受并采用，或各方商定同意纳入经济合同中，就成为各方必须共同遵守的技术依据，具有法律上的约束性。

《中华人民共和国标准化法》将我国标准分为国家标准(GB)、行业标准、地方标准、企业标准(QB)四级。 截至 2003 年年底，我国共有国家标准 20906 项（不包括工程建设标准）。 我国的国家标准主要由中国标准出版社出版。 工程建设国家标准的发布主要由中华人民共和国住房和城乡建设部发布。

● 国际标准化组织（ISO法）

ISO 一词来源于希腊语 "ISOS"，即 "EQUAL" ——平等之意。 目前，ISO 是 "国际标准化组织" 的英语简称。 其全称是 International Organization for Standardization 或 International Standard Organized。 从 "相等" 到 "标准"，内涵上的联系使 "ISO" 成为组织的名称。 因此 "ISO" 并不是英文名称首字母缩写。 该组织成立于 1947 年 2 月 23 日，负责除电工、电子领域和军工、石油、船舶制造之外的很多重要领域的标准化活动，现有 117 个成员，包括 117 个国家和地区。 ISO 的最高权力机构是每年一次的 "全体大会"，其日常办事机构是中央秘书处，设在瑞士日内瓦。 中央秘书处现有 170 名职员，由秘书长领导。 ISO 的宗旨是 "在世界上促进标准化及其相关活动的发展，以便于商品和服务的国际交换，在智力、科学、技术和经济领域开展合作。"ISO 通过它的 2856 个技术结构开展技术活动，其中技术委员会（简称 SC）共 611 个，工作组（WG）2022 个，特别工作组 38 个。 中国于 1978 年加入 ISO，在 2008 年 10 月的第 31 届国际化标准组织大会上，中国正式成为 ISO 的常任理事国。 代表中国的组织为中国国家标准化管理委员会（Standardization Administration of China，简称 SAC）。

ISO 的主要功能是为人们制订国际标准达成一致意见提供一种机制。 其主要机构及运作规则都在一本名为 ISO/IEC 技术工作导则的文件中予以规定，其技术机构在 ISO 是有 800 个技术委员会和分委员会，它们各有一个主席和一个秘书处，秘书处是由各成员国分别担任，目前承担秘书国工作的成员团体有 30 个，各秘书处与位于日内瓦的 ISO 中央秘书处保持直接联系。 通过这些工作机构，ISO 已经发布了 9200 个国际标准,如 ISO 公制螺纹、ISO 的 A4 纸张尺寸、ISO 的集装箱系列(目前世界上 95% 的海运集装箱都符合 ISO 标准)、ISO 的胶片速度代码、ISO 的开放系统互联(OS2)系列(广泛用于信息技术领域)和有名的 ISO 9000 质量管理系列标准。

此外，ISO 还与 450 个国际和区域的组织在标准方面有联络关系，特别与国际电信联盟(ITU)有密切联系。 在 ISO/IEC 系统之外的国际标准机构共有 28 个。 每个机构都在某一领域制订一些国际标准，通常它们在联合国控制之下。 一个典型的例子就是世界卫生组织(WHO)。 ISO/IEC 制订 85% 的国际标准，剩下的 15% 由这 28 个其他国际标准机构制订。

ISO9001 指国际质量管理体系，引进过程中，将国际标准转换为国家标准，转换方式有等同采用和等效采用两种，在我国是采用等同采用的方式采用该标准的，就是说没有作任何改动的引用此标准。 为便于识别在引用国际标准上我们加了 "10000"，故引用后的质量管理体系标准正确写法为：ISO 9001：2008 idt GB/T 19001—2008。 其中 idt 表示等同采用的意思，GB/T 代表国家推荐标准的意思。

● 美国官方分析化学师协会（AOAC法）

美国官方分析化学师协会（Association of Official Agricultural Chemists，简称 AOAC）是世界性的会员组织，其宗旨在于促进分析方法及相关实验室品质保证的发展及标准化。 作为分析方法学术交流及高品质实验室认证信息的主要来源，AOAC 促进了国际间品质管理实验室认证的标准化需求。

1885 年，AOAC 创始人 Wiley 博士开始将 AOAC 分析方法整理出刊并向美国各州发行，这就是 AOAC 标准的前身。 1912 年，AOAC 开始正式出刊 AOAC 的官方及标准规定的各项分析方法，建立起它在评估分析检验方法领域的地位。 全球市场及国际间贸易日新月异的发展，使得 AOAC 标准成为开发实验室认证标准的领导地位。 AOAC 的实验室认证标准化委员向实验室主管提供各种必要的工具以便符合 ISO 17025 的要求。 AOAC 的实验室熟悉度测试程序也提供各个实验室证明其检验结果数据的准确度及可信度的各种相关方法。

在美国，新药（new drug）、生物药品（biological drug）和某些器械（device）（包括他们的标签）的安全性和有效性必须得到美国食品与药品管理委员会（FDA）的批准；色素和胰岛素药品的样品必须被 FDA 实验室检测和认证；食品中杀虫剂化学物质的残留量不能超过 EPA 制定并由 FDA 执行的安全容许量等，而 FDA 进行实验室检测的主要依据就是 AOAC 标准。

长期以来，由于不了解 FDA 的审查、运作程序和要求，中国药品很难改变被拒之门外的尴尬局面。截止 2001 年年底，中国除了出口低廉的原料药和中间体，没有一种化学药品和中药通过 FDA 的临床审查。要改变中国药品在国际市场上的弱势局面，一方面要提高科研、技术，另一方面要了解美国药品市场的准入制度，尤其要对 FDA 的运行规则与标准心中有数。这本身也是促使中国药业与国际接轨，提高水平的一大动力。

● 美国食品法典委员会（CAC法）

国际食品法典委员会(CAC)是由联合国粮农组织（FAO）和世界卫生组织（WHO）共同建立，以保障消费者的健康和确保食品贸易公平为宗旨的一个制定国际食品标准的政府间组织。自 1961 年第 11 届粮农组织大会和 1963 年第 16 届世界卫生大会分别通过了创建 CAC 的决议以来，已有 173 个成员国和 1 个成员国组织（欧盟）加入该组织，覆盖全球 99% 的人口。CAC 下设秘书处、执行委员会、6 个地区协调委员会、21 个专业委员会和 1 个政府间特别工作组。所有国际食品法典标准都主要在其各下属委员会中讨论和制定，然后经 CAC 大会审议后通过。

该委员会的主要工作是通过执委会下属的三个法典委员及其分支机构会进行的。

产品法典委员会：指食品及食品类别的分委会，它垂直地管理各种食品。

一般法典委员会：是与各种食品、各个产品委员会都有关的基本领域中的特殊项目，包括食品添加剂、农药残留、标签、检验和出证体系以及分析和采样等。

地区法典委员会：负责处理区域性事务。

自从 1961 年开始制定国际食品法典以来，负责这一工作的 CAC 在食品质量和安全方面的工作业已得到世界的重视。在过去的四十多年中，CAC 关注所有与保护消费者健康和维护公平食品贸易有关的工作。FAO 和 WHO 一向支持与食品有关的科学和技术研究与讨论，正因为如此，国际社会对食品安全和相关事宜的认知已提升到了一个史无前例的高度。在相关食品标准制定方面，食品法典也成为最重要的国际参考标准。

已出版的食品法典共 13 卷，内容涉及食品中农残；食品中兽药；水果蔬菜；果汁；谷、豆及其制品；鱼、肉及其制品；油、脂及其制品；乳及其制品；糖、可可制品、巧克力；分析和采样方法等诸多方面。

思考与练习

1. 什么是腐败菌？如何理解优势腐败菌？
2. 什么是食品卫生指示菌？指示菌分为哪几类？
3. 如何理解细菌活的非可培养状态？如何检验 VBNC 状态细菌数？

第2章 食品微生物检验基本技术及技能

● [本章提要]

本章讲述了微生物形态结构；细菌简单染色、革兰氏染色技术及细菌、放线菌、酵母菌、霉菌培养特性观察技术；微生物生长数目和生长量的测定原理与方法；重点介绍了细菌的各种生理特征和生化试验的原理与试验方法、样品的采集方法；简要介绍了培养基的制备、消毒与灭菌等基本检验技术与技能。

2.1 微生物形态结构和培养特性观察

2.1.1 细菌简单染色

细菌个体微小，且较为透明，因此，需借染料使其着色，以便于在显微镜下观察。细菌简单染色是用一种染液一次着染菌体的方法。其原理是细菌在中性环境中一般带负电荷，所以当采用碱性染料如美蓝、碱性复红、结晶紫、孔雀绿、番红等进行染色时，这类染料解离后，染料离子带正电荷，故使细菌着色。

2.1.1.1 实验材料

菌种：葡萄球菌。

仪器及其他：接种环、酒精灯及火柴、载玻片、碱性番红或结晶紫染色液、洗瓶及废液缸、吸水纸、显微镜、双层瓶（内装香柏油和二甲苯）。

2.1.1.2 实验方法与步骤

（1）准备玻片　载玻片应清洁透明，无油渍。如有残余油渍，可按下列方法处理：滴95%酒精2~3滴，用洁净纱布反复擦净，然后在酒精灯火焰上轻轻拖过几次；如果玻片事先已浸泡在75%酒精中，那么就可用镊子将其取出直接在酒精灯火焰上拖过几次。

（2）涂片　根据材料的不同，涂片方法也有区别。

① 液体材料：液体培养物、组织汁液或牛乳等直接用接种环以无菌操作法取一环材料，置于玻片中央均匀地涂抹成适当大小的薄层（直径约1cm）。

② 固体材料：如固体培养物、牛乳凝块或乳酪等则先用滴管在载玻片中央加1滴无菌水，然后同样以无菌操作法用接种环从固体材料上挑取一环，在液滴中混合均匀，涂抹成适当大小的薄层。

（3）干燥　将涂好的玻片放在玻片架上自然干燥。有时为了使它干得快些，可以将涂片小心地在酒精灯的火焰高处微微挥动使其干燥，但切勿紧靠火焰或加热时间过长，以防标本烤枯而变形。

（4）固定　将已干燥的涂片（涂菌面向上）慢慢地从酒精灯的火焰上通过2~3次，目的是将活菌杀死，使菌体黏附在玻片上，染色时不致脱落，同时改变菌体对染液的通透性，增加染色效果。

（5）染色　滴1~2滴碱性番红（或其他染液，如结晶紫、美蓝、沙黄等）于涂片的部位（染液刚好覆盖涂片薄膜为宜），染色1~2min（染色液不同，染色时间长短也不完全一样，吕氏碱性美蓝染色1~2min；石炭酸复红或草酸铵结晶紫染色约1min）。

（6）水洗　用一只手的拇指和食指拿住玻片一端的两侧，菌面向上并使玻片向下倾斜，另一只手拿洗瓶或直接用水龙头从玻片上端轻轻地冲洗掉多余染液（不可直接冲洗染色部位，以免将菌体冲掉），直至冲洗水滴无色或浅色为止。

（7）干燥　用吸水纸吸去载玻片上多余的水分让其自然干燥或在酒精灯火焰上方微热烘干。

（8）油镜检查　用油镜对标本片进行镜检。观察菌体形态及大小同时绘出图来。

2.1.2 革兰氏染色

革兰氏染色法是细菌学中广泛使用的一种鉴别染色法，这种染色法是由一位丹麦医生汉斯·克里斯蒂安·革兰（Hans Christian Gram，1853～1938）于 1884 年发明的，最初是用来鉴别肺炎球菌与克雷伯氏菌之间的关系。根据各种细菌对这种染色法的反应不同，可把细菌分为革兰氏阳性和革兰氏阴性两大类。因此，该方法对于细菌的分类、鉴定及生产应用都有重要意义。革兰氏染色法的原理是利用细菌的细胞壁组成成分和结构的不同，革兰氏阳性菌的细胞壁肽聚糖层厚，交联而成的肽聚糖网状结构致密，经乙醇脱色处理发生脱水作用，使孔径缩小，通透性能降低，结晶紫与碘形成的大分子复合物保留在细胞内而不被脱色，结果使细胞呈现紫色；而革兰氏阴性菌肽聚糖层薄，网状结构交联少，脂类含量较高，经乙醇处理后，脂类被溶解，细胞壁孔径变大，通透性增加，结晶紫与碘的复合物被溶出细胞壁，使细胞脱色。此时，再经番红或沙黄等红色染料复染后细胞呈红色。

革兰氏染色需用四种不同的溶液：碱性染料（basic dye）初染液、媒染剂（mordant）、脱色剂（decolorising agent）和复染液（counterstain）。碱性染料初染液的作用如细菌的单染色法基本原理中所述的那样，而用于革兰氏染色的初染液一般是结晶紫（crystal violet）。媒染剂的作用是增加染料和细胞之间的亲和性或附着力，即以某种方式帮助染料固定在细胞上，使染料不易脱落，碘（iodine）是常用的媒染剂。脱色剂是将被染色的细胞进行脱色，不同类型的细胞脱色反应不同，有的能被脱色，有的则不能，脱色剂常用 95％的酒精（ethanol）。复染液也是一种碱性染料，其颜色不同于初染液，复染的目的是使被脱色的细胞染上不同于初染液的颜色，而未被脱色的细胞仍然保持初染的颜色，从而将细胞区分成革兰氏阳性和革兰氏阴性两大类群，常用的复染液是番红。

在革兰氏染色中，有两个值得注意的问题。一是酒精脱色的时间要掌握恰当，随涂片厚薄不同，脱色的时间也不完全一样，一般以不溶出色素为止。若脱色过度则革兰氏阳性菌被误染为革兰氏阴性菌，而脱色不够时革兰氏阴性菌则被误染为革兰氏阳性菌。二是培养物的老幼对染色结果也有影响，革兰氏染色检查的菌必须是新培养物。如革兰氏阳性菌培养时间过长或已死亡及部分菌自行溶解了，都常呈革兰氏阴性反应。

2.1.2.1 实验材料

菌种：培养 10～12h 的枯草芽孢杆菌及大肠埃希氏菌。

仪器及其他：显微镜、接种环、酒精灯、载玻片、玻片架、75％酒精消毒缸、镊子、无菌水、草酸铵结晶紫、Lugol 碘液、95％酒精、番红染液、吸水纸、特种蜡笔、双层瓶（内装香柏油和二甲苯）。

2.1.2.2 实验步骤

（1）涂片　取事先准备好的载玻片于实验台上，用取待检样品滴在载玻片的中央，用烧红冷却后的接种环将液滴涂布成均匀的薄层，涂布面不宜过大。

（2）干燥　将标本面向上，手持载玻片一端的两侧，小心地在酒精灯上高处微微加热，使水分蒸发，但切勿紧靠火焰或加热时间过长，以防标本烤枯而变形。

（3）固定　固定常常利用高温，手持载玻片的一端，标本向上，在酒精灯火焰处快速地来回通过 2～3 次，共 2～3s，并不时以载玻片背面加热触及皮肤，不觉过烫为宜（不超过 60℃），放置待冷后，进行染色。

（4）初染　在涂片薄膜上滴加草酸铵结晶紫 1～2 滴，使染色液覆盖涂片，染色约 1min。

（5）水洗　斜置载玻片，在自来水龙头下用小股水流冲洗，直至洗下的水呈无色为止。

（6）媒染　吸取碘液滴在涂片薄膜上，使染色液覆盖涂片，染色 1～2min，紫色部分变黑为止。

（7）水洗 斜置载玻片，在自来水龙头下用小股水流冲洗，直至洗下的水呈无色为止。

（8）脱色 斜置载玻片，滴加95%乙醇脱色，至流出的乙醇不现紫色为止，需时20～30s，随即水洗。

（9）复染 在涂片薄膜上滴加番红染液1～2滴，使染色液覆盖涂片，染色约1min。

（10）水洗 斜置载玻片，在自来水龙头下用小股水流冲洗，直至洗下的水呈无色为止。

（11）干燥、观察 用吸水纸吸掉水滴，待标本片干后置显微镜下，用低倍镜观察，发现目的物后滴一滴香柏油在玻片上，用油镜观察细菌的形态及颜色，紫色的是革兰氏阳性菌，红色的是革兰氏阴性菌。

2.1.3 细菌培养特征的观察

培养特征是指微生物在培养基上所表现的群体形态和生长情况。菌落是指个体微生物在固体培养基上繁殖成的肉眼可见的群体。培养特征包括菌落特征、斜面培养特征及液体培养时的生长特征，它是认识微生物和微生物分类的重要依据。

各种细菌在一定条件下形成的菌落特征具有一定稳定性和专一性，这是观测菌种的纯度、辨认和鉴定菌种的重要依据。菌落特征包括大小、形状、边缘、光泽、质地、透明度、颜色、隆起和表面状况等。

2.1.3.1 菌种

（1）革兰氏阳性细菌 微球菌、四联球菌、藤黄八叠球菌、金黄色葡萄球菌、枯草芽孢杆菌等营养琼脂平板培养物。

（2）革兰氏阴性细菌 大肠埃希氏菌、粪产碱杆菌、沙门氏菌、产气肠杆菌、变形杆菌等营养琼脂平板培养物。

2.1.3.2 表面菌落培养特征的观察

食品中常见细菌种类很多，在此观察具有代表性的细菌属的特征。

接种方法有划线法即用接种环直接挑取菌苔在培养皿内培养基表面划线培养，该方法简便，但不易掌握，常常由于挑取菌苔过多，因而得不到单个菌落。另一种方法是稀释倾注法即用接种环取菌苔于无菌水试管中，制成菌悬液，以10倍稀释法配成10^{-1}～10^{-5}稀释度的稀释液，取后两个稀释度的稀释液各0.5mL加入无菌培养皿中，倒入融化好的培养基（45℃左右），混合均匀，于37℃培养。也可采用稀释涂布法，即先制备平板，然后取适当稀释度的菌悬液于平板上，再用涂布器涂布，而后进行培养。

一般细菌在肉膏蛋白胨琼脂培养基上培养3～7d，再进行观察和记载。培养时间过短，不易观察到应有的特征。

观察和记载时可参照图2-1和图2-2，其项目如下。

（1）菌落大小 用格尺测量菌落的直径。大菌落（5mm以上）、中等菌落（3～5mm）、小菌落（1～2mm）、露滴状菌落（1mm以下）。

（2）形状 斑点状、圆形、不规则状、放射状、卷发状、根状等。

（3）表面 光滑、皱、颗粒状、同心环状、辐射状、龟裂状等。

（4）边缘 光滑整齐、锯齿状、波状、裂叶片、有缘毛、多枝等。

（5）隆起形状 扩展、凸起、中凹台状、突脐形、台状等。

（6）透明程度 透明、半透明、不透明。

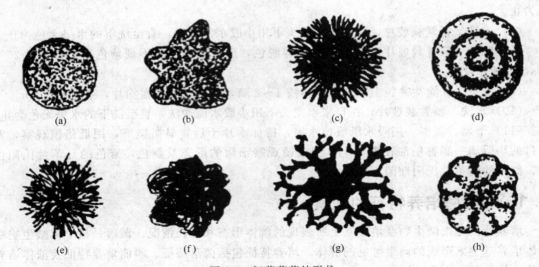

图 2-1　细菌菌落的形状

（a）圆形；（b）不规则状；（c）缘毛状；（d）同心环状；（e）丝状；（f）卷发状；（g）根状；（h）规则放射叶状

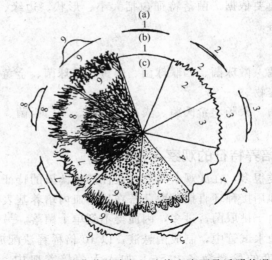

图 2-2　细菌菌落的隆起、边缘和表面及透明状况

（a）隆起：1—扩展；2—稍凸起；3—隆起；4—凸起；5—乳头状；6—皱纹状凸起；7—中凹台状；8—突脐形；9—高凸起

（b）边缘：1—光滑；2—缺刻；3—锯齿；4—波状；5—裂叶状；6—有缘毛；7—镶边；8—深裂；9—多枝

（c）表面：1—透明；2—半透明；3—不透明；4—平滑；5—细颗粒；6—粗颗粒；7—混杂波纹；8—丝状；9—树状

（7）颜色　黄色、乳白、乳黄等。

观察时参考图 2-1 和图 2-2。

2.1.3.3　斜面培养特征的观察

以无菌操作，用接种环挑取少量菌苔，在已制备好的试管斜面培养基中央自管底向上直线划过斜面（切勿划破斜面表面），37℃下培养。

一般细菌斜面培养经过 3～5d 后，就可按下列项目观察和记载。

（1）生长　不生长、微弱生长、中等生长、旺盛生长。

（2）形状　丝状、有小突起、有小刺、念珠状、扩展状、假根状、树状，如图 2-3。

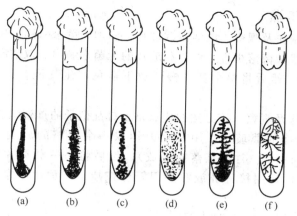

图 2-3 细菌斜面培养特征

(a) 丝状；(b) 有小刺；(c) 念珠状；(d) 扩展状；(e) 树状；(f) 假根状

（3）表面　光滑、不平、皱褶、瘤状突起。

（4）颜色　菌苔颜色（即非水溶性色素）、培养基颜色（即水溶性色素）。

（5）透明程度　透明、不透明、半透明。

2.1.3.4　液体培养特征的观察

将细菌接入液体培养基试管中，经过 1～3d 的培养即可进行观察，项目包括表面状况、浑浊程度、沉淀状况、有无气泡和色泽等，如图 2-4。

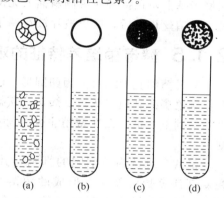

图 2-4　细菌液体培养特征

(a) 絮状；(b) 环状；(c) 浮膜状；(d) 沉淀

细菌的培养特征是细胞表面状况、排列方式、代谢产物、运动性和需氧性等的综合表现。同时，也受到培养基成分和培养条件等因素的影响。无鞭毛、不能运动的细菌，尤其是球菌通常都形成较小、较厚、边缘圆滑的半球状菌落；有鞭毛、运动能力强的细菌一般形成较大而平坦、边缘多缺刻至树根状、不规则形的菌落；有糖被的细菌可形成大型、透明、光滑、鸡蛋白状的菌落；无糖被的细菌，菌落表面通常干燥皱褶；有芽孢的细菌菌落粗糙、不透明且表面多皱。

2.1.4　放线菌培养特征的观察

放线菌是介于细菌与真菌之间的一类微生物，其菌体为丝状体，伸入培养基内的为基内菌丝，也称营养菌丝，生长在培养基表面的为气生菌丝。气生菌丝的上面可分化形成孢子丝，有各种形状，如直立、波浪、螺旋等。孢子丝可进一步分化形成孢子，孢子的形状大小也不相同，是分类的重要依据。

放线菌的菌落早期和细菌菌落相似，后期形成孢子菌落呈粉状、干燥，有各种颜色，呈同心圆放射状。

2.1.4.1　实验材料

显微镜、载玻片、酒精灯、接种环、石炭酸复红、解剖刀、盖玻片、培养皿、高氏1号合成培养基、丰加链霉菌（*Streptomyces toyocaensis*）及菌落。

2.1.4.2 方法与步骤

（1）水浸片法的制作及观察 取洁净载玻片，滴加无菌水一滴。用接种环挑取经过28～30℃培养4～5d的放线菌菌落少许，置于载玻片的无菌水滴内。取洁净盖玻片一块，先将盖玻片一端与液滴接触，然后将整个玻片慢慢放下避免产生气泡。置于显微镜下用高倍镜观察。

（2）印片法的制作及观察 该方法的优点是不打乱孢子的排列状态。

① 取菌：取片干净的载玻片，用解剖刀切取一个完整的放线菌菌落（带培养基切下），放在一载玻片的中央（注意菌落应正放）。然后将另一载玻片在酒精灯下微微加热后，盖在这一菌落上面，用接种环或解剖刀轻轻按压，然后小心拿下上面这块玻片（不可在菌落上移动）。

② 固定：将取下的玻片，通过火焰固定。

③ 染色：用石炭酸复红染色30s，然后水洗，风干。

④ 镜检。

（3）埋片法的制作及观察 将培养基融化后倒入平板，待凝固后挑取少量放线菌孢子接入培养基上，在接种线旁倾斜插入无菌盖玻片。28～30℃培养4～5d后，菌丝沿玻片向上生长，待菌丝长好后，取出玻片放在一干净载玻片上，置于显微镜下观察。

2.1.5 酵母菌培养特征的观察

酵母菌细胞形态可分为卵圆形、圆形、圆柱形或柠檬形，其菌落较大而厚，湿润，较光滑，颜色多为乳白、灰黄、淡黄、灰褐色，少见粉红或红色，偶见黑色。酵母菌个体比细菌大几倍到十几倍。无性繁殖主要是芽殖，有些酵母能形成假菌丝。有性繁殖形成子囊及囊孢子。

多数酵母菌为单细胞的真菌，其细胞均呈粗短形状，在细胞间充满着毛细管水，故在麦芽汁琼脂培养基上形成的菌落与细菌相似。酵母菌的菌落表面光滑、湿润、黏稠，容易用接种针挑起，质地柔软、均匀，颜色均一，多数不透明，单笔细菌的菌落较大而厚（凸起）。这是由于酵母菌个体细胞比细菌大，细胞内颗粒较明显、细胞间隙含水量相对较少，以及酵母菌不能运动等特点，故酵母菌的菌落比细菌显得较大而厚、外观黏稠及不透明。有的酵母菌的菌落因培养时间较长，会因干燥而皱缩。多数酵母菌的菌落呈乳白色或奶油色，少数为红色。此外，凡不产生假菌丝的酵母菌，其菌落更为凸起，边缘十分圆整；而能产大量假菌丝的酵母，则菌落平坦，表面和边缘较粗糙。酵母菌的菌落一般还会散发出一股诱人的酒香味。菌落的颜色、光泽、质地、表面和边缘形状等特征都是酵母菌分类、鉴定的依据。

2.1.5.1 实验材料

（1）菌种 酿酒酵母（*Saccharomyces cerevisiae*）、红酵母菌（*Rhodotorula*）、啤酒酵母（*Saccharomyces carlsbergensis*）、假丝酵母菌（*Candida Albicans*）。

（2）培养基及其他 显微镜、载玻片及盖玻片、培养皿、豆芽汁斜面、醋酸钠斜面、麦芽糖培养基、玉米粉琼脂培养基。

（3）仪器及器皿 显微镜、培养皿、载玻片、盖玻片等。

（4）染色液 0.1%美蓝液、中性红染色液、芽孢染色液、碘液、苏丹黑染液、二甲苯、0.5%番红。

2.1.5.2 实验方法与步骤

（1）菌落特征的观察 取少量酿酒酵母、红酵母和假丝酵母，划线接种在麦芽糖平板上，28～30℃培养3～5d。用肉眼观察菌落特征，项目包括菌落表面湿润或干燥、有无光泽、隆起形状、边缘形状、大小、颜色等。

（2）酵母菌细胞形态及芽殖方式 将酿酒酵母和啤酒酵母分别接种到麦芽糖琼脂斜面上，25℃培养3d。在洁净载玻片上滴加一滴无菌水或0.1％美蓝液1滴，用接种环取菌苔少许与无菌水或美蓝液混匀，盖上盖玻片，即成为水浸片。用高倍镜观察酵母细胞形态及出芽情况。

在无菌培养皿中倒玉米粉琼脂制平板，用新培养的假丝酵母以划线法接种2条线，然后在其上面盖以无菌盖玻片，25～28℃培养4～5d后观察，观察在划线两侧是否形成假菌丝。

（3）子囊孢子的观察 将酿酒酵母接种于豆芽汁或麦芽汁液体培养基中，28～30℃培养24h，如此连续传代3～4次，使其生长良好。然后转接到醋酸钠斜面培养基上，25～28℃培养4～5d。用水浸片或涂片后再用芽孢染色法染色，观察子囊孢子形状及每个子囊内的子囊孢子数目。

（4）液泡的活体染色观察 在洁净的载玻片上滴加一滴中性红染色液，用接种环取少量酿酒酵母与染液混匀，染色4～5min后，盖上盖玻片在显微镜下观察。中性红是液泡的活体染色剂，当细胞处于生活状态时，液泡被染成红色，细胞质及核不着色；若细胞死亡，液泡染色消失，细胞质及核呈现弥散性红色。

2.1.6 霉菌培养特征的观察

霉菌是一些小型丝状真菌的统称，并不是分类学名词，在分类学上分别属于藻状菌纲、子囊菌纲与半知菌类。霉菌菌体均是由分支或不分支的菌丝构成的，许多菌丝交织在一起称为菌丝体。霉菌的菌丝依据其形态构造可分为无隔菌丝和有隔菌丝；依据其功能可分为营养菌丝、气生菌丝和繁殖菌丝；霉菌的繁殖主要靠形成各种各样无性或有性孢子来完成。菌丝体的形态特征及孢子的形成方式与形态特征是霉菌分类与鉴定的重要依据。

观察霉菌时，若用水做介质制备其镜检标本片，菌丝常因渗透作用而膨胀、变形，且孢子在水中容易分散，难以保持其自然着生状态。此外，由于水分蒸发快，也不适于进行长时间观察。采用乳酸苯酚混合液制备霉菌镜检标本，可使菌丝透明、柔软、不变形、不易折断、不易干燥、能保持较长时间。

观察霉菌的方法很多，常用的有直接取菌压片观察法、载片培养观察法玻璃纸透析培养观察法及琼脂槽培养观察法等。直接取菌压片观察法具有简便、快速、不需特殊培养的优点，但挑取菌丝时，由于菌丝受外力作用而不能保持原有着生状态。对于产生小而易碎孢子头的霉菌（如青霉、曲霉、木霉等），制备较完整而又清楚的载片标本有一定困难，采用载片培养观察法可克服这一难点。载片培养又称小室培养，是把微生物接种在载玻片中央的小块培养基上，然后盖上一盖玻片，让微生物在两玻片之间的狭窄空间中进行生长发育，于是可得到一个微生物朝着接近水平面生长的自然生长状态的标本，便于在显微镜下观察。为得到清晰、完整、保持自然生长状态的霉菌形态标本，还可以采用玻璃纸透析培养法，此法是利用玻璃纸的半透膜特性及透光性。将玻璃纸覆盖在琼脂培养基表面，培养基中的营养成分可通过渗透作用透过玻璃纸，所以微生物在玻璃纸上能够生长。剪取小片玻璃纸贴在载玻片上用显微镜观察。可以取得与载片培养观察法同样的效果。琼脂槽培养观察法是在已凝固的琼脂平板上挖两条小槽，把霉菌的孢子或菌丝接种在槽内，然后将无菌盖玻片插于槽内或盖在槽上，将此平板置于合适的温度下，培养过程中随时观察或培养后直接置于显微镜下观察，也可小心地将盖玻片取下放在显微镜下观察。

2.1.6.1 直接取菌压片观察法

取洁净的载玻片，于中央滴一滴乳酸石炭酸棉蓝染液。

用接种钩或解剖针从试管或培养皿的菌落边缘交界处挑取少量霉菌培养物，浸入载玻片上的乳酸石炭酸棉蓝染液液滴内。

用两根解剖针小心地将菌丝团分散开，使其不缠结成团，并将其全部浸湿，然后盖上盖玻片并轻轻按压，尽量避免产生气泡。如有气泡可慢慢加热除掉。

将制好的载片标本置于低倍镜下观察，必要时换用高倍镜。

2.1.6.2 插片培养观察法

将无菌盖玻片斜插在已经接种的平板中，每个平板插10～15片，培养3～5d后观察。

取洁净的载玻片，于中央滴一滴乳酸石炭酸棉蓝染液。

用钢镊子从已培养好的霉菌平板中轻轻地取一片带菌的盖玻片，浸入载玻片上的乳酸石炭酸棉蓝染液中，然后轻轻按压，尽量避免产生气泡。

将制好的载片标本置于低倍镜下观察，必要时换用高倍镜。

2.1.6.3 载片培养观察

先在培养皿底部铺一张直径略小于培养皿的圆形滤纸，在滤纸上放一根U形玻棒和一块盖玻片，棒上搁置一片洁净载玻片，盖上皿盖后按常规包扎灭菌。此培养皿称为湿室。

将无菌察氏培养基试管在水浴中熔化，待冷却至50℃左右加入待观察的霉菌孢子，摇匀后迅速用无菌滴管吸取少许孢子琼脂混合液，滴加在湿室内载玻片中央。培养基滴加量宜少，外形应圆而薄（直径约5mm）。

将镊子在火焰上灼烧灭菌后，取原放在皿内的盖玻片盖在培养基上，然后用镊子轻轻压几下，以使盖玻片与载玻片间的距离相当接近（不超过1/4mm）。

为防止在培养过程中琼脂干燥，在滤纸上加注3mL 20%无菌甘油，以保证湿室内的适宜湿度。

盖上培养皿盖，在皿上标明菌种、日期、接种人，置于28℃恒温箱中培养2～3d。

将培养好的载玻片取出，将背面擦干，直接置于显微镜下进行观察。观察时，开始不得压盖玻片，以防形态失去完整性和自然性，待整体观察完毕，可轻轻压盖玻片后观察内部结构。

2.1.6.4 玻璃纸透析培养观察法

先制备察氏培养基平板或马铃薯蔗糖培养基平板，再用无菌镊子在平板上铺一张无菌玻璃纸（其直径同培养皿内径）。

向霉菌斜面培养物中加入无菌水。洗下孢子，制成孢子悬液。

用无菌吸管吸取0.1mL孢子悬液于上述玻璃纸平板上，并用无菌玻璃涂布棒涂布均匀。

在28℃温箱倒置培养48h左右，待玻璃纸表面产生颜色，说明已长出孢子。取出培养皿，用镊子将玻璃纸与培养基分开，再用剪刀剪取小片玻璃纸置于载玻片上，在显微镜下观察。

2.1.6.5 琼脂槽培养观察法

制备察氏琼脂培养基平板。在平板上用无菌刀切挖两条槽，每条1cm×5cm左右。

用接种环以无菌操作从霉菌试管斜面培养物上取孢子，接种在槽的内壁上。

用无菌镊子取无菌盖玻片加盖于上述平板的槽上。霉条槽上可盖1～2片。

将培养皿置28℃恒温箱内培养2～3d，可随时直接观察，也可在培养后取出盖玻片，放在一载玻片上于显微镜下观察。

2.2 微生物生长的测定

2.2.1 微生物生长的定义

一个微生物细胞在合适的外界环境条件下，微生物个体或群体细胞中主要化学组分协调而平衡地增长。也就是说，在生长过程中应保持恒定的细胞化学组成，细胞内的DNA、蛋白质、多糖、类脂等主要成分应该平衡增长，生长的外部表现为个体数量的增加和群体生物量的增长。即个体生长—体繁殖—群体生长，群体生长＝个体生长＋个体繁殖。

在微生物学中提到的"生长"均指群体生长，这一点与研究高等生物时有所不同。

微生物的生长繁殖是其在内外各种环境因素相互作用下的综合反应，因此，生长繁殖情况就可作为研究各种生理、生化和遗传等问题的重要指标。微生物生长的测定方法有多种，根据不同的微生物和不同的生长状态可以选取不同的指标。通常对于处于旺盛生长期的单细胞微生物，既可以选细胞数，又可以选细胞质量作为生长指标，因为这时二者是成比例的。对于多细胞微生物的生长（以丝状真菌为代表），则通常以菌丝生长长度或菌丝重量作为生长指标。

2.2.2 微生物数目的测定

总细胞计数法包括显微镜直接记数法和比浊法，所得结果包括死菌和活菌。活菌计数法常用平板菌落记数法、滤膜过滤法等。

2.2.2.1 稀释平板菌落计数法

稀释平板菌落计数法是一种最常用的活菌计数法。一个活细胞形成一个菌落。取一定体积的稀释菌液与合适的固体培养基在其凝固前均匀混合，或涂布于已凝固的固体培养基平板上，在最适宜条件下培养后，从平板上出现的菌落数乘上菌液的稀释度，即可计算出原菌液的含菌数。在1个9cm直径的培养皿平板上，一般以出现50～500个菌落为宜。

(1) 涂布平板法　用灭菌的涂布器将一定体积（不大于0.1mL）的适当稀释度的菌液涂布在琼脂培养基的表面，然后保温培养到有菌落出现，记录菌落的数目并换算成每毫升试样中的活细胞数量。

(2) 倾倒平板法　将样品稀释到一定浓度，取一定体积（0.1～1mL）倒入冷却至45℃的固体培养基混合，制成平板。在最适宜条件下培养后，从平板上出现的菌落数乘以菌液的稀释度，即可计算出原菌液的含菌数。在一个直径9cm的培养皿平板上，一般以出现50～500个菌落为宜。

2.2.2.2 滤膜过滤法

样品通过微孔滤膜后，细菌收集在滤膜上，然后将滤膜放在培养基中培养，通过菌落计数求出样品活菌落。

2.2.2.3 血球计数板法

血球计数板法是用来测定一定容积中的细胞总数目的常规方法。这种方法的特点是测定简便、直接、快速，但测定的对象有一定的局限性，只适合于个体较大的微生物种类，如酵母菌、霉菌的孢子等。此外测定结果是微生物个体的总数，其中包括死亡的个体和存活的个体。要想测定活菌的个数，还必须借助其他方法配合。

血球计数板中央有一个体积一定的计数室（0.1mm³）。将菌悬液或孢子悬液在显微镜下计数，然后再按一定公式计算出细胞总数。

2.2.2.4 比浊法

细菌培养物在其生长过程中，由于原生质含量的增加，会引起培养物浑浊度的增高。

细胞悬浮液的浑浊度通常采用分光光度计进行测定。在可见光的 450～650nm 波段内均可测定。为了对某一培养物内的菌体生长做定时跟踪，可采用不必取样的侧壁三角烧瓶来进行。测定时，只要把瓶内的培养液倒入侧臂管中，然后将此管插入特制的光电比色计比色座孔中，即可随时测出生长情况，而不必取用菌液。

2.2.3 微生物生长量的测定

2.2.3.1 湿重法

将单位体积微生物培养液离心，收集沉淀物，然后再称重。

2.2.3.2 干重法

称干重可用离心法或过滤法测定，一般干重为湿重的 10%～20%。

（1）离心法 将待测培养液放入离心管中，用清水离心洗涤 1～5 次后，进行干燥。干燥温度可采用 105℃、100℃或红外线烘干。也可在较低的温度（80℃或 40℃）下进行真空干燥，然后称干重。以细菌为例，1 个细胞一般重 10^{-12}～10^{-13}g。

（2）过滤法 丝状真菌可用滤纸过滤，而细菌则可用醋酸纤维膜等进行过滤。过滤后，细胞可用少量水洗涤。然后在 40℃下真空干燥，称干重；以大肠埃希氏菌为例，在液体培养物中，细胞的浓度可达 $2×10^8$/mL。100mL 培养物可得 10～90mg 干重的细胞。

这种方法较适合于丝状微生物的生长量的测定，对于细菌来说，一般在实监室或生产实践中较少使用。

2.3 细菌生理特征试验

2.3.1 耐热试验

（1）原理 温度是影响微生物生长与存活的重要因素之一。当微生物处于最适生长温度时，有刺激生长的作用；不适宜的温度可以导致细菌的形态和代谢的改变或使微生物的蛋白质凝固变性而导致死亡。不同的微生物对温度的抵抗力不同，一般情况下，病原微生物细胞最不耐热，而霉菌和放线菌的孢子、细菌芽孢最耐热。如大肠埃希氏菌在 60℃ 10min 内致死，而枯草芽孢杆菌在 100℃ 6～10min 内才能致死，这是因为芽孢不仅含水量低，有厚而致密的壁，而且还含有特殊的物质——吡啶二羧酸，所以芽孢杆菌的抗热能力比大肠埃希氏菌强。

（2）试验方法 将培养 48h 的大肠埃希氏菌和枯草芽孢杆菌斜面加入无菌生理盐水各 5mL，用接种环刮下菌体，制成菌悬液。在肉膏蛋白胨液体培养基试管中各接入大肠埃希氏菌悬液或枯草芽孢杆菌悬液 0.2mL，对细菌液体培养物进行一定温度不同时间处理（如

60℃ 10min、20min、30min、40min，芽孢菌用 100℃ 2min、4min、6min、8min、10min、15min、20min 等）后，立即用冷水冲凉，然后置 37℃恒温室内培养 24h 后，观察生长情况。在其最适生长温度培养 24～48h，菌落计数法比较。

2.3.2 最高、最低和最适生长温度试验

（1）原理　最高、最适和最低的生长温度常常是某些细菌鉴定的特征之一。每种微生物都有自己的生长温度三基点：最高生长温度、最适生长温度和最低的生长温度。在生长温度的三基点内，微生物都生长，但生长的速率不一样。微生物只有处于最适生长温度时，生长速度才最快，繁殖周期才最短。微生物在最高生长温度下仅有微弱的生长，一旦温度超过此限，将停止其生长并导致死亡。最低温度是微生物生长的下限，低于该温度微生物将停止生长。低温一般不易导致微生物死亡，微生物可以在低温下较长期地保存其生活能力，因此才有可能用低温保藏微生物。

（2）试验方法　每种对某一细菌的同一培养液在不同温度（4℃、20℃、30℃、36℃、41℃、45℃、55℃、65℃、75℃）培养，比浊法（450～650nm）测定其生长量。37℃以上时应置于水浴测定，需 3 次移种生长者才能确认。

2.3.3 耐渗试验

（1）原理　微生物最适宜在等渗透溶液中生长，此时环境渗透压和细胞内渗透压相同或相近，细胞在等渗环境中生长好，如 0.85％氯化钠即生理盐水。若将细菌置于低渗液或水中，菌体因吸收水分膨胀甚至破裂；如果将菌体置于高渗液中，则菌体内的水分就会渗出，结果发生质壁分离现象。不同的细菌对渗透压的抵抗力不同。但不论哪种细菌，对渗透压的抵抗力是有一定限度的，超过一定限度则使菌体生长受到抑制。

（2）试验方法　选取含蔗糖量分别为 2％、10％、20％、40％的合成培养基或含氯化钠量分别为 2％、10％、20％、40％的肉膏蛋白胨琼脂培养基，观察微生物在不同浓度下的生长状况。

2.3.4 耐盐和需盐试验

（1）原理　某些微生物如海洋微生物需要培养基中有 3.5％的氯化钠，如弧菌作为食物中毒菌源于生的和未充分煮熟的有壳的水生动物，大多数弧菌生长需要 2％～3％的氯化钠。金黄色葡萄球菌有较强的耐盐能力，它在 10％的氯化钠溶液中仍能正常生长。某些极端嗜盐性细菌能耐 15％～30％的高盐环境，它们在高浓度盐类的食物中生长而使食品腐败变质，容易造成食物中毒。

（2）试验方法　选择适宜菌生长的液体培养基，根据鉴定需要加入不同浓度氯化钠（如 2％、5％、7％、10％、15％）。取培养 24h 的菌液接种培养，分别于 3d 和 7d 后，与未接种的对照管相比，目测生长情况。

2.3.5 嗜酸碱试验

（1）原理　微生物细胞中 DNA、ATP、蛋白质易遭到酸碱破坏，酸碱还影响细胞膜与酶蛋白的电荷，从而影响物质吸收和催化。因此微生物生长在适宜的酸碱度环境中，如细菌、放线菌、藻类、原生动物等最适 pH 多为 6.5～8.5（7.5 左右）；酵母、霉菌最适 pH 多为 4～6；少数微生物能在 pH<2 或 pH>10 环境中生长，这些微生物称为极端微生物。

（2）方法 观察被检菌在 pH 值为 3、5、7、9、11、13 条件下的适温生长状况。比浊法测定其生长量或目测。

2.3.6 紫外线杀菌试验

（1）原理 由于光的波长不同，产生了红、黄、橙、绿、青、蓝、紫七色光，紫外线是光线的一种形式，是一种高能量的光。而紫外光的波长是从 40～400nm，因为波长太短，所以人的肉眼是难以看到的。按波长分为 A 波段、B 波段、C 波段和真空紫外线。C 波段的波长为 75～200nm。水消毒用的是 C 波段紫外线。紫外线在波长为 240～280nm 范围最具有杀菌效能，尤其在波长为 253.7nm 时紫外线的杀菌作用最强。紫外线中的一段 C 频（C-BAQND）对摧毁对人体有害的细菌或病毒有极大的效用。其杀菌原理是通过紫外线对细胞、病毒等单细胞微生物的照射，以破坏其生命中枢 DNA（去氧核糖核酸）的结构，使构成该微生物的蛋白质无法形成，使其立即死亡或丧失繁殖能力。一般紫外线在 1～2s 就可达到灭菌的效果。目前已证明，紫外线能杀灭细菌、霉菌、病毒和单胞藻。事实上，所有的微生物对紫外线都很敏感。

紫外线灯管辐照强度，即紫外线杀菌灯所发出之辐照强度，与被照消毒物的距离成反比。当辐照强度一定时，被照消毒物停留时间愈久，离杀菌灯管愈近，其杀菌效果愈好，反之愈差。

（2）试验方法 在 265nm 波长紫外灯下，取产气肠杆菌液体培养物 0.5mL（菌体浓度：菌落计数为 200～250）涂布于营养琼脂上，放在一定距离如 50cm、100cm 的位置，照射 2min 后按菌落计数培养，比较照射前后的生长情况，以确定紫外灯的杀菌能力。

注意事项：紫外线对细菌有强大的杀伤力，对人体同样有一定的伤害，人体最易受伤的部位是眼角膜，因此在任何时候都不可用眼睛直视点亮着的灯管，以免受伤，万一必须要看时，应用普通玻璃（戴眼镜）或透光塑胶片作为防护面罩。

2.3.7 抑菌剂抑菌试验

用于测定抗菌物体外抑制细菌生长效力的试验称为抑菌试验。通过抑菌实验，可以测定一个物质的最低抑菌浓度，用以评价该物质的抑菌性能。主要方法有进行定性测定的扩散法（如抑菌斑试验）和进行定量测定的稀释法。扩散法包括纸片法、牛津杯法和打孔法。稀释法包括试管稀释法和微量稀释法，通过测试细菌在含不同浓度药物培养基中的生长情况，判断其最低抑菌浓度（MIC）。

由于扩散法操作简单，成本低，已经被大多数实验室所采用。

2.3.7.1 抗生素抑菌试验

观察微生物在不同抗生素或不同浓度抗生素存在下的生长状况。一般用纸片法：先把细菌用灭菌的棉拭子均匀涂布于平板，用无菌镊子取含抗生素的圆形滤纸片盖于制备好的平板上，30℃或 36℃培养 24～48h，观察抑菌圈的大小。出现抑菌圈者表示敏感，无抑菌圈者为耐药。

注意：滤纸片上含有的溶液不要太多，而且在贴滤纸条时不要在培养基上拖动滤纸条，避免抗生素溶液在培养基中扩散时分布不均匀。

2.3.7.2 染料抑菌试验

染色剂，尤其是碱性染色剂在低浓度下，可抑制细菌生长。其中比较重要的有三苯甲烷染料（孔雀绿、亮绿、结晶紫等）和吖啶衍生物（吖啶黄和原黄素）。一般革兰氏阳性菌比革兰氏阴性菌对染色剂更敏感。

把结晶紫、亮绿、孔雀绿等染料加入到培养基中使其最终浓度达到 10 万～50 万倍等不同稀释度，观察对不同细菌的抑制效果。

2.3.7.3 胆汁抑菌试验

肠球菌能在含 40％胆汁的培养基中生长，某些链球菌、片球菌、大多数乳球菌、明串珠菌和气球菌也能生长。有些菌发生自溶现象。

2.3.7.4 协同抑菌试验

不同抑菌剂（如 2％氯化钠和 0.5％甘氨酸）分别作用于某种细菌（抑菌剂浓度可以改变），测试抑菌效果。再检验二者合用时的抑菌效果。用菌落计数法测定。

2.3.8 细菌受伤试验及受伤菌恢复试验

（1）受伤试验 对大肠埃希氏菌液体培养物冷冻（−5℃、−15℃、−30℃）处理 10～20h，用菌落计数法测定细菌的存活率。

（2）不同试剂对受伤菌恢复作用的试验 如把丙酮酸钠（最终浓度 1％）、硫酸镁（最终浓度 0.25％）等加到营养琼脂培养基中，试验它们分别对热受伤（60℃ 5min 处理）的葡萄球菌恢复作用的影响。以不加丙酮酸钠、硫酸镁的培养基分别做对照。

（3）受伤菌恢复试验 取经过−15℃处理 20h 的大肠埃希氏菌液体培养物做几个合适的稀释液（0.1％蛋白胨为稀释剂），直接用结晶紫中性红胆盐葡萄糖琼脂培养计数。做另一半相同的稀释液在 37℃温箱恢复 3h，再用同一培养基培养计数。

2.3.9 动力试验

用接种针在含 0.35％～0.6％的琼脂或更低含量琼脂的半固体培养基上垂直穿刺培养，插到离小试管底部只有 5mm 左右时再垂直抽回来，即做一条穿刺线。放培养箱中适温培养 18～24h 可观察结果。

如果只沿穿刺线生长，穿刺线清晰，未扩散，则表明动力阴性。如果穿刺线模糊，侧光看可明显观察到穿刺线周围有扩散生长的痕迹，则为阳性。不同菌有不同形状，如李斯特氏菌为倒伞形状。

2.3.10 需氧/厌氧性试验

按照微生物对氧气的需要情况分为：需氧微生物、兼性需氧微生物、微需氧性微生物、耐氧微生物和厌氧微生物。

（1）需氧厌氧实验 在厌氧培养基——硫乙醇酸钠培养基中接种。由于加了硫乙醇酸钠，降低了氧化-还原电位，适合厌氧菌深层生长，表面由于接触氧气，适合需氧菌生长。以亚甲蓝（美蓝）为指示剂，观察氧化-还原电位的变化情况。专性需氧：表层生长，深层不长。专性厌氧：表层不长，深层生长。兼性厌氧：均生长。也可用普通培养基，分别进行普通培养和厌氧培养。

（2）微需氧性试验 将接种的培养物分别在含 0、5％、10％、20％氧气的厌氧罐中培养。观察生长情况。

2.4 细菌生化试验

微生物生化反应是指用化学反应来测定微生物的代谢产物，常用来鉴别一些在形态和其他方面不易区别的微生物。不同细菌具有不同的酶系统，分解利用糖类、脂肪类和蛋白质类物质的能力不同，其发酵的类型和产物也不同，细菌生理生化反应是菌株分类鉴定的重要依据之一。

2.4.1 糖类代谢试验

细菌分泌胞外酶，将菌体外的多糖分解成单糖（葡萄糖）后再吸收。各种细菌将多糖分解为单糖，进而转化为丙酮酸过程对于需氧菌和厌氧菌是一致的。但对于丙酮酸的利用，需氧菌和厌氧菌则不相同。需氧菌将丙酮酸经三羧酸循环彻底分解成 CO_2 和水。厌氧菌则发酵丙酮酸，产生各种酸类（如甲酸、乙酸、丙酸、丁酸、乳酸、琥珀酸等）、醛类（如乙醛）、醇类（如乙醇、乙酸甲基甲醇、异丙醇、丁醇等）、酮类（如丙酮）。

2.4.1.1 糖发酵试验

（1）原理　不同细菌具有不同的酶，对糖类的分解能力和代谢产物也不同，借此可以鉴别细菌。有的能分解多种糖类，有的仅能分解1～2种，还有的不能分解糖类。细菌分解糖类后的终产物也不相同，有的产酸产气，有的仅产酸不产气。例如：大肠埃希氏菌能使乳糖发酵，产酸产气，而伤寒杆菌则不能利用乳糖；大肠埃希氏菌能使葡萄糖发酵，产酸产气，而伤寒杆菌则只产酸、不产气。普通变形杆菌分解葡萄糖产酸产气，但不能分解乳糖。

不同的细菌可根据分解利用糖能力的差异表现出是否产酸产气作为鉴定菌种的依据，可用指示剂及发酵管检验。

对于各种醇和苷的利用生化试验同糖发酵试验原理和操作相似。

（2）培养基　发酵培养基含有蛋白胨、指示剂和不同的糖类。一般常用的指示剂为酚红、溴甲酚紫、溴百里蓝等，若使用溴甲酚紫，则其pH在5.2以下呈黄色，pH在6.8以上呈紫色。通常在培养基中加入0.5%～1%的糖类（单糖、双糖或多糖）。常用糖类有葡萄糖、半乳糖、乳糖、麦芽糖、蜜二糖、蔗糖、木糖、阿拉伯糖。其中麦芽糖、木糖和阿拉伯糖需过滤除菌，临用时加入。因培养基中 E_h 值的不同，产物可能也不同。厌氧菌培养基须加入0.1%的硫乙醇酸钠。培养基可为液体、半固体、固体或微量生化管几种类型。

（3）试验方法　以无菌操作，用接种针或环移取纯培养物少许，接种于发酵液体培养基管；若为半固体培养基，则用接种针做穿刺接种。接种后，置（36±1）℃培养数小时至2周后（一般2～3d），观察结果。若用微量发酵管或要求培养时间较长时，应保持湿度，以免培养基干燥。

（4）结果　接种的细菌，若能分解培养基中的糖产酸时，培养基中的指示剂呈酸性反应（溴甲酚紫指示剂变黄）。若产气可使液体培养基内倒管内或半固体培养基内出现气泡，固体培养基内有裂隙等现象。若不分解该糖，培养基中除有细菌生长外，无任何其他变化（图2-5）。

（5）应用　糖发酵试验是鉴定细菌最主要和最基本的试验，特别对肠杆菌科细菌的鉴定尤为重要。乳糖发酵试验能初步鉴别肠道致病菌和肠道非致病菌，肠道致病菌多数不发酵乳糖，肠道非致病菌多数发酵乳糖。

2.4.1.2 VP 试验

（1）原理　某些细菌在葡萄糖蛋白胨水培养基中能分解葡萄糖产生丙酮酸，丙酮酸缩合、脱羧成乙酰甲基甲醇，后者在强碱环境下，被氧化为二乙酰，二乙酰再与蛋白胨中精氨酸所含的胍基结合，生成红色化合物，称 VP（＋）反应，VP 试验也称为乙酰甲基甲醇试验。不产生红色化合物者为阴性反应。有时为了使反应更为明显，可加入少量含胍基的化合物，如肌酸等。

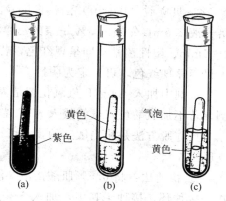

图 2-5　糖发酵试验

（a）培养前的情况；（b）培养后产酸不产气；（c）培养后产酸产气

VP 试验是用来测定某些细菌利用葡萄糖产生非酸性或中性末端产物的能力，如丙酮酸。大肠埃希氏菌和产气肠杆菌都能使葡萄糖产酸、产气；大肠埃希氏菌所产丙酮酸使培养基呈明显酸性，而产气杆菌却能使丙酮酸脱羧，生成中性的乙酰甲基甲醇。在碱性环境中乙酰甲基甲醇被氧化为二乙酰，二乙酰与蛋白胨中的精氨酸所含的胍基结合，生成红色化合物。即产气肠杆菌 VP 试验为阳性反应，而大肠埃希氏菌为阴性反应。

其化学反应过程图 2-6。

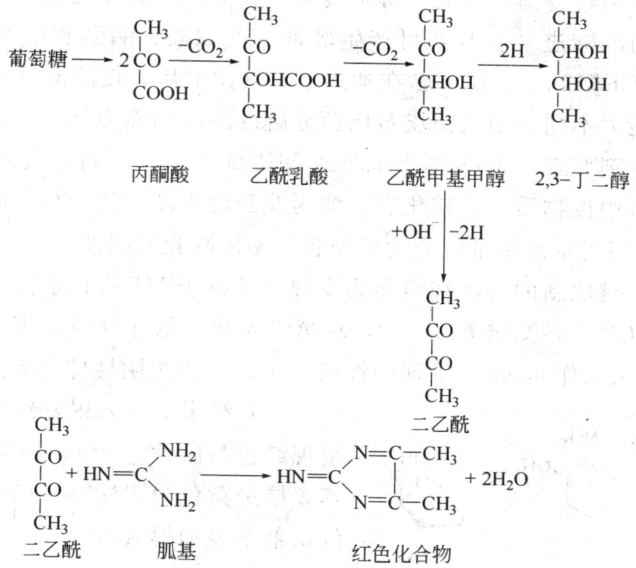

$$\text{葡萄糖} \longrightarrow 2\begin{matrix}CH_3\\CO\\COOH\end{matrix} \xrightarrow{-CO_2} \begin{matrix}CH_3\\CO\\COHCOOH\\CH_3\end{matrix} \xrightarrow{-CO_2} \begin{matrix}CH_3\\CO\\CHOH\\CH_3\end{matrix} \xrightarrow{2H} \begin{matrix}CH_3\\CHOH\\CHOH\\CH_3\end{matrix}$$

丙酮酸　　　乙酰乳酸　　　乙酰甲基甲醇　　2,3-丁二醇

$$\xrightarrow{+OH^- \ -2H}$$

$$\begin{matrix}CH_3\\CO\\CO\\CH_3\end{matrix}$$

二乙酰

$$\begin{matrix}CH_3\\CO\\CO\\CH_3\end{matrix} + HN=C\begin{matrix}NH_2\\ \\NH_2\end{matrix} \longrightarrow HN=C\begin{matrix}N=C-CH_3\\ \\N=C-CH_3\end{matrix} + 2H_2O$$

二乙酰　　　胍基　　　　红色化合物

图 2-6　细菌利用葡萄糖 VP 试验化学反应过程

（2）试验方法　常用方法有三种。

① 奥梅拉（O-Meara）法：挑取新培养的待测纯培养物少许接种于葡萄糖蛋白胨水培养基，于（36±1）℃培养（48±2）h，培养液 10mL 加 O'Meara 试剂（加有 0.3％肌酸 Creatine 或肌酸酐 Creatinine 的 40％氢氧化钠水溶液）1mL，摇动试管 1～2min，静置于室温或（36±1）℃恒温箱，若 4h 内不呈现伊红即判定为阴性。亦有主张在 48～50℃水浴放置 2h 后判定结果者。

加入 O'Meara 试剂后要充分混合，促使乙酰甲基甲醇氧化，使反应易于进行。

② 贝立脱（Barritt）法：将试验菌接种葡萄糖蛋白胨水培养基，于（36±1）℃培养 4d，培养液 2.5mL 先加入 5％ α-萘酚乙醇溶液 0.6mL，再加 40％氢氧化钾水溶液 0.2mL，摇动 2～5min，阳性菌常立即呈现红色，若无红色出现，静置于室温或（36±1）℃恒温箱，如 2h 内仍不显现红色，可判定为阴性。

试剂中加入 400g/L 氢氧化钾是为了吸收二氧化碳。加入量少于 0.2mL，且次序不能颠倒。若不加肌酸可将试管放入 37℃温箱中保温 15～30min，以加快反应速度。

贝立脱方法是相当敏感的，它可检出以前认为 VP 试验阴性的某些细菌，国内多采用贝立脱法。

③ 快速法：将 0.5％肌酸溶液 2 滴放于小试管中，挑取产酸反应的三糖铁琼脂斜面培养物一接种环，接种于其中，加入 5％ α-萘酚 3 滴，40％氢氧化钠水溶液 2 滴，振动后放置 5min，判定结果。不产酸的培养物不能使用。

（3）结果　培养基呈现红色：阳性（＋）。培养基不变色：阴性（－）。

（4）应用　本试验是肠道杆菌常用的生化反应试验，一般用于肠杆菌科各菌属的鉴别，主要用于区别大肠埃希氏菌和产气肠杆菌。在用于芽孢杆菌和葡萄球菌等其他细菌检验时，通用培养基中的磷酸盐可阻碍乙酰甲基甲醇的产生，故应省去或以氯化钠代替之。

2.4.1.3　甲基红试验（ Methyl Red ， MR 试验）

（1）原理　肠杆菌科各菌属都能发酵葡萄糖，在分解葡萄糖过程中产生丙酮酸，由于糖代谢的途径不同，丙酮酸进一步分解可产生乳酸、琥珀酸、醋酸和甲酸等大量混合酸性产物，使培养基 pH 值下降到 4.5 以下，在加入甲基红试剂后，使溶液呈现红色反应。

不同细菌产酸能力不同，如大肠埃希氏菌分解丙酮酸的能力强，产酸多，可使 pH 下降到 4.5 以下，使指示剂变红，大肠埃希氏菌的 MR 试验阳性；而产气肠杆菌可把部分丙酮酸分解成乙酰甲醇（中性物质）或转化有机酸为非酸性末端产物，如乙醇等，只可以使培养基 pH 不低于 5.4，使指示剂甲基红变为橘黄色，MR 试验为阴性。

（2）试验方法　挑取新的待试纯培养物少许，接种于 MR-VP 生化鉴定管或葡萄糖蛋白胨水培养基中，于（36±1）℃培养 3～5d，从第二天起，每日取培养液 1mL，加甲基红指示剂 1～2 滴（无需无菌操作），迄至发现阳性或至第 5 天仍为阴性即可判定结果。

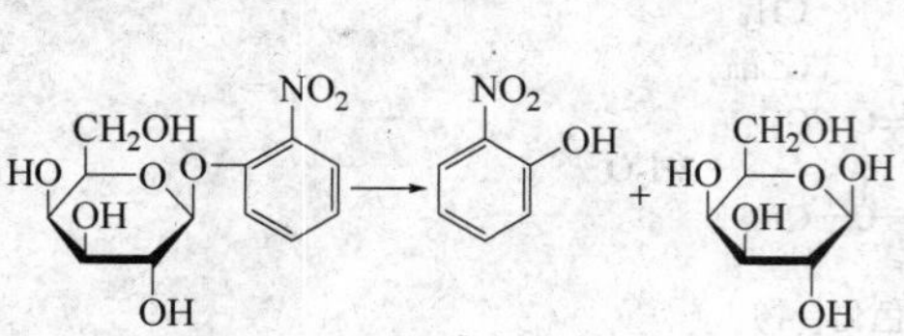

图 2-7　乳糖代谢过程

（3）结果　加入甲基红试剂后，培养基表层呈现红色为阳性（＋），弱阳性呈淡红色；培养基表层呈黄色为阴性（－），如图 2-7。注意甲基红试剂不要加得太多，以免出现假阳性反应。

甲基红为酸性指示剂，pH 范围为 4.4～6.0，其 pK 值为 5.0。故在 pH 5.0 以下，随酸度增加而红色增强，在 pH 5.0 以上，则随碱度增加而黄色增强，在 pH 5.0 或上下接近时，可能变色不够明显，此时应延长培养时间，重复试验。

（4）应用　甲基红试验是肠道杆菌常用的生化反应试验，主要用于区别大肠埃希氏菌和产气肠杆菌。

一般若细菌同时进行 MR 试验和 VP 试验时，可以选择同一试管的葡萄糖蛋白胨水培养物来完成。一般情况下，前者阳性的细菌，后者通常为阴性。但肠杆菌科细菌不一定都这样规律，如蜂房哈夫尼亚菌和奇异变形杆菌的 VP 试验和 MR 试验常同为阳性。

2.4.1.4　七叶苷水解试验

（1）原理　有的细菌可将七叶苷分解成葡萄糖和七叶素，七叶素与培养基中枸橼酸铁的二价铁离子反应，生成黑色的化合物，使培养基呈黑色。克雷伯氏菌属、肠杆菌属和沙氏雷菌属能水解七叶苷，肠球菌属和 D 群链球菌也能水解七叶苷，并耐受胆汁。

（2）培养基　七叶苷培养基或胆汁七叶苷培养基。

（3）试验方法　将待检菌接种于七叶苷培养基中，35℃培养 18～24h 后观察结果。

（4）结果　培养基变为黑色为阳性（＋），不变色者为阴性（－）。

（5）应用　主要用于 D 群链球菌与其他链球菌的鉴别，前者阳性，后者阴性。也可用于革兰氏阴性杆菌及厌氧菌的鉴别。

2.4.1.5　β-半乳糖苷酶试验

（1）原理　有的细菌可产生 β-半乳糖苷酶，能分解无色的邻硝基酚-β-D-半乳糖苷（O-nitrophenyl-β-D-galactopyranoside，ONPG）生成黄色的邻-硝基酚，在很低浓度下也可检出。

细菌分解乳糖必须有半乳糖苷渗透酶（galact osidepermease）和 β-半乳糖苷酶的参加。前者可将乳糖通过细胞壁送到细胞内。后者存在于细菌的细胞内，将进入菌细胞的乳糖分解为葡萄糖和半乳糖。具有上述两种酶的细菌可迅速分解乳糖。迟缓分解乳糖的细菌只有 β-半乳糖苷酶，缺乏半乳糖苷渗透酶，或是其活性很弱，不能很快将乳糖运送到菌细胞内，所以通常需要几天时间乳糖才被分解。ONPG 与乳糖的分子结构相似，且分子较小，不需半乳糖苷渗透酶的运送就可进入菌细胞内，由菌细胞内的 β-半乳糖苷酶将其分解为半乳糖和黄色的邻位-硝基酚。采用 ONPG 试验，可将迟缓分解乳糖的细菌迅速取得阳性结果。

（2）培养基或试剂

① 0.75mol/L ONPG 溶液：取 80mg ONPG 溶于 15mL 蒸馏水中，再加入缓冲液（6.9g NaH_2PO_4 溶于 45mL 蒸馏水中，用 30% NaOH 调整 pH 为 7.0，再加水至 50mL）5mL，置 4℃冰箱中保存。ONPG 溶液应为无色，如出现黄色则不应再用。

② ONPG 培养基。

（3）试验方法与结果

① 将测定菌接种于 TSI（或克氏双糖铁培养基）斜面上，于 37℃培养 18h，挑取一大环菌苔于 0.25mL 无菌生理盐水中制成菌悬液，加入 1 滴甲苯（有助于酶的释放）并充分振摇。将试管置 37℃水浴 5min，加入 0.25mL ONPG 试剂，水浴 20min～3h 观察结果。ONPG 试剂一般在 20～30min 内显色，菌悬液呈现黄色为阳性反应（＋），不变色为阴性（－）。

② ONPG 液体法：取一环细菌纯培养物（量要大）接种在 ONPG 培养基上置 37℃培养 1～3h 或 24h，如有 β-半乳糖苷酶，会在 3h 内产生黄色的邻硝基酚；如无此酶，则在 24h 内不变色（图 2-8）（国家标准采用此法）。

（4）应用　迅速及迟缓分解乳糖的细菌 ONPG 试验为阳性（黄色），而不发酵乳糖的细菌为阴性（不变色）。本实验主要用于迟缓发酵乳糖菌株的快速鉴定。埃希氏菌属、枸橼酸杆菌属、克雷伯氏菌属、哈夫尼亚菌属、沙雷氏菌属和肠杆菌属等均为试验阳性，而沙门氏菌属、变形杆菌属和普罗威登斯菌属等为阴性。

图 2-8　ONPG 试验结果
（a）阳性；（b）空白

2.4.1.6 淀粉水解试验

(1) 原理 某些细菌具有合成淀粉酶的能力，分泌胞外淀粉酶，把淀粉水解为麦芽糖或葡萄糖。淀粉水解后遇碘不再变蓝色。

(2) 培养基 淀粉培养基（牛肉膏蛋白胨培养基加 0.2% 的可溶性淀粉）或淀粉肉汤。

(3) 试验方法 以 18～24h 的纯培养物，涂布接种于淀粉琼脂斜面或平板（一个平板可分区接种，试验数种培养物）或直接移种于淀粉肉汤中，于（36±1）℃培养 24～48h，或于 20℃培养 5d。然后将碘试剂直接滴浸于培养基表面，若为液体培养物，则加数滴碘试剂于试管中，立即检查结果。

(4) 结果 琼脂培养基呈深蓝色、菌落或培养物周围出现无色透明环或肉汤颜色无变化为阳性反应（＋）。无透明环或肉汤呈深蓝色则为阴性反应（－）。

淀粉水解系逐步进行的过程，因而试验结果与菌种产生淀粉酶的能力、培养时间，培养基含有淀粉量和 pH 等均有一定关系。培养基 pH 必须为中性或微酸性，以 pH 7.2 最适。淀粉琼脂平板不宜保存于冰箱，因而以临用时制备为妥。

(5) 应用 检测细菌能否产生淀粉酶和利用淀粉能力。

2.4.1.7 氧化-发酵（O/F）试验

(1) 原理 细菌在分解葡萄糖的过程中，必须有分子氧参加的，称为氧化型。氧化型细菌在无氧环境中不能分解葡萄糖。细菌在分解葡萄糖的过程中，可以进行无氧降解的，称为发酵型。发酵型细菌无论在有氧或无氧的环境中都能分解葡萄糖。不分解葡萄糖的细菌称为产碱型。

(2) 培养基 Hugh-Leifson 培养基。

(3) 试验方法 从斜面上挑取小量培养物同时穿刺接种两支培养基，其中一支于接种后滴加溶化的 1% 琼脂液于表面，高度不少于 1cm，于（36±1）℃培养 1d、2d、3d、7d、14d。也可以滴加无菌的液体石蜡、凡士林或其他矿物油封口。对比观察封口和不封口的产酸情况。

(4) 结果 氧化型：开口的产酸，封口的不变。发酵型：两个管均产酸。产碱型：两个管均无变化。

(5) 应用 氧化-发酵（O/F）试验是一种非常重要的细菌分类方法。利用此试验可区分细菌的代谢类型（表 2-1），主要用于肠杆菌科细菌与非发酵菌的鉴别，前者均为发酵型，而后者通常为氧化型或产碱型。也可用于葡萄球菌与微球菌间的鉴别。

表 2-1 细菌不同代谢类型对糖的代谢情况

项目	葡萄糖		乳糖		蔗糖		代表菌
	不封口	封口	不封口	封口	不封口	封口	
产碱型	－	－	－	－	－	－	粪产碱菌
氧化型	A	－	－	－	－	－	铜绿假单胞菌
	A	－	A	－	A	－	类鼻疽伯克霍尔德菌
发酵型	A	A	－	－	－	－	痢疾志贺氏菌
	A	A	A	A	－	－	宋内氏志贺氏菌
	A	A	－	－	A	A	普通变形杆菌
	A	A	A	A	A	A	霍乱弧菌

注："A"代表产酸；"－"代表不生长。

2.4.2 蛋白质及氨基酸代谢试验

复杂的蛋白质分子在细菌分泌的蛋白质水解酶的作用下，在肽键处断裂，生成多肽和二肽。多肽和二肽在肽酶的作用下水解，生成各种氨基酸。二肽和氨基酸可被细菌吸收，氨基酸在体内脱氨基酶的作用下，经脱氨基作用生成氨。不同细菌在不同的条件下所进行的脱氨基作用的方式（氧化脱氨基、水解脱氨基、还原脱氨基）及代谢产物也不同，可借此鉴别细菌。如有些细菌能使色氨酸氧化脱氨基，生成吲哚、CO_2 和 H_2O。细菌还可以用脱羧酶使氨基酸脱羧，生成胺类（如组胺）和 CO_2。

不同种类的细菌分解蛋白质的能力不同，具体试验方法有：①吲哚试验（靛基质试验）；②硫化氢试验；③明胶液化试验；④尿素酶试验；⑤苯丙氨酸脱氨酶试验；⑥氨基酸脱羧试验等。

2.4.2.1 吲哚（靛基质）试验

（1）原理 有些细菌能产生色氨酸酶，分解蛋白胨中的色氨酸产生吲哚（indole）和丙酮酸。吲哚与对二甲基氨基苯甲醛结合，形成红色的玫瑰吲哚。但并非所有微生物都具有分解色氨酸产生吲哚的能力，因此吲哚试验可以作为一个生物化学检测的指标。

色氨酸水解反应如下。

吲哚与对二甲基氨基苯甲醛反应如下。

色氨酸几乎存在于所有蛋白质中，有些细菌如大肠埃希氏菌、变形杆菌等可以将色氨酸分解为吲哚，吲哚在培养基中的积累可以由 Kovacs 吲哚试剂（Kovacs' reagent）检测出来，形成红色的玫瑰吲哚。试验操作必须在 48h 内完成，否则吲哚进一步代谢，会导致假阴性的结果。如梭菌属能产生吲哚，但很快被破坏，造成假阴性。色氨酸酶活性最适 pH 值范围是 7.4～7.8，pH 值过低或过高，产生吲哚少，易出现假阴性。另外，本反应在缺氧时产生吲哚少。若加少量乙醚或二甲苯，摇动试管可以提取和浓缩吲哚，使其浮于培养液表面，便于试验观察。

Kovacs 吲哚试剂包含三种成分，即盐酸、异戊醇和对二甲基氨基苯甲醛。异戊醇用于浓缩分散在培养基中的吲哚；对二甲基氨基苯甲醛可以和吲哚反应形成红色的化合物，该反应必须在酸性条件下完成，盐酸的作用就是制造酸性环境。一旦指示剂的颜色变为红色，就表明吲哚试验为阳性。

（2）培养基 色氨酸肉汤或蛋白胨水培养基。配制蛋白胨水培养基，所用的蛋白胨最好用含色氨酸高，如用胰蛋白酶水解酪素得到的蛋白胨中色氨酸含量较高。培养基中不能含葡萄糖。因为产生吲哚的细菌大多能发酵糖类，利用糖时则不产生吲哚。

（3）试验方法　常用方法有三种。

① 将待试斜面纯培养物少量接种到色氨酸肉汤中，在（36±1）℃培养 24～28h（必要时可以培养 4～5d），加 Kovacs 吲哚试剂 0.5mL，轻轻振摇试管（国家标准就采用此法）。

② 按照无菌操作，将被检菌接种于蛋白胨水培养基中，37℃培养 48h 后，取出试验管，在培养基中加入 1～2mL 乙醚，经充分振荡使吲哚萃取至乙醚层中，然后沿管壁缓缓加入 10 滴 Kovacs 试剂，加入 Kovacs 试剂后切勿摇动试管，以防破坏乙醚层影响观察。

实验证明吲哚试剂可与 17 种不同吲哚化合物作用而产生阳性反应，若先用二甲苯或乙醚等进行提取，再加试剂，则只有吲哚或 5-甲基吲哚在溶剂中呈现红色，因而结果更为可靠。

③ 快速检验法，称取 1g 对二甲基氨基肉桂醛，溶于 10mL 10％盐酸溶液中。用滤纸润湿该试剂，上面放一菌环菌落培养物，产生吲哚者 30s 内变红。

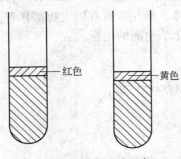

图 2-9　吲哚试验现象

（4）结果　加入 Kovacs 试剂后，两者液面接触处培养基出现红色为阳性（＋）；培养基液面呈黄色为阴性（一）；记录呈橘色和粉色变化的中间型为±反应。如图 2-9。

（5）应用　吲哚试验是用来检测吲哚的产生，可用于肠道杆菌的鉴定。

2.4.2.2　硫化氢试验

（1）原理　某些细菌能分解培养基中的含硫氨基酸（如胱氨酸、半胱氨酸、甲硫氨酸等）或含硫化合物产生硫化氢，硫化氢遇铅盐或亚铁离子则形成黑褐色的硫化铅或硫化亚铁沉淀。

以半胱氨酸为例，其化学反应过程如下。

$$CH_2SHCHNH_2COOH + H_2O \longrightarrow CH_3COCOOH + H_2S\uparrow + NH_3\uparrow$$
$$H_2S + Pb(CH_3COO)_2 \longrightarrow PbS\downarrow + 2CH_3COOH$$
（黑色）

（2）试验方法　常用方法有三种。

① 在含有硫代硫酸钠等指示剂的培养基中，沿管壁穿刺接种，于（36±1）℃培养 24～28h，观察培养基颜色。阴性应继续培养至第 6 天。

② 醋酸铅纸条法：将待试菌接种于一般营养肉汤，再将肉汤培养物接种于加有 0.02％盐酸半胱氨酸的基础培养基中，将一根浸有饱和醋酸铅的滤纸条悬于试管的上部（不让滤纸条接触培养基），用管塞压住或旋紧试管帽。置 37℃培养。每日检查，观察滤纸条是否变黑。对未出现阳性反应者需培养 5d，方可做出最后判断。

③ 将被检菌穿刺接种于醋酸铅培养基或克氏铁琼脂等培养基，于（36±1）℃培养 24～48h，观察结果。

（3）结果　纸条或培养基变黑色为阳性（＋），不变为阴性（一）。

（4）应用　硫化氢试验可以用来检测硫化氢的产生情况，是用于肠道细菌检查的常用生化试验，主要用于肠杆菌科中属及种的鉴别。如沙门氏菌属、爱德华菌属、亚利桑那菌属、枸橼酸杆菌属、变形杆菌属细菌，绝大多数硫化氢阳性，其他菌属阴性。沙门氏菌属中也有硫化氢阴性菌种。此外，腐败假单胞菌、口腔类杆菌和某些布鲁氏菌硫化氢也阳性。如大肠埃希氏菌为阴性，产气肠杆菌为阳性。

2.4.2.3 尿素酶试验

（1）原理　某些细菌在生长过程中能产生尿素酶（urease），分解尿素产生大量的氨，使培养基变成碱性，使指示剂变色。若菌株不分泌尿素酶，则培养基保持原来的颜色。

尿素酶不是诱导酶，不论底物尿素是否存在，细菌均能合成此酶。其活性最适 pH 为 7.0。

$$O=C\begin{matrix} NH_2 \\ NH_2 \end{matrix} + 2H_2O \longrightarrow 2NH_3 + CO_2 + H_2O$$

（2）培养基　尿素琼脂培养基或尿素肉汤管。

（3）试验方法　将待检菌穿刺接种于尿素琼脂培养基，于 35℃ 培养 18～24h 观察结果。不要到达底部，留底部作变色对照。如阴性应继续培养至 4d，作最终判定。若使用细菌生化微量鉴定管尿素肉汤管时偶尔也会有未接种的尿素肉汤管变红色（试验阳性），因而应包括未接种肉汤管作为对照，于 35℃ 培养（24±2）h。

（4）结果　培养基呈碱性，使酚红指示剂变红为阳性（＋），培养基不变色为阴性（－）。

（5）应用　尿素酶试验主要用于肠杆菌科中变形杆菌属细菌的鉴定，奇异变形杆菌和普通变形杆菌阳性。另外雷氏普罗威登菌和摩根菌为阳性，而斯氏和产碱普罗威登菌阴性。

2.4.2.4 氨基酸脱羧酶试验

（1）原理　某些细菌具有氨基酸脱羧酶，能分解氨基酸使其脱羧生成胺和二氧化碳，使培养基显碱性。例如赖氨酸可以生成尸胺，鸟氨酸可以生成腐胺，精氨酸可以生成精胺等。

$$\underset{\text{赖氨酸}}{NH_2-CH_2-(CH_2)_3-\underset{\underset{NH_2}{|}}{CH}-COOH} \longrightarrow \underset{\text{尸胺}}{NH_2-CH_2-(CH_2)_3-CH_2-NH_2} + CO_2$$

氨基酸脱羧酶是诱导酶，细菌只有在特异底物存在的酸性环境中形成该酶。对于发酵型细菌而言，该过程是在厌氧条件下进行，要注意用灭菌石蜡密封。而对于非发酵型细菌，不需用灭菌石蜡密封。要注意肠杆菌科细菌都能使葡萄糖在 10～12h 内发酵产酸（加葡萄糖的目的在于制造酸性环境），使溴甲酚紫由紫色变成黄色。但氨基酸脱羧后，又由黄色变紫色。溴甲酚紫 pH 变色范围 5.2（黄色）～6.8（紫色）。

（2）培养基　氨基酸脱羧酶培养基和氨基酸对照培养基。最常测定的氨基酸有 3 种：赖氨酸、鸟氨酸和精氨酸。

（3）试验方法　从琼脂斜面将被检菌分别接种于赖氨酸（鸟氨酸或精氨酸）培养基和氨基酸对照培养基（无氨基酸）中，并加入无菌液体石蜡或矿物油（各覆盖至少 0.5cm 高度），于（36±1）℃ 培养 18～24h，观察结果。

（4）结果　指示剂为溴甲酚紫时，对照管应呈黄色，若测定管呈紫色为阳性（＋），测定管呈黄色为阴（－）（葡萄糖产酸而使培养基变为黄色）。若对照管呈现紫色则试验分解蛋白产碱，无意义，不能作出判断。

（5）应用　主要用于肠杆菌科细菌的鉴定。如沙门氏菌属中除伤寒沙门氏菌和鸡沙门氏菌外，其余沙门氏菌的赖氨酸和鸟氨酸脱羧酶均为阳性。志贺氏菌属除宋内氏和鲍氏志贺氏菌外，其他志贺氏菌均为阴性。对链球菌和弧菌科细菌的鉴定也有重要价值。

2.4.2.5 苯丙氨酸脱氨试验

（1）原理　某些细菌可产生苯丙氨酸脱氨酶，使苯丙氨酸氧化脱去氨基，形成苯丙酮酸和游离的氨，加入三氯化铁试剂与苯丙酮酸螯合后产生绿色反应。

$$\underset{\text{苯丙氨酸}}{CH_2CHNH_2COOH} + \frac{1}{2}O_2 \longrightarrow \underset{\text{苯丙酮酸}}{CH_2COCOOH} + NH_3$$

（2）培养基　苯丙氨酸琼脂培养基。

（3）试验方法　挑取大量被检菌培养物接种于苯丙氨酸琼脂培养基斜面上，于35℃培养18～24h，滴加10%三氯化铁试剂3～4滴，滴加在生长菌苔的斜面上。

（4）结果　当斜面和试剂液面处呈蓝绿色时为阳性反应（＋）。应立即观察结果，延长反应时间会引起褪色。

（5）应用　苯丙氨酸脱氨试验主要用于肠杆菌科细菌和某些芽孢杆菌属的鉴定。变形杆菌属、普罗威登斯菌属和摩根菌属细菌均为阳性，肠杆菌科中其他细菌均为阴性。

2.4.2.6　明胶液化试验

（1）原理　明胶（gelatin）是一种动物蛋白。在水中溶解后，低于25℃时，以胶状存在，高于25℃时液化。

某些细菌可产生一种胞外蛋白酶——明胶酶，能将明胶先水解为多肽，又进一步水解为氨基酸，失去凝胶性质而液化，半固体的明胶培养基成为流动的液体。

（2）试验方法　挑取18～24h被检菌培养物，以较大量穿刺接种于明胶高层约2/3深度或点种于平板培养基。于20～22℃培养7～14d。逐日观察结果。明胶高层亦可于(36±1)℃培养24h，因培养温度高而使明胶本身液化时应不加摇动、静置冰箱中5℃冷却30min～1h，待其凝固后观察结果。

（3）结果　明胶高层培养基呈液化状态为阳性（＋），凝固为阴性（－）。平板试验结果的观察为在培养基平板点种的菌落上滴加试剂氯化汞溶液（氯化汞12g，蒸馏水80mL，浓盐酸16mL），若为阳性，10～20min后，菌落周围应出现清晰带环。否则为阴性（－）。

（4）应用　肠杆菌科细菌的鉴别，如沙雷氏菌、普通变形杆菌、奇异变形杆菌、阴沟杆菌等可液化明胶，而其他细菌很少液化明胶。有些厌氧菌如产气荚膜梭菌也能液化明胶。另外多数假单胞菌如铜绿假单胞菌、荧光假单胞菌、腐败假单胞菌也能液化明胶。金黄色葡萄球菌也能产生明胶酶。

2.4.3　呼吸酶类试验

2.4.3.1　硝酸盐还原试验

（1）原理　硝酸盐（nitrate）还原反应包括两个过程：一是在合成过程中，硝酸盐还原为亚硝酸盐和氨，再由氨转化为氨基酸和细胞内其他含氮化合物；二是在分解代谢过程中，硝酸盐或亚硝酸盐代替氧作为呼吸酶系统中的最终受氢体。能使硝酸盐还原的细菌从硝酸盐中获得氧而形成亚硝酸盐和其他还原性产物。但硝酸盐还原的过程因细菌不同而异，有的细菌仅使硝酸盐还原为亚硝酸盐，如大肠埃希氏菌；有的细菌则可使其还原为亚硝酸盐和离子态的铵；有的细菌能使硝酸盐或亚硝酸盐还原为氮，如假单胞菌等。

硝酸盐还原试验是指有些细菌具有还原硝酸盐的能力，可将硝酸盐还原为亚硝酸盐、氨或氮气等，亚硝酸与对氨基苯磺酸作用，形成重氮苯磺酸，再与 α-萘胺结合形成红色化合物 N-α-萘胺偶氮苯磺酸（图2-10）。

硝酸盐还原试验系测定还原过程中所产生的亚硝酸，可用硝酸试剂检验。沙门氏菌属、

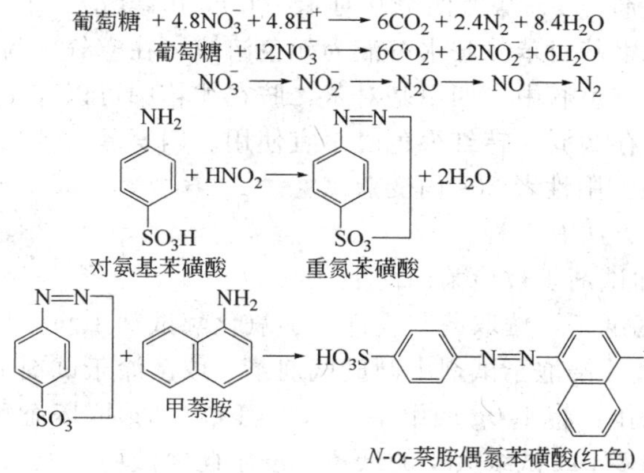
葡萄糖 + 4.8NO3- + 4.8H+ → 6CO2 + 2.4N2 + 8.4H2O
葡萄糖 + 12NO3- → 6CO2 + 12NO2- + 6H2O
NO3- → NO2- → N2O → NO → N2
对氨基苯磺酸
重氮苯磺酸
甲萘胺
N-α-萘胺偶氮苯磺酸(红色)

图 2-10　硝酸盐还原试验

假单胞菌属的某些菌株还可以继续分解亚硝酸，出现假阳性结果。不出现红色时加入少许锌粉，若出现红色表明产生了芳基肼，硝酸盐未被还原；若无红色产生，表明已被还原为氨和氮。有时通过加小倒管，观察产氮气情况，如铜绿假单胞菌、粪产碱菌。

（2）培养基　硝酸盐培养基。

（3）试剂　甲液（对氨基苯磺酸 0.8g＋5mol/L 乙酸 100mL）；乙液（*α*-萘胺 0.5g＋5mol/L 乙酸 100mL）。

（4）试验方法　被检菌接种于硝酸盐培养基中，于 36℃培养 24h，将甲、乙液等量混合后（约 0.1mL）加入培养基内，立即观察结果。

（5）结果　加入试剂 15min 内出现红色为阳性反应（＋）。若加入试剂后无颜色反应，可能是：①硝酸盐没有被还原，试验阴性；②硝酸盐被还原为氨和氮等其他产物而导致假阴性结果。这时应在试管内加入少许锌粉，放置 10min，如出现红色则表明试验确实为阴性（－）。若仍不产生红色，表示试验为假阴性（＋）。

若要检查是否有氮气产生，可在培养基管内加 1 个小倒管，如有气泡产生，表示有氮气生成。

用 *α*-萘胺进行试验时，阳性红色消退很快，故加入后应立即判定结果。进行试验时必须有未接种的培养基管作为阴性对照。*α*-萘胺具有致癌性，故使用时应加以注意。

（6）应用　本试验在细菌鉴定中广泛应用。肠杆菌科细菌均能还原硝酸盐为亚硝酸盐；铜绿假单胞菌、嗜麦芽窄食单胞菌等假单胞菌可产生氮气；有些厌氧菌如韦荣球菌等试验也为阳性。

2.4.3.2　氧化酶试验

（1）原理　氧化酶也称细胞色素氧化酶，是细胞色素呼吸酶系统的终端呼吸酶。具有氧化酶的细菌，首先使细胞色素 C 氧化生成氧化型细胞色素 C，后者再使对苯二胺氧化，生成有色的醌类化合物。醌类化合物可以进一步与 *α*-萘酚反应形成细胞色素蓝，呈蓝色或蓝紫色。

细胞色素 c 氧化酶即细胞色素 a_3，有些细菌的细胞色素 o 和细胞色素 d 也具有此反应，与细胞色素 a_3 统称为氧化酶，因此我们测定的试验应称为氧化酶试验。细胞色素 d 一般存在于肠杆菌科等革兰氏阴性菌生长的对数期。细胞色素 o 存在于肠杆菌科等革兰氏阴性和自养细菌中。

（2）试剂　氧化酶试剂为1％盐酸四甲基对苯二胺或1％盐酸二甲基对苯二胺。1％盐酸四甲基对苯二胺或盐酸二甲基对苯二胺水溶液为无色溶液，在空气中易被氧化而失效，故应经常更换新试剂，并盛于棕色瓶中。四甲基对苯二胺在冰箱中可以存1周，二甲基对苯二胺氨容易氧化，在冰箱中可存2周，转红褐色时不宜使用。四氨基对苯二胺的效果更好，不需要α-萘酚，直接变成蓝色。阳性者30s内变蓝。

（3）试验方法　常用方法有三种。

① 菌落法：直接滴加试剂于被检菌菌落上。

② 滤纸法：取洁净滤纸条，蘸取菌落少许，加氧化酶试剂1滴，1min内观察结果。

③ 试纸条法：将滤纸片浸泡于试剂中制成试剂条，取菌涂于试剂纸上。

氧化酶试验试纸条制作：将1.0g四甲基对苯二氨和0.1g抗坏血酸溶解于100mL蒸馏水中。把普通滤纸剪成许多pH试纸大小的纸条，浸于此溶液中。取出浸好的纸条放在干净托盘，35℃温箱中干燥后放在棕色瓶中，冰箱保存。

注意事项：铁、镍铬丝等金属可催化二甲基对苯二胺呈红色反应，若用它来挑取菌苔，会出现假阳性，故试验时必须用铂金丝、玻璃棒或牙签来挑取菌苔。

本试验最好在滤纸上涂上菌落试验，以免培养基成分的干扰。在滤纸上滴加试剂，以刚刚打湿滤纸为宜，如滤纸过湿，会妨碍空气与菌苔接触，从而延长了反应时间，造成假阴性。

（4）结果　当使用二甲基对苯二胺为氧化酶试剂时，细菌与试剂接触立即变粉红色，并逐渐加深，10s内呈深紫色，为阳性（＋）；无色为阴性（－）。

若再加α-萘酚溶液1滴，阳性者于半分钟内呈现鲜蓝色。阴性于2min内不变色。

为保证结果的准确性，分别以铜绿假单胞菌和大肠埃希氏菌作为阳性和阴性对照（图2-11）。

图2-11　氧化酶试验结果
（左阴性；右阳性：深紫色）

（5）应用　氧化酶试验是区分肠杆菌科和弧菌科细菌的重要试验，前者为阴性（－），后者为阳性（＋）。另外也可用于肠杆菌科细菌与假单胞菌的鉴别，后者为阳性。也用于奈瑟菌属的菌种鉴定，该属细菌呈阳性反应。

2.4.3.3　过氧化氢酶试验

（1）原理　细菌在有氧呼吸时产生有害于细菌的过氧化氢（oxidase），具有过氧化氢酶的细菌，能催化过氧化氢生成水和新生态氧，继而形成分子氧而出现气泡，解除毒性，过氧化氢酶试验也称触酶试验。

$$H_2O_2 \longrightarrow H_2O + O_2$$

（2）试剂　3％过氧化氢溶液。

（3）试验方法　取菌落置于洁净的试管内或玻片上，然后加3％过氧化氢数滴；或直接滴加3％过氧化氢于不含血液的细菌培养物中，立即观察结果。

注意事项：①3％H_2O_2溶液要新鲜配制。②取对数生长期的细菌。③不宜用血琼脂平板上生长的菌落，因为过氧化氢酶是一种以正铁血红素为辅基的酶，当培养基中含有血红素或红细胞，可致假阳性反应。

（4）结果　半分钟内有大量气泡产生者为阳性（＋）；不产生气泡者为阴性（－）。

（5）应用　大多数需氧和兼性厌氧菌均产生过氧化氢酶。革兰氏阳性球菌中，葡萄球菌和微球菌均产生过氧化氢酶，而链球菌属为阴性，故此试验常用于革兰氏阳性球菌的初步分群。

触酶阳性的革兰氏阳性菌有节杆菌、短杆菌、金杆菌、索丝菌、棒杆菌、库特氏菌、李斯特氏菌、丙酸杆菌、微球菌、葡萄球菌、动性球菌等属。触酶阴性的革兰氏阳性菌有双歧杆菌、肉杆菌、乳杆菌、丹毒丝菌、链球菌、片球菌、明串珠菌等属。有的乳杆菌接触过氧化氢后，过一会儿才产生少量气体，判为阳性。

2.4.3.4　氰化钾试验

（1）原理　氰化钾（KCN）是呼吸链末端抑制剂，可抑制某些细菌的呼吸酶系统。细胞色素、细胞色素氧化酶、过氧化氢酶和过氧化物酶均以铁卟啉作为辅基，氰化钾与铁卟啉结合，使这些酶失去活性，使细菌生长受到抑制。

（2）培养基　氰化钾培养基或氰化钾试验生化管。

（3）试验方法　将被检菌琼脂培养物接种于蛋白胨水中成为稀释菌液，挑取一环接种于氰化钾培养基，并另挑取一环接种未加氰化钾的空白培养基中，在（36±1）℃培养24～48h，观察生长情况。

（4）结果　能在测定培养基上生长者，为阳性（＋）；测定菌在空白培养基上能生长，在含氰化钾的测定培养基上不生长，为阴性结果（－）。

若在测定培养基和空白培养基上均不生长，表示空白培养基的营养成分不适于测定菌的生长，必须选用其他合适的培养基。

应该注意：氰化钾是剧毒药品，操作时必须小心，切勿沾染，以免中毒，夏天分装培养基应在冰箱内进行。试验失败的主要原因是封口不严，氰化钾逐渐分解，产生氢氰酸气体逸出，以致药物浓度降低，细菌生长，因而造成假阳性反应。试验时对每一环节都要特别注意。

培养基用毕，每管加几粒硫酸亚铁和0.5mL 20％KOH以解毒，然后清洗。

（5）应用　能否在含有氰化钾的培养基中生长是鉴别肠杆菌科各属常用的特征之一。肠杆菌科中的沙门氏菌属、志贺氏菌属和埃希氏菌属细菌的生长受到抑制，而其他各菌属的细菌均可生长。

2.4.3.5　TTC试验

TTC（triphenyltetrazolium chloride）即2,3,5-氯化三苯四氮唑，也称红四氮唑，为氧化-还原指示剂。有的细菌可将无色的TTC还原成不溶性的红色三苯基甲腊。

TTC(无色)　　　+2e + 2H⁺　　　甲腊(有色)　+ HCl

嗜热链球菌在牛乳中生长时，会将无色的 2,3,5-氯化三苯四氮唑还原为红色的不溶性的三苯基甲臜，当鲜乳中有抑制嗜热链球菌的抗生素时，其生长受到抑制，不能还原 TTC。

一定浓度（1/5000）的 TTC 抑制部分革兰氏阳性菌（如梭菌、溶血性链球菌、枯草杆菌和部分棒杆菌）的生长。利用不同细菌对 TTC 的还原力不同，用于快速检测大肠菌群（氢气和甲酸有还原性）。

还用于菌落总数的测定，在某些场合，为了防止食品颗粒与菌落混淆不清，在计数琼脂中加入适量的 TTC（0.5% TTC 1mL 加到 100mL 琼脂中），细菌菌落长成红色，对去除食品本底颗粒物干扰非常有意义，如芝麻酱的检验。

空肠弯曲菌在 TTC 培养基上呈阳性，而胎儿弯曲菌为阴性，阳性者有紫色菌苔并有光泽。

2.4.4 碳盐和氮盐利用试验

碳源和氮源利用试验是细菌对单一来源的碳源利用的鉴定试验。常用的试验方法有枸橼酸盐利用试验、丙二酸盐利用试验等。

2.4.4.1 枸橼酸盐利用试验

（1）原理 在枸橼酸盐（柠檬酸盐）培养基中，细菌只有利用枸橼酸盐作为碳源，分解后生成碳酸钠使培养基变碱性，指示剂变色。

枸橼酸盐试验是用来检测枸橼酸盐是否被利用。有些细菌能够利用柠檬酸钠作为碳源，如产气肠杆菌；而另一些细菌则不能利用柠檬酸盐，如大肠埃希氏菌。细菌在分解柠檬酸盐及培养基中的磷酸铵后，产生碱性化合物，使培养基的 pH 升高，当加入 1% 溴麝香草酚蓝指示剂时，培养基就会由绿色变为深蓝色。

溴麝香草酚蓝的指示范围为：pH 小于 6.0 时呈黄色，pH 在 6.0～7.0 时为绿色，pH 大于 7.6 时呈蓝色。

（2）培养基 枸橼酸盐培养基。

（3）试验方法 将被检菌浓密划线接种于枸橼酸盐培养基，于 35℃ 培养 1～4 天，逐日观察结果。

（4）结果 培养基中的溴麝香草酚蓝指示剂由淡绿色变为深蓝色为阳性；不能利用枸橼酸盐作为碳源的细菌，在此培养基上不能生长，培养基则不变色，为阴性。

（5）应用 用于肠杆菌科中菌属间的鉴定。在肠杆菌科中埃希氏菌属、志贺氏菌属、爱德华菌属和耶尔森氏菌属均为阴性，沙门氏菌属、克雷伯氏菌属、黏质和液化沙雷氏菌及某些变形杆菌以及枸橼酸杆菌阳性。此外，铜绿假单胞菌、洋葱假单胞菌和嗜水气单胞菌也能利用枸橼酸盐。

2.4.4.2 丙二酸盐利用试验

丙二酸盐是三羧酸循环中琥珀酸脱氢酶的抑制剂。能否利用丙二酸盐，也是细菌鉴定中的一个鉴别性特征。

许多微生物代谢有三羧酸循环，而琥珀酸脱氢是三羧酸循环的一个环节，丙二酸与琥珀酸竞争琥珀酸脱氢酶，使琥珀酸脱氢酶被占据，不能释放出来催化琥珀酸脱氢反应，抑制了三羧酸循环。

（1）原理 某些细菌可利用丙二酸盐作为唯一碳源，将丙二酸盐分解生成碳酸钠，使培养基变碱，指示剂变色。

（2）培养基 丙二酸钠培养基（溴麝香草酚蓝指示剂）。

（3）试验方法　将新鲜的被检菌接种于上述培养基，35℃培养24～48h后观察结果。因偶尔会出现未接种的丙二酸盐肉汤在存放期间变蓝（阳性反应），所以应有未接种的丙二酸盐肉汤管作对照。

（4）结果　测定培养基生长并变为蓝色，表示可利用丙二酸盐，为阳性结果（＋）。反之，如测定培养基未变色（淡绿色），而空白对照培养基生长，则为阴性（－），即不利用丙二酸盐。

（5）应用　丙二酸盐利用试验可用于肠杆菌科中属间及种的鉴别。肠杆菌科中亚利桑那菌和克雷伯氏菌属为阳性，但大多数沙门氏菌培养物在此肉汤中为阴性反应。枸橼酸杆菌属、肠杆菌属和哈夫尼亚菌属有不同生物型反应，其他各菌属均为阴性。

2.4.4.3　醋酸盐利用试验

（1）原理　细菌可利用铵盐作为唯一碳源，同时利用醋酸盐作为唯一碳源时，可在醋酸盐培养基上生长，同时生成碳酸钠，使培养基变为碱性。

（2）试验方法　将待测新鲜培养物制成菌悬液，接种于醋酸盐培养基的斜面上，于（36±1）℃培养7d，逐日观察结果。

（3）结果　斜面上生长有菌落，培养基变为蓝色为阳性。

（4）应用　肠杆菌科中埃希氏菌属为阳性，志贺氏菌属为阴性。铜绿假单胞菌、荧光假单胞菌、洋葱假单胞菌等也为阳性。

2.4.4.4　马尿酸钠水解试验

（1）原理　某些细菌产生的胞内酶——马尿酸盐水解酶可以水解马尿酸为苯甲酸和甘氨酸。用三氯化铁与苯甲酸反应生成苯甲酸铁褐色沉淀，或用甘氨酸与茚三酮作用产生紫色化合物（氨-还原型茚三酮）来确认。具体过程如下。

（2）培养基　马尿酸钠培养基即1%灭菌马尿酸钠溶液。

（3）试验方法

① 将培养物接种于马尿酸钠培养基，于42℃培养48h，离心沉淀（观察培养液是否到达试管壁上记号处，如不足时，用蒸馏水补足至原量），取上清液0.8mL，加入三氯化铁试剂［三氯化铁（$FeCl_3 \cdot 6H_2O$）12g，溶于2%盐酸溶液100mL中即成］0.2mL，立即混匀，经10～15min观察是否有沉淀物出现。

② 用2mm接种环取一满环在琼脂平板上培养过夜的生长物，接种1%马尿酸钠溶液中，振摇试管以分散培养物，置37℃水浴中放置2h。在每个试管中加入0.5mL茚三酮试剂（将3.5g茚三酮溶于100mL 1:1丙酮和丁醇的混合物中），将试管于室温下放置2h，观察是否有颜色变化（国家标准采用此法）。

（4）结果　生成褐色恒定沉淀或出现紫色者为阳性反应（＋）；沉淀物消失或无颜色变化为阴性反应（－）。

（5）应用　马尿酸盐水解试验作为区分某些芽孢杆菌的鉴定和黄单胞菌属的鉴定之用。也可用于空肠弯曲菌鉴定，空肠弯曲菌呈阳性反应。主要用于B群链球菌的鉴定，其马尿酸钠水解试验（＋）。

2.4.5 毒性酶试验

2.4.5.1 溶血试验

（1）原理　某些细菌可以产生溶血酶，使红细胞破裂，血红蛋白逸出，称红细胞溶解，简称溶血。溶血性细菌，如某些溶血性链球菌和产气荚膜杆菌可导致败血症，疟原虫破坏红细胞和某些溶血性蛇毒含卵磷脂酶，使血浆或红细胞的卵磷脂转变为溶血卵磷脂，使红细胞膜分解。

菌落周围形成狭窄的草绿色溶血环，叫做甲型（α）溶血；形成透明溶血环，叫做乙型（β）溶血；无溶血作用的也叫 γ 溶血（图 2-12）。

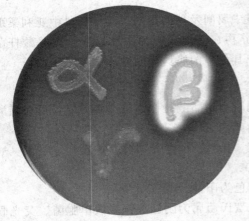

图 2-12　溶血性细菌不同的溶血现象

（2）培养基　血琼脂培养基。

（3）试验方法　用接种环取出液体培养基（肉汤）中待检菌液一环，在血平板上划线接种，经 37℃培养 15～18h，观察到菌落周围溶血环产生情况。

注：最好选择培养 15～18h 的幼龄菌接种，因处于幼龄状态的细菌代谢活跃，溶血效果好。

（4）结果　菌落周围形成溶血环为阳性反应（＋）；否则为阴性反应（－）。

（5）应用

① 链球菌可以产生 α 溶血和 β 溶血两种现象。

② 金黄色葡萄球菌和蜡样芽孢杆菌群溶血试验阳性，菌落周围呈现 β 型完全溶血的溶血环。

③ 单核细胞增生李斯特氏菌在血平板培养后可产生窄小的 β-溶血环。

④ 需要注意的是加葡萄糖的血平板会使有些菌的溶血性发生变化，如 A 型和某些 B 型链球菌在加有葡萄糖的血平板上呈 α 型溶血，而在不加葡萄糖的血平板上呈 β 型溶血。

2.4.5.2 卵磷脂酶试验（卵黄分解试验）

（1）原理　有的细菌产生卵磷脂酶，可迅速将卵黄中的卵磷脂分解为磷酸胆碱等极性基团部分和不溶于水的甘油酯，菌落产生乳光，菌落周围出现乳白色沉淀，如产气荚膜梭菌。有的细菌产生脂肪酶进一步将甘油酯分解为水溶性的脂肪酸和甘油，脂肪酸遇钙、镁等离子沉淀，平板上出现白色浑浊环，如金黄色葡萄球菌（图 2-13）。当用接种针触及菌落时具有黄油样黏稠感。有时浑浊带环是多重酶参与下形成的。有的在菌落表面出现虹彩样或珍珠层样（长脂肪链膜造成）。凡出现透明圈，或浑浊沉淀，或虹彩样，或珍珠层样（如 G 型以外的肉毒羧菌、A 型诺氏索菌、生孢梭菌）的均为卵黄反应阳性。

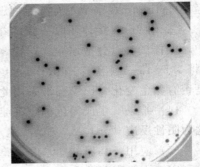

图 2-13　金黄色葡萄球菌在 Baird-Parker 平板上的卵黄分解试验

（2）培养基　卵黄胰胨液或卵黄琼脂平板。

（3）试验方法

① 将测试菌的菌液一环接在有卵黄的卵黄胰胨液试

管和不加卵黄的对照管中，适温培养 1d、3d 或 5d 观察。

② 将测试菌点接在卵黄琼脂平板上，每皿可分散点接 4～5 株菌（芽孢杆菌以点接 1～2 株菌为宜）以不影响结果观察为度，如测试厌氧菌，则须在上面加盖无菌的盖玻片。每株菌至少重复点接两皿。35℃ 培养 1～2d 观察。

（4）结果　假若与对照管相比较，在卵黄胰胨液中或表面，形成白色沉淀者，或在卵黄琼脂平板菌落周围形成乳白色浑浊环则为阳性反应（＋）。

（5）应用　主要用于厌氧菌的鉴定。产气荚膜梭菌、诺维梭菌产生此酶，其他梭菌为阴性。

2.4.5.3　磷酸酶试验

（1）原理　磷酸酶是磷酸酯的水解酶，可使单磷脂水解，其反应可根据反应基质不同而异，如用磷酸酚酞为基质，经磷酸酶水解后可释放酚酞，在碱性环境中呈红色。

（2）方法　取待检菌接种于磷酸酚酞琼脂平板上，置 35℃ 孵育 18～24h，于平皿盖内加 1 滴浓氨水，熏蒸片刻，观察结果。亦可用液体培养基，经孵育后，向管内加 400g/L 氢氧化钠溶液 1 滴，观察结果。

（3）结果　菌落变为红色者为阳性。

（4）应用　测定细菌产生磷酸酶的能力。主要用于致病性葡萄球菌与非致病性葡萄球菌的鉴别，前者为阳性，后者为阴性。还有助于克雷伯氏菌属与肠杆菌属的鉴定。

2.4.5.4　血浆凝固酶试验

（1）原理　致病性葡萄球菌可产生两种凝固酶。一种是结合凝固酶，结合在细胞壁上，使血浆中的纤维蛋白原变成纤维蛋白而附着于细菌表面，发生凝集（25s 内出结果），可用玻片法测出。另一种是分泌至菌体外的游离凝固酶，作用类似凝血酶原物质，可被血浆中的协同因子激活变为凝血酶，而使纤维蛋白原变成纤维蛋白，从而使血浆凝固。多数致病性葡萄球菌在 30min～1h 出现明显凝固。国标采用后一种。

（2）方法

① 玻片法：取兔血浆和盐水各 1 滴，分别置于洁净的玻片上，挑取被检菌分别与血浆和盐水混合。

② 试管法：取试管 1 支，各加 0.5mL 凝固酶试验兔血浆，挑取被检菌或 36℃ 18h 肉汤培养物 0.5mL 加入血浆中后混匀，置（36±1）℃ 培养，定时观察是否有凝块形成，至少观察 6h，实验中需同时做已知阳性和阴性对照。

注意事项：①玻片法为筛选试验，阳性、阴性均需进行试管法测定。②血浆必须新鲜。③应使用肝素而非枸橼酸盐作抗凝剂抗凝的血浆。④本试验也可用胶乳凝集试验试剂盒测定。

（3）结果　玻片法以血浆中有明显的颗粒出现而盐水中无自凝现象判为阳性（＋）；试管法以内容物完全凝固，使试管倒置或倾斜时不流动者为阳性（＋）。

（4）应用　血浆凝固酶试验作为鉴定葡萄球菌致病性的重要指标，也是葡萄球菌鉴别时常用的一个试验。

2.4.5.5　DNA 耐热酶实验

（1）原理　某些细菌产生 DNA 酶可使长链 DNA 水解成寡核苷酸链。长链 DNA 可被酸沉淀，而寡核苷酸链则溶于酸，所以当在菌落平板上加入酸后，DNA 被分解处培养基菌落周围出现透明环。

DNA 酶（deoxyribonulclease，简写 DNase）为产毒金黄色葡萄球菌的典型特征，此酶非常耐热，在 100℃加热 30min，不易丧失活性，在 130℃之下，其 D 值为 16.6min，此酶相对分子质量为 16800，等电点 pH 为 9.6，是一种鉴定金黄色葡萄球菌的方法。另外，由于寡核苷酸链可与甲苯胺蓝结合形成粉红色物质，因此在 Petrifilm RSA 检测片培养上，耐热 DNA 酶反应为呈粉红色环带包围着一个红色或蓝色的菌落，从而达到鉴别耐热核酸酶的目的。

测定耐热核酸酶时，需要将培养物 100℃处理 15min。金黄色葡萄球菌的核酸酶需要钙离子激活，100℃处理 15min 也不被破坏，区别于微球菌产生的核酸酶。

（2）检验方法

① 将被检菌点种于 0.2% DNA 琼脂平板上，于 35℃培养 18～24h，然后用 1mol/L 盐酸覆盖平板，观察透明圈形成情况。

② 将 24h 肉汤培养物沸水浴处理 15min，用接种环划线并穿刺接种于甲苯胺蓝-DNA 琼脂，（36±1）℃培养 24h。

（3）结果　在 0.2%DNA 琼脂平板菌落周围出现透明环为阳性（＋），无透明环为阴性（－）。在甲苯胺蓝-DNA 平板，在刺种线周围出现淡粉色者为阳性。

（4）应用　主要用于肠杆菌科及葡萄球菌属某些菌种的鉴定。在革兰氏阳性球菌中只有金黄色葡萄球菌产生 DNA 酶，试验为阳性，在肠杆菌科中沙雷氏菌和变形杆菌产生此酶，故本试验可用于细菌的鉴别。

2.4.5.6　CAMP 试验

1944 年 Christis Atkins 和 Munch-peterson 首先描述了 CAMP 现象，根据他们的名字的字首定名为 CAMP。我国检验操作规程要求 CAMP 试验必须用金黄色葡萄球菌 ATCC 25923。

（1）原理　CAMP 试验也称协同溶血试验，有的细菌产生一种胞外多肽物质——CAMP 因子，能增强 β-溶血素溶解红细胞的活性，因此在两菌落交界处溶血圈变大。形成

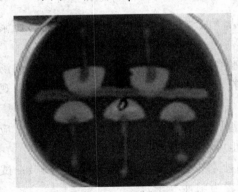

窄的溶血带。B 群链球菌能产生 CAMP 因子，而金黄色葡萄球菌能产生 β-溶血素，CAMP 因子可促进葡萄球菌的 β-溶血素溶解红细胞的活性，因此在两菌（B 群链球菌和葡萄球菌）的交界处溶血力增加，出现箭头形（半月形）的透明溶血区（图 2-14）。单核细胞增生李斯特氏菌也能产生 CAMP 因子，有相似的试验现象产生。

（2）培养基　血琼脂平板。

（3）菌种　金黄色葡萄球菌、B 群链球菌。

（4）试验方法　先以产 β-溶血素的金黄色葡

图 2-14　CAMP 试验现象

萄球菌划一条横线接种于血琼脂平板上，再将被检菌与前一划线做垂直划线接种，两线不能相交，相距 0.5～1cm，于（36±1）℃培养 18～24h，观察结果。每次试验都应设阴性和阳性对照。

（5）结果　在两划线交界处出现箭头型溶血区为阳性。

（6）应用　在链球菌中，只有 B 群链球菌 CAMP 试验阳性，其他链球菌均为阴性，故可作为特异性鉴定。

2.4.6 其他实验

2.4.6.1 三糖铁琼脂试验

（1）原理 三糖铁（TSI）琼脂培养基中乳糖、蔗糖和葡萄糖的比例为 10∶10∶1，培养基中葡萄糖含量少，乳糖和蔗糖多。由于对糖的利用不同，不同细菌在底层产酸、斜面产酸、产生硫化氢和产气上有不同表现。这三种糖中，由于葡萄糖的阻碍作用，细菌首先利用葡萄糖（如大肠埃希氏菌在含葡萄糖和乳糖时，葡萄糖阻遏大肠埃希氏菌乳糖分解酶系的合成，葡萄糖耗尽后，中间有一个延滞期，再利用乳糖）。底层产酸变成黄色，表明能发酵葡萄糖。斜面产酸表明至少能有氧利用乳糖和蔗糖中的一种。

只能利用葡萄糖的细菌，在斜面上进行有氧呼吸，培养基中少量葡萄糖被彻底氧化变成二氧化碳和水，不足以改变指示剂的颜色。或者细菌利用蛋白胨中的氨基酸脱羧作用，产生碱性物质使斜面变碱，红色加深。底部由于是在厌氧状态下，氧化-还原电位适合发酵产酸，酸类不被氧化，即使是发酵少量葡萄糖，也能使指示剂改变颜色。而假单胞菌、产碱菌等专性需氧菌因缺氧在底层不产酸表现为红色。因培养基中可能有微量硝酸盐，有的专性需氧菌进行硝酸盐呼吸，微弱产酸变为橘黄色，但不能根本上改变颜色显黄色。

而发酵乳糖或蔗糖的细菌，则产生大量的酸，使整个培养基指示剂的颜色改变，呈现黄色。如培养基接种后产生黑色沉淀，是因为某些细菌能分解含硫氨基酸，生成硫化氢，硫化氢和培养基中的铁盐（Fe^{2+}）和硫代硫酸盐反应，生成黑色的硫化亚铁沉淀。

不同细菌可发酵不同的糖，如肠杆菌科的志贺氏菌都能分解葡萄糖，产酸不产气，大多不发酵乳糖，不产生 H_2S，在 TSI 选择培养基上无黑色沉淀，斜面变红，底部仍保持黄色。而沙门氏菌可发酵葡萄糖，但不能发酵乳糖，产生 H_2S，所以在 TSI 选择培养基上有黑色沉淀，斜面变红，底部仍保持黄色。大肠埃希菌则可发酵葡萄糖和乳糖，产酸产气，且不产生 H_2S，在 TSI 选择培养基上无黑色沉淀，斜面变黄，底部保持黄色。故可利用此试验鉴别肠杆菌科的这些细菌。

（2）培养基 三糖铁琼脂培养基。

（3）试验方法 以接种针挑取待试菌可疑菌落或纯培养物，先穿刺接种到 TSI 深层，距管底 3～5mm 为止，再从原路退回，在斜面上自下而上划线（图 2-15），置（36±1）℃培养 18～24h，观察结果。

（4）结果 产生黑色沉淀即表明产生了 H_2S；发酵乳糖或蔗糖的细菌使整个培养基呈现黄色；只能利用葡萄糖的细菌则斜面变红，底部仍保持黄色。见图 2-16。

（5）应用 本培养基适合于肠杆菌科的鉴定。用于观察细菌对糖的利用产酸产气和硫化氢（变黑）的产生情况。

革兰氏阴性菌在三糖铁上的反应如下：肠道杆菌科和弧菌科底层产酸，变为透明黄色，斜面产酸或产碱。非发酵型革兰氏阴性菌斜面产碱或不变，底层产碱或不变或微产酸变成橘黄色。

若单纯检验硫化氢产生情况，用醋酸铅纸条法比三糖铁法更为敏感。有的菌或菌株在三糖铁上硫化氢阴性，但用醋酸铅试纸条时表现为硫化氢阳性，如空肠弯曲菌。

三糖铁（TSI）琼脂培养基反应模式是许多杆菌鉴定表的组成部分，也可作为观察其他培养基反应的有价值的质控依据。

克氏双糖铁（KIA）培养基中含葡萄糖和乳糖，反应原理和三糖铁（TSI）琼脂培养基

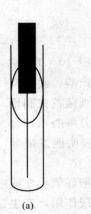 

图 2-15　TSI 接种方式

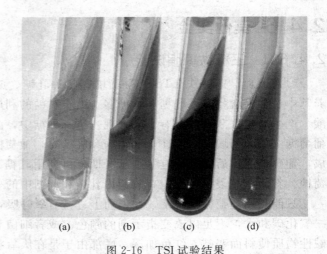

图 2-16　TSI 试验结果

（a）底层和斜面都黄色、产气；（b）底层黄色、斜面红色；
（c）斜面红，产 H_2S（变黑）；（d）底层和斜面都红色

相同，在肠杆菌科的细菌鉴定中经常使用。

2.4.6.2　硫化氢-靛基质-动力（SIM）琼脂试验

（1）试验方法　以接种针挑取菌落或纯养物穿刺接种（约 1/2 深度），置（36±1）℃培养 18～24h，观察结果。

（2）结果　培养物呈现黑色为硫化氢阳性，浑浊或沿穿刺线向外生长为有动力，然后加 Kovacs 试剂数滴于培养表面，静置 10min，若试剂呈红色为靛基质阳性。培养基未接种的下部可作为对照。

有时在培养基上部产生褐色带，这是由于吲哚丙酮酸和柠檬酸铁胺中的铁结合的结果。

（3）应用　本试验用于肠杆菌科细菌初步生化筛选，产硫化氢试验、吲哚试验和动力试验同时完成。与三糖铁琼脂等联合使用可显著提高筛选功效。

2.4.6.3　石蕊牛乳试验

（1）原理　牛乳中主要含有乳糖和酪蛋白，各种细菌对这些物质的分解能力不同，故可有数种不同反应，用以鉴别细菌。在牛乳中加入石蕊是作为酸碱指示剂和氧化还原指示剂。石蕊在中性时呈淡紫色，酸性时呈粉红色，碱性呈蓝色，还原时则自上而下地褪色变白。

不同细菌分解能力不同，在石蕊牛乳中有不同代谢反应。

① 产酸：细菌发酵乳糖产酸，使石蕊变红。

② 产碱：细菌不发酵乳糖，但细菌产生蛋白酶可将干酪素分解产生胺或氨，使培养基的 pH 进一步升高，使石蕊变成蓝色。

③ 胨化：细菌产生蛋白酶，使酪蛋白被分解为胨，培养基上层变清，底部可能留有被酸凝固的酪蛋白。

④ 酸凝固：细菌发酵乳糖产酸，使石蕊变成粉红色，当酸度很高时，可使牛乳凝固。

⑤ 凝乳酶凝固：有些细菌能产生凝乳酶，使牛乳中的酪蛋白凝固，此时石蕊常呈蓝色或不变色。

⑥ 还原：细菌生长旺盛，使培养基氧化还原电位降低，因此石蕊还原褪色成白色。

⑦ 产气：细菌发酵乳糖产生气体，则凝块中有裂隙，大量气体产生时可破坏被酸凝固

的蛋白，甚至冲开上面的凡士林，呈"暴烈发酵"，如产气荚膜梭菌、魏氏梭菌。

（2）培养基　紫乳培养基：紫乳培养基中的主要成分为干酪素、乳糖及指示剂等。培养芽孢梭菌时加微量无菌铁粉。

（3）试验方法　接种待测菌株，37℃培养 3d、5d、7d，必要时可延长至 14d，观察和记录牛乳产酸、产碱、凝固、产气或胨化等反应。

（4）应用　石蕊牛乳试验主要用于梭菌、链球菌和丙酸杆菌的鉴定。

2.5 样品的采集与制备

样品是指从某一总体中抽出的一部分。食品采样是指从较大批量食品中抽取能较好地代表其总体样品的方法。食品卫生监督部门或食品企业自身为了了解和判断食品的营养与卫生质量，或查明食品在生产过程中的卫生状况，可使用采样检验的方法。根据抽样检验的结果，结合感官检查，可对食品的营养价值和卫生质量作出评价，或协助企业找出某些生产环节中存在的主要卫生问题。食品采样是食品检测结果准确与否的关键，也是营养食品卫生专业人员必须掌握的一项基本技能。

食品采样的主要目的是鉴定食品的营养价值和卫生质量，包括食品中营养成分的种类、含量和营养价值；食品及其原料、添加剂、设备、容器、包装材料中是否存在有毒有害物质及其种类、性质、来源、含量、危害等。食品采样是进行营养指导、开发营养保健食品和新资源食品、强化食品的卫生监督管理、制定国家食品卫生质量标准以及进行营养与食品卫生学研究的基本手段和重要依据。

2.5.1 样品的采集

2.5.1.1 采样原则

① 根据检验目的、食品特点、批量、检验方法、微生物的危害程度等确定采样方案。

② 应采用随机原则进行采样，确保所采集的样品具有代表性。

③ 采样过程遵循无菌操作程序，防止一切可能的外来污染。

④ 样品在保存和运输的过程中，应采取必要的措施防止样品中原有微生物的数量变化，保持样品的原有状态。

2.5.1.2 采样方案

目前最为流行的抽样方案为国际食品微生物标准委员会（International Commission on Microbiological Specification for Foods，ICMSF）推荐的抽样方案和随机抽样方案，有时也可参照同一产品的品质检验数量进行抽样，或按单位包装件数 N 的开平方值抽样。无论采取何种方法抽样，每批货物的抽样数量不得少于 5 件。对于需要检验沙门氏菌的食品，抽样数量应适当增加，最低不少于 8 件。

用于分析所抽样品的数量、大小和性质对结果会产生很大影响。在某些情况下用于分析的样品可能代表所抽"一批"（lot）样品的真实情况，这适合于可充分混合的液体，如牛乳和水。在"多批"（lots 或 "batchers"）食品的情况下就不能如此抽样，因为"一批"容易包含在微生物的质量上差异很大的多个单元。因此在选择抽样方案之前，必须考虑诸多因素（ICMSF，1986），包括检验目的、产品及被抽样品的性质、分析方法。

ICMSF 是根据以下考虑来设定抽样方案并规定其不同采样数。

① 各种微生物本身对人的危害程度各有不同。

② 食品经不同条件处理后，其危害度变化情况：a. 降低危害度；b. 危害度未变；c. 增加危害度。

有些实验室在每批产品中，仅采用一个样品进行检验，该批产品是否合格，完全依据这个检样来决定。ICMSF 方法与此不同，它是从统计学原理来考虑，对一批产品，检查多少检样，才能够有代表性，才能客观地反映出该产品的质量而设定的。

ICMSF 采样方案分为二级法及三级法两种。二级法只设有 n、c 及 m 值，三级法则有 n、c、m 及 M 值。

n：同一批次产品应采集的样品件数。

c：最大可允许超出 m 值的样品数。

m：微生物指标可接受水平的限量值。

M：微生物指标的最高安全限量值。系指附加条件后判定为合格的菌数限量，表示边缘的可接受数与边缘的不可接受数之间的界限。

（1）二级法　也称二级采样方案。自然界中材料的分布曲线一般是正态分布，以其一点作为食品微生物的限量值，只设可接受水平限量值 m。按照二级采样方案设定的指标，在 n 个样品中，允许有 $\leqslant c$ 个样品其相应微生物指标检验值大于 m 值。当所有检样值均小于或等于 m 值，该批产品为合格；有超过 m 值的检样为不合格品。以生食海产品鱼为例，其标准为 $n=5$，$c=0$，$m=10^2$，"$n=5$" 即抽样 5 个，"$c=0$" 即意味着在该批检样中，若未检测到有超过 m 值的检样，此批货物为合格品。

（2）三级法　也称三级采样方案，其设有微生物标准 m 及 M 值两个限量。按照三级采样方案设定的指标，在 n 个样品中，允许全部样品中相应微生物指标检验值小于或等于 m 值；允许有 $\leqslant c$ 个样品其相应微生物指标检验值在 m 值和 M 值之间；不允许有样品相应微生物指标检验值大于 M 值。

采样数量通常在 5～60 个，三级采样方案不以一个样品检验结果判定该批产品是否合格。如澳大利亚冷冻糖制食品的大肠菌群标准为 $n=5$，$c=2$，$m=100$，$M=1000$，其含义是从一批产品中，取 5 个检样，若所有检样的大肠菌群结果均小于 100，则判定为该批产品合格；若 $\leqslant 2$ 个检样的结果位于 m 与 M 值之间（即 100～1000），则判定为附加条件合格；若有 3 个及以上检样的结果位于 m 与 M 值之间，判定为该批产品不合格；若有任一检样大肠菌群数超过 M 值（即 1000）者，则判定该批产品不合格。

（3）ICMSF 对食品中微生物的危害度分类与抽样方案说明　为了强调抽样与检样结果之间的关系，ICMSF 已经把严格的抽样计划与食品危害程度相联系（ICMSF，1986）。IC-MSF 是将微生物的危害度、食品的特性及处理条件三者综合在一起进行食品中微生物危害度分类的。Ⅰ类危害指危害度增加，老人和婴幼儿食品及在食用前可能会增加危害的食品。Ⅱ危害指危害度不变，立即食用的食品在食用前危害度基本不变。Ⅲ类危害指危害度降低，食用前经过加热处理，危害减少的食品。在中等或严重危害的情况下使用二级抽样方案，对健康危害低的则建议使用三级抽样方案。

下面结合表 2-2 加以说明。

从表 2-2 和表 2-3 可以看出，ICMSF 方法是以二级法、三级法和抽样的概念为基础，再将微生物的知识加进来，则可以提出各种食品的微生物标准。依据对象微生物的危害程度不同，例 1～例 9 可用三级法，例 10～例 15 可用二级法来判定检样是否合格。再结合食品经不同处理后的危害度变化情况，分别设定不同的采样数量或合格检样污染数。在三级采样方

表 2-2　ICMSF 按微生物的危害度及食品处理情况分类

取样方案	危害程度	目标微生物	食品经不同处理后的危害度		
			减少（加热）	无变化（冷冻品立刻进食）	增加危害度（未加热吃到吃前还有一段时间）
三级法	1. 食品的保藏	细菌总数	例1 $n=5$ $c=3$	例2 $n=5$ $c=2$	例3 $n=5$ $c=1$
	2. 轻度间接指标菌	大肠菌群 大肠埃希氏菌 金黄色葡萄球菌（指标菌）	例4 $n=5$ $c=3$	例5 $n=5$ $c=2$	例6 $n=5$ $c=1$
	3. 中度程度局部传播	金黄色葡萄球菌、蜡样芽孢杆菌、产气荚膜梭菌	例7 $n=7$ $c=2$	例8 $n=5$ $c=1$	例9 $n=10$ $c=1$
二级法	1. 中度程度广泛传播	沙门氏菌、副溶血性弧菌、致病性大肠埃希氏菌	例10 $n=5$ $c=0$	例11 $n=10$ $c=0$	例12 $n=20$ $c=0$
	2. 严重程度	肉毒梭菌、霍乱弧菌、伤寒沙门氏菌、副伤寒沙门氏菌	例13 $n=15$ $c=0$	例14 $n=30$ $c=0$	例15 $n=60$ $c=0$

注："减少"系指食品经加热处理可杀死部分污染的细菌。
"无变化"系指微生物数没有增加或减少，例如冷冻食品或干燥食品。
"增加"系指将食品保存在不良环境中使微生物易于繁殖和产毒。

表 2-3　ICMSF 虾的微生物标准

食品名称	检查项目	例	级别	n	c	菌数限量/(CFU/g)	
						m	M
冷冻生虾	细菌总数	1	3	5	3	10^6	10^7
	大肠菌群	4	3			4	400
	金黄色葡萄球菌	4	3			4	400
	副溶血性弧菌	10	2		0	10^2	—
冷冻烹饪虾	细菌总数	6	3	5	1	10^6	10^7
	大肠菌群		3		1	4	400
	金黄色葡萄球菌	9	3	10	1	10^3	2×10^3
	副溶血性弧菌	12	2	20	0	10^2	

案例1～例3中对于细菌总数这个指标，随着危害度的增加，在采样数量相同（$n=5$）、合格限量值（$m=10^6$，$M=10^7$）相同的情况下，而合格样品污染检样数分别设定为3、2、1，此时不依靠菌数限量，而用合格率来控制检验合格。在二级采样方案例10～例12中，合格检样污染数都为0，即不得检出该致病菌，但采样数量随着危害度增加而增加，依次为5、10、20。

对食品处理的危害度判断应酌情考虑，例如冷冻生虾加热吃减少危害度，而冷冻烹调虾不加热就食，在解冻中有增强危害度的可能性。生肉火腿中的金黄色葡萄球菌被腐败菌所抑制，不易发生食物中毒，适用例7和例8。烹调加工后的熟肉对腐败菌没有抵抗力，则易发生食物中毒，适用例9。加热盐腌的火腿，水分活性为0.86以下，金黄色葡萄球菌有增殖的可能性，适用例9。

我国于2011年12月21日起正式施行的食品安全国家标准《速冻面米制品》（GB 19295—2011），参考国际食品微生物标准委员会采样方案和限量规定，修改了微生物指标规定，采用了微生物分级采样方案，同时根据致病菌风险评估结果，调整了沙门氏菌、金黄色葡萄球菌的限量规定，使其更具科学性和合理性；根据产品特性和与其他国家标准间的协调性，调整理化等指标规定。

新标准采用了三级采样方案，用多个样品定量检测结果进行综合判定，具体规定为：生制速冻预包装面米制品中金黄色葡萄球菌限量为（$n=5$，$c=1$，$m=10^3\,\mathrm{CFU/g}$，$M=10^4\,\mathrm{CFU/g}$）。熟制速冻预包装面米制品金黄色葡萄球菌为（$n=5$，$c=1$，$m=10^2\,\mathrm{CFU/g}$，$M=10^3\,\mathrm{CFU/g}$），即在同一批次采 5 个样品，允许全部样品检验值小于或等于 $10^2\,\mathrm{CFU/g}$，允许 1 个样品检验值在 $10^2\sim10^3\,\mathrm{CFU/g}$；不允许有样品检验值大于 $10^3\,\mathrm{CFU/g}$；不允许 2 个及以上样品检测值大于 $10^2\,\mathrm{CFU/g}$。

2.5.1.3 样品概率采样技术

概率采样常应用一些随机选择的方法。在随机选择方法中，分析员必须建立特定的程序和过程以保证在总样品集中每个样品有同等的被选概率。相反的，当不能选择到具有代表性样品时，需要进行非概率抽样。

下面是各种概率采样方法的简要描述。

① 简单随机采样：这种方法要求样品集中的每一个样品都有相同的被抽选概率，首先需要定义样品集，然后再进行抽选，当样品简单、样品集比较大时，基于这种方法的评估存有一定的不确定性。虽然这种方法易于操作，是简化的数据分析方式，但是被抽选的样品可能不能完全代表样品集。

② 分层随机采样：在这种方法中，样品集首先被分为不重叠的子集，称为层。如果从层中的采样是随机的，则整个过程称为分层随机抽样。这种方法通过分层降低了错误的概率，但当层与层之间很难清楚的定义时，可能需要复杂的数据分析。

③ 整群采样：在简单随机抽样和分层随机抽样中，都是从样品集中选择单个样品。而整群抽样则从样品集中一次抽选一组或一群样品。这种方法在样品集处于大量分散状态时，可以降低时间和成本的消耗。这种方法不同于分层随机抽样，它的缺点也是有可能不代表整个样品集。

④ 系统采样：在这种方法中，首先在一个时间段内选取一个开始点，然后按有规律的间隔抽选样品。例如，从生产开始时采样，然后样品按一定间隔采集一次，如每十个采集一次。由于采样点更均匀地分布，这种方法比简单随机抽样更精确，但是如果样品有一定周期性变化，则容易引起误导。

⑤ 混合采样：这种方法是从各个散包中抽取样品，然后将两个或更多的样品组合在一起，以减少样品间的差异。

2.5.1.4 样品的采样方法

微生物检验样品的采集大致分为取样、包装密封、标志、样品的运输、接收、保存几个环节。样品的取样要求为：严格遵守样品采集的操作规程，必须保证整个样品的采取过程是无菌操作，采样工具和容器应无菌、干燥、防漏，形状及大小适宜，防止污染；所采样品必须具有代表性，不同的样品有不同的要求，特别是某些特殊样品；样品的运输、接收和保存要保持样品原样，不能影响样品的质量，防止变质、损坏、丢失；不得加入防腐剂、固定剂等；样品的包装密封和标志要明确，以备查询。

取样时不同的产品类型、产品状态等可以选择不同的取样方法。

（1）包装食品

① 对于即食类预包装食品取相同批次的最小零售原包装，检验前要保持包装的完整，

避免污染。

② 对于非即食类预包装食品：原包装小于 500g 的固态食品或小于 500mL 的液态食品，取相同批次的最小零售原包装；大于 500mL 的液态食品，应在采样前摇动或用无菌棒搅拌液体，使其达到均质后分别从相同批次的 n 个容器中采集 5 倍或以上检验单位的样品；大于 500g 的固态食品，应用无菌采样器从同一包装的几个不同部位分别采取适量样品，放入同一个无菌采样容器内，采样总量应满足微生物指标检验的要求。

③ 如为非冷藏易腐食品，应迅速将所取样品冷却至 0~4℃。对于大块的桶装或大容器包装的冷冻食品，应从几个不同部位用灭菌工具取样，使样品具有充分的代表性；在将样品送达实验室前，要始终保持样品处于冷冻状态样品一旦融化，不可使其再冻，保持冷却即可。

（2）散装食品或现场制作食品　应根据不同食品的种类和状态及相应检验方法中规定的检验单位，用无菌采样器现场采集 5 倍或以上检验单位的样品，放入无菌采样容器内，采样总量应满足微生物指标检验的要求，划分检验批次，应注意同批产品质量的均一性。

（3）液体产品　通常情况下，液态产品较容易获得代表性样品。液态产品一般盛放在大罐中，取样时，可连续或间歇搅拌，对于较小的容器，可在取样前将液体上下颠倒，使其完全混匀。

液体样品取样时应先将取样用具浸入液体内略加漂洗，然后再取所需量的样品，装入灭菌容器的量不应超过其容量的 3/4，以便于检验前将样品摇匀；取完样品后，应用消毒的温度计插入液体内测量食品的温度，并作记录。尽可能不用水银温度计测量，以防温度计破碎后水银污染食品。

（4）固体样品　固态样品常用的取样工具有灭菌的解剖刀、勺子、软木钻、锯子和钳子等。面粉或乳粉等易于混匀的食品，其成品质量均匀、稳定，可以抽取小样品检测（如 100g）。但散装样品就必须从多个点取样，且每个样品都要单独处理，在检测前彻底混匀，并从中取一份样品进行检测。肉类、鱼类的食品既要在表皮取样又要在深层取样。深层取样时要小心不要被表面污染。有些食品，如鲜肉或熟肉可用灭菌的解剖刀或钳子取样；冷冻食品可在未解冻的状态下可用锯子、木钻或电钻（一般斜角钻入）等获取深层取样样品；全蛋粉等粉末状样品取样时，可用灭菌的取样器斜角插入箱底，样品填满取样器后提出箱外，再用灭菌小勺从上、中、下部位取样。

（5）表面取样　通过惰性载体可以将表面样品上的微生物转移到合适的培养基中进行微生物检验，这种惰性载体既不能引起微生物死亡，也不应使其增殖。这样的载体包括清水、拭子、胶带等。取样后，要使微生物长期保存在载体上，既不死亡又不增殖十分困难，所以应尽早地将微生物转接到适当的培养基中。转移前耽误的时间越长，品质评价的可靠性就越差。表面取样技术只能直接转移菌体，不能做系列稀释，只有在菌体数量较多时才适用。其最大优点是检测时不破坏样品。

（6）空气样品　空气的取样方法有直接沉降法和过滤法。在检验空气中细菌含量的各种沉降法中，平皿法是最早的方法之一，到目前为止，这种方法在判断空气中浮游微生物分次自沉现象方面仍具有一定的意义。过滤法是使定量的空气通过吸收剂，然后将吸收剂培养，计算出菌落数。

2.5.2　样品的制备

2.5.2.1　稀释液的选择

（1）普通稀释液　浓度为 0.1%、pH 6.8~7.0 的无菌蛋白胨水（蛋白胨 1.0g，氯化钠

8.5g，水 1000mL），磷酸盐缓冲溶液和 0.85％氯化钠溶液等都是较好的稀释液。0.1％的蛋白胨水要比其他保护效果更好，因此是常用的稀释液。

高浓度的干燥样品（如乳粉、婴儿食品）水活度很低，在最低稀释度时应该选择蒸馏水作为稀释液。最合适的稀释液应该通过一系列的试验得到，所选择的稀释液应该具有最高的复苏率。

（2）厌氧微生物的稀释液　对食品中的厌氧微生物进行定性或定量检测时，必须使氧化作用减至最低，所以应使用具有抗氧化作用的培养基作为稀释液。制备样品悬液时应尽量避免氧气进入其中，使用袋式拍打式均质器可达到这一点。

检测对氧气及其敏感的厌氧菌时，除使用适当的稀释液外，还要具备一些特殊的样品防护措施，如使用厌氧工作站。

（3）嗜渗菌和嗜盐菌的稀释液　20％的无菌蔗糖溶液适用于嗜渗菌计数；研究嗜盐菌（如食盐样品）时，可使用 15％无菌的氯化钠溶液作为稀释液。

2.5.2.2　不同类型样品的制备

（1）粉末状和小颗粒固体样品　小颗粒固体样品的初始稀释液较容易配制。无菌称取 10g 样品加入到容积为 100mL 的无菌带盖玻璃瓶中，加入无菌稀释液至 100mL 刻度，配成质量体积比为 1∶10 的稀释液。以 30cm 的幅度摇动 25 次。必要时按常规方法进一步稀释。对高溶解度样品计数时必须小心，计数结果取决于样品在稀释液中的均匀性，而均匀性又与样品的初始状态有关（常表述为个/克）。要得到准确的检测结果，第一个稀释液的体积是否准确达到 100mL 非常重要。除体积因素外，pH 值和水活度的变化也必须加以考虑。另外，稀释液中样品的转接应在 30min 内完成。

（2）固体样品　检测表层下面样品中的细菌时，应将至少 10g 样品加入适量的无菌稀释液，并在适当的设备中均质。常用的均质方法是使用拍击式均质器。

将样品和稀释液一起放入无菌、耐用、薄而软的聚乙烯袋中。袋子放入拍击式均质器内，留出几厘米袋口在均质器外，均质时，关紧均质器门以密封袋子。启动均质器，两个大而平的不锈钢踏板交替拍击袋子，袋中内容物在踏板与均质器的平滑内表面之间挤压，即产生均质效果。对于大多数样品均质 30s 即可，而脂肪浓度高的样品则需要 90s。

（3）表面样品　表面样品取样后，先放到一定体积（如 10mL）的稀释液中，妥善保存，使样品保持原始状态。检测时，用适当的稀释液进行定量稀释（根据预测的污染程度稀释到所需稀释度）。检测后根据稀释的倍数进行换算。

（4）液体样品　制备液体样品稀释液时，用无菌移液管移取 10mL 完全混匀的样品到带盖的无菌玻璃瓶中。加入稀释液至 100mL 配成体积比为 1∶10 的稀释液。也可以选择质量体积比，取 10g 完全混匀的样品加入玻璃瓶，用无菌稀释液配制成 100mL，制成质量体积比为 1∶10 的稀释液。实际操作中，等效于 1∶10 的质量比。按常规方法做进一步的稀释，整个样品稀释过程应在 30min 内完成。

2.6　其他检验技术与基本技能

2.6.1　培养基的制备

人工配制的适合微生物生长繁殖或积累代谢产物的营养基质，叫培养基，其中含有碳源、氮源、无机盐、生长因子及水等，以提供微生物生命活动所需的能量、合成菌体和代谢产物的原料，及调节代谢活动的正常进行。培养基除了要满足所需要的各种营养条件外，还应保证微生物所需要的其他生活条件，如适宜的酸碱度和渗透压等。因此，配制培养基时，还应根据各种微生物的特点调节适宜的 pH 值。

由于不同种类的微生物所需营养成分不尽相同，所以培养基种类很多。同时。即使是同一种微生物，由于实验目的不同，所采用的培养基的成分也不完全相同。根据培养基的使用、营养物来源以及物理状态，可以分成许多不同类型。

根据培养基的特殊用途，可将培养基分成基础培养基、加富培养基、选择培养基、鉴别培养基等。

① 基础培养基：含有一般微生物生长繁殖所需的基本营养物质的培养基。牛肉膏蛋白胨培养基是最常用的基础培养基。

② 加富培养基：在普通培养基上加入其他营养物质，用以培养某种或某类营养要求苛刻的一样微生物。

③ 选择培养基：根据某种或某一类微生物的特殊营养需求或对某种化合物的敏感性不同而设计出来的一类培养基。利用这种培养基可以将某种或某类微生物从混杂的微生物群体中分离出来。比如，我们在培养基中加入青霉素或者四环素等抗生素（生长抑制剂，抑制细菌和放线菌生长），可以分离酵母菌和霉菌；通过在培养基中加入结晶紫或提高培养基中氯化钠的浓度（7.5%），可以从混杂的微生物群体中分别分离出革兰氏阴性菌或葡萄球菌；加孔雀石绿可以分离出革兰氏阳性菌。

④ 鉴别培养基：在普通培养基内加入某种试剂或化学药品，使得某种微生物在这个培养基上生长后，可以产生某种代谢产物，这种代谢产物可以与培养基中的特定试剂或化学药品起反应，产生某种明显的特征性变化。根据这种特点来区分微生物。如伊红-美蓝培养基是一种鉴别培养基，常用于检查乳制品和饮用水中是否含有致病性的肠道细菌。

为了保证培养微生物的纯净，需要对培养基进行灭菌。除特殊情况外，培养基的灭菌均采用高压蒸气灭菌法。此法是将待灭菌物品放在高压蒸气灭菌锅内，利用高压时水的沸点上升，从而造成蒸气温度升高，由此产生高温达到杀灭杂菌的目的。

用高压蒸气对培养基进行灭菌时必须根据培养基的种类、容器的大小及数量采用不同的温度及时间。一般少量分装的基础培养基通常为 121℃ 15～20min 灭菌。如盛装培养基的容器较大，则应适当增加其灭菌的温度和时间。含糖培养基，一般采用 115℃ 20～30min 灭菌，以免糖类因高热而分解。由于高压蒸气灭菌是通过提高蒸气压力而使其升高温度以杀死微生物，所以加压前应尽量排净锅内的空气。

2.6.1.1 实验材料及仪器

（1）药品　牛肉膏，蛋白胨，葡萄糖，可溶性淀粉，NaCl，KNO_3，K_2HPO_4，$MgSO_4$，$FeSO_4$，琼脂。

（2）试剂　10% NaOH，10% HCl。

（3）其他　托盘天平，电炉，硫酸纸，牛皮纸，线绳，棉花，纱布，石棉网，精密 pH 试纸，标签，烧杯，量筒，玻棒，三角瓶，滴管，手提式灭菌锅。

2.6.1.2 实验步骤

培养基的种类很多，配制方法也不完全相同，但其基本程序和要求是大体相同的。一般培养基的配制程序如下。

计算—称量—溶解定容—调节 pH 值、加琼脂并溶解—过滤—分装—加塞—包扎—灭菌—摆斜面—无菌检查。

（1）计算　一般培养基配方用百分比或加入各种物质的质量或体积表示，配制前应先估计工作中需要培养基的数量，然后按比例计算各种物质的用量。

（2）称量　用托盘天平分别称取所需各药品。有些药品用量很小，不便称量（如某些培养基中使用的微量元素成分），可先配制成较浓的溶液，然后按比例换算，再从中取出所需要的量，加入培养基中。

对牛肉膏、酵母膏等比较黏稠、不是粉状的原料，可先将玻棒和烧杯称重，再连同玻棒和烧杯一起称量原料。或者，在称量纸上称量后，连同称量纸一起投入水中，待原料溶解后将称量纸取出。

（3）溶解　先在容器内加入少于需要量的水；然后按配方上的顺序，依次投入各成分进行溶解。为避免生成沉淀造成营养损失，营养物质加入顺序应为先加缓冲化合物，然后是主要元素；再加入微量元素，最后加入维生素、生长因素等。最好是一种营养物溶解后再加入下一种成分。若各种成分均不会生成沉淀，可以一起加入。如有难溶物质可加热促使溶解。待全部成分完全溶解后，补足所需水量。

（4）调节 pH 值　先用精密 pH 试纸测定培养基原始 pH 值。然后根据配方要求以 2mol/L HCl 或 2mol/L NaOH 进行调整。此时应用滴管逐滴加入酸或碱，边搅动边用精密 pH 试纸测 pH 值，直至符合要求为止。在调节过程中，尽量不要调得过酸或过碱，以免某些营养成分可能被破坏，并防止因反复调整而影响培养基的容量。

培养基经高压灭菌后，其 pH 值可降低 0.1～0.2，故调节 pH 时，应比实际需要的 pH 值高 0.1～0.2，也有个别培养基在灭菌后 pH 值反而升高。

如果所培养的微生物对酸度的要求比较严格，其 pH 值可用酸度计测定。

（5）溶解琼脂　配制固体培养基时，需加入凝固剂琼脂。琼脂在水中溶化较慢且易沉淀于容器底部而烧焦。最好用夹层锅溶化琼脂。如果采用直接在火源上加热的方法，则应将液体培养基放在有石棉网的电炉上，待液体培养基煮沸后再加琼脂，并不断搅拌，以防琼脂沉淀，糊底烧焦。琼脂完全融化后，要加热水补足蒸发的水分。

（6）过滤　以四层纱布趁热过滤。

（7）分装　根据需要将培养基分装于三角瓶或试管内。分装量视具体情况而定。通常：分装入试管中的固体培养基以管高的 1/5 为宜，灭菌后趁热摆斜面，斜面长度为试管高度的 1/3～1/2；分装入试管中的半固体培养基，一般以管高的 1/3 为宜，灭菌后直立冷却，凝固后为半固体深层琼脂；分装入试管中的液体培养基，以试管高度的 1/4 为宜；分装入三角瓶的培养基，以不超过三角瓶容积的 1/2 为限。

分装过程中，应注意勿使培养基粘到管口或瓶口上，以免粘污棉塞而导致杂菌污染。培养基的分装装置见图 2-17。

（8）加塞　培养基分装完毕后，在试管口或三角瓶口上加上棉塞，以过滤空气防止外界杂菌污染培养基或培养物，并保证容器内培养的需氧菌能够获得无菌空气。棉塞松紧应适宜，不能过松或过紧。太松，通气好但过滤作用差，容易污染；太紧，过滤作用好但影响通气。检查松紧的方法是：将棉塞提起，试管跟着被提起而不下滑，表明棉塞不松；将棉塞拔出，可听到有轻微的声音而不明显，表明棉塞不紧。

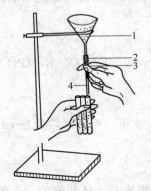

图 2-17　培养基的分装装置
1—漏斗；2—乳胶管；
3—弹簧夹；4—玻璃管

加塞时棉塞总长度的 3/5 应在管口或瓶口内，管口或瓶口外面的部分不要短于 1cm，以便于无菌操作时用手拔取。做棉塞的棉花应采用纤维较长的普通棉花，医用脱脂棉易吸水变湿造成污染，一般不宜采用。若需通气培养对，如用摇床振荡培养，可用所谓通气塞，即用 6~8 层纱布，或在两层纱布间均匀地铺一层棉花，代替棉塞，以供给菌体更多的氧气进行生长或发酵。

（9）包扎　加塞后，再在棉塞外包一层防潮纸，以避免灭菌时棉塞被冷凝水沾湿，并防止接种前培养基水分散失或污染杂菌。然后用线绳捆扎并注明培养基名称、配制日期及组别。

（10）灭菌　培养基包扎完毕后应立即按其配方规定的条件灭菌。如当天不能灭菌者应放入冰箱内保存。

（11）摆斜面　灭菌后，固体培养基如需制成斜面，应趁热将试管上部垫于 1 根玻棒或木条上，使培养基斜面长度为试管长度的 1/2 （图 2-18）。

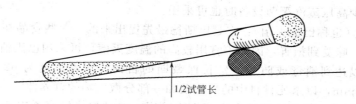

1/2试管长

图 2-18　固体培养基制成斜面示意图

（12）无菌检查　将灭过菌的培养基放入 37℃恒温箱内培养过夜，无菌生长为合格培养基。

（13）保存　暂不使用的无菌培养基，可在冰箱内或冷暗处保存，但不宜保存时间过久。

2.6.2　消毒与灭菌技术

微生物在自然界中分布广泛，为了保证与微生物学有关的生产和研究不受其他杂菌干扰，消毒和灭菌是至关重要的。消毒一般是指杀灭病原微生物，灭菌则是指杀灭物体中所有微生物（包括芽孢和孢子）。消毒与灭菌的方法有加热法、过滤除菌法、紫外线辐射法、化学药剂处理等。人们可根据微生物的特点、待处理材料与试验目的和要求选定消毒和灭菌的具体方法。

加热可使菌体蛋白质变性、酶失活，从而达到灭菌的目的。加热灭菌可分为干热灭菌和湿热灭菌两类。在相同温度下湿热灭菌比干热灭菌效果好，这是因为在湿热条件下湿热蒸汽穿透力强；菌体吸收水分，蛋白质易变性；热蒸汽与较低温度的物体表面接触可凝结为水并放出潜热，这种潜热能迅速提高灭菌物体的温度。

2.6.2.1　加热消毒与灭菌

加热可使菌体蛋白质变性、酶失活，从而达到灭菌的目的。加热灭菌可分为干热灭菌和湿热灭菌两类。在相同温度下湿热灭菌比干热灭菌效果好，这是因为在湿热条件下湿热蒸汽穿透力强；菌体吸收水分，蛋白质易变性；热蒸汽与较低温度的物体表面接触可凝结为水并放出潜热，这种潜热能迅速提高灭菌物体的温度。

（1）干热灭菌法

① 火焰灭菌法　直接利用火焰烧灼使微生物死亡，这种方法灭菌彻底、迅速，适用于一般金属器械（如镊子等）、接种环（针）、涂布用玻璃棒、试管口、三角瓶口的灭菌以及带

有病原菌的一些物品或带有病原菌的动植物体作彻底灭菌废弃处理。

② 热空气灭菌法　将空气加热到 140～160℃，保持 1～3h 杀死所有的微生物，可利用电烘箱进行，常用于一些玻璃器皿（如培养皿和移液管）、金属及其他干燥耐热物品的灭菌。

（2）湿热灭菌法

① 煮沸灭菌法：被灭菌的物品放入水中煮沸，温度接近 100℃，保持 15～20min，可杀死微生物营养体。若要杀死芽孢，则需煮沸很长时间，若在水中加入 2%～5% 石炭酸，则 5～10min 可杀死芽孢。加入 1% 碳酸氢钠，可提高沸点，促进芽孢的死亡。本方法适用于可以浸泡在水中的物品灭菌，许多医疗器械如手术刀、剪子、注射器等。

② 间歇灭菌法：采用连续 3 次的常压蒸汽灭菌，以达到杀死微生物营养体和芽孢的目的。先将需灭菌的物品放在 100℃ 的条件下维持 30～60min，以杀死微生物的营养体。然后取出置 30℃ 条件下培养 1d，使芽孢萌发成营养体，次日再以同样方法处理，连续进行 3 次灭菌，可杀死所有营养体与芽孢。这种方法适用于不宜高压灭菌的物质，某些需要高压蒸汽灭菌的材料在缺少高压蒸汽灭菌设备时也可采用。

③ 巴氏消毒（也称巴氏灭菌）：它是巴斯德最先提出来的。一些食品在高温作用下会使其营养和色、香、味受到损害，因而不宜用较高的温度灭菌，可采用巴氏消毒法，即采用较低的温度处理，以达到消毒或防腐，延长保藏期的目的。消毒温度为 62～63℃，时间为 30min 或 71℃ 15min，以杀死材料中的病原菌和一部分微生物的营养体。

④ 高压蒸汽灭菌：使用密闭的高压蒸汽灭菌锅，通过加热使容器内的水受热产生水蒸气，由于容器密闭蒸汽不能外溢，因而使蒸汽压力不断增大，蒸汽温度也随之增高，因此可以提高杀菌力，并缩短灭菌时间。该方法是最为有效且广泛应用的灭菌方法，常用于培养基、无菌水以及耐高温的物品和不适宜干热灭菌的物品等，食品加工中也常用本法。实验室中对一般培养基和无菌水常采用 121℃ 维持 20min 灭菌。如果培养基中含有不耐高温的成分，则应采 112～115℃ 维持 20min 灭菌，对蒸汽不易穿透的物质如草炭、土壤等则应提高压力并延长灭菌时间。

下面以手提式高压蒸气灭菌锅为例说明其使用方法。

a. 加水：将盖打开并把内筒拿出，然后向灭菌锅内加水，使水面达到内筒底座为止。

b. 装入待灭菌物品：将内筒放入灭菌锅，然后把待灭菌物品装入内筒，不要太紧或太满，并留有间隙，以利蒸汽流通。盖好盖后，将螺旋旋紧，注意要同时对称地旋紧两边螺旋，否则盖子不易盖严，会造成漏气现象。

c. 加热和排气：接通电源后即可打开排气阀，继续加热，待锅内水沸腾后有大量蒸汽排出时，维持 5min，使锅内和灭菌物容器中冷空气完全排净。如果排气不彻底造成表压和温度不相符，降低灭菌效果。

d. 升压保压力：排气完毕后关闭排气阀使锅内压力逐渐升高，待压力升高到 0.1MPa 时，维持 20min 即可达到灭菌要求。

e. 降压与排气：维持时间达到要求后应停止加热，使其自然冷却，此时切勿急于打开排气阀，因为如果压力骤降，则会导致培养基剧烈沸腾而冲掉或污染棉塞，待压力降至接近零时，再打开排气阀。

f. 出锅：排气完毕后即可松开盖上螺旋打开盖子，此时可不必急于取出灭菌物品，待 15～20min 后，借锅中余热将棉塞防潮纸烘干后，再将锅内灭菌物品取出。

2.6.2.2　紫外线灭菌

紫外线波长在 200～300nm，其中以 250～270nm 杀菌力最强，此段波长易被细胞中的核酸吸收。

紫外线杀菌是利用人工制造的能辐射出 253.7nm 波长紫外线的专用灯进行的。其杀菌作用主要导致 DNA 链上形成胸腺嘧啶二聚体和胞嘧啶水合物，阻碍 DNA 的复制。另外，空气在紫外线辐射下被氧化生成的 H_2O_2 和 O_3 也有杀菌作用。

（1）紫外灯的安装　紫外灯距离照射物体以不超过 1.2m 为宜。紫外线对人体有伤害作用，可严重灼烧眼结膜、损伤视神经，对皮肤也有刺激作用，所以不能在开着的紫外灯下工作。为了阻止微生物的光复活现象，也不宜在日光下或开着日光灯或钨丝灯的情况下进行紫外线灭菌。紫外线穿透能力差，只适用于空气及物体表面的灭菌。

（2）灭菌　打开紫外灯开关，照射 30min 后将灯关闭。

（3）检查紫外线灭菌效果　关闭紫外灯后在不同的位置上各放一套灭过菌的肉膏蛋白胨琼脂平板和麦芽汁琼脂平板，打开皿盖 15min，然后盖上皿盖，分别倒置 37℃ 恒温箱中培养 24h 和 28℃ 恒温箱中培养 48h。若每个平板内菌落不超过 4 个，表明灭菌效果较好；若超过 4 个，则需延长照射时间或采用与化学消毒剂联合灭菌的方法，即先用喷雾器喷洒 3％～5％的石炭酸溶液，或用浸沾 2％～3％来苏尔溶液的抹布擦洗接种室内墙壁、桌面及凳子，然后开紫外灯。

2.6.3　微生物接种、分离和培养

2.6.3.1　接种

将微生物接到适于它生长繁殖的人工培养基上或活的生物体内的过程叫做接种。

（1）接种工具和方法　在实验室或工厂实践中，用得最多的接种工具是接种环、接种针。由于接种要求或方法的不同，接种针的针尖部常做成不同的形状，有刀形、耙形等之分。有时滴管、吸管也可作为接种工具进行液体接种。在固体培养基表面要将菌液均匀涂布时，需要用到涂布棒（图 2-19）。

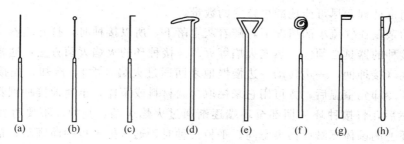

(a)　(b)　(c)　(d)　(e)　(f)　(g)　(h)

图 2-19　接种和分离工具

(a) 接种针；(b) 接种环；(c) 接种钩；(d)、(e) 玻璃涂棒；(f) 接种圈；(g) 接种锄；(h) 小解剖刀

常用的接种方法有以下几种。

① 划线接种：这是最常用的接种方法。即在固体培养基表面作来回直线形的移动，就可达到接种的作用。常用的接种工具有接种环、接种针等。在斜面接种和平板划线中就常用此法。

② 点接种：在研究霉菌形态时常用此法。此法即把少量的微生物接种在平板表面上，成等边三角形的三点，让它各自独立形成菌落后，来观察、研究它们的形态。除三点外，也有一点或多点进行接种的。

③ 穿刺接种：在保藏厌氧菌种或研究微生物的动力时常采用此法。做穿刺接种时，用

的接种工具是接种针。用的培养基一般是半固体培养基。它的做法是：用接种针蘸取少量的菌种，沿半固体培养基中心向管底作直线穿刺，如某细菌具有鞭毛而能运动，则在穿刺线周围能够生长。

④ 倾注接种：该法是将待接的微生物先放入培养皿中，然后再倒入冷却至45℃左右的固体培养基，迅速轻轻摇匀，这样菌液就达到稀释的目的。待平板凝固之后，置合适温度下培养，就可长出单个的微生物菌落。

⑤ 涂布接种：与倾注接种略有不同，就是先倒好平板，让其凝固，然后再将菌液倒入平板上面，迅速用涂布棒在表面做来回左右的涂布，让菌液均匀分布，就可长出单个的微生物的菌落。

⑥ 液体接种：从固体培养基中将菌洗下，倒入液体培养基中，或者从液体培养物中，用移液管将菌液接至液体培养基中，或从液体培养物中将菌液移至固体培养基中，都可称为液体接种。

⑦ 注射接种：该法是用注射的方法将待接的微生物转接至活的生物体内，如人或其他动物中，常见的疫苗预防接种，就是用注射接种接入人体来预防某些疾病。

⑧ 活体接种：活体接种是专门用于培养病毒或其他病原微生物的一种方法，因为病毒必须接种于活的生物体内才能生长繁殖。所用的活体可以是整个动物；也可以是某个离体活组织，例如猴肾等；也可以是发育的鸡胚。接种的方式是注射，也可以是拌料喂养。

（2）无菌操作　培养基经高压灭菌后，用经过灭菌的工具（如接种针和吸管等）在无菌条件下接种含菌材料（如样品、菌苔或菌悬液等）于培养基上，这个过程叫做无菌接种操作。在实验室检验中的各种接种必须是无菌操作。

实验台面不论是什么材料，一律要求光滑、水平。光滑是便于用消毒剂擦洗；水平是倒琼脂培养基时利于培养皿内平板的厚度保持一致。在实验台上方，空气流动应缓慢，杂菌应尽量减少，其周围杂菌也应越少越好。为此，必须清扫室内，关闭实验室的门窗，并用消毒剂进行空气消毒处理，尽可能地减少杂菌的数量。

空气中的杂菌在气流小的情况下，随着灰尘落下，所以接种时，打开培养皿的时间应尽量短。用于接种的器具必须经干热或火焰等灭菌。接种环的火焰灭菌方法：通常接种环在火焰上充分烧红（接种柄，一边转动一边慢慢地来回通过火焰3次），冷却，先接触一下培养基，待接种环冷却到室温后，方可用它来挑取含菌材料或菌体，迅速地接种到新的培养基上（图2-20）。然后，将接种环从柄部至环端逐渐通过火焰灭菌，复原。不要直接烧环，以免残留在接种环上的菌体爆溅而污染空间。平板接种时，通常把平板的面倾斜，把培养皿的盖打开一小部分进行接种。在向培养皿内倒培养基或接种时，试管口或瓶壁外面不要接触底皿边，试管或瓶口应倾斜一下在火焰上通过。

2.6.3.2　分离纯化

含有一种以上的微生物培养物称为混合培养物（mixed culture）。如果在一个菌落中所有细胞均来自于一个亲代细胞，那么这个菌落称为纯培养（pure culture）。在进行菌种鉴定时，所用的微生物一般均要求为纯的培养物。得到纯培养的过程称为分离纯化，方法有许多种。

（1）稀释倾注平板法　首先把微生物悬液通过一系列稀释，取一定量的稀释液与熔化好的保持在40～50℃的营养琼脂培养基充分混合，然后把这混合液倾注到无菌的培养皿中，待凝固之后，把这平板倒置在恒箱中培养。单一细胞经过多次增殖后形成一个菌落，取单个

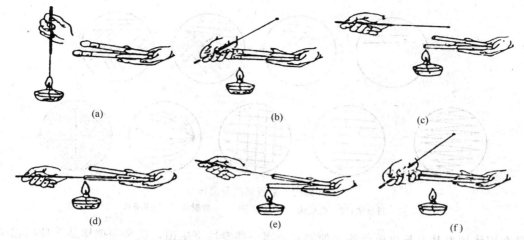

图 2-20 斜面接种时的无菌操作

（a）接种灭菌；（b）开启棉塞；（c）管口灭菌；（d）挑起菌苔；（e）接种；（f）塞好棉塞

菌落制成悬液，重复上述步骤数次，便可得到纯培养物（图 2-21）。

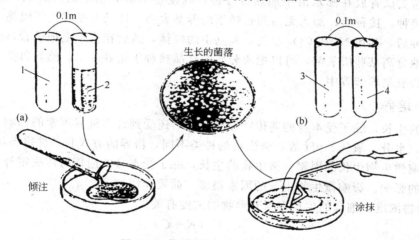

图 2-21 倾注平板法和涂布平板法

1—菌悬液；2—熔化的培养基；3—培养物；4—无菌水

（2）稀释涂布平板法　首先把微生物悬液通过适当的稀释，取一定量的稀释液放在无菌的已经凝固的营养琼脂平板上，然后用无菌的玻璃刮刀把稀释液均匀地涂布在培养基表面上，经恒温培养便可以得到单个菌落（图 2-20）。

（3）平板划线法　最简单而常用的分离微生物的方法是平板划线法。用无菌的接种环取培养物少许在平板上进行划线。划线的方法很多，常见的比较容易出现单个菌落的划线方法有斜线法、曲线法、方格法、放射法、四格法等（图 2-22）。当接种环在培养基表面上往后移动时，接种环上的菌液逐渐稀释，最后在所划的线上分散着单个细胞，经培养，每一个细胞长成一个菌落。

（4）富集培养法　富集培养法的方法和原理非常简单。我们可以创造一些条件只让所需的微生物生长，在这些条件下，所需要的微生物能有效地与其他微生物进行竞争，在生长能力方面远远超过其他微生物。所创造的条件包括选择最适的碳源、能源、温度、光、pH、渗透压和氢受体等。在相同的培养基和培养条件下，经过多次重复移种，最后富集的菌株很

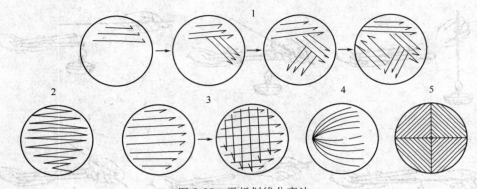

图 2-22 平板划线分离法

1—斜线法；2—曲线法；3—方格法；4—放射法；5—四格法

容易在固体培养基上长出单菌落。如果要分离一些专性寄生菌，就必须把样品接种到相应敏感宿主细胞群体中，使其大量生长。通过多次重复移种便可以得到纯的寄生菌。

（5）厌氧法　在实验室中，为了分离某些厌氧菌，可以利用装有原培养基的试管作为培养容器，把这支试管放在沸水浴中加热数分钟，以便逐出培养基中的溶解氧。然后快速冷却，并进行接种。接种后，加入无菌的石蜡于培养基表面，使培养基与空气隔绝。另一种方法是，在接种后，利用 N_2 或 CO_2 取代培养基中的气体，然后在火焰上把试管口密封。有时为了更有效地分离某些厌氧菌，可以把所分离的样品接种于培养基上，然后再把培养皿放在完全密封的厌氧培养装置中。

2.6.3.3　培养

微生物的生长，除了受本身的遗传特性决定外，还受到许多外界因素的影响，如营养物浓度、温度、水分、氧气、pH 等。微生物的种类不同，培养的方式和条件也不尽相同。

（1）影响微生物生长的因素　微生物的生长，除了受本身的遗传特性决定外，还受到外界许多因素的影响。影响微生物生长的因素很多，简要介绍如下。

① 营养物浓度：细菌的生长率与营养物的浓度有关。

$$\mu = \mu_{max} C / (K + C)$$

营养物浓度与生长率的关系曲线是典型的双曲线。

K 值是细菌生长的很基本的特性常数。它的数值很小，表明细菌所需要的营养浓度非常之低，所以在自然界中，它们到处生长。然而营养太低时，细菌生长就会遇到困难，甚至还会死亡。这是因为除了生长需要能量以外，细菌还需要能量来维持它的生存。这种能量称为维持能。另一方面，随着营养物浓度的增加，生长率愈接近最大值。

② 温度：在一定的温度范围内，每种微生物都有自己的生长温度三基点，即最低生长温度、最适生长温度和最高生长温度。在生长温度三基点内，微生物都能生长，但生长速率不一样。微生物只有处于最适生长温度时，生长速度才最快，代时最短。超过最低生长温度，微生物不会生长，温度太低，甚至会死亡。超过最高生长温度，微生物也要停止生长，温度过高时也会死亡。一般情况下，每种微生物的生长温度三基点是恒定的。但也常受其他环境条件的影响而发生变化。

根据微生物最适生长温度的不同，可将它们分为三个类型。

a. 嗜冷微生物：其最适生长温度多数在 $-10 \sim 20 \, ^{\circ}\mathrm{C}$。

b. 中温微生物：其最适生长温度一般在 $20 \sim 45 \, ^{\circ}\mathrm{C}$。

c. 嗜热微生物：生长温度在 45℃ 以上。

③ 水分：水分是微生物进行生长的必要条件。芽孢、孢子萌发，首先需要水分。微生物是不能脱离水而生存的。但是微生物只能在水溶液中生长，而不能生活在纯水中。各种微生物在不能生长发育的水分活性范围内，均具有狭小的适当的水分活性区域。

④ 氧气：按照微生物对氧气的需要情况，可将它们分为以下五个类型。

a. 需氧微生物：这类微生物需要氧气供呼吸之用。没有氧气，便不能生长，但是高浓度的氧气对需氧微生物也是有毒的。很多需氧微生物不能在氧气浓度大于大气中氧气浓度的条件下生长。绝大多数微生物都属于这个类型。

b. 兼性需氧微生物：这类微生物在有氧气存在或无氧气存在情况下，都能生长，只不过所进行的代谢途径不同罢了。在无氧气存在的条件下，它进行发酵作用，例如酵母菌的无氧乙醇发酵。

c. 微量需氧微生物：这类菌是需要氧气的，但只在 0.2 大气压下生长最好。这可能是由于它们含有在强氧化条件下失活的酶，因而只有在低压下作用。

d. 耐氧微生物：这类微生物在生长过程中，不需要氧气，但也不怕氧气存在，不会被氧气所杀死。

e. 厌氧微生物：这类微生物在生长过程中，不需要分子氧。分子氧存在对它们生长产生毒害，不是被抑制，就是被杀死。

（2）培养方法

① 根据培养时是否需要氧气，可分为好氧培养和厌氧培养两大类。

a. 好氧培养：也称“好气培养”。就是说这种微生物在培养时，需要有氧气加入，否则就不能生长良好。在实验室中，斜面培养是通过棉花塞从外界获得无菌的空气。三角烧瓶液体培养多数是通过摇床振荡，使外界的空气源源不断地进入瓶中。

b. 厌氧培养：也称“厌气培养”。这类微生物在培养时，不需要氧气参加。在厌氧微生物的培养过程中，最重要的一点就是要除去培养基中的氧气。一般可采用下列几种方法。

ⓐ 降低培养基中的氧化还原电位：常将还原剂如谷胱甘肽、硫基醋酸盐等，加入到培养基中，便可达到目的。有的将一些动物的死的或活的组织如牛心、羊脑加入到培养基中，也可适合厌氧菌的生长。

ⓑ 化合去氧：这也有很多方法，主要有用焦性没食子酸吸收氧气；用磷吸收氧气；用好氧菌与厌氧混合培养吸收氧气；用植物组织如发芽的种子吸收氧气；用产生氢气与氧化合的方法除氧。

ⓒ 隔绝阻氧：深层液体培养；用液体石蜡封存；半固体穿刺培养。

ⓓ 替代驱氧：用二氧化碳驱代氧气；用氮气驱代氧气；用真空驱代氧气；用氢气驱代氧气；用混合气体驱代氧气。

② 根据培养基的物理状态，可分为固体培养和液体培养两大类。

a. 固体培养：是将菌种接至疏松而富有营养的固体培养基中，在合适的条件下进行微生物培养的方法。

b. 液体培养：在实验中，通过液体培养可以使微生物迅速繁殖，获得大量的培养物，在一定条件下，还是微生物选择增菌的有效方法。

2.6.4 血清学反应

血清学反应是相应的抗原与抗体在体外一定条件下作用，可出现肉眼可见的沉淀、凝集现象。在食品微生物检验中，常用血清学反应来鉴定分离到的细菌，以最终确认检测结果。

2.6.4.1 血清学反应一般特点

（1）抗原抗体的结合具有特异性　抗原与相应抗体结合成复合物后，在一定条件下又可解离为游离抗原与抗体的特性，两种不同的抗原分子具有部分相同或类似结构的抗原表位，可与彼此相应的抗血清发生反应，会出现交叉反应。

（2）抗原抗体的结合是分子表面的结合　抗体分子上一个抗原结合点与对应的抗原决定簇之间相适应而存在着的引力，是抗原抗体间固有的结合力，这种结合虽相当稳定，但是可逆的。抗原与相应抗体结合成复合物后，在一定条件下又可解离为游离抗原与抗体的特性，抗体与对相应抗原的亲和力越高，结合越牢固，越不易解离。

（3）抗原抗体的结合是按一定比例进行的，只有比例适当时，才能出现可见反应。

（4）血清学反应大体分为两个阶段进行，但其间无严格界限。

第一阶段为抗原抗体特异性结合阶段，反应速度很快，只需几秒至几分钟反应即可完毕，但不出现肉眼可见现象。第二阶段为抗原抗体反应的可见阶段，表现为凝集、沉淀、补体结合反应等。反应速度慢，需几分、几十分甚至更长时间。而且，在第二阶段反应中，电解质、pH、温度等环境因素的变化都直接影响血清学反应的结果。

2.6.4.2 抗原抗体反应的影响因素

（1）电解质　抗原抗体等电点分别为 pH 3～5 和 pH 5～6，在中性或弱碱性条件下表面带有较多负电荷，适当浓度的电解质会使它们失去一部分负电荷而相互结合。

（2）温度　通常为 37℃，适当提高反应温度可增加抗原与抗体分子的碰撞机会，但56℃以上可使抗原或抗体变性失活。

（3）酸碱度　抗原抗体反应的最适 pH 值在 6～8，pH 值过高或过低均可直接影响抗原抗体的理化性质。当 pH 值接近等电点时，抗原抗体所带正负电荷相等，由于自身吸引而出现凝集，导致非特异性反应。

2.6.4.3 血清学反应分类

习惯上将血清学反应分三类：凝集反应、沉淀反应和补体结合反应。

2.6.4.3.1 凝集反应

颗粒性抗原（细菌、红细胞等）与相应的抗体（凝集素）结合后，在电解质作用下形成的肉眼可见的凝集现象，称为凝集反应（agglutination reaction）。其中的抗原称为凝集原，抗体称为凝集素。在该反应中，因为单位体积抗体量大，做定量实验时，应稀释抗体。早在1933 年，Lancefield 就成功地用多价血清对链球菌进行了血清分型。随着抗体制备技术的进一步完善，尤其是单克隆抗体的制备，明显提高了细菌凝集实验的特异性，今天广泛用于细菌的分型和鉴定，如沙门氏菌、霍乱弧菌等。

（1）直接凝集反应　颗粒性抗原与相应抗体直接结合所出现的反应，称为直接凝集反应（direct agglution reaction）。

① 玻片凝集法：玻片凝集法是一种常规的定性试验方法，原理是用已知抗体来检测未知抗原。常用于鉴定菌种、血型。如将含有痢疾杆菌抗体的血清与待检菌液各一滴，在玻片上混匀，数分钟后若出现肉眼可见的凝集块，即阳性反应，证明该菌是痢疾杆菌。此法快速、简便，但不能进行定量测定。

② 试管凝集法：试管凝集法是一种定量试验方法。多用已知抗原来检测血清中有无相应抗体及其含量。常用于协助诊断某些传染病及进行流行病学调查。如肥达反应就是诊断伤

寒、副伤寒的试管凝集试验。因为要测定抗体的含量，故将待检查的血清用等渗盐水倍比稀释成不同浓度，然后加入等量抗原，37℃或56℃，2～4h观察，血清最高稀释度仍有明显凝集现象的，为该抗血清的凝集效价。

（2）间接凝集反应　间接凝集反应又称乳胶凝集试验。是将可溶性抗原或抗体吸附于颗粒载体（红细胞或乳胶颗粒表面），制成致敏载体颗粒，然后与相应抗体（抗原）作用，在有电解质存在的条件下，即可发生凝集，称为间接凝集反应（indirect agglutination）。由于载体增大了可溶性抗原的反应面积。当载体上有少量抗原与抗体结合。就出现肉眼可见的反应，敏感性很高。乳胶凝集试验可用于检测多种致病菌，许多致病菌如大肠埃希氏菌 O157、金黄色葡萄球菌等都有乳胶凝集试剂盒。

2.6.4.3.2　沉淀反应

可溶性抗原与相应抗体结合，在有适量电解质存在下，经过一定时间，形成肉眼可见的沉淀物，称为沉淀反应（precipitation）。反应中的抗原称为沉淀原，抗体为沉淀素。由于在单位体积内抗原量大，为了不使抗原过剩，故应稀释抗原，并以抗原的稀释度作为沉淀反应的效价。主要包括液相沉淀反应和固相沉淀反应两大类。液相沉淀反应包括环状沉淀反应、絮状沉淀反应、免疫浊度测定，固相沉淀反应包括免疫电泳和免疫琼脂扩散沉淀反应。

（1）液相沉淀反应　液相沉淀反应指抗原抗体在以生理盐水或其他无机盐缓冲液为反应介质的液相内自由接触，短时间可出现反应。

① 环状沉淀反应：环状沉淀反应是一种定性试验方法，可用已知抗体检测未知抗原。将已知抗体注入特制小试管中，然后沿管壁徐徐加入等量抗原，如抗原与抗体对应，则在两液界面出现白色的沉淀圆环。

② 絮状沉淀反应：絮状沉淀反应是将已知抗原与抗体在试管（如凹玻片）内混匀，如抗原抗体对应，而又二者比例适当时，会出现肉眼可见的絮状沉淀，此为阳性反应。

③ 免疫浊度测定：免疫浊度测定是指可溶性抗原与相应抗体特异结合后形成抗原抗体复合物，使反应液出现浊度。通过测定反应液的浊度确定抗原相对含量。

（2）固相沉淀反应　抗原抗体分子可以自由扩散的固体状琼脂凝胶中进行，抗原抗体在比例合适处结合，形成较稳定的白色沉淀线，即为固相沉淀反应。

① 免疫电泳：一种区带电泳与免疫双扩散相结合的免疫化学分析技术，可用于分析样品中抗原的性质。先在琼脂凝胶内利用电泳技术把标本中的蛋白质组分电泳成不同的区带，然后在与电泳方向平行处挖一小槽，加入已知的抗体与已分成区带的蛋白抗原成分做双向琼脂扩散，在各区带相应位置形成沉淀弧。根据所产生的沉淀弧线的数量、形态和位置来分析标本所含抗原成分的性质和相对含量。

② 免疫琼脂扩散试验：利用可溶性抗原抗体在半固体琼脂内扩散，若抗原抗体对应，且二者比例合适，在其扩散的某一部分就会出现白色的沉淀线。每对抗原抗体可形成一条沉淀线。有几对抗原抗体，就可分别形成几条沉淀线。琼脂扩散可分为单向扩散和双向扩散两种类型。单向扩散是一种定量试验。可用于免疫蛋白含量的测定。而双向扩散多用于定性试验。由于方法简便易行，常用于测定分析和鉴定复杂的抗原成分。

a. 单向免疫扩散试验：可溶性抗原在含有相应抗体的凝胶中扩散，形成浓度梯度，在抗原与抗体浓度比例恰当的位置形成肉眼可见的沉淀环。本法可用于抗原定量分析。

b. 双向免疫扩散试验：将抗原和抗体分别加到凝胶板上的小孔中，各自向四周扩散并相遇，在最恰当的比例处形成抗原抗体沉淀线。本法可用于抗原或抗体的定性、半定量及组分分析。

2.6.4.3.3 补体结合反应

补体结合反应（complement fixation reaction）是在补体参与下，以绵羊红细胞和溶血素作为指示系统的抗原抗体反应。补体无特异性，能与任何一组抗原抗体复合物结合而引起反应。如果补体与绵羊红细胞、溶血素的复合物结合，就会出现溶血现象，如果与细菌及相应抗体复合物结合，就会出现溶菌现象。因此，整个试验需要有补体、待检系统（已知抗体或抗原、未知抗原或抗体）及指示系统（绵羊细胞和溶血素）五种成分参加。

其试验原理是补体不单独和抗原或抗体结合。如果出现溶菌，是补体与待检系统结合的结果，说明抗原抗体是相对应的，如果出现溶血，说明抗原抗体不相对应。此反应操作复杂，敏感性高，特异性强，能测出少量抗原和抗体，所以应用范围较广。

思考与练习

1. 细菌革兰氏染色中应注意哪两个问题？

2. 细菌与酵母菌的菌落有何区别？

3. 如何区分霉菌与放线菌的菌落？

4. 解释在细菌培养中吲哚检测的化学原理，为什么在这个试验中用吲哚的存在作为色氨酸酶活性的指示剂，而不用丙酮酸？

5. 为什么大肠埃希氏菌是甲基红反应阳性，而产气肠杆菌为阴性？这个试验与 VP 试验最初底物与最终产物有何异同处？为什么会出现不同？

6. 说明在硫化氢试验中，醋酸铅的作用。可以用哪种化合物代替醋酸铅？

7. 简述硝酸盐还原试验原理及其试验结果判定方式。

8. 何谓卵黄分解实验？请以金黄色葡萄球菌和产气荚膜梭菌为例分析其原理。

9. 有四种细菌，分别为大肠埃希氏菌、沙门氏菌、志贺氏菌和金黄葡萄球菌。置于冷藏冰箱中，斜面保存法保存 3 个月后发现以上菌种的标签不慎失落，需要重新鉴别，简要叙述这四种细菌的判别方法。

10. 凝固酶试验和耐热酶试验是鉴定致病性金黄色葡萄球菌的重要指标，试简述凝固酶试验、耐热 DNA 酶的试验原理。

11. 样品采集包括哪些方案？

12. 在配制培养基的各步操作中应注意哪些问题？

13. 灭菌在微生物学实验操作中有何重要意义？

14. 试述高压蒸汽灭菌的操作方法和原理。

15. 分离纯化微生物的方法有哪些？

16. 试述如何在接种中贯彻无菌操作的原则？

17. 血清学反应包括几种类别？

第3章 食品微生物常规检验

● [本章提要]

　　食品微生物检验是利用微生物的技术和方法对食品中影响安全的微生物进行检验、鉴定。由于食品种类不同，原料各异，加工方法千差万别，因此，食品中污染的微生物种类可能也多种多样，检验、鉴定方法也各有所异。本章主要学习菌落总数和大肠菌群等食品微生物常规检验方法，而每个方法中检验原理、操作方法、计数规则、卫生学意义的评价是学习的重点和难点。

3.1 概述

食品是大自然对人类的恩赐，在食品生产加工、储藏运输以及消费的整个过程中混入微生物是不可避免的。食品中的微生物按照其对人类有无危害可分为两类：一类是有益菌，例如酵母菌、乳酸菌等，可用来酿造美酒、腌制咸菜、制作酸乳及乳酸菌饮料等；另一类是有害菌，例如致病性大肠埃希氏菌及其他肠道病原微生物，它们会引起食物中毒或引发传染病。在对食品进行微生物检验时，由于事先无法知道含有哪种微生物，而每一种微生物的检验方法又不同，要确定食品中微生物污染的种类就如同"大海捞针"，相当困难。因此为了快速反映食品的卫生情况，就必须确定一些检验指标和检验标准。

3.1.1 食品微生物检验的指标

根据我国食品卫生标准和国际惯例，食品微生物检验以单位（g 或 mL）食品中所含微生物数量以及食品是否直接或间接被人与温血动物粪便污染及污染的情况来表示食品的安全程度，因此食品微生物检验最重要的两个检验指标是菌落总数和大肠菌群。

通常，绝大部分食品都需要进行菌落总数和大肠菌群这两个指标检验，因此把菌落总数和大肠菌群的检验称为食品微生物检验的常规检验。其中，菌落总数培养时间是 48h，大肠菌群的检测时间也在 24～72h。

除上述两项指标外，致病菌的种类很多，并非所有食品所检致病菌都相同，常检的致病菌有沙门氏菌、志贺氏菌、金黄色葡萄球菌、溶血性链球菌等。另外还要检测霉菌、酵母菌。食品标准要求致病菌不得检出。

根据产品的类别不同，检测项目也存在差别。例如酸乳一般检测乳酸菌数而不需要检菌落总数，而白酒不需要检测微生物指标。

3.1.2 食品微生物常规检验的标准和方法

在我国 GB 4789.1—2010《食品安全国家标准——食品微生物学检验总则》中规定：食品微生物检验方法标准中对同一检验项目有两个及两个以上定性检验方法时，应以常规培养方法为基准方法。因此微生物指标的常规检验方法意义重大。另外，世界各国对同一指标的检验采用的方法并不一定相同，因此采用适宜区域制定的标准及相应的检验方法也至关重要。

3.2 食品中菌落总数的测定

3.2.1 基本知识

3.2.1.1 相关概念

（1）菌落（colony） 是指细菌在固体培养基上生长而形成的能被肉眼所识别的生长物，它由数以万计的相同细菌聚集而成，故又有细菌集落之称。

（2）菌落总数（aerobic plate count） 食品检样经过稀释混匀处理，在一定条件下（如培养基、培养温度和培养时间等）培养后，单位质量（g）、单位体积（mL）或单位面积（cm^2）检样中形成的微生物菌落数。

（3）细菌总数　将稀释混匀的样品利用血球计数器在显微镜下直接计数，计算出单位质量（g）、体积（mL）、面积（cm²）的食品中细菌的数量。

细菌总数与菌落总数的卫生学意义相同，但由于测定方法不同，结果差异较大。

菌落总数是在需氧情况下，能在普通营养琼脂平板上生长的细菌菌落总数，所以厌氧或微需氧菌、有特殊营养要求的以及非嗜中温的细菌，由于培养条件不能满足其生理需求，故难以繁殖生长。因此菌落总数并不表示食品中实际含有的所有细菌总数，菌落总数并不能区分其中细菌的种类，所以有时被称为杂菌数、需氧菌数等。而细菌总数则是通过染色的显微镜下的形态观察，可能会漏计一些不能被染色的微生物，也可能将一些不具有卫生学意义的死菌计数在内，结果也与实际有一定差异。

3.2.1.2　菌落总数测定的基本原理

根据定义，菌落总数是食品样品中微生物经过培养生长出来的肉眼可见的菌落计数的结果。因此，其测定的基本原理是以每个活菌经过培养均能增殖形成一个肉眼可见的单独菌落为理论基础，将单位食品稀释后在规定的培养条件下培养，计数其长出的所有菌落就可以得到食品样品中所含微生物的数量，从而判定食品的清洁程度（被污染程度）。

3.2.1.3　菌落总数的食品卫生学意义

菌落总数测定是用来判定食品被细菌污染的程度及卫生质量，它反映食品在生产过程中是否符合卫生要求，以便对被检样品做出适当的卫生学评价。菌落总数的多少在一定程度上标志着食品卫生质量的优劣。

通常越干净的食品，单位样品菌落总数越低，反之，菌落总数就越高。菌数的增多和食品的变质常有一定的联系，但和食品安全性不一定直接相关。因为在含菌数量不多的食品中，也可能有病原菌的存在，而且有的食品本身已有细菌的繁殖并产生了毒素，但后来由于环境不适合于细菌生存反而使菌数减少（如干制食品）。这样虽检出的菌数不很高，而里面仍保留着细菌毒素。相反，有的食品检出菌落总数很高，却不含致病菌，不存在安全问题。在这种情况下，就不能单凭细菌总数来判定食品的卫生程度。

3.2.2　国家标准菌落总数检验方法

3.2.2.1　平板计数法

参照 GB 4789.2—2010-1《食品安全国家标准——食品微生物学检验——菌落总数测定》。该方法是国内食品微菌落总数测定的基准方法。

3.2.2.1.1　准备工作

除微生物实验室常规灭菌及培养设备外，其他需准备的设备和材料如下。

（1）仪器　恒温培养箱［（36±1）℃、（30±1）℃］、冰箱（2～5℃）、恒温水浴箱［（46±1）℃］、天平（感量为 0.1g）、均质器、振荡器、pH 计或 pH 比色管或精密 pH 试纸、放大镜和（或）菌落计数器。

（2）材料　无菌吸管：1mL（具 0.01mL 刻度）、10mL（具 0.1mL 刻度）或微量移液器及吸头、无菌锥形瓶（容量 250mL、500mL）、无菌培养皿（直径 90mm）、试管、酒精灯、试管架、灭菌剪刀、灭菌镊子。

（3）培养基和试剂　平板计数琼脂培养基、磷酸盐缓冲液、无菌生理盐水。

3.2.2.1.2　检验程序

菌落总数的检验程序见图 3-1。

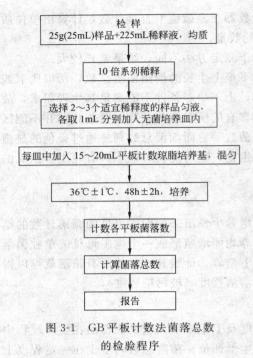

检 样
25g(25mL)样品+225mL稀释液，均质

↓

10倍系列稀释

↓

选择2～3个适宜稀释度的样品匀液，
各取1mL分别加入无菌培养皿内

↓

每皿中加入15～20mL平板计数琼脂培养基，混匀

↓

36℃±1℃，48h±2h，培养

↓

计数各平板菌落数

↓

计算菌落总数

↓

报告

图 3-1　GB平板计数法菌落总数
的检验程序

3.2.2.1.3　操作步骤

（1）样品的稀释

① 固体和半固体样品：称取25g样品置盛有225mL磷酸盐缓冲液或生理盐水的无菌均质杯内，8000～10000r/min均质1～2min，或放入盛有225mL稀释液的无菌均质袋中，用拍击式均质器拍打1～2min，制成1∶10的样品匀液。

② 液体样品：以无菌吸管吸取25mL样品盛有225mL磷酸盐缓冲液或生理盐水的无菌锥形瓶（瓶内预置适当数量的无菌玻璃珠）中，充分混匀，制成1∶10的样品匀液。

用1mL无菌吸管或微量移液器吸取1∶10样品匀液1mL，沿管壁缓慢注于盛有9mL稀释液的无菌试管中（注意吸管或吸头尖端不要触及稀释液面），振摇试管或换用1支无菌吸管反复吹打使其混合均匀，制成1∶100的样品匀液。同法制备适当的几个10倍系列稀释样品匀液。每递增稀释一次，换用一次1mL无菌吸管或吸头。

（2）倾注法接种　根据对样品污染状况的估计，选择2～3个适宜稀释度的样品匀液（液体样品可包括原液），在进行10倍递增稀释时，吸取1mL样品匀液于无菌平皿内，每个稀释度做两个平皿。同时，分别吸取1mL空白稀释液加入两个无菌平皿内作空白对照。再及时将15～20mL冷却至46℃的平板计数琼脂培养基［可放置于（46±1）℃恒温水浴箱中保温］倾注平皿，并转动平皿使其混合均匀。

（3）培养　待琼脂凝固后，将平板翻转，（36±1）℃培养（48±2）h。水产品（30±1）℃培养（72±3）h。如果样品中可能含有在琼脂培养基表面弥漫生长的菌落时，可在凝固后的琼脂表面覆盖一薄层琼脂培养基（约4mL），凝固后翻转平板进行培养。

3.2.2.1.4　结果与报告

菌落计数以菌落形成单位（colony forming units，CFU）表示。计数时选取菌落数在30～300CFU、无蔓延菌落生长的平板计数菌落总数。可用肉眼观察，必要时用放大镜或菌落计数器，记录稀释倍数和相应的菌落数量。低于30CFU的平板记录具体菌落数，大于300CFU的可记录为多不可计。

每个稀释度的菌落数应采用两个平板的平均数。如果其中一个平板有较大片状菌落生长时，则不宜采用，而应以无片状菌落生长的平板作为该稀释度的菌落数；若片状菌落不到平板的一半，而其余一半中菌落分布又很均匀，即可计算半个平板后乘以2，代表一个平板菌落数。当平板上出现菌落间无明显界线的链状生长时，则将每条单链作为一个菌落计数。

菌落总数的计算方法如下。

① 若只有一个稀释度平板上的菌落数在适宜计数范围内，计算两个平板菌落数的平均值，再将平均值乘以相应稀释倍数，作为每克（每毫升）样品中菌落总数结果。

② 若有两个连续稀释度的平板菌落数在适宜计数范围内时，按下列公式计算。

$$N = \frac{\sum C}{(n_1 + 0.1 n_2)d}$$

式中　N——样品中菌落数；

　　　$\sum C$——平板（含适宜范围菌落数的平板）菌落数之和；

　　　n_1——第一稀释度（低稀释倍数）平板个数；

　　　n_2——第二稀释度（高稀释倍数）平板个数；

　　　d——稀释因子（第一稀释度）。

示例如下。

稀释度	1∶100（第一稀释度）	1∶1000（第二稀释度）
菌落数/CFU	232,244	33,35

$$N=\frac{\sum C}{(n_1+0.1n_2)d}=\frac{232+244+33+35}{(2+0.1\times2)\times10^{-2}}=\frac{544}{0.022}=24727$$

上述数据数字修约后，表示为 25000 或 2.5×10^4 CFU/g（CFU/mL）。

③ 若所有稀释度的平板上菌落数均大于 300CFU，则对稀释度最高的平板进行计数，其他平板可记录为多不可计，结果按平均菌落数乘以最高稀释倍数计算；若所有稀释度的平板菌落数均小于 30CFU，则应按稀释度最低的平均菌落数乘以稀释倍数计算；若所有稀释度（包括液体样品原液）平板均无菌落生长，则以小于 1 乘以最低稀释倍数计算；若所有稀释度的平板菌落数均不在 30～300CFU，其中一部分小于 30CFU 或大于 300CFU 时，则以最接近 30CFU 或 300CFU 的平均菌落数乘以稀释倍数计算。

菌落总数的报告如下。

菌落数小于 100CFU 时，按"四舍五入"原则修约，以整数报告；菌落数大于或等于 100CFU 时，第 3 位数字采用"四舍五入"原则修约后，取前 2 位数字，后面用 0 代替位数；也可用 10 的指数形式来表示，按"四舍五入"原则修约后，采用两位有效数字；若所有平板上为蔓延菌落而无法计数，则报告菌落蔓延；若空白对照上有菌落生长，则此次检测结果无效；称重取样以 CFU/g 为单位报告，体积取样以 CFU/mL 为单位报告。

3.2.2.1.5　菌落总数测定的几项说明

① 为什么选择 30～300 菌落范围的平板计数呢？有人按公式"误差²＝稀释误差²＋菌落分布误差²"进行计算，结果发现菌落数越少，误差越大。平板上菌落在 20 以下，误差更大。菌落数在 300 以上时，由于菌落密度太大，又不易辨认。有人证明在 80～300 误差最小。

② 菌落分布的误差来源有二：样品菌相中细菌的拮抗、互生等相互作用造成不同稀释度之间菌落分布误差；样品稀释液的不均匀造成同一稀释度的两个平行平板间的误差。据测定，样品不均带来的误差在 10 倍以内，而微生物菌相之间的相互作用带来的误差在 1～2 个数量级。消除微生物相互作用带来的误差最好的办法是最大的稀释，但过多的稀释又可以带来稀释误差。因此，选择合适的稀释度非常重要。

菌落总数测定的误差与多种因素有关，用公式表示为：误差＝菌落计数误差＋菌落分布误差＋吸管容积误差＋稀释操作误差。

③ 操作中必须有"无菌操作"的概念。检验中所用的各种玻璃器皿等，用前要洗净灭菌；为了防止检样中微生物在稀释过程中损伤、致死或被污染，检样稀释液最好用磷酸缓冲盐水（PBS）或 0.1% 蛋白胨水并设置空白稀释液对照。操作环境要清洁，环境琼脂平板在工作台暴露 15min，每个平板不得超过 15 个菌落。

④ 样品称量要准确，并均质化。实验结果表明，均质机不同，对菌落计数结果不同。

另外，吸管的使用要准确：首先吸取的样液的量与吸管体积一致，不要用10mL的吸管移取1mL的校注液。因为吸管越大，吸取1mL的量的误差越大。其次要注意吸管上是否表明吹或不吹，然后正确操作。

⑤ 稀释时不要产生气泡在做10倍递增稀释中，吸管插入检样稀释液内不能低于液面2.5cm；吸入液体时，应先高于吸管刻度，然后提起吸管使尖端离开液面，将尖端贴于玻璃瓶或试管内壁，使吸管内液调至要求刻度，在吸管从稀释液内取出时，不会有多余的液体黏附在管外。移入新稀释液时，应将吸管内液体沿管壁流入，勿使吸管尖端伸入稀释液内，以免吸管外部黏附的检液溶于其内，每一稀释液应充分振摇，使其均匀，同时每一稀释度应更换一支吸管。

⑥ 为使菌落能在平板上均匀分布，检液加入平皿后，应尽快倾注培养基并旋转混匀，可正反两个方向旋转，检样从开始稀释到倾注最后一个平皿所用时间不宜超过20min，以防止细菌有所死亡或繁殖。为了了解操作过程中有无受到来自空气的污染，在取样进行检验的同时，于工作台上打开一块琼脂平板，其暴露的时间应与该检样从制备、稀释到加入平皿时所暴露的最长时间相当，然后与加有检样的平皿一并置于温箱内培养。

⑦ 检样稀释液（特别是10^{-1}的稀释液）有时带有食品颗粒，为了避免与细菌菌落发生混淆，可做一检样稀释液与琼脂混合的平皿，不经培养，而于4℃环境中放置，以便在计数检样菌落时用作对照。

⑧ 进行菌落计数时，应先分别观察同一稀释度的两个平皿和不同稀释度的几个平皿内平板上菌落生长情况。平行实验的两个平板菌落数应该接近，不同几个稀释度的几个平板上菌落数则应与检样稀释倍数成反比，即检样稀释倍数越大，菌落数越低，稀释倍数越小，菌落数越高。

3.2.2.2 其他菌落总数测定法

(1) 平板表面涂布法 本法除了接种过程外，其他均与平板计数法相同。

本法接种过程采用涂布法。先将营养琼脂制成平板，经50℃ 1～2h或35℃ 18～20h干燥后，于其上滴加检样稀释液0.2mL（每个样品选取适当的2～3个稀释度，每个稀释度两个平皿），并用L棒涂布于整个平板表面，放置约10min，将平板翻转，移至（36±1）℃温箱内培养（24±2）h［水产品用30℃培养（48±2）h］，取出按前述方法进行菌落计数，然后乘以5换算为1mL检样的菌落数，再乘以样品的稀释倍数，即得每克（或每毫升）检样所含菌落数。

此法较上述倾注法为优，因菌落生长于表面，便于识别和检查其形态，虽检样中带有食品颗粒也不会发生混淆，同时细菌不受融化琼脂的热力损伤，从而可避免由于检验操作中的不良因素而使检样中细菌菌落数降低。但是此法取样量较倾注法少，代表性将受到一定的影响。另外，由于用L棒涂布样品，其上也会吸附而带走一些菌量，使结果偏低。

(2) 平板表面点滴法 与涂布法相似。所不同只是将检样用标定好的微量吸管或注射器针头按滴（每滴相当于0.025mL）加于琼脂平板固定的区域（预先在平板背面用标记笔划分成四个区域），每个区域滴1滴，每个稀释度滴两个区域，作为平行试验。滴加后，将平板放平5～10min，然后翻转平板，移入温箱内培养6～8h后进行计数，将所得菌落数乘以40换算为1mL检样菌落数，再乘以样品稀释的倍数，即得每克（或每毫升）检样所含菌落数。本法快速，节省人力物力，适于基层单位和食品厂内部测定细菌总数量用。但此法取样量少，代表性可能受到影响，当食品中细菌数少于3000个/克（个/毫升）者受到限制。

3.2.2.3　细菌总数及其测定

利用血球计数器在显微镜下直接计数是一种常见的微生物计数的方法。因为计数器载片和盖片间的容积一定，所以可以根据显微镜下观察到的微生物数目来计算单位体积内微生物总数。

血球计数器简介：血球计数器是一只特制载玻片。玻片上有两个方格网，每一方格网共分九个大方格，其中间的一个大方格用来做微生物计数，所以又称为计数室。计数室的刻度一般有两种：一种是每个大方格分成 16 个中方格，每中方格又分成 25 个小方格；另一种是一个大方格分 25 个中方格，每个中方格又分成 16 个小方格。不论哪一种，一个大方格，都等分成（25×16 或 16×25）400 个小方格。（图 3-2）因为每个大方格边长为 1mm，载片与盖片间距离为 0.1mm，所以每个计数室（1 个大方格）体积为 0.1mm³。测出每个中方格菌数，就可以算出一个大方格的菌数，由此推算出 1 毫升菌液内所含的菌数。

一个大方格是 16 个中方格时，应当数 4 角 4 个中方格（即 100 个小方格）的菌数，一个大方格是 25 个中方格时，除取 4 角 4 个中方格外，还要数中央一个中方格（即为 80 个小方格）的菌数。

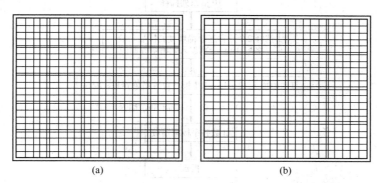

(a)　　　　　　　　　　　　　　(b)

图 3-2　两种血球计数板

（a）25×16 计数板；（b）16×25 计数板

检验程序：菌悬液的制备→检查血球计数板→加样品→显微计数

检验方法：按平板计数法对样品做合适的稀释度，取其悬液滴加到盖好盖玻片的血球计数器上，置显微镜下观察计数。

计算公式如下。

16×25 计数板：

$$每毫升总菌数 = \frac{100\ 个小方格内菌数}{100} \times 400 \times 10000 \times 稀释倍数$$

$$= 每个小方格内菌数 \times 4 \times 10^6 \times 稀释倍数$$

25×16 计数板：

$$每毫升总菌数 = \frac{80\ 个小方格内菌数}{80} \times 400 \times 10000 \times 稀释倍数$$

$$= 每小方格内菌数 \times 4 \times 10^6 \times 稀释倍数$$

说明：细菌计数器法，因为是在显微镜下计数，所以计数更直接、更方便、更快速。首先，细菌计数器计数不仅可以计数细菌，还可以计数真菌，检出的微生物的种类较多。其次，计数不受培养条件的限制，不论是需氧菌，还是厌氧菌，不论是嗜热菌，还是嗜冷菌，均可以计数，较为真实。再次，从制样开始到检出结果只需30min，大大提高检出速度。最后，由于是在显微镜下计数，所以无论是活菌还是死菌，不论是单在，还是双在，甚至链状细菌，都可以一一计数，不会出现少计。但是具有卫生学意义的只有活菌，因此可能夸大微生物数量。

3.2.3　ISO 4833-1:2013菌落总数测定

ISO 4833-1：2013食物链微生物学——微生物计数水平法——第1部分：30℃时的菌落计数倾注平板技术，其适用范围是食品与饲料及其生产操作环境样品检测，适于低污染样品的菌落计数（低于$10^2/g$或$10^2/mL$液体样品或$10^3/g$固体样品）。

3.2.3.1　检验流程

ISO法菌落总数测定检验程序见图3-3。

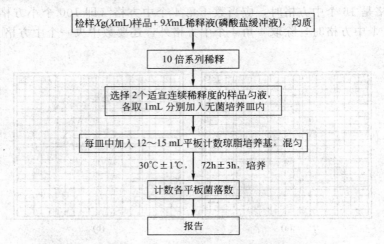

图3-3　ISO法菌落总数测定检验程序

3.2.3.2　检验步骤

（1）样品的处理

① 固体和半固体样品：称取1g样品加入盛有9mL的磷酸盐缓冲液或生理盐水的无菌均质杯或均质袋内，8000~10000r/min离心均质1~2min，或拍打1~2min，制成1：10的样品匀液。

② 液体样品：以无菌吸管吸取1mL样品置盛有9mL磷酸盐缓冲液或生理盐水的无菌锥形瓶（瓶内预置适当数量的无菌玻璃珠）中，充分混匀，制成1：10的样品匀液。然后做适当的不同10倍稀释。

（2）加样

① 分别用无菌移液管移取1mL液体原液或1mL 10^{-1}稀释度的其他样品匀液至2个灭菌的平皿。若有多个稀释系列，则只接种一个平板。

② 换取另一灭菌的移液管移取1mL 10^{-1}稀释度液体样品或1mL 10^{-2}稀释度的其他样品。若有必要，重复上述步骤进行进一步10倍系列稀释。

③ 若可能，仅选取适宜的连续2个10倍稀释样品液进行接种，使菌落数控制在10~300 CFU/mL。

④ 加样后，倾注已冷却至44~47℃的平板计数琼脂12~15mL到平皿中，从最初样品

悬液的配制到倾注结束不超过 45min。

（3）培养　待琼脂凝固后，将平板翻转，(30 ± 1)℃培养（72 ± 3）h。

（4）菌落计数方法　选择连续 2 个稀释度不超过 300CFU 的平板，且 1 个平板至少含 15CFU 进行计数，计算公式为：$N=\sum C/(n_1+0.1n_2)d$（其中各字母含义与国标法中相同）。

所有平板的菌落数都不足 15CFU，计算 2 个平板菌落的算术平均值 m。

液体样品：$N_E=m$

固体样品：$N_E=m\times d^{-1}$

无菌生长：液体样品<1；固体样品$<1\times d^{-1}$

最终结果保留前两位有效数字。

（5）菌落总数测定几点说明　除了在国标中提到的要注意的，还需要说明的是以下几点。

① 由于食品中起变质作用的细菌主要为嗜冷菌和嗜温菌，所以 36℃培养时，部分菌漏检，有人经实验证实，在牛乳的菌落计数培养中，30℃比 36℃培养高出 1 个数量级。因此 ISO 中推荐使用 30℃培养。

② 对于所有平板的菌落数都不足 15CFU 或无菌生长时菌落的计数中，固体、液体样品计算方法不一，主要是因为液体可以不稀释直接加样，而固体样品必须做第一个稀释才能加样，因此无菌生长时要报告小于 1×稀释因子的倒数。

③ 为防止细菌增殖和产生片状菌落，每个样品从开始稀释到倾注最后一个平皿所用的时间不得超过 45min；皿内琼脂凝固后，不要长时间放置，可避免菌落蔓延生长。

④ 检样过程中应用稀释剂做空白对照，用以判定稀释液、培养基、平皿或吸管可能存在的污染。同时，检样过程中应在工作台上打开一块空白平板计数琼脂，其暴露时间应与检样时间相当，以了解检样在检验操作过程中有无受到来自空气的污染。

3.2.4　AOAC 菌落总数测定方法

根据中国合格评定国家认可委员会认可证书（注册号：CNAS L0604）中推荐，AOAC 法菌落总数测定标准为 AOAC 官方方法 990.12——再水化干膜法和 AOAC 官方方法 966.23——细菌平板计数法。下面分别加以介绍。

3.2.4.1　再水化干膜法

（1）原理　一种预先制备好的培养基系统，含有标准的培养基、冷水可溶性的凝胶剂和氯化三苯四氮唑（TTC）指示剂，菌落在测试片上呈红色或粉红色，这样可增强菌落计数效果。

菌落计数时还需放大镜或菌落计数器或 3M Petrifilm 自动判读仪等。

（2）检验程序　菌落总数的检验程序见图 3-4。

（3）检验步骤

① 样品制备：对冷冻或加工食品，称取 50g 放在无菌搅拌器中，加入无菌磷酸缓冲液 450mL；若样品总量不足 50g，称取其一半，并加入相应的无菌磷酸缓冲液使其为 1∶10 的稀释液；对块状果肉类食品，无菌称取 50g 样品于无菌容器中，加 50mL 的灭菌磷酸缓冲液，用力振摇 50 次，得到 1∶1 的稀释液。坚果食品，称取 10g 加入 90mL 无菌磷酸缓冲液于无菌容器中，用力振摇 50 次，得到 1∶10 的稀释液；根据情况做几个 10 倍的稀释度。

② 测定：根据食品卫生标准要求或对标本污染情况的估计，选择 2～3 个适宜稀释度

检验。将细菌总数测试片置于平坦表面处，揭开上层膜，用吸管或微量移液器吸取某一稀释度的 1mL 样液，垂直滴加在测试片的中央处，小心将上层膜覆盖在接种面上，允许

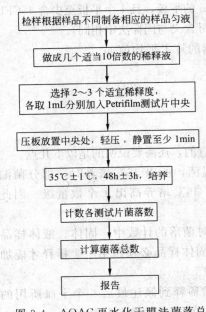

检样根据样品不同制备相应的样品匀液

↓

做成几个适当10倍数的稀释液

↓

选择 2～3 个适宜稀释度，各取 1mL 分别加入 Petrifilm 测试片中央

↓

压板放置中央处，轻压，静置至少 1min

↓

35℃±1℃，48h±3h，培养

↓

计数各测试片菌落数

↓

计算菌落总数

↓

报告

图 3-4　AOAC 再水化干膜法菌落总数的检验程序

上层膜直接落下，但不要滚动上层膜，将压板（凹面底朝下）放置在上层膜中央处，轻轻地压下，使样品分布于限定的生长区域内。将测试片静置 1min，使凝胶固化。每个稀释度接种两张测试片，每张 1mL。将测试片置于（35±1）℃的条件下培养（48±3）h。将培养板水平朝上放置于培养箱中。每叠不要超过 20 片。在培养结束后及时进行计数。培养结束时，测试片能够在冷冻条件下保存 7d(≤−15℃)，但应避免将此作为常规操作。

③ 菌落计数：使用标准菌落计数器计数或放大镜辅助计数。菌落呈现不同形态的红点。在合理计数范围（30～300 个）内计算所有的菌落。将每个测试片的细菌总数（或者同一稀释倍数测试片上菌落数的平均值）乘以稀释倍数的倒数，得到菌落总数。当计数连续稀释度的平行测试片时，先计算每个稀释度的平均菌落数，再计算最终的平均菌落数。当菌落数大于 300 个时，可以选取 1～2 个具有代表性的方格来计数，最后以每个方格的平均菌落数乘以 20 来报告估算菌落数。圆形生长区域面积等于 20 个 1cm² 方格面积的总和。

为了进一步鉴定菌落，可以将上层薄膜提起，并将菌落从凝胶中取出。

3.2.4.2　细菌平板计数法

（1）原理　本法也是假定在通常重要条件下，微生物在普通营养琼脂培养基中生长，每一个活菌都可以长出一个肉眼可见的菌落，计数菌落就可以了解食品中微生物污染情况而设计的。

（2）检验程序　如图 3-5 所示。

（3）检验步骤

① 样品处理：同 AOAC 990.12。

② 培养：选择 2～3 个适宜的连续稀释度的样品匀液，各取 1mL 分别加入无菌培养皿内，每个稀释度加两个平皿，然后加入冷却至 42～45℃ 的菌落计数琼脂，每皿 15～20mL，要求从开始稀释到加入菌落计数琼脂中间的时间不要超过 10min。待琼脂凝固后，将平板翻转，（35±1）℃培养（48±2）h。

③ 菌落计数：选取菌落数在 30～300CFU、无蔓延菌落生长的平板计数菌落总数。低于 30CFU 的平板记录具体菌落数，

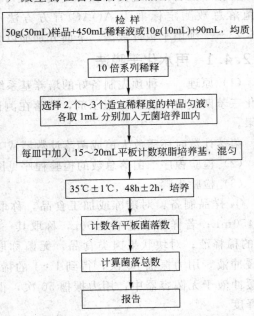

检样

50g(50mL)样品+450mL稀释液或10g(10mL)+90mL，均质

↓

10 倍系列稀释

↓

选择 2 个～3 个适宜稀释度的样品匀液，各取 1mL 分别加入无菌培养皿内

↓

每皿中加入 15～20mL平板计数琼脂培养基，混匀

↓

35℃±1℃，48h±2h，培养

↓

计数各平板菌落数

↓

计算菌落总数

↓

报告

图 3-5　细菌平板计数法菌落检验程序

大于 300CFU 的稀释后再计数。每个稀释度的菌落数应采用两个平板的平均数。

3.2.5　GB、ISO 和 AOAC 三个标准菌落总数测定方法比较

根据中国合格评定国家认可委员会认可证书（注册号：CNAS L0604）推荐和我国现行国家检验标准，选择 GB 4789.2—2010、ISO 4833：2013、AOAC 966.23 比较三种菌落总数测定的方法的异同。结果如表 3-1。

表 3-1　GB、ISO、AOAC 中细菌总数（TPC）的检测

方法标准	GB 4789.2—2010	ISO 4833：2013	AOAC 966.23
取样量	25g(25mL)+225mL 生理盐水	1g(1mL)+9mL	10g+90mL 蛋白胨水
试验方式	PCA(平板计数培养基)	PCA(平板计数培养基)	PCA(平板计数培养基)
培养	(36±1)℃,(48±2)h	(30±1)℃,(72±3)h	35℃,(48±2)h
计数范围	30～300	15～300	30～300

3.3　食品中大肠菌群、粪大肠菌群、大肠埃希氏菌的检验

3.3.1　基本知识简介

3.3.1.1　大肠菌群及卫生学意义

（1）大肠菌群的概念　大肠菌群并非细菌学分类命名，而是卫生细菌领域的用语，它不代表某一种或某一属的细菌，而指的是具有某些特性的一组与粪便污染有关的细菌，这些细菌在生化及血清学方面并非完全一致，只因与粪便中大肠埃希氏菌在某些特性上具有相似性而称为大肠菌群。其定义为：一群需氧及兼性厌氧、在 37℃ 能分解乳糖产酸产气的革兰氏阴性无芽孢杆菌。这一群细菌包括埃希氏菌属、枸橼酸菌属、肠杆菌属（又叫产气杆菌属，包括阴沟肠杆菌和产气肠杆菌）、克雷伯氏菌属中的一部分和沙门氏菌属的第Ⅲ亚属（能发酵乳糖）的细菌。

最可能数（most probable number，MPN）是基于泊松分布的一种间接计数方式。对样品进行连续系列稀释并培养后，根据反应呈阳性管数的出现率用概率论来推算样品中菌数最近似的数值。因为细菌在样本内的分布是随机的，所以检测细菌时，可按概率理论计算菌数。适用于测定在一个混杂的微生物群落中虽不占优势，但却具有特殊生理功能的类群。

大肠菌群最可能数是指每 1mL（1g）检样内所含大肠菌群的最可能数。

（2）大肠菌群的食品卫生学意义　一般认为，大肠菌群都是直接或间接来自人与温血动物的粪便。粪便内除一般正常细菌外，有肠道患者或带菌者的粪便也会有一些肠道致病菌存在，如沙门氏菌、志贺氏菌、结核杆菌和肠道病毒等。因此大肠菌群作为粪便污染指示菌而被提出来，可以评价食品的卫生状况，推断食品中肠道致病菌污染的可能。食品中有粪便污染，必须看作对人体健康具有潜在的危险性。大肠菌群数的高低表明了粪便污染的程度，也反映了对人体健康危害性的大小。因此，为确保食品卫生质量就必须要求尽可能使大肠菌群的数量降低到最小的程度。

3.3.1.2　粪大肠菌群

（1）粪大肠菌群的定义　粪大肠菌群（*Faecal coliform*）也称耐热大肠菌群，在不同的检验方法中有不同的定义，它指的是具有某些特性的一群细菌，而非生物学分类概念。

我国标准 GB 4789.39—2013 中规定：粪大肠菌群是一群在 44.5℃培养 24～48h 能发酵乳糖、产酸产气的需氧和兼性厌氧革兰氏阴性无芽孢杆菌。该菌群来自人和温血动物粪便，作为粪便污染指标评价食品的卫生状况，推断食品中肠道致病菌污染的可能性。

北美国家如 AOAC、FDA/BAM chapter4：2002 则这样表述：粪大肠菌群是指于 LST中 36℃培养 48h 内产气，并于 EC 内培养 44℃ 24h 产气的一群细菌。

但是，欧洲国家却使用"耐热大肠菌群"概念，较少使用"粪大肠菌群"。一般欧洲学者认为，"粪大肠菌群"的提法不太科学，耐热大肠菌群的范围比粪大肠菌群范围大。例如ISO 9308-2：2012（E）认为：耐热大肠菌群是指能在液体乳糖培养基中（35±0.5）℃或（37±0.5）℃培养，48h 内能产酸产气，并在（44±0.25）℃或（44.5±0.25）℃培养 24h 内产酸产气的细菌。

北欧食品分析委员会（NMKL）No125 3nd ed 1996 规定：耐热大肠菌群是指在紫红胆盐琼脂上于 44℃培养 24h 后形成直径至少为 0.5mm、绕有一红色沉淀环的深红色菌落的细菌，如有需要可在含有乳糖的液体培养基中 44℃产气证实。

这里我们仅讨论粪大肠菌群。

（2）粪大肠菌群的卫生学意义　粪大肠菌群作为一种卫生指示菌，通常情况下，与大肠菌群相比，在人和动物粪便中所占的比例较大，而且由于在自然界容易死亡等原因，粪大肠菌群的存在可认为食品直接或间接的受到了比较近期的粪便污染。因而，粪大肠菌群在食品中的检出，与大肠菌群相比，说明食品受到了更为不清洁的加工，肠道致病菌和食物中毒菌存在的可能性更大。粪大肠菌群比大肠菌群能更贴切地反映食品受人和动物粪便污染的程度，且检测方法比大肠埃希氏菌简单得多，而受到重视。

粪便来源与非粪便来源的大肠菌群的主要区别是，前者在 46℃下能分解乳糖产酸产气，而后者不能。粪大肠菌群是指在（44±0.5）℃培养 24h 能分解乳糖产酸产气，在蛋白胨水中生长产生靛基质的需氧及兼性厌氧革兰氏阴性无芽孢杆菌。这主要是指大肠埃希氏菌，但也包括少数肠杆菌和克雷伯氏菌属的某些品系。

3.3.1.3　大肠埃希氏菌及其致病性

大肠埃希氏菌即大肠杆菌，是肠杆菌科埃希氏菌属，GB 4789.38—2012 首次以大肠埃希氏菌规范出现。

大肠埃希氏菌指革兰氏阴性无芽孢杆菌、乳糖发酵产酸产气、IMViC 试验（靛基质、MR、V-P、柠檬酸盐试验）为＋＋－－或－＋－－的细菌。

（1）生物学特性　大肠埃希氏菌（*Escherichia coli*）细胞呈杆状，直径约 1μm，长约 2μm，两端钝圆，周身具鞭毛，可运动。革兰氏染色阴性，不形成芽孢。菌落圆形、白色或黄白色，光滑而具闪光，低平或微凸起，边缘整齐。最适条件下培养 20min 可繁殖 1代。已知大肠埃希氏菌有菌体（O）抗原 170 种，表面（K）抗原近 103 种，鞭毛（H）抗原 60 种，因而构成了许多血清型。最近菌毛（F）抗原被用于血清学鉴定，最常见的血清型 K88、K99，分别命名为 F4 和 F5 型。大肠埃希氏菌是人和温血动物肠道内普遍存在的细菌，是粪便中的主要菌种。一般生活在人大肠中并不致病，可能在肠中对合成维生素 K 起作用。

大肠埃希氏菌的测定，通常是将不同量的样品接种于含有指示剂的甘露醇肉汤培养基中，于 44.5℃ 培养 24h，再将发酵产酸产气的培养管进一步做分离培养和复发酵等证实试验，根据证实确有大肠埃希氏菌生长的培养管样品最小接种量，来判定大肠埃希氏菌价。若换算成大肠埃希氏菌指数，可用大肠埃希氏菌价去除 1000。即大肠埃希氏菌价是指含有 1 个大肠埃希氏菌的最小样品量，而大肠埃希氏菌指数为每升检样内所含有的大肠埃希氏菌数。

（2）大肠埃希氏菌致病性　大肠埃希氏菌一般不致病，但它侵入人体一些部位时，可引起感染，如腹膜炎、胆囊炎、膀胱炎及腹泻等。人在感染大肠埃希氏菌后的症状为胃痛、呕吐、腹泻和发热。感染可能是致命性的，尤其是对孩子及老人。

大肠埃希氏菌的致病物质为定居因子，即大肠埃希氏菌类的菌毛和肠毒素，此外胞壁脂多糖的类脂 A 具有毒性，O 特异多糖有抵抗宿主防御屏障的作用。大肠埃希氏菌类的 K 抗原有吞噬作用。

与人类疾病有关的大肠埃希氏菌类统称为致泻性大肠埃希氏菌类，包括五种：肠毒素性大肠菌类（ETEC）、致病性大肠埃希氏菌类（EPEC）、出血性大肠埃希氏菌类（EHEC）、侵袭性大肠埃希氏菌类（EIEC）、黏附性大肠埃希氏菌类（EAEC）。

由大肠埃希氏菌类导致的疾病：一是肠道外感染。多为内源性感染，以泌尿系感染为主，如尿道炎、膀胱炎、肾盂肾炎。也可引起腹膜炎、胆囊炎、阑尾炎等。婴儿、年老体弱、慢性消耗性疾病、大面积烧伤患者，大肠埃希氏菌类可侵入血流，引起败血症。早产儿，尤其是生后 30d 内的新生儿，易患大肠埃希氏菌类性脑膜炎；二是急性腹泻。某些血清型大肠埃希氏菌类能引起人类腹泻。其中肠产毒性大肠埃希氏菌类会引起婴幼儿和旅游者腹泻，出现轻度水泻，也可呈严重的霍乱样症状。腹泻常为自限性，一般 2～3d 即愈，营养不良者可达数周，也可反复发作。肠致病性大肠埃希氏菌类是婴儿腹泻的主要病原菌，有高度传染性，严重者可致死。细菌侵入肠道后，主要在十二指肠、空肠和回肠上段大量繁殖。此外，肠出血性大肠埃希氏菌类会引起散发性或暴发性出血性结肠炎，可产生志贺毒素样细胞毒素。

但致病性大肠菌株能引起食物中毒。致病性菌株能侵入肠黏膜上皮细胞，具有痢疾杆菌样致病力。多数肠毒素性大肠埃希氏菌类都带有 F 抗原。在 170 种"O"型抗原血清型中约 1/2 左右对禽有致病性，但最多的是 O1、O2、O78、O35 四个血清型。另有产肠毒素大肠埃希氏菌类，其肠毒素有耐热性及不耐热性两种，均能使人致病。该菌在室温下能生存数周，在土壤或水中可存活数月。加热 60℃ 15～20min 可杀灭大多数菌株。不耐热性肠毒素 60℃ 1min 即破坏；耐热性肠毒素加热 100℃ 30min 尚不被破坏。中毒机制致病性大肠埃希氏菌类随食物入消化道后，可侵入肠黏膜上皮细胞并繁殖，致回肠及结肠有明显的炎症病变，引起急性菌痢样症状。产肠毒素大肠埃希氏菌类亦可在小肠繁殖并释出肠毒素，引起米泔水样腹泻。

（3）大肠埃希氏菌卫生学意义　大肠埃希氏菌类在外界存活时间与一些主要肠道致病菌接近，它的出现预示着某些肠道病原菌的存在，因此该菌是国际上公认的卫生监测指示菌。近年来，有些国家在执行 HACCP 管理中，将大肠埃希氏菌类检测作为微生物污染状况的监测指标和 HACCP 实施效果的评估指标。

3.3.2 大肠菌群检验方法

3.3.2.1 大肠菌群 MPN 法

本法参照 GB 4789.3—2010 大肠菌群测定的第一法。

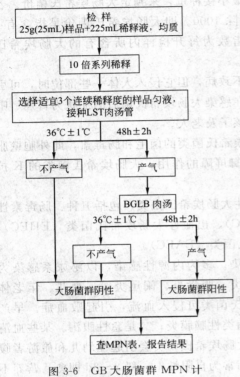

图 3-6 GB 大肠菌群 MPN 计数法检验程序

（1）检验程序　大肠菌群 MPN 计数的检验程序见图 3-6。

（2）测定原理　大肠菌群是一群 36℃ 发酵乳糖产酸产气的无芽孢革兰氏阴性杆菌。为了使符合条件的菌生长而其他杂菌得到抑制，检验分初发酵和复发酵两步。初发酵使用 LST 肉汤，因其中含有月桂基硫酸钠，可以抑制葡萄球菌等革兰氏阳性菌生长，因含有乳糖，大肠菌群发酵乳糖会产气，其他革兰氏阴性菌会利用样品中的其他糖（如葡萄糖）产气，有的芽孢杆菌也会利用乳糖产气。因此要进行复发酵。复发酵时就没有样品中的糖了，而且配方中加了煌绿，因此也抑制了芽孢杆菌。只剩下发酵乳糖的产酸产气的无芽孢革兰氏阴性菌，即大肠菌群。但是在个别情况下，菌相复杂时，有的芽孢菌也在复发酵管产气。此时要划线到 EMB 平板，检查芽孢。

（3）操作步骤

① 样品的处理与稀释：同菌落总数测定的国标方法。

② 初发酵试验：每个样品，选择 3 个适宜的连续稀释度的样品匀液（液体样品可以选择原液），每个稀释度接种 3 管月桂基硫酸盐胰蛋白胨（LST）肉汤，每管接种 1mL（如接种量超过 1mL，则用双料 LST 肉汤），（36±1）℃ 培养（24±2）h，观察倒管内是否有气泡产生，（24±2）h 产气者进行复发酵试验，如未产气则继续培养至（48±2）h，产气者进行复发酵试验。未产气者为大肠菌群阴性。

③ 复发酵试验：用接种环从产气的 LST 肉汤管中分别取培养物 1 环，移种于亮绿乳糖胆盐肉汤（BGLB）管中，（36±1）℃ 培养（48±2）h，观察产气情况。产气者，计为大肠菌群阳性管。

④ 大肠菌群最可能数（MPN）的报告：按确证的大肠菌群 LST 阳性管数，检索 MPN 表，报告每克（每毫升）样品中大肠菌群的 MPN 值。每克（每毫升）检样中大肠菌群最可能数（MPN）的检索见附表 1。

3.3.2.2 大肠菌群平板计数法

本法参照国标 GB 4789.3—2010 规定的大肠菌群测定方法第二法。

（1）检验程序　见图 3-7。

（2）原理　样品先经过 VRBA 琼脂平板的筛选，因其中含有胆盐和结晶紫，可以很好的抑制革兰氏阳性菌的生长，乳糖可以产酸，在中性红存在时，产生典型的紫红色周围有红色胆盐沉淀的菌落。因为其他阴性肠杆菌可以分解其他糖类产生红色菌落，因此需接种 BGLB 培养基证实。

（3）操作步骤　样品处理及稀释同 MPN 法。

① 加样制作平板：选取 2～3 个适宜的连续稀释度，每个稀释度接种 2 个无菌平皿，每皿 1mL。同时取 1mL 生理盐水加入无菌平皿作空白对照。及时将 15～20mL 冷至 46℃的结晶紫中性红胆盐琼脂（VRBA）倾注于每个平皿中。小心旋转平皿，将培养基与样液充分混匀，待琼脂凝固后，再加 3～4mL VRBA 覆盖平板表层。翻转平板，置于（36±1）℃培养 18～24h。

② 平板菌落数的选择：选取菌落数在 15～150CFU 的平板，分别计数平板上出现的典型和可疑大肠菌群菌落。典型菌落为紫红色，菌落周围有红色的胆盐沉淀环，菌落直径为 0.5mm 或更大。

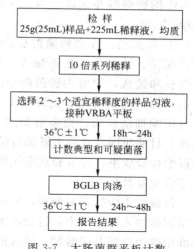

图 3-7　大肠菌群平板计数法的检验程序

③ 证实试验：从 VRBA 平板上挑取 10 个不同类型的典型和可疑菌落，分别移种于 BGLB 肉汤管内，（36±1）℃培养 24～48h，观察产气情况。凡 BGLB 肉汤管产气，即可报告为大肠菌群阳性。

④ 大肠菌群平板计数的报告：经最后证实为大肠菌群阳性的试管比例乘以 8.3 中计数的平板菌落数，再乘以稀释倍数，即为每克（每毫升）样品中大肠菌群数。例：10^{-4} 样品稀释液 1mL，在 VRBA 平板上有 100 个典型和可疑菌落，挑取其中 10 个接种 BGLB 肉汤管，证实有 6 个阳性管，则该样品的大肠菌群数为：$100 \times 6/10 \times 10^{-4}$CFU/g（mL）$= 6.0 \times 10^{-3}$CFU/g（mL）。

（4）检验时应注意的事项

① 检验步骤　2008 版前的大肠菌群的检验步骤采用三步法（乳糖胆盐发酵试验、EMB 琼脂分离培养和证实试验）。第一步乳糖发酵实验是样品的发酵结果，不是纯菌的发酵试验，所以初发酵阳性管，经过平板分离和证实试验后，有时可以成为阴性。大量的数据表明，食品中大肠菌群检验步序的符合率，初发酵与证实试验相差较大，不同食品三步法的符合情况也不一致，所以 2008 版之后改为两步法，取消了分离培养这一步，将大肠菌群 MPN 计数法的培养基由乳糖胆盐修改为月桂基硫酸盐胰蛋白胨肉汤；复发酵培养基由乳糖发酵肉汤改为亮绿乳糖胆盐（BGLB）肉汤，大肠菌群 MPN 法中报告每 100mL（100g）改为 1mL（1g）。试验证实，修改后对大肠菌群的检出效果相同，发酵管对于阳性结果的判断只通过"产气"，不存在颜色的影响，明确了判断依据；减少了步骤，使操作更加简便，结果更接近真实。

② 产酸产气原因：在初发酵试验中，能出现产酸产气现象的原因很多，如大肠菌群发酵乳糖产酸产气；两种细菌共同作用发酵乳糖产酸产气，但其中任何一种不能单独发酵；食品中杂菌多时，（多黏芽孢杆菌、浸麻芽孢杆菌、产气荚膜梭菌）发酵乳糖产酸产气；有些非大肠菌群发酵葡萄糖等糖类产酸产气。因此必须做证实试验。

③ 复发酵结果：从 LST 产气管接一环到 BGLB 中进行复发酵，（此时不受样品中非乳糖的干扰进行乳糖发酵，也避免了许多芽孢杆菌的干扰），在 BGLB 中产气的为阳性，不产气的为阴性。但此法也有缺陷，有时出现假阳性。由于亮绿遇胆盐降低了其活性，有

时不能彻底抑制芽孢菌。为避免此缺陷，对 BGLB 中产气的划线于 EMB 上，挑典型菌落镜检。

④ 抑菌剂：在大肠菌群检验中，经常使用的抑菌剂有胆盐、洗衣粉、十二烷基磺酸钠、亮绿、结晶紫、孔雀绿等。抑菌剂虽可抑制样品中的一些杂菌，而有利于大肠菌群的生长和挑选，但对大肠菌群中的某些菌株有时也产生一些抑制作用。有些抑菌剂用量甚微，称量时稍有误差，即可对抑菌作用产生影响；有的抑菌剂当牌号、规格改变时，也可影响抑菌效果，而需重新测定抑菌的有效剂量，这些情况均给抑菌剂的使用带来不利条件。目前我国在食品大肠菌群检验方面采用胆盐作为抑菌剂，猪、牛、羊三种胆盐对大肠菌群的检验效果，经试验观察无明显差异，可相互替代，但其他胆盐的检验效果则不一致，故不宜相互替代。

目前由于胆盐不易购买，有的实验室以 3 号胆盐、混合胆盐、去氧胆酸钠、兔胆盐等替代猪胆盐加入培养基中，这会影响大肠菌群的检验结果，应予注意。因此在 2008 版的检验标准中改为月桂基硫酸钠。两者的作用都是抑制革兰氏阳性球菌。但前者是化学试剂，批间差异小，易观察结果，对损伤菌有修复作用，检出率提高，检验结果稳定。后者是生物试剂，取自牛和猪等动物的胆囊，批间差异大，结果可靠性差。另外，在胆盐用量上实验表明 1%、0.5% 和 0.25% 三个剂量无任何差异，所以目前乳糖发酵管采用的胆盐剂量（0.5%）是适宜的，在称量时稍有误差，亦不致影响大肠菌群的检出。

⑤ 平板计数法：若样品较脏，使用 MPN 法较不方便，一般使用结晶紫中性红胆盐琼脂（VRBA）在平皿内样品稀释液与 VRBA 琼脂混合，等到凝固后，另加盖一层 VRBA 琼脂，以抑制专性需氧菌，从中挑取粉红晕的菌落计数，取 30～150 个菌落的平板，挑选其中 10 个有代表性的菌落分别接种到亮绿胆盐发酵管进行鉴定。

⑥ 挑选菌落：大肠菌群是一群肠道杆菌的总称，大肠菌群菌落的色泽、形态等方面较大肠埃希氏菌类更为复杂和多样，而且与大肠菌群的检出率密切相关。所以在实际工作中，为了提高大肠菌群的检出率，应当熟悉大肠菌群的菌落色泽和形态。在检验中，大肠菌群在 VRBA 琼脂上典型菌落呈紫红色，菌落周围有红色的胆盐沉淀环，菌落直径为 0.5mm 或更大。在伊红-美蓝（EMB）平板上的菌落呈黑紫色有光泽或无光泽的检出率最高；红色、粉红色菌落检出率较低。菌落形态的其他方面（如菌落大小、光滑与粗糙、边缘完整情况、隆起度、湿润与干燥等）虽亦应注意，但不如色泽方面更为重要。

影响大肠菌群检出率的因素较多，如食品种类、菌落色泽和形态、细菌种类等，所以实际工作中通常挑选一个菌落，由于概率问题，难免出现假阴性，尤其当菌落不典型时。所以挑菌落一定要挑取典型菌落，如无典型菌落则多挑几个，以免出假阴性。

⑦ 产气量：大肠菌群的产气量，多者可使发酵倒管全部充满气体，少者可以产生小于米粒的气泡。一般来说，产气量与大肠菌群检出率呈正相关，但随样品种类而不同，有小于米粒的气泡，亦可有阳性检出。对未产气的乳糖发酵管如有疑问时，可用手轻轻打动试管，如有气泡沿管壁上浮，即应考虑可能有气体产生，而应做进一步观察。这种情况的阳性检出率可达半数以上。

⑧ MPN 法：MPN 法是一种采用数学理论推算，用置信区间描述细菌浓度的一种间接计数法。虽然实验结果以 MPN 值表示，但 MPN 值并不能表示实际菌落数，而实际菌落数落在置信区间内的任何一点。该方法是 1915 年 McCrady 首次发表的。

最可能数（MPN）是表示样品中活菌密度的估测。MPN 检索表通常是采用三个稀释度九管法来计算的，当然也可以十五管或更多。稀释度的选择是基于对样品中菌数的估测，较理想的结果应是最低稀释度 3 管为阳性，而最高稀释度的 3 管为阴性。如果无法估测样品中的菌数，则做一定范围的稀释度。这次提供的 MPN 检索表列出了 95％ 可信限，供作参考。

另外，在查阅 MPN 检索表时，应注意以下几个问题。

通常 MPN 检索表只给了三个稀释度，即 0.1mL（g）、0.01mL（g）、0.001mL（g），如欲改用 1mL（g）、0.1mL（g）、0.01mL（g）或 0.01mL（g）、0.001mL（g）、0.0001mL（g）时，则表内数字应相应增加或降低 10 倍，其余可类推。

在 MPN 检索表第一栏阳性管数下面列出的 mL（g），系指原样品（包括液体和固体）的毫升（克）数，并非样品稀释后的毫升（克）数，如固体样品 1g 经 10 倍稀释后，虽加入 1mL 量，但实际其中只含 0.1g 样品，故应按 0.1g 计，不应按 1mL 计，或按 1mL 计，单检索数字必须再乘以稀释倍数。

当检索表内三个稀释度检测结果都是阴性时，MPN 值应按 <3 判定，这样更能反映实际情况。例如 11.1mL（g）和 1.11mL（g）两个检测剂量，当它们都是阴性时，如按 0 处理，则两组样品虽相差 10 倍，但 MPN 值却无法区分，实际上这两个 0 的含义并不相等。如按照 <3 和 <30 处理，则 MPN 值能反映出两组所用样品量的不同，实际上 11.1mL（g）应为 <3，而 1.11mL（g）应为 <30，二者还是有区别的。所以用 <3 和 <30 处理，更能反映实际情况。

3.3.2.3 大肠菌群测定的其他快速检验法简介

大肠菌群国际检验方法需 3d 时间，为了便于基层和食品快速监测的实际需要，在多年来的研究成果上，于 1985 年 5 月在西宁召开的大肠菌群快速检验方法会议上，认可了当前国内应用的三种快速检验方法：TTC 显色法、DC 试管法和纸片法的准确性和符合率均较高，与发酵法结果相近，并具有快速、简便等优点，18～24h 可报告结果。另外重庆市第二防疫站等单位曾试制 DY-2 型大肠菌群检测板，方法简便快速。

（1）TTC（氯代三苯基四氮唑）显色快速法　每份样品以无菌操作接种 1mL、0.1mL 及 0.01mL 各三管于 TTC 乳糖培养基层中，如接种量为 10mL，则用三倍 TTC 乳糖培养基。接种后置 35～37℃温箱培养 18～24h，观察 TTC 乳糖培养液有无红色及产气，红色产气者为阳性，红色不产气或无红色产气者为阴性。根据阳性管数，查对大肠菌群 MPN 检索表。

（2）DC（去氧胆酸钠）半固体试管快速法　选用三个稀释度的样品，每个稀释度吸取三个 1mL，分别加入灭菌中试管内，每管 1mL，再注入融化并冷至 50℃左右的 DC 半固体培养基 3mL。接种 10mL 样品的试管加入三倍 DC 培养基 5mL，立即将样品与培养基充分混合，待凝固后，置 37 温箱内培养 18～24h，取出观察结果，培养基变橘红色有气泡产生者，为阳性结果，记为"＋"；培养基为绿色者，阴性结果；记为"－"。根据阳性管数，直接查对 MPN 检索表，报告之，而结果为，培养基变橘红色，或有橘红色菌落无气泡和琼脂崩裂现象，记录为"＋"；培养基为绿色，有黄色菌落无气泡和琼脂崩裂现象，记录为"±"。这些结果均应挑 2～3 个可疑菌落接中乳糖发酵管。置 37℃培养 18～27h 根据产酸产气管数查对 MPN 检索表，报告之。

（3）纸片快速法　取三个稀释度样品，每稀释度样品吸取三个 1mL 分别涂三张检验纸片，然后用手轻轻压平，置 37℃培养 15h 以后观察结果。纸片上出现紫红色菌落，其周围有黄圈者为阳性；纸片变色呈现不典型菌落，结果可疑者，应做复发酵实验进行验证；出现其余结果者均为阳性。根据纸片的阳性片数，查对 MPN 检索表，报告之。

此外，还有 DY-2 型大肠菌群快速检测法和疏水网膜法，用于检验食品中大肠菌群及大肠埃希氏菌类，这里不再作介绍。

3.3.3 粪大肠菌群检验方法

国际上目前粪大肠菌群的检验方法主要有四种，NMKL 有两个，分别针对不同产品，ISO 有两个，仅适用于水的检验。

3.3.3.1 粪大肠菌群的计数 GB 4789.39—2013

（1）测定原理　因为粪大肠菌群与大肠菌群最大的区别就是发酵温度的差异，因此按照大肠菌群的测定方法，在 45℃ 的条件下培养就可以能发酵乳糖产酸产气就可以判定为粪大肠菌群阳性。

（2）操作步骤　样品的稀释同大肠菌群测定的国标法。见图 3-8。

① 初发酵试验：每个样品，选择 3 个适宜的连续稀释度的样品匀液（液体样品可以选择原液），每个稀释度接种 3 管月桂基硫酸盐胰蛋白胨（LST）肉汤，每管接种 1mL（如接种量需要超过 1mL，则用双料 LST 肉汤），（36±1）℃ 培养（24±2）h，观察倒管内是否有气泡产生，24h 产气者进行复发酵试验；如未产气则继续培养至（48±2）h。记录在 24h 和 48h 内产气的 LST 肉汤管数。未产气者为粪大肠菌群阴性，产气者则进行复发酵试验。

如采用多个稀释度，最终确定最适的三个连续稀释度，方法参见表 3-2。

② 复发酵试验：用接种环从产气的 LST 肉汤管中分别取培养物 1 环，移种于预先升温至 44.5℃ 的 EC 肉汤管中。将所有接种的 EC 肉汤管放入带盖的（44.5±0.2）℃ 恒温水浴箱内，培养（24±2）h，水浴箱的水面应高于肉汤培养基液面；记录 EC 肉汤管的产气情况。产气管为粪大肠菌群阳性，不产气为粪大肠菌群阴性。定期以已知为 44.5℃ 产气阳性的大肠埃希氏菌类和 44.5℃ 不产气的产气肠杆菌或其他大肠菌群细菌作阳性和阴性对照。

③ 粪大肠菌群 MPN 计数的报告：根据证实为粪大肠菌群的阳性管数，查粪大肠菌群最可能数（MPN）检索表（同附表 1），报告每克（每毫升）粪大肠菌群的 MPN 值。

另外，在 $10^{-1} \sim 10^{-5}$ 五个连续稀释度中确定最适的三个连续稀释度按如下方法操作。

① 有一个以上的稀释度 3 管均为阳性。选择 3 管都是阳性结果的最高稀释度及其相连的两个更高稀释度（见表 3-2 例子 a、b）；在未选择的较高稀释度中还有阳性结果时，则顺次下移到下一个更高三个连续稀释度（见表 3-2 例子 c）；如果中间有某个稀释度没有阳性结果，但更高稀释度有阳性结果，则

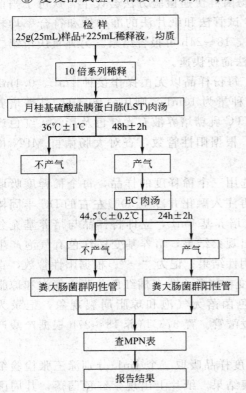

图 3-8　粪大肠菌群检验的计数程序

将此阳性结果加到前一稀释度，进而确定三个连续稀释度（见表3-2例子d）；如果不能按照这个原则找到三个合适的稀释度，则选择前一个较低的稀释度（见表3-2例子e）。

② 没有任何一个稀释度3管均为阳性。如果没有一个稀释度的3管均为阳性，则选择三个最低稀释度（见表3-2例子f）；如果在更高的没有被选择的稀释度还有阳性结果，将此阳性结果加到选择的最高稀释度，进而确定三个连续稀释度（见表3-2例子g）。

表 3-2　关于 MPN 计算的阳性结果的选择例子

例子	每管接种量					选择的三个连续稀释度阳性管数	MPN/g(mL)
	0.1g(mL)	0.01g(mL)	0.001g(mL)	0.0001g(mL)	0.0001g(mL)		
a	3	3	1	0	0	3-1-0	430
b	2	3	1	0	0	3-1-0	430
c	3	2	2	1	0	2-2-1	280
d	3	2	2	0	1	2-2-1	280
e	3	2	3	3	2	3-3-2	110000
f	0	0	1	0	0	0-0-1	3
g	2	2	1	1	0	2-2-2	35

注：下划线表示应选择的连续稀释度。

3.3.3.2　粪大肠菌群测定（滤膜法）

2007年国家环保部颁布实行的 HJ/T 347—2007 水质——粪大肠菌群的测定（滤膜法）将粪大肠菌群的检测列入了常规必检项目。

其做法是先对细菌滤器和滤膜进行灭菌处理，然后将100mL水样（如果水样含菌量多时，可减少取样量，或将水样稀释）注入滤器中，打开滤器阀门抽滤。水样滤完后，再抽气5s，关上滤器阀门，取下滤器，用灭菌镊子夹取滤膜边缘部分，移放在 MFC 培养基上，滤膜截留细菌面向上，滤膜应与培养基完全紧贴，两者间不得留有气泡，然后将平皿倒置，放入44.5℃的隔水式培养箱中培养（24±2）h，如使用恒温水浴锅，需用塑料平皿，或用防水胶带贴封每个平皿，将培养皿封入塑料袋内，再放入44.5℃的水浴中培养（24±2）h。粪大肠菌群在此培养基上菌落为蓝色。非大肠菌群菌落为灰色或奶油色。对可疑菌落转种于 EC 培养基中，44.5℃培养（24±2）h，如产气则证实为粪肠菌群。粪大肠菌群计数以证实为大肠菌群菌落数除以过滤水样体积，再乘以100，报告每100mL水中粪大肠菌群数。

此法也可用迅数全自动菌落分析仪进行测定，即将水样按上法过滤培养后，用迅数菌落计数模块的"特定直径大小和颜色范围的菌落"智能识别功能进行典型粪大肠菌群的自动菌落计数。菌落计数的结果可按照相关标准规定换算为样品中粪大肠菌群含量。

3.3.4　大肠埃希氏菌检验方法

3.3.4.1　大肠埃希氏菌 MPN 计数

参照 GB 4789.38—2012 第一法。

（1）检验原理　大肠埃希氏菌（*Escherichia coli*，也称大肠杆菌）广泛存在于人和温血动物的肠道中，能够在44.5℃发酵乳糖产酸产气，IMViC（靛基质、甲基红、VP试验、柠檬酸盐）生化试验为＋＋－－或－＋－－的革兰氏阴性杆菌。以此作为粪便污染指标来评价食品的卫生状况，推断食品中肠道致病菌污染的可能性。

大肠埃希氏菌是广泛存在于人和温血动物的肠道中，既符合大肠菌群的特征，也符合粪大肠菌群的特征，同时吲哚阳性时判为大肠埃希氏菌。因此检验时先测大肠菌群，阳性时检测粪大肠菌群，粪大肠菌群阳性时进行吲哚试验。由于许多产毒菌株生化性状不典型，吲哚阴性，粪大肠菌群阳性时经常需要补做甲基红试验、VP试验和西蒙柠檬酸盐生长试验。三项都符合（分别为＋、－、－）时可判为大肠埃希氏菌。

EMB培养基中，大肠埃希氏菌强烈分解乳糖而产生大量的混合酸，使菌体带 H$^+$，故可染上酸性染料伊红，又因伊红与美蓝结合，使菌落呈深紫色。从菌落表面反光还可看到绿色金属闪光。而产酸弱的菌株的菌落呈棕色。不发酵乳酸的菌落无色透明。

EMB是一种弱选择性培养基，其他肠杆菌科和一些球菌也可在该培养基上生长（表3-3）。

表 3-3　各种菌在 EMB 培养基菌落特征

菌名	菌落形态
大肠埃希氏菌	紫黑色，有绿色金属光泽
肺炎克雷伯氏菌	粉色，中心色深
阴沟肠杆菌	粉色，中心色深
弗氏志贺氏菌	无色
鼠伤寒沙门氏菌	无色
粪链球菌	无色

（2）检验程序　大肠埃希氏菌 MPN 计数检验程序如图 3-9。

（3）操作步骤　样品的稀释同大肠菌群测定。

① 初发酵试验：按照 GB 4789.39—2013 的方法接种 LST 肉汤并培养，记录在 24~48h 内产气的 LST 肉汤管数。如所有 LST 肉汤管均未产气，即可报告大肠埃希氏菌类 MPN 结果；如有产气者，则进行复发酵试验。

② 复发酵试验：按照 GB 4789.39—2013 的方法做 EC 肉汤发酵试验。如所有 EC 肉汤管均未产气，即可报告大肠埃希氏菌类 MPN 结果；如有产气者，则进行伊红-美蓝（EMB）平板分离培养。

轻轻振摇各产气管，用接种环取培养物划线分别接种于 EMB 平板，（36±1）℃ 培养 18~24h。检验平板上有无具黑色中心有光泽或无光泽的典型菌落。

③ 营养琼脂斜面或平板培养：从每个平板上挑 5 个典型菌落，如无典型菌落则挑取可疑菌落。用接种针接触菌落中心部位，移种到营养琼脂斜面或平板上，（36±1）℃ 培养 18~24h。取培养物进行革兰氏染色和生化试验。

④ 生化试验：靛基质试验、甲基红试验、VP 试验、柠檬酸盐利用试验，并按表 3-4 判断。

a. 靛基质试验：将培养物接种蛋白胨水，（36±1）℃ 培养（24±2）h 后，加 Kovacs 靛基质试剂 0.2~0.3mL，上层出现红色为靛基质阳性反应。

b. 甲基红（MR）试验：取适量琼脂培养物接种于缓冲葡萄糖蛋白胨水，（36±1）℃ 培养 2~5d。滴加甲基红试剂一滴，立即观察结果。鲜红色为阳性，黄色为阴性。

c. VP 试验：取适量琼脂培养物接种于缓冲葡萄糖蛋白胨水，（36±1）℃ 培养 2~4d。加入 6% α-萘酚-乙醇溶液 0.5mL 和 40% 氢氧化钾溶液 0.2mL，充分振摇试管，观察结果。

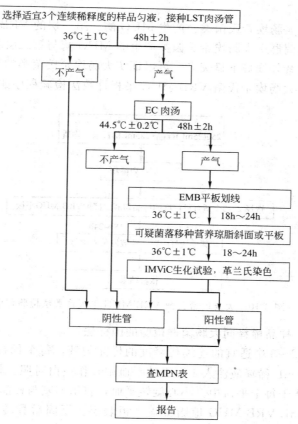

图 3-9　大肠埃希氏菌 MPN 计数法检验程序

阳性反应立刻或于数分钟内出现红色，如为阴性，应放在（36±1）℃继续培养 4h 再进行观察。

　　d. 柠檬酸盐利用试验：取适量琼脂培养物接种于西蒙氏柠檬酸盐培养基，（36±1）℃培养（96±2）h，记录有无细菌生长。

表 3-4　大肠埃希氏菌与非大肠埃希氏菌的生化鉴别

靛基质（I）	甲基红（MR）	VP 试验（VP）	柠檬酸盐（C）	鉴定（型别）
+	+	−	−	典型大肠埃希氏菌
−	+	−	−	非典型大肠埃希氏菌
+	+	−	+	典型中间型
−	+	−	+	非典型中间型
−	−	+	+	典型产气肠杆菌
+	−	+	+	非典型产气肠杆菌

注：1. 如出现表 1 以外的生化类型，表明培养物可能不纯，应重新划线分离，必要时做重复试验。

2. 生化试验也可以选用 VITEK GNI 鉴定卡、API20E 等方法，按照产品说明书进行操作。

　　（4）大肠埃希氏菌 MPN 计数的报告　　根据发酵和生化试验结果，只要有 1 个菌落鉴定为大肠埃希氏菌，其所代表的 LST 肉汤管即为大肠埃希氏菌阳性。依据 LST 肉汤阳性管数查 MPN 表，报告每克（或每毫升）样品中大肠埃希氏杆菌 MPN 值（见附表 1）。

3.3.4.2　大肠埃希氏菌 VRB-muG 平板计数法

　　本法是 GB 4789.38—2012 中规定的大肠埃希氏菌类检验的第二法，具有快速简便的特点，不适用于贝类产品。

（1）检验原理　大肠埃希氏菌类会产生 MUG 酶。第一层的 VRB 用于大肠菌群的培养，选择性培养出的大肠菌群中大肠埃希氏菌类产生的 MUG 酶与第二层 VRB-MUG 中的 MUG 发生特异性反应，在紫外线灯下显荧光，可以证实大肠埃希氏菌类的存在。

（2）检验程序　大肠埃希氏菌 VRB-MUG 平板计数法检验程序如图 3-10。

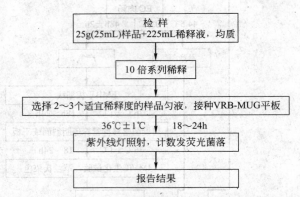

图 3-10　大肠埃希氏菌 VRB-MUG 平板计数法检验程序

（3）操作步骤　样品稀释同大肠菌群检验的国标法。

① 检验：选取 2～3 个适宜的连续稀释度的样品匀液，每个稀释度分别取 1mL 注入两个无菌平皿。另取 1mL 稀释液注入 1 个无菌平皿中，作空白对照。将（45±0.5）℃的 VRB 琼脂 10～15mL 倾注于每个平皿中。小心旋转平皿，将培养基与样品匀液充分混匀。待琼脂凝固后，再加 3～4mL VRB-MUG 琼脂覆盖平板表层。凝固后翻转平板，（36±1）℃培养 18～24h。选择菌落数为 10～100 的平板，暗室中 360～366nm 波长紫外灯照射下，计数平板上发浅蓝色荧光的菌落。

② 大肠埃希氏菌类平板计数的报告：两个平板上发荧光菌落数的平均数乘以稀释倍数，报告每克（或毫升）样品中大肠埃希氏菌类数，以 CFU/g（CFU/mL）表示。

③ 说明：检验时用已知 MUG 阳性菌株（如大肠埃希氏菌类 ATCC 25922）和产气肠杆菌（如 ATCC 13048）做阳性和阴性对照。

因为分解后释放的 MUG 不仅仅在菌落上，菌落周围都会扩散，菌落太多就会整个平板都有蓝色的荧光，不能准确计数。因此有专家建议一个平板上超过 20 个大肠埃希氏菌类菌落时就最好将样品进一步稀释再做。

3.3.5　ISO 大肠菌群和大肠埃希氏菌测定方法

根据中国合格评定国家认可委员会认可证书（注册号：CNAS L0604）推荐，大肠菌群检测和计数的 ISO 方法为 ISO 4831:2006 和 ISO 4832:2006。大肠埃希氏菌类的检测和计数方法为 ISO 7251:2005。这里做简要介绍。

3.3.5.1　大肠菌群的检测及计数的水平方法——MPN 法（ISO 4831:2006）

（1）检验程序　ISO 4831:2006 的检验程序如图 3-11。

（2）检测方法及计数

① 接种与培养：选择合适的三个稀释度，当 $1\text{mL}<X<10\text{mL}$ 时，将 $X\text{mL}$ 试样（液态）或均质液（其他产品）转移到含有 10mL 的双料增菌液的试管中；当 $X<1\text{mL}$ 时或转

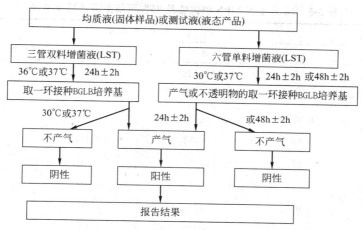

图 3-11 ISO 法大肠菌群测定检验程序

移至含有 10mL 的单料增菌液的试管中。通常每个稀释度接种 3 支试管。

将双料培养基的试管放入 30℃ 或 37℃ 的培养基中培养（24±2）h。培养好的试管中接种一环菌液到 BGLB 试管中，置于 30℃ 或 37℃ 中培养（24±2）h，如果在这个阶段未见气体生成，则培养至（48±2）h。

将单料培养基的试管放入 30℃ 或 37℃ 的培养箱中培养（24±2）h，如果既无气体又无不透明物生成，则放入培养箱再培养 24h。从出现产气或不透明物产生的试管中接种一环菌液到 BGLG 的试管中，置于 30℃ 或 37℃ 中培养（24±2）h，如果在这个阶段未见气体生成，则培养（48±2）h。

上述从双料或单料培养基中转接到 BGLB 培养基中的任何一管，只要在（24±2）h 或（48±2）h 培养出现产生气体的被判断为阳性。

② 计数方法（MPN 法）：根据检验结果，查表 3-5、表 3-6 直接得到大肠菌群的 MPN 值。

（3）注意事项 接种时通常每个稀释度使用 3 支试管，但是对某些产品和/或需要更精确的结果时，可能需要接种的试管会超过 3 支（比如 5 支），并进行 MPN 的计算。

加样时，首先拿 3 只双料增菌液试管，使用一个杀过菌的移液管将 10mL 的液体试样或 10mL 的均质液转移到这些试管中。然后拿三支单料增菌液试管，使用一个新杀过菌的移液管，往每支试管中加入 1mL 液体试样或固体的均质液。对于每个其他的稀释度，继续按单管的操作，

对于每个稀释度，计算最终观察到的产气管（阳性管）总的数量（在 24h±2h 或 48h±2h 后）。根据计数结果指出在 Xg 或 XmL 产品试样中大肠菌群存在或不存在。从每个稀释度的阳性管数计算 MPN 值。

3.3.5.2 ISO 7251:2005 大肠埃希氏菌类 MPN（最近似数）法

本方法是大肠埃希氏菌类的通用检测方法，适用于食品和饲料中大肠埃希氏菌类的检测与计数。

ISO 的大肠埃希氏菌类检测与计数方法如图 3-12。

（1）操作方法 样品处理和检验过程与 ISO 大肠菌群的检验相似，主要区别是选择性培养基用 EC，而不是 BGLB，复发酵培养基为蛋白胨水，检测吲哚试验。

（2）结果判定 同时满足 EC 产气和吲哚阳性的条件才成立。根据阳性管数（查附表1）计算大肠埃希氏菌类的 MPN 值。

表 3-5　10 管系列 MPN 测试值及 95％可信范围计算参考表

阳性管数	10 管系列			
	MPN	水平		95％限
		不确定性	低	高
1	0.11	0.435	0.02	0.75
2	0.22	0.308	0.06	0.89
3	0.36	0.252	0.11	1.11
4	0.51	0.220	0.19	1.38
5	0.69	0.198	0.28	1.69
6	0.92	0.184	0.40	2.10
7	1.20	0.174	0.55	2.64
8	1.61	0.171	0.75	3.48
9	2.30	0.179	1.03	5.16

表 3-6　15 管系列 MPN 测试值及 95％可信范围计算参考表

阳性管数	10 管系列			
	MPN	水平		95％限
		不确定性	低	高
1	0.07	0.434	0.01	0.49
2	0.14	0.307	0.04	0.57
3	0.22	0.251	0.07	0.69
4	0.31	0.218	0.12	0.83
5	0.41	0.196	0.17	0.98
6	0.51	0.179	0.23	1.15
7	0.63	0.167	0.30	1.33
8	0.76	0.157	0.37	1.55
9	0.92	0.150	0.47	1.80
10	1.10	0.144	0.57	2.11
11	1.32	0.141	0.70	2.49
12	1.61	0.139	0.86	3.02
13	2.01	0.142	1.06	3.82
14	2.71	0.155	1.35	5.45

（3）说明

① 对于牛乳等产品，由于酪蛋白的作用，LST 培养后有沉淀或浑浊，但没有产气的，需做下面的 EC 接种。

② 每个稀释度做 3 管，特殊情况每个稀释度做 5 管，例如水的检验。一个样通常做连续 3 个 10 倍稀释度。

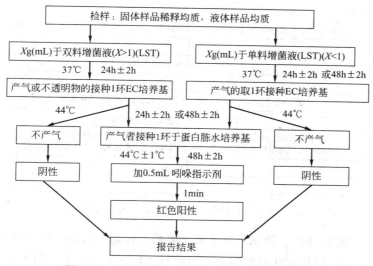

图 3-12　ISO 法测定大肠埃希氏菌类检验程序

3.3.6 AOAC 大肠菌群和大肠埃希氏菌类测定方法

根据中国合格评定国家认可委员会认可证书（注册号：CNAS L0604）推荐，大肠菌群与大肠埃希氏菌类检测和计数的 AOAC 方法为 AOAC 991.14 Petrifilm 大肠菌群测试片、Petrifilm 大肠埃希氏菌类测试片法和 AOAC 998.08 再水化干膜法。这两种方法都同时可以测定大肠菌群和大肠埃希氏菌类，不同是适用范围的区别。这里对 AOAC 991.14 做简要介绍。

（1）原理　Petrifilm 大肠菌群测试片是一种预先制备好的培养基系统，含有 VRB（Violet Red Bile）培养基，冷水可溶性凝胶和 2,3,5-氯化三苯四氮唑（TTC）指示剂，可增强菌落计数效果，表面覆盖的胶膜，可以截留大肠菌群产生的气体，培养结束后计数红点周围有气泡的菌落为大肠菌群。

Petrifilm 大肠菌群测试片/大肠埃希氏菌类测试片：是一种预先制备好的培养基系统，含有 VRB（Violet Red Bile）培养基，冷水可溶性凝胶、葡萄苷酶指示剂 5-溴-4-氯-3-吲哚-β-D-葡萄糖苷酶（用于大肠埃希氏菌类）和 2,3,5-氯三苯四唑（用于大肠菌群）。绝大多数 E.coli（约占 97%）能产生 β-葡萄糖苷酸酶与培养基中的指示剂发生反应，产生蓝色沉淀环绕在大肠埃希氏菌类菌落周围，表面覆盖的胶膜可以截留大肠菌群产生的气体。培养结束后，蓝点带气泡的为大肠埃希氏菌类菌数，红点带气泡和蓝点带气泡菌落的总数为大肠菌群数。这样就能在同一张测试片上识别大肠菌群和大肠埃希氏菌类。

（2）检验程序　AOAC 官方方法 991.14 的检验程序见图 3-13。

（3）操作步骤

① 样品制备：称取 50g 的测试样品置于无菌搅拌罐中。以 10000～12000r/min 的转速搅拌 2min，使其均质。如果全部的测试样品质量小于 50g，称取样品并加入无菌稀释液，以 1：10 的比例进行稀释。除非另有说明，用 90mL 的无菌稀释剂和 10mL 的前次溶液相混合以制备十倍递减的稀释溶液。以 30cm/s 的速度左右剧烈摇晃 25 次。移液管必须精确移取所需体积的溶液。不要用移液管移取小于本身体积 10% 的溶液。比如，不要用 10mL 以上的移液管移取 1mL 的溶液；不要用 1mL 以上的移液管移取 0.1mL 溶液。

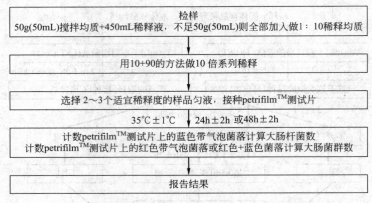

图 3-13 AOAC 官方方法 991.14 的检验程序

② 检测操作：将 Petrifilm 测试片置于水平表面。提起上层膜，将 1mL 样品接种于测试片的中央。小心将上层膜覆盖在接种面上。向塑料压板（平面向下）的中心轻轻施压，将样品均液均匀地分布于 20cm² 的生长区域。并将测试片静置至少 1min，以使凝胶固化。将测试片在 35℃下培养（24±2）h。将测试片水平朝上放置于培养器中。每叠不要超过 20 个。在培养结束之后及时计数。

③ 计数与结果报告：使用标准菌群计数器计数，也可以使用放大镜辅助计数。选择蓝色带气泡菌落（在一个菌落直径之内）为大肠埃希氏菌类并计数。带气泡的红色菌落为其他非大肠埃希氏菌类的大肠菌群的菌落。在合理计数范围（15～150 个）内计算所有的菌落数。如果所有测试片上的菌落数均小于 15 个，记录最小稀释度的测试片上的实际菌落数。如果所有测试片的菌落数都大于 150，通过计算一个或者多个的具有代表性的方格中的菌落数，然后估算菌落数，确定每个方格的平均菌落数，并将这平均数值乘以 20（每个纸片上的有效计数面积为 20 个小方格）。如果菌落分布过于密集，导致难以估算菌落数，将这种情况记录为多不可计。最后按稀释倍数换算即可。

如果对大肠埃希氏菌类计数，使用大肠埃希氏菌类测试片，并用与以上相同的方法处理。再多培养（24±2）h（总计 48h±4h）。大肠埃希氏菌类为含有气泡的蓝色菌群，其他非大肠埃希氏菌类的大肠菌群为带气泡的红色菌群，二者之和为大肠菌群数。

3.3.7 GB、ISO 和 AOAC 三大标准检测方法的差异比较

虽然我国检验方法对 ISO 和 AOAC 等国际检验标准方法是等同采用，但是根据我国传统的方法和标准，在个别细节上还是有一定的改变，具体如下。

3.3.7.1 GB、ISO 和 AOAC 中大肠菌群检测的差异比较

根据中国合格评定国家认可委员会认可证书（注册号：CNAS L0604）推荐和我国现行国家检验标准，选择 GB 4789.3—2010、ISO 4831:2006、AOAC 991.14 比较三种大肠菌群检测和计数方法的异同。结果如表 3-7。

3.3.7.2 GB、ISO 和 AOAC 中大肠埃希氏菌类检测的差异比较

根据中国合格评定国家认可委员会认可证书（注册号：CNAS L0604）推荐和我国现行国家检验标准，选择 GB/T 4789.38—2012、ISO 7251:2005、AOAC 991.14 比较三种大肠埃希氏菌类检测和计数方法的异同。结果如表 3-8。

表 3-7　GB、ISO、AOAC 中大肠菌群检测的差异比较

步骤	GB 4789.3—2010	ISO 4831:2006	AOAC 991.14
稀释液 取样量	生理盐水 225mL/磷酸盐缓冲液 25g(25mL)＋225mL 生理盐水/磷酸盐缓冲液	蛋白胨水 Xg(XmL)＋9XmL 稀释液	蛋白胨水 90mL 10g＋90mL 蛋白胨水
培养基 培养	LST 肉汤,BGLB 培养基 LST 肉汤(36±1)℃(24±2)h, BGLB 培养基(36±1)℃(48±2)h	LST 肉汤,BGLB 培养基 30/37℃(24±2)h 或(48±2)h	Petrifilm™ (35±1)℃,(24±2)h 或(48±2)h
结果登记	BGLB 培养基复发酵管产气为阳性	BGLB 培养基复发酵管产气为阳性	菌落数在 15～150
方法 操作过程	9 管法[MPN/g(mL)] 9 管 LST 肉汤发酵,产气接 BGLB 培养基复发酵,计数产气管数	9 法[MPN/g(mL)] 9 管 LST 肉汤发酵,产气接 BGLB 培养基复发酵,计数产气管数	Petrifilm™ 红色菌落,有 1 个或多个气泡

表 3-8　GB、ISO、AOAC 中大肠埃希氏菌（*E. coli*）的检测

步骤	GB/T 4789.38—2012	ISO 7251:2005	AOAC 991.14
内容	大肠埃希氏菌类的检测及计数	食品和饲料大肠埃希氏菌类的通用检测方法-MPN(最近似数)法	食品中 *E. coli* 记数
称样量	25g(25mL)＋225mL 生理盐水/磷酸盐缓冲液	Xg(XmL)＋9XmL 稀释液	
培养基	LST 肉汤,EC 肉汤,EMB 琼脂,IMViC 生化试验	LST 肉汤,EC 肉汤,蛋白胨水	Petrifilm™
培养条件	LST 肉汤(36±1)℃(24±2)h,EC 肉汤(44.5±0.2)℃(24±2)h,EMB 琼脂,IMViC 均(18±24)h	LST 肉汤(36±1)℃(24±2)h 或(48±2)h,EC 肉汤 44℃(24±2)h 或(48±2)h,蛋白胨水(44±1)℃(48±2)h	(24±2)h,*E. coli* (48±4)h 35℃
操作步骤	样品稀释液接种 LST 肉汤培养后产气的接种 EC 肉汤,再产气的接种 EMB 琼脂,可疑菌落做 IMViC 试验,依结果计数	样品稀释液接种 LST 肉汤培养后产气的接种 EC 肉汤,再产气的接种蛋白胨肉汤,做吲哚试验	取 1mL 接种到 Petrifilm™ 片上,24h 观察,红色有气泡的为 coliform,(48±4)h 观察,蓝色有气泡的为 *E. coli*
结果记录	计数 IMViC 试验符合要求的阳性管数,查表报告 MPN 值	计数红色管数为阳性,查表报告 MPN 值	计数蓝色有气泡的菌落数,报告之

3.4　食品中肠球菌的检验

3.4.1　基本知识简介

肠球菌（Enterococcus）是一类革兰氏阳性球菌，兼性厌氧，无芽孢和荚膜，可分解胆汁七叶苷的细菌，是评估食品、水、食品加工设备、食品生产环境等卫生状况的指标菌之一。

在细菌分类学上，肠球菌属早期并不存在，现今主要依据 Facklam 和 Collins 于 1989 年的分类而成属，肠球菌属内包括十二个种及一个变异株，它们是：粪肠球菌（*E. faecalis*）、屎肠球菌（*E. faecium*）、鸟肠球菌（*E. avium*）、酪黄肠球菌（*E. casseliflavus*）、坚忍肠球菌（*E. durans*）、鸡肠球菌（*E. galinarum*）、地肠球菌（*E. mundii*）、恶臭肠球菌（*E. maladoratum*）、希拉肠球菌（*E. hirae*）、孤立肠球菌（*E. solitarius*）、棉籽糖肠球菌（*E. raffinosus*）、假鸟肠球菌（*E. pseudoavium*）、粪肠球变异株（*E. faecalisvar*）。

粪肠球菌为该属中最常见，为代表种。该属通常指粪便来的可以用氮钠分离鉴定的一群革兰氏阳性球菌。由于肠球菌的菌种均含有 Lancefield 的 D 群抗原，亦称 D 群粪肠球菌或 D 群肠球菌。肠球菌的 DNA G＋C 含量为 33%～39%。

3.4.1.1 生物学特性

（1）形态与染色　肠球菌属的细菌为革兰氏阳性球菌，多数菌种成双或呈短链状排列；一般无芽孢，无荚膜，少数菌种有鞭毛，陈旧培养物或在厌氧状态下有时呈革兰氏阴性。

（2）培养特性　在普通琼脂及麦康凯琼脂上形成小菌落，在血琼脂上形成较链球菌稍大的菌落，光滑、较湿润、易乳化，依据种的不同，α、β 或 γ 溶血均可出现。在液体培养基中呈均匀浑浊生长，也较易形成长链。需氧或兼性厌氧，最适生长温度 37℃，最适 pH 为 4.7～7.6，属内各菌种均能在 6.5%氯化钠肉汤，pH 9.6 葡萄糖肉汤及 45℃生长，个别菌种在 50℃时生长快。

（3）生化特性　过氧化氢酶呈阴性，能分解葡萄糖、麦芽糖生成酸，多数菌株分解甘露醇；胆汁七叶苷水解、万古霉素敏感性及咯烷基芳基酰胺酶均为阳性；耐一定程度的酸碱、耐盐和 40%的胆盐；结合 D 群抗血清进行血清学鉴定可用来区分肠球菌与链球菌，乳球菌属。依据甘露醇、山梨醇、山梨糖产酸及精氨酸脱氨基四个关键性的生化生理实验，可将肠球菌分为三个群。

（4）抗原结构　Lancefied 血清系统属 D 群，其特异性抗原决定簇是位于细胞壁中的甘油壁酸，本质上是多糖类，含有 N-乙酰己糖胺。

3.4.1.2 食品卫生学意义

肠球菌普遍存在于自然界，一般栖居在各种温血和冷血动物的腔肠甚至昆虫体内，也是健康人体的上呼吸道、口腔或肠道的常居菌。本菌可以引起心内膜炎、胆囊炎、脑膜炎、尿路感染及伤口感染等多种疾病。在人类粪便中的数量仅次于大肠菌群，每克成人的粪便中约含 2×10^8 个。由于此污染指示菌比较大肠埃希氏菌类对外界环境温度适应性强、抵抗力强及耐受性强，甚至可以与多种抗生素相抵抗和生长营养要求不高，因此在自然界分布广，存活力持久。在无粪便污染的环境中较大肠菌更易发现，所以，即使检出肠球菌也没有粪便污染的指示作用。此外，即使在冷冻、干燥性和经中等强度加热处理的食品中检出肠球菌也不能提示肠道致病菌的存在，因为肠球菌比沙门氏菌、致病性大肠埃希氏菌类抵抗性及存活率均高。

食品微生物检验主要针对在 10℃以下和 45℃下可生长发育的粪肠球菌与屎肠球菌，二者在生化特性、DNA 杂交结果有明显不同。在 45℃条件下，用含叠氮钠成分的培养基检测此类指示菌是其主要特征。

目前该菌多作为生活饮用水、管道水和一些水质的指示菌。卫生学家认为，肠球菌类似于大肠菌群的生态活动，但其对恶劣的外环境和冷冻条件具有较强的抵抗力，作为监测水质卫生，环境卫生质量的污染指标更具有卫生学意义。另据有关报道，大量的（10^9 以上）肠球菌可以引起食物中毒，作为一个有卫生学意义的细菌（该菌的污染在某些食品中也常被发现），有些国家已经制定了针对肠球菌污染限量标准，大多制定在 $0～10^5/g$。从预防食物中毒方面，保障人民身体健康考虑，借鉴国外标准，制定适宜的污染限量指标，应尽快摆到议事日程上来。

肠球菌作为粪便污染指标菌比大肠埃希氏菌类群检测为佳的理由：①在粪便中肠球菌数比粪便大肠埃希氏菌类群菌数少很多；②在自然界不易增殖，因此在水或土壤等分布甚少；③食品制造时，经加热或冷冻，大肠埃希氏菌类比肠球菌容易受损或死亡。应用于测定生蔬菜及色拉、冷冻食品、肉制品及干燥食品，检测肠球菌作为评估加工设备之清洁和消毒的有效性。

3.4.2 食品中肠球菌的计数

参照 SN/T 1933.1—2007《食品和水中肠球菌检验方法》。

3.4.2.1 样品制备

（1）样品的储存和运送　采样后应尽快进行检验，冷冻样品如不能立即进行检验，应置于－18℃保存。应冷藏保存的待检样品在运送实验室过程中应于1～4℃保存。样品采集后8h之内要完成检验。

（2）水及液体饮料　污染程度低的水及液体饮料可以直接进行检验；污染程度严重的水及液体饮料吸取 25mL 样品，加入 225mL 缓冲蛋白胨水中，充分混匀，制成1:10样品匀液。

（3）固体或半固体食品　无菌操作取25g样品放入装有225mL缓冲蛋白胨水的均质杯内，以8000r/min均质1～2min，制成1:10样品匀液。

以上样品制备可根据样品污染程度及检验需要，进一步制成10倍递增的样品稀释液。

3.4.2.2 检验程序

食品和水中肠球菌平板计数法检验程序见图3-14。食品和水中肠球菌最近似值（MPN）测定法检验程序见图3-15。

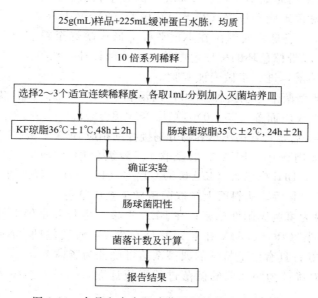

图 3-14　食品和水中肠球菌平板计数法检验程序

3.4.2.3 检验步骤与计数

（1）平板计数法

① 适用范围：此方法适用于检验未经加工处理的生鲜食品及肠球菌菌数大于 10CFU/g（mL）的水和食品。

② 接种和培养：根据样品污染情况，选择2～3个适宜连续稀释度的样液，分别吸取

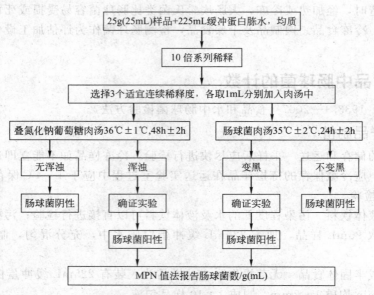

图 3-15 食品和水中肠球菌最近似值（MPN）测定法检验程序

1mL 稀释液，加入培养皿中，每个稀释度做两个平板。

稀释液加入培养皿后，把保持（46±1）℃的 KF 琼脂或肠球菌琼脂 15mL 倾入培养皿内，使样液与培养基充分混合。水平放置，使琼脂凝固。从制备最初稀释液结束到倾注培养基于最后一个培养皿所用时间不应超过 20min。倒置平板进行培养，KF 平板置（36±1）℃培养（48±2）h；肠球菌琼脂平板置（35±2）℃培养（24±2）h。

③ 菌落形态观察：肠球菌属细菌在 KF 平板上形成暗红至粉红色菌落，边缘整齐；在肠球菌琼脂平板上形成带棕色环的棕黑色菌落。用灭菌接种针从每个 KF 平板或肠球菌琼脂平板挑取 10 个典型菌落，进一步做确证实验。

④ 确证实验：典型菌落分别接种到 BHI 肉汤和 BHIA 斜面，BHI 肉汤置（35±0.5）℃培养（24±2）h，.BHIA 斜面置（35±0.5）℃培养（48±2）h。

BHI 肉汤培养 24h 后，每管肉汤培养物分别接种到相应 BEA 平板、BHI 肉汤及含 6.5%氯化钠（NaCl）的 BHI 肉汤中。BEA 平板及含 6.5%氯化钠（NaCl）的 BHI 肉汤置（35±0.5）℃培养（48±2）h；BHI 肉汤置（45±0.5）℃培养（48±2）h，观察细菌生长情况。

BHIA 斜面培养 48h 后，从斜面上挑取菌落做革兰氏染色。

革兰氏染色镜检为革兰氏阳性球菌；在 BEA 平板上生长并水解七叶苷（形成黑色或棕色沉淀）；BHI 肉汤中（45±0.5）℃生长；并且在含 6.5%氯化钠（NaCl）的 BHI 肉汤中（35±0.5）℃生长良好；具有以上特性的典型菌落可确证为肠球菌。

⑤ 菌落计数：对确证为肠球菌的菌落进行平板计数，生长有 30～300 个肠球菌为计数合适范围。

⑥ 结果计算：用所选择计数的每个平板上典型肠球菌的菌落数，乘以确认为肠球菌的菌落所占比例，以此求出所选取的同一稀释度两个计数平板的肠球菌菌落数。

【示例】10^{-1}稀释样液的两个平板上分别有 85 个和 90 个菌落，每个平板所挑取的数个典型菌落中，确认为肠球菌的分别有 8 个和 9 个，则此稀释度的两个计数平板上肠球菌菌落数分别是 $85 \times (8/10) = 68$ 及 $90 \times (9/10) = 81$。

若只有一个稀释度平板上的肠球菌菌落数在计数合适范围 30～300 个，则计算两个平板菌落数的平均值，再将平均值除以相应稀释倍数，作为每克（每毫升）中菌落总数结果。

若有两个连续稀释度在适宜计数范围内时，同菌落总数的测定按下式计算。

$$N=\frac{\sum C}{(n_1+0.1n_2)d}$$

式中，N 为样品中菌落数；$\sum C$ 为平板（含适宜范围菌落数的平板）菌落数之和；n_1 为第一稀释度（低稀释倍数）平板个数；n_2 为第二稀释度（高稀释倍数）平板个数；d 为稀释因子（第一稀释度）。

若所有稀释度（包括液体样品原液）平板均无特征性菌落生长，则以小于 $1/d$（d—最低稀释倍数）计算。

⑦ 低数值的估算：如果实验样品原液（水及液体饮料）或初始稀释悬液（其他食品）的两个琼脂平板上的菌落数均小于 30 个，计算两个琼脂平板上菌落数的算术平均数。计算方法见下式。

$$N_E=\frac{\sum C}{nd}$$

式中，N_E 为每毫升或每克样品中肠球菌数的估算值；$\sum C$ 为两个琼脂平板上肠球菌菌落数的和；n 为琼脂平板的数量；d 为样品初始悬液或实际接种悬液的稀释倍数。

⑧ 大数值的估算：若所有稀释度的平板上菌落数均大于 300，计数最接近 300 个菌落数的琼脂平板上的菌落并计算出算术平均数。其他平板可记录为多不可计。结果计算见下式。

$$N_F=\frac{\sum C}{nd}$$

式中，N_F 为每毫升或每克样品中肠球菌菌落数的估计值；$\sum C$ 为两个琼脂平板上肠球菌菌落数之和；n 为琼脂平板的数量；d 为与样品悬液相一致的稀释倍数。

⑨ 结果表述方式

a. 菌落数在 100 以内时，按有效数字修约规则修约，采用两位有效数字报告。

b. 菌落数大于或等于 100 时，前第 3 位数字采用有效数字修约规则修约后，取前 2 位数字，后面用。代替位数来表示结果；也可用 10 的指数形式来表示，此时也按有效数字修约规则修约，采用两位有效数字。

⑩ 结果报告：固体样品以 CFU/g 为单位报告，液体样品以 CFU/mL 为单位报告。

（2）最近似值（MPN）测定法

① 适用范围：此方法适用于污染程度低的样品，检验含有受损伤的肠球菌的加工食品及肠球菌菌数小于或等于 10CFU/g(mL) 的水和食品。

② 接种：根据样品污染情况，选择 3 个适宜连续稀释度的样液，分别吸取 1mL 稀释液，接种于叠氮化钠葡萄糖肉汤或肠球菌肉汤，每个稀释度加 3 管。接种量为 1mL 时，使用单料管；对于低污染样品，将 10mL 最低稀释度的样品液加到等体积的双料培养基中。

③ 培养：接种后的肠球菌肉汤置（35±2）℃培养（24±2）h，肉汤颜色变为黑色的试管，表明有肠球菌生长。一般有肠球菌生长时，肉汤颜色在 2h 内即可变为黑色。

接种后的叠氮化钠葡萄糖肉汤置（36±1）℃培养（24±2）h，检查各试管浑浊情况。若无浑浊，继续培养至（48±2）h 后记录结果。

④ 确证试验：对所有呈现浑浊的叠氮化钠葡萄糖肉汤管或颜色变为黑色的肠球菌肉汤管进行确证试验。用接种环将各管的培养物划线接种于 KF 平板或肠球菌琼脂平板。KF 平板置（36±1）℃培养（48±2）h；肠球菌琼脂平板置（35±2）℃培养（24±2）h。

肠球菌属细菌在 KF 平板上形成暗红至粉红色菌落，边缘整齐；在肠球菌琼脂平板上形成带棕色环的棕黑色菌落。用灭菌接种针从 KF 平板或肠球菌琼脂平板挑取 10 个可疑菌落，进行确证试验。

⑤ 最近似值 MPN：如一管培养物中所挑取的典型菌落中，有一个菌落确认为肠球菌，则该管应视为阳性。根据接种的样品量和确证为肠球菌的阳性反应管数，查 MPN 值表（附表 1），得出样品中肠球菌最近似值。

⑥ 结果报告：肠球菌 MPN/g(mL)。

3.4.3 ISO 7899-2:2000 水中肠球菌的检验

3.4.3.1 样品制备

污染程度低的水可以直接进行检验。污染严重的水吸取 25mL 样品，加入 225mL 缓冲蛋白胨水中，充分混匀，制成 1:10 样品匀液。根据情况进一步制成 10 倍递增的样品稀释液。

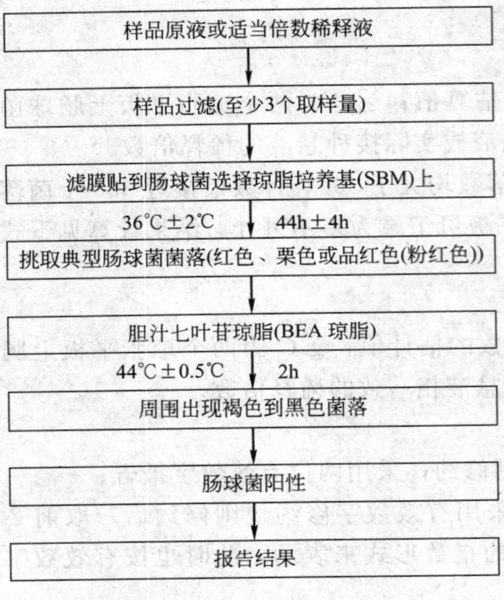

3.4.3.2 检验程序

水中肠球菌滤膜法检验程序见图 3-16。

3.4.3.3 操作步骤

（1）样品过滤 将灭过菌的过滤装置连接到抽滤瓶上，用无菌镊子夹取滤膜，将滤膜放至滤器底部。根据水样污染情况，选择适宜稀释度的样液。吸取 1～100mL（例如加样 100mL、30mL、10mL、3mL）至少选择三个加样量，至滤器内，打开真空泵进行抽滤。当全部样液通过滤膜后，用 20～30mL 灭菌生理盐水轻洗滤器边缘至少两次。关闭真空泵，打开滤器，用无菌镊子移取滤膜。

（2）接种与培养 将已滤过样液的滤膜紧贴在 SBM 琼脂表面上，防止滤膜与琼脂间产生气泡，如有气泡产生，重新放置滤膜。倒置平板于 (36±0.5)℃ 培养 (44±4)h。肠球菌在 SBM 琼脂平板的滤膜上形成带有红色、栗色或品红色（粉红色）的菌落。

（3）确证试验 用灭菌镊子夹取滤膜及菌落，不要反转紧贴到胆汁七叶苷琼脂（BEA 琼脂）上 (44±0.5)℃ 培养 2h。菌落周围出现褐色到黑色晕圈的为肠球菌。

（4）肠球菌菌落计数与计算 计数符合上述条件菌落，生长有 20～60 个肠球菌的滤膜为计数合适范围。根据稀释情况换算单位体积水的肠球菌含量。

（5）注意事项及说明 采样后应尽快进行检验，冷冻样品如不能立即进行检验，应置于 −18℃ 保存。应冷藏保存的待检样品在运送实验室过程中应于 1～4℃ 保存。样品采集后 8h 之内要完成检验。以能在滤膜上生长出 20～60 个菌落为宜。

图 3-16 水中肠球菌滤膜法的检验程序

图中流程：

样品原液或适当倍数稀释液
↓
样品过滤（至少3个取样量）
↓
滤膜贴到肠球菌选择琼脂培养基(SBM)上
36℃±2℃　44h±4h
↓
挑取典型肠球菌菌落(红色、栗色或品红色(粉红色))
↓
胆汁七叶苷琼脂(BEA 琼脂)
44℃±0.5℃　2h
↓
周围出现褐色到黑色菌落
↓
肠球菌阳性
↓
报告结果

思考与练习

1. 何谓菌落总数？其食品卫生学意义如何？

2. 概述菌落总数测定的方法步骤及检验程序。

3. 何谓大肠菌群？其包括哪些肠道细菌？

4. 概述大肠菌群检验方法与程序。

5. 大肠埃希氏菌类用鉴别培养基 EMB 设计原理是什么？大肠埃希氏菌类在其上产生典型菌落特征如何？

6. IMViC 主要包括哪些检测内容？大肠埃希氏菌类的相应培养特征是什么？

7. 何谓肠球菌？其包括哪些类群的细菌？简述肠球菌的检验方法。

8. 简述 ISO 和 AOAC，说明其检验意义。

9. 比较 ISO AOAC 三标准测定菌落总数的差异。

10. 比较 ISO AOAC 三标准测定大肠菌群的差异。

11. 比较 ISO AOAC 三标准测定大肠埃希氏菌类的差异。

12. 大肠菌群、粪大肠菌群、大肠埃希氏菌各自的食品卫生学意义怎样？

第4章 食品中常见致病菌检验

● [本章提要]

　　本章介绍了食品微生物检验中受伤菌及其恢复生长方法、食品微生物检验中常用的抑菌物质种类及各自用途及食品中致病菌分离分离原则和步骤；重点介绍了食品中常见的致病菌检验原理、国家标准具体检验步骤和方法，还简要介绍了各自的国际标准检验流程。

4.1 食品中致病菌分离

4.1.1 受伤菌及其恢复生长

细菌受到外界因素的影响造成濒死的状态称为亚致死性损伤。细菌的亚致死性损伤现象虽在 1917 年就早有发现，但直到 20 世纪 70 年代才逐渐被人们所重视，而且大多侧重于食品微生物学领域。一方面，用以提高杀菌效果，来延长食品保存时间；另一方面，提高食品中细菌检验方法的敏感性，以便更好地判定食品的安全性。

4.1.1.1 受伤菌的概念

食品中的微生物在复杂的储存、加工和灭菌过程中可能受到各种刺激，如冷冻、加热、微波、辐射、冷藏、浓缩、渗透压刺激、水分活度低下、自然干燥、喷雾干燥、冷冻干燥、加盐、加糖、酸化、高速离心、饥饿、诸如洗涤剂一类的化学物质等，因而受到损伤。

受刺激的细菌细胞可分为未受损的细胞、可逆损伤细胞、死亡细胞。其构成比例随细胞种类、培养基性质、刺激种类和刺激时间以及检出方法而异。其中可逆损伤细胞由于未完全死亡，可以恢复生长能力，如果培养条件不合适则会死亡。受伤细胞继续置于刺激条件下也会慢慢死去，在损伤得到修复之前不能生长。

受伤菌的定义为：接受刺激前在选择性培养基上能生长，被刺激后在选择性培养基上不生长但在非选择性培养基上可以生长的细菌。

4.1.1.2 受伤菌的表现及受伤部位

各种理化因素处理均能使细菌细胞遭受损伤，不同的处理可导致细菌细胞不同部位的损伤，现已观察到的损伤有细胞壁的损伤、细胞膜的损伤、核酸的损伤以及机能的损伤等。细菌受伤后的一般表现为在同种正常菌细胞能很好生长的条件下失去增殖能力；在对同种正常菌细胞无明显抑制作用的选择性培养基中不能生长繁殖；繁殖适应期延长；发生某些生理生化特性的改变。细菌受亚致死性损伤后的表现并不是基因的改变，当其在适当的培养基和适宜的温度下重新培养能很快得到恢复，并重新获得正常生理生化特性。而且受损伤细菌细胞一经修复，不再表现出任何受伤的特征，但也有某种损伤的个别变化不能完全恢复到和过去一样的现象。

受伤菌的具体表现如下。

① 细胞膜损伤：各种物理化学因素导致细胞膜的障碍，失去其选择透过性，从而导致细胞内必需成分如氨基酸、核酸、糖、镁离子等的流失，同时平时不能进入细胞的有害物质进入菌体细胞内。因此对选择剂、抗生素、极微量重金属和有些酶如 RNA 酶敏感。但这种损伤并非致命，只要满足条件就能恢复。一般需要容易利用的能源、氨基酸、肽、镁离子等材料。在革兰氏阴性菌种外膜的热损伤表现为鼓包，随继续加热脱离细胞呈游离小泡，表面疏水性增大后对结晶紫等疏水性化合物敏感，热损伤时对磷脂酶 C 敏感表面磷脂外漏。

② 酶活性降低：一般地，由于有的蛋白质变性，造成受伤菌的代谢活性下降。各种脱氢酶、与 ATP 合成有关的酶、蛋白酶、触酶、超氧化物歧化酶等酶类活性下降。

③ 高分子物质被分离：如 RNA 或核糖体被分离。在大肠埃希氏菌、鼠伤寒沙门氏菌和枯草杆菌中观察到，热受伤时发现染色体 DNA 被切断后被自身的 DNA 酶分解。这些核酸酶在细胞中，原来用来攻击外来 DNA，但细胞膜受到热损伤时攻击自身的 DNA。

④ 能量代谢障碍：由于细胞膜损伤导致糖和氨基酸输送能力的下降、呼吸活性降低、ATP 合成有关酶活性下降、蛋白质活性下降等。

冷冻和干燥一般损伤革兰氏阴性菌的外膜和细菌的质膜，革兰氏阳性菌甚至损失细胞表面的蛋白质层。加热一般损伤 rRNA，放射线一般损伤 DNA 和特定酶类。

4.1.1.3 受伤菌的特点

受伤菌对表面活性剂、盐及有毒物质如抗生素、染料、有机酸和低 pH 环境敏感；细胞有些成分已丢失；延滞期拉长；提供合适条件具有修复能力；修复之前不能复制。鼠伤寒沙门氏菌经 53.5℃加热处理后，对 2.5％氯化钠敏感的受伤菌进行稀释到一个至数个细胞，用非选择性培养基接种测定延滞期，发现差异较大，说明受伤细胞间受伤差异很大。

4.1.1.4 受伤菌的恢复生长

微生物在食品加工、储藏、消毒及保鲜过程中，因受热、冷冻、干燥、辐射、高渗以及各种消毒剂、防腐剂等作用，可引起亚致死性损伤，损伤率受损伤因素强烈程度及作用时间影响。由于损伤过程损害了细菌的渗透屏障，表现为对同种细菌无明显抑制作用的选择性物质敏感，失去在同种细菌良好生长条件下的生长能力。如果直接加到含抑制剂的培养基中时可能不能生长。因此在致病菌的分离过程中先要使受伤菌得到恢复，这也是致病菌检验中进行前增菌的目的。

受伤菌修复机制还不太清楚，受伤菌恢复生长修复需要必需的营养，但不含选择剂，还需要提供适当的酸碱度、温度和时间。营养一般需要碳源、氮源和维生素等，另外加丙酮酸、触酶等具有加强修复能力的物质。含适当能源的单纯培养基适合轻微受伤的细胞膜修复。

冷冻和干燥刺激损伤修复得较快，热受伤修复得较慢。热、放射线和化学物质损伤比低温损伤需要更长时间的修复。一般认为受伤细菌修复需要营养丰富的培养基，但也有实验表明受伤菌的修复在简单的最低营养需要的培养基中比复杂的营养丰富的培养基中更为容易，如饥饿状态的受伤细菌，如水中的和海水中的受伤菌时低营养反而有利。另外，受伤菌修复不仅要靠复杂的营养，热损伤细菌的恢复还与接触空气的程度有关，冷冻损伤菌的恢复对pH 的变化更为敏感。

（1）影响受伤菌的恢复生长的因素

① 稀释液：稀释液一般使用蛋白胨水，并添加触酶、镁离子、丙酮酸、铁离子等。稀释液的成分有时是很关键的，0.1％的蛋白胨水对冷冻受伤的大肠埃希氏菌活菌回复率高，产气肠杆菌受伤后对稀释液中极微量的铜离子敏感。

② 培养基成分和浓度：一般使用氨基酸、蛋白胨、肽、酵母膏、血液成分、葡萄糖、磷酸、镁离子和钾离子等二价离子、淀粉、半胱氨酸、丙酮酸、柠檬酸等物质进行受伤菌修复。化学物质损伤一般需要镁离子、钙离子、葡萄糖、丙酮酸、复合氨基酸（其中丙氨酸为必需）。不饱和脂肪酸、降低氧化还原电位的可溶性淀粉等有利于受伤菌的恢复生长，如志贺氏菌增菌液中使用吐温 80（提供油酸）利于受伤菌的修复。小肠结肠炎耶尔森氏菌培养中添加吐温 80 刺激其生长。镁离子对乳粉中的加热受伤菌的恢复有效。非营养性发芽激活物如溶菌酶可增加热损伤芽孢的恢复。

在肠球菌选择培养基中使用 SF 培养基。该培养基中的胰胨浓度在 0.1％～0.3％变化时，对正常菌的菌落数无影响，氮冷冻刺激的受伤菌恢复能力在 1.5％时最高。使用乳清蛋白培养冷冻干燥后的梅氏弧菌时，其恢复率只有使用胰酪胨时的几十分之一，沙门氏菌用乳糖肉汤或 0.1％缓冲蛋白胨水增菌效果较好。金黄色葡萄球菌一般用胰蛋白胨大豆肉汤 37℃恢复 2h。

③ pH：正常的鼠伤寒沙门氏菌在 pH 4.4 时可以生长，但－18℃刺激 18h 后在 pH 5.5 时不能生长。分离副溶血性弧菌用碱性胨水为增菌液，而利用 MM 增菌液的酸性条件筛选沙门氏菌。

④ 温度：一般低温效果好。弗氏柠檬酸杆菌加热受伤后，在稍低于最适生长温度的条件下更容易生长。受饥饿影响的河水中细菌，培养温度比正常培养温度高时检出数明显降低。

⑤ 氧气：一般厌氧培养好。热受伤的金黄色葡萄球菌对 6.5％氯化钠敏感，如果用厌氧法培养时大多数能形成菌落。

（2）受伤菌检验的意义　有人试验金黄色葡萄球菌，用 50℃加热刺激后产生受伤菌，再用 1％脱脂乳 37℃培养 10h 就能产生肠毒素。说明食品中如果有受伤的致病菌，用一般的方法即不经过修复的方法检验时可能漏检，但进入人体后存在恢复生长的可能性，因此受伤菌的检验在食品安全方面有重要现实意义。

（3）受伤菌的修复方法　细菌的修复过程，既要使损伤菌得到修复，又要防止繁殖。修复可发生在 1～6h，选择性培养基上的菌落数与非选择性培养基上的菌落数相接近或同时增加时，则表示损伤菌达到充分修复，此段时间为修复时间，修复方法有液体培养法和平板法。

① 液体培养法：样品先与非选择性培养基混合；在最适恢复条件下保温，保持必要的最短时间，移入选择性培养基中培养目的菌。如冷冻食品样品与 10 倍量的胰大豆胨培养基（TSYB）混合，25℃保温 1h 后移入结晶紫胆汁琼脂以培养受伤的大肠菌群。肉浸汁、酵母浸汁十分有利于损伤菌的修复，国外常选用 TSYB 作为冷冻损伤菌的修复介质，NB 是我国常规检测经常使用的增菌液。液体培养基法的难点在于保温时间过短时受伤菌不能完全恢复，过长时杂菌过度生长。

② 平板分离时受伤菌的恢复方法有两种，一步法与二步法。

a. 一步法：先铺选择性培养基（25mL），涂布待检菌液，再铺非选择性培养基（14mL，3～4mm 厚，9cm 平板）。或者先到选择性培养基（25mL），凝固后继续倒少量非选择性培养基（5mL），接种稀释液。在单核细胞增生李斯特氏菌恢复生长试验中，以 MOX 为选择性培养基，以 TSA 琼脂为非选择性培养基铺在上面，接种 55℃ 15min 处理过的单核细胞增生李斯特氏菌。数小时内受伤菌得到恢复，MOX 中的选择剂逐渐渗透出来，具有了选择性。

b. 二步法：待检菌液＋非选择性培养基倒平板，培养 3h 后上面再铺选择性培养基，继续培养 21h。如沙门氏菌可用 BS 为选择性培养基，TSYA（含 0.3％酵母浸膏的胰胨大豆琼脂培养基）为非选择性培养基。

4.1.2　食品微生物检验中常用的抑菌物质

食品微生物检验已有 100 多年的历史。从过去传统的检验方法发展到目前的快速检测，由完全依赖使用培养基向其他方向发展，如免疫技术、核酸技术、发光技术等。但这些技术尚有自身无法彻底解决的一些问题，如检验结果出现假阳性、假阴性的问题，不能区别活菌死菌等。同时这些新方法也都需要传统的增菌方法以富集目的菌，而富集目的菌的增菌操作则需要弄清选择性培养基中抑菌物质的抗菌谱。

食品微生物检验中常用的抑菌物质可分为以下几类：无机盐类、氨基酸类、醇类、有机酸及其盐类和衍生物、表面活性剂类、染料类、抗生素类和气体类。

4.1.2.1 无机盐类

食品微生物检验常用的无机盐类抑菌物质有氯化钠、叠氮化钠、氯化锂、氯化镁、亚硫酸盐类、亚硒酸盐类和亚碲酸盐。

（1）叠氮化钠、氯化锂　抑制革兰氏阴性菌的物质有叠氮化钠、氯化锂。叠氮化钠可阻断氧化酶，还抑制大部分乳酸菌。链球菌、肠球菌、葡萄球菌、红斑丹毒菌、部分微球菌、部分乳酸杆菌等耐一定浓度的叠氮化钠。氯化锂抑制假单胞菌外的革兰氏阴性菌，还抑制链球菌、肠球菌。

（2）亚硫酸盐、亚硒酸盐、亚碲酸盐　亚硫酸盐类可攻击细菌酶系统，如氧化酶，一般不利于需氧细菌生长。亚硫酸盐在酸性条件下产生二氧化硫，破坏细胞膜系统，造成渗漏，对革兰氏阳性菌和革兰氏阴性菌都有抑制和杀灭作用。亚硫酸盐一般抑制酶类，尤其强烈抑制有巯基的酶类。对亚硫酸盐最敏感的是 NAD 依赖型的酶促反应。在大肠埃希氏菌中抑制由苹果酸到草酰乙酸的反应。另外还抑制霉菌和酵母生长，但需要的浓度比抑制细菌的浓度要高。

亚硫酸盐类有效杀菌成分为 SO_2。pH 5.1 以上时抗菌效果下降，与—SH 有反应。不同亚硫酸盐类的有效 SO_2 浓度分别为：以 H_2SO_4 产生的有效 SO_2 浓度为 100 时，Na_2SO_3 为 50.82，$Na_2SO_3 \cdot 7H_2O$ 为 25.41，$NaHSO_3$ 为 61.56，$K_2S_2O_5$ 为 57.63，$Na_2S_2O_3$ 为 75.3。肠杆菌科细菌较其他菌更耐 SO_2。个别假单胞菌也较其他菌更耐 SO_2。革兰氏阳性菌耐力较差，包括芽孢杆菌。个别乳杆菌、短杆菌耐力较好。

一定浓度的亚硒酸盐类，较强抑制大多数革兰氏阳性菌。假单胞菌属和变形杆菌属耐药。亚硒酸氢盐效果最好。

亚碲酸盐抑制气单胞菌等革兰氏阴性菌，用于分离棒杆菌属、李斯特氏菌属等。亚碲酸钾（K_2TeO_3）的毒性来自于其强氧化性，如果将亚碲酸钾还原为元素碲，则其毒性不复存在。在一些细菌中存在与亚碲酸盐还原有关的基因，有的菌在染色质上，有的菌在质粒上。而亚碲酸钾还原为碲的原理主要是亚碲酸钾通过细菌细胞膜上的磷酸盐通道进入细胞，而后在细胞内侧硝酸盐还原酶的作用下，亚碲酸钾 Te（Ⅱ）被硝酸盐还原酶中的谷胱甘肽或硫醇还原而脱毒。一些菌能在一定浓度的亚碲酸盐的培养基上生长，如霍乱弧菌、志贺氏菌、大肠埃希氏菌O157：H7、金黄色葡萄球菌、微球菌、芽孢杆菌、链球菌等。除部分抑制作用外，还用作指示系统。

亚硫酸盐、亚硒酸盐、亚碲酸盐一般不利于细菌的生长，有些菌能在短时间内分别使它们转变为硫化氢、硒和黑色的碲，解除部分毒性（与半胱氨酸的巯基作用，抑制酶活性）。无还原或利用这些化学物质能力的细菌被抑制或推迟生长。

（3）其他　硫代硫酸钠既可降低氧化还原电位，又可以和柠檬酸络合，柠檬酸盐-胆盐（或去氧胆酸盐）-硫代硫酸盐系统适合柠檬酸盐阳性的肠杆菌科等革兰氏阴性发酵型的细菌生长，但不利于大多数好氧革兰氏阴性菌的生长。若再添加一定浓度的氯化钠则适合柠檬酸盐阳性的弧菌生长。

氯化镁用于提高渗透压。在沙门氏菌检验中，4%的氯化镁加上酸性条件，抑制变形杆菌外的大部分细菌，对变形杆菌也有一定的抑制。

氯化钠是使用最广泛的选择剂。由于不同细菌的耐盐能力相差很大，是非常有用的选择剂。

4.1.2.2　氨基酸类

有抗菌作用的氨基酸有甘氨酸，还有丙氨酸、丝氨酸、苏氨酸、色氨酸、苯丙氨酸、胱氨酸、精氨酸等。不同氨基酸对细菌的选择性不一样。考虑经济原因，一般常用较高浓度的甘氨酸。

甘氨酸可以降低水分活度。在 pH 中性附近溶解度高，pH 6 以下时效果差。只存在于自由水中。当然微生物生长需要的就是自由水。

也有人证明甘氨酸代替丙氨酸进入反应，抑制 UDP-乙酰胞壁酰-L-丙氨酸合成酶系，从而抑制细菌细胞壁合成。大体上抑制需氧菌、部分兼性厌氧菌和大多数芽孢杆菌。有试验表明，一定浓度的甘氨酸能抑制枯草芽孢杆菌等大多数芽孢杆菌、假单胞菌、大肠埃希氏菌、黄杆菌、不动杆菌、产碱菌、节杆菌、微球菌等，而对葡萄球菌、肠球菌、李斯特氏菌、乳杆菌、气单胞菌、变形杆菌、溶藻型弧菌等少数弧菌、棒杆菌、八叠球菌、蜡样芽孢杆菌、侧孢芽孢杆菌等少数芽孢杆菌抑制弱或无抑制。甘氨酸与其他抑制剂（如氯化钠、柠檬酸钠、醋酸、乙醇、溶菌酶等）一起使用常有协同作用。

甘氨酸的另一重要作用是提高培养基的渗透压。在食品工业中用于肉制品、水产制品、面条、酱菜、豆腐、豆馅的防腐。

4.1.2.3　醇类

低浓度甘油对细菌无伤害，产荧光假单胞菌、热杀索菌丝等菌能利用甘油作为碳源，但有些细菌不能利用甘油作为碳源。在培养耐渗霉菌、酵母时使用甘油降低水分活度，以抑制不耐干燥的杂菌。

苯乙醇一定浓度下抑制大肠埃希氏菌、变形杆菌等革兰氏阴性杆菌，不抑制葡萄球菌和链球菌。

4.1.2.4　有机酸及其盐类和衍生物

（1）柠檬酸　低浓度柠檬酸抑制革兰氏阳性链球菌（0.1%抑制微球菌属和葡萄球菌属），高浓度可抑制革兰氏阴性杆菌（浓度在 0.5% 以上抑制肠杆菌科和芽孢杆菌及霉菌、酵母，0.5% 的浓度用于筛选乳酸菌）。pH 6.0 以下时有抑菌效果。柠檬酸与其他抑制剂合用常有协同作用。

有机酸抗菌需要酸性条件。非解离的小分子有机酸易透过菌体内，有抗酸性。大于或等于留碳的有机酸不能透过革兰氏阴性菌的细胞壁。柠檬酸透过细胞膜需要膜上特殊蛋白质。短链脂肪酸对革兰氏阴性菌和阳性菌同样抑制，长链有机酸干扰细胞膜的渗透性，一般抑制革兰氏阳性菌。

（2）柠檬酸盐、草酸盐　柠檬酸盐、草酸盐与胆盐或去氧胆酸盐合用，用于抑制产胆盐的革兰氏阳性球菌。与破坏细胞膜的其他抑制剂（如胆盐、去氧胆酸钠）合用常有协同作用。络合渗漏的钙、镁等重要的无机离子，从而使这些无机离子参与的酶失效。有些乳酸杆菌属、金黄色葡萄球菌、有些节杆菌易受柠檬酸盐抑制。草酸盐的抑菌性比柠檬酸盐更强，甚至能抑制假单胞菌。草酸对大肠埃希氏菌和伤寒沙门氏菌有很强抑制作用。

（3）乙酸及乙酸盐　乙酸及乙酸盐可抑制醋杆菌属和一些乳酸菌、产丙酸菌外的大部分细菌。对革兰氏阴性菌抑制效果好。

乙酸铊抑制大多数革兰氏阳性菌和革兰氏阴性菌。主要用于抑制革兰氏阴性菌（0.2g/L）。还用于区分粪肠球菌和屎肠球菌。

（4）山梨酸　山梨酸可破坏氨基酸等营养物质的吸收；与蛋白质中的巯基结合，使蛋白质失活。抑制触酶阳性菌，对部分触酶阴性菌也有效。还抑制需要菌、霉菌、酵母。对乳杆菌属没有抑制作用。

（5）Iragasan　水杨酸的多种衍生物，如 2,3,4-三氯-2-羟二酚，可抑制真菌。

（6）单脂肪酸甘油酯　单脂肪酸甘油酯抑制革兰氏阳性菌（包括产芽孢菌）和弧菌，高浓度时抑制霉菌和酵母，在磷酸盐、柠檬酸盐、EDTA 等络合剂存在时还抑制革兰氏阴性菌；蔗糖酯抑制革兰氏阳性菌（包括产芽孢菌）。抗菌效果与碳链长度关系密切。脂肪酸单甘酯因链长，容易与蛋白质链裹在一起，降低或失去抑菌性。

（7）饱和脂肪酸　最具抗菌性的饱和脂肪酸是 C_{12}，单不饱和脂肪酸中最具抗菌性的是 $C_{16:1}$，多不饱和脂肪酸中最具抗菌性的是 $C_{18:2}$。它们通常对革兰氏阳性菌和酵母菌有抑制作用。$C_{12\sim18}$ 对细菌抑制最有效，$C_{10\sim12}$ 对酵母抑制最有效。中长链脂肪酸的抑菌性受 pH 影响小，短链脂肪酸则在酸性条件下效果好。

壬二酸抑制丙酸杆菌和葡萄球菌，还抑制部分真菌。

大肠菌群经过 EDTA 或柠檬酸等螯合剂处理后，对脂肪酸的敏感性增加。经过加热处理的革兰氏阴性菌对长链脂肪酸敏感。

4.1.2.5　表面活性剂类

表面活性剂只能改变液体表面张力的物质。

胆盐（胆酸与牛磺酸的钠盐、胆酸与甘氨酸的钠盐及少量去氧胆酸盐的混合物）可使细胞膜渗漏。用来抑制肠道生长菌外的大多数细菌，主要是革兰氏阳性菌（不能抑制肠球菌、链球菌、葡萄球菌、产气荚膜梭菌、部分芽孢杆菌等革兰氏阳性菌）和部分革兰氏阴性菌如大部分黄杆菌和莫拉氏菌属。因胆盐分子大，一般不能透过革兰氏阴性菌的细胞壁。肠道中的常见细菌有大肠埃希氏菌、变形杆菌、肺炎克雷伯氏菌、肠杆菌、柠檬酸杆菌、假单胞菌、粪产碱菌、芽孢杆菌、八叠球菌、肠球菌、葡萄球菌、链球菌、微球菌、棒杆菌、丙酸杆菌、乳杆菌，和严格厌氧菌如梭状芽孢杆菌、拟杆菌、梭杆菌、真杆菌、消化链球菌、韦荣球菌、双歧杆菌。其中厌氧菌占 99% 以上。这些肠道中的细菌能耐一定浓度的胆盐。另外胆汁对大肠埃希氏菌、铜绿假单胞菌、金黄色葡萄球菌、霍乱弧菌的生长有促进作用。

去氧胆酸钠抑制肠球菌、芽孢杆菌、梭菌、乳杆菌等革兰氏阳性菌。

十二烷基硫酸钠（月桂基硫酸钠，英文商品名为 Teepol）可降低细胞表面张力，破坏革兰氏阳性菌的细胞膜，促进细胞自溶。十二烷基硫酸钠比胆盐更有利于受伤大肠菌群的恢复生长。

Cetrimide 为三种不同烷链（十二烷基、十四烷基、十六烷基）的三甲基溴化铵的混合物，低浓度抑菌，高浓度杀菌。对革兰氏阳性菌更有效抑制，对铜绿假单胞菌无效。十六烷基三甲基溴化铵用于铜绿假单胞菌的分离。

季铵盐类物质为阳离子表面活性剂，可破坏细胞膜并使蛋白质变性。遇阴离子的肥皂、蛋白质等有机物或磷酸根离子等时效减弱。一般对于铜绿假单胞菌、结核杆菌无效。如十六烷基氯化吡啶鎓、氯化苯甲羟胺等。有一些物质能用于致病菌检验，如胆碱。

4.1.2.6　染料类

（1）三苯甲烷类　三苯甲烷类为含季铵盐结构的物质，包括结晶紫（氯化硫甲基副玫瑰苯胺，掺有四甲基和五甲基的叫龙胆紫）、孔雀绿、亮绿、品红等（图 4-1），其可作用于细菌的细胞膜、细胞壁。低浓度条件下抑制革兰氏阳性菌和许多真菌，高浓度（提高 10 倍）下抑制革兰氏阴性菌和阳性菌。亮绿对芽孢杆菌的抑制作用强于梭状芽孢杆菌，还抑制霉菌、酵母。沙门氏菌比大肠埃希氏菌、志贺氏菌更耐受亮绿、孔雀绿，但伤寒沙门氏菌、副伤寒沙门氏菌和有些鼠伤寒沙门氏菌、都柏林沙门氏菌对三苯甲烷类染料敏感，故亮绿、孔雀绿用于分离伤寒沙门氏菌以外的沙门氏菌。

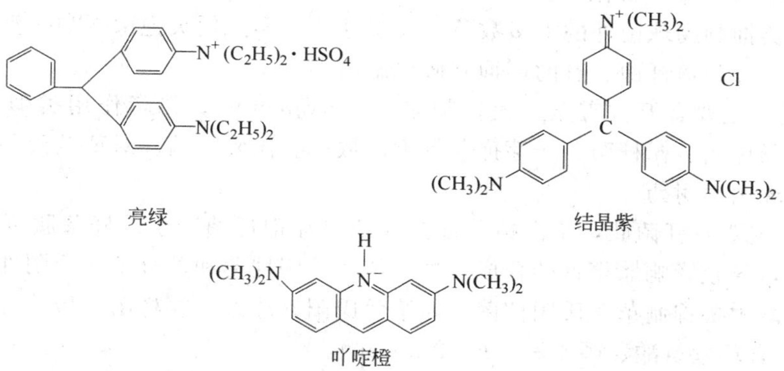

图 4-1　几种染料的结构式

（2）荧光素　荧光素包括伊红、孟加拉红等，有抑制细菌的作用，强光照射下有杀菌作用。孟加拉红还抑制霉菌扩散生长，一般用于抑制革兰氏阳性菌。

（3）吖啶类　吖啶类一般包括吖啶黄等，其可以干扰细菌 DNA 合成，作用于大部分革兰氏阴性菌和革兰氏阳性菌。低浓度吖啶黄时对革兰氏阳性菌的抑制更有效。在李斯特氏菌检验中吖啶黄（10mg/L）用于抑制革兰氏阳性菌，包括保加利亚乳杆菌和嗜热链球菌。高浓度吖啶黄还抑制大多数革兰氏阴性菌。但样品中存在核酸类物质、核苷酸类物质及苯丙氨酸等氨基酸时抑菌作用降低。

4.1.2.7　抗生素类

抗生素原称抗菌素。抗生素是指由微生物所产生的特殊的次生代谢有机物，在低浓度下具有抑制或杀死其他微生物作用。既不参与细胞结构，也不是细胞的储存养料；对产生菌本身无害，但对其他微生物则有专一的作用；在有效浓度很低的情况下，能够抑制敏感菌种的生长和代谢活性或使其致死。

1929 年英国学者弗莱明首先在抗生素中发现了青霉素。目前所用的抗生素大多数是从微生物培养液中提取的，有些抗生素已能人工合成。由于不同种类的抗生素的化学成分不一，因此它们对微生物的作用机制也很不相同，有些抑制蛋白质的合成，有些抑制核酸的合成，有些则抑制细胞壁的合成。

抗生素的作用经常取决于使用浓度。同一抗生素不一定对某属的所有菌都有抑制效果。杂菌多时抑制作用下降。许多抗生素已用于细菌分离培养基，目前在致病菌的分离方法研究中越来越广泛使用抗生素。

（1）作用于细胞壁的抗生素类

① β-内酰胺类：有羧苄青霉素、氨苄青霉素、头孢霉素 C、头孢克肟（Cefixime）、头孢磺啶（Cefsulodin）、拉氧头孢二钠（Moxalatan）、头孢噻啶（Cephaloridine，Ceporan）、替卡西林钠（Ticarcillin）。抑制革兰氏阳性菌和部分革兰氏阴性菌。

氨苄青霉素抑菌作用类似青霉素。抑制革兰氏阳性菌和部分革兰氏阴性菌如肠道杆菌和部分厌氧菌。

替卡西林钠为抗假单胞菌青霉素，抑制革兰氏阴性菌和某些厌氧菌。

头孢霉素 C 用于抑制脆弱拟杆菌。对金黄色葡萄球菌无效。抑制部分革兰氏阴性菌和革兰氏阳性菌。对革兰氏阴性菌有较强抗性。

头孢噻啶抑制葡萄球菌、链球菌、大肠埃希氏菌等。不能抑制肠球菌。

头孢霉素 C 抑制革兰氏阳性菌。

头孢菌素类抑制肠球菌外的大多数革兰氏阳性菌。第三代头孢菌素类抗生素（培养基常用）还抑制大部分肠道杆菌。有的还抑制假单胞菌。

② 糖肽类：主要有万古霉素、太古霉素（Teicoplanin）。二者作用类似。抑制葡萄球菌、链球菌、肠球菌、棒杆菌、产芽孢菌等大多数革兰氏阳性菌。对革兰氏阴性菌无效。片球菌属、明串珠菌属耐药。

③ 肽类：主要有杆菌肽，是由枯草杆菌和地衣芽孢杆菌产生。杆菌肽可以阻止细胞膜上脂质体再生，导致影响肽聚糖的合成，抑制革兰氏阳性菌和部分革兰氏阴性菌。与青霉素 G 的作用相似。主要抑制革兰氏阳性菌，如革兰氏阳性球菌、棒杆菌、梭菌等。

④ 其他：有环丝氨酸、磷霉素（Fosfomycin）。

a. 环丝氨酸影响叶酸的吸收，抑制革兰氏阳性菌、革兰氏阴性菌和结核分枝杆菌，包括铜绿假单胞菌、蕈状芽孢杆菌、金黄色葡萄球菌、大肠埃希氏菌、变形杆菌、粪肠球菌。梭菌耐药。培养基中主要用于抑制肠球菌。

b. 磷霉素为广谱抗生素。对大多数革兰氏阳性菌和革兰氏阴性菌都有效。如葡萄球菌、肠球菌、部分链球菌、大肠埃希氏菌、沙门氏菌、志贺氏菌、铜绿假单胞菌、产碱杆菌、产气荚膜梭菌、炭疽杆菌。抑制细胞壁合成的第一步。李斯特氏菌、个别克雷伯氏菌、肠杆菌、变形杆菌耐药。

（2）作用于细胞膜的抗生素类　这类抗生素包括多黏菌素 B 和多黏菌素 E、两性霉素 B 等。

① 多黏菌素蛋白部分为亲水部分，脂肪酸部分为疏水部分，其与细胞膜上的磷酸基团牢固结合，使细胞膜透性增加，从而造成小分子渗漏。多黏菌素可以抑制大部分假单胞、链球菌、部分肠道杆菌，而革兰氏阳性菌和革兰氏阴性球菌、变形杆菌、布鲁氏菌、沙雷氏菌一般耐药。

② 两性霉素 B 为多烯类抗真菌抗生素，通过影响细胞膜通透性发挥抑制真菌生长的作用。两性霉素 B 抑制大部分真菌和阿米巴。细菌因不含胆固醇而不受其影响。

（3）抑制 DNA 合成的抗生素类　这类抗生素包括萘啶酮酸、新生霉素等。萘啶酮酸（$40\mu g/L$）主要用于抑制革兰氏阳性菌，对部分革兰氏阴性菌（如变形杆菌、奈瑟氏菌、嗜血杆菌）也有抑制作用，但弱于革兰氏阳性菌。对大肠埃希氏菌、柠檬酸杆菌、假单胞菌的有些种也有一定抑制作用。

（4）作用于 DNA 指导下的 RNA 聚合酶的抗生素类　这类抗生素包括利福霉素、利福平等，可抑制革兰氏阳性菌（尤其是球菌，有的链球菌耐药）和结核杆菌以及部分革兰氏阴性菌。

（5）作用于蛋白质合成的抗生素类　这类抗生素有氨基糖苷类如卡那霉素、链霉素、新霉素、庆大霉素；大环内酯类如红霉素、竹桃霉素；四环素类如土霉素、四环素、金霉素；其他的有氯霉素、褐霉素、放线菌酮等。一般对革兰氏阳性球菌和革兰氏阴性菌都有效。

① 氨基糖苷类

a. 卡那霉素能抑制革兰氏阴性菌和阳性菌。主要用于抑制芽孢杆菌、肠道杆菌、弧菌、葡萄球菌等。对假单胞菌无效。对厌氧菌、链球菌、肠球菌抑制效果差。

b. 链霉素、新霉素抑制革兰氏阳性球菌、革兰氏阴性菌和部分分枝杆菌。有不少肠道杆菌对链霉素有抗性。新霉素主要用于直至肠道杆菌。

c. 庆大霉素抑制革兰氏阴性菌和阳性菌。抑制几乎所有革兰氏阴性菌和葡萄球菌。D群链球菌、厌氧拟杆菌、梭菌耐药。

② 大环内酯类和四环素类

a. 红霉素对葡萄球菌属、各组链球菌和革兰氏阳性杆菌均具有抗菌活性。对除脆弱拟杆菌和梭杆菌属以外的各种厌氧菌亦具抗菌活性。

b. 竹桃霉素的抗菌谱同红霉素，但抑菌作用较红霉素弱。

c. 土霉素可抑制革兰氏阳性菌和革兰氏阴性菌。如葡萄球菌、链球菌、单核细胞增生李斯特氏菌、炭疽杆菌、梭菌、放线菌、弧菌、布鲁氏菌属、弯曲杆菌、耶尔森氏菌等部分肠道杆菌等。肠球菌属对其耐药。临床常见病原菌对土霉素耐药现象严重，包括葡萄球菌等革兰氏阳性菌及多数革兰氏阴性杆菌。

d. 四环素和金霉素的作用类似土霉素。

③ 其他

a. 氯霉素抑制革兰氏阴性菌和阳性菌。而对革兰氏阴性菌作用较强，特别是对伤寒杆菌、副伤寒杆菌作用最强。

b. 褐霉素具有甾体骨架的抗生素。主要抑制革兰氏阳性菌，尤其是葡萄球菌、白喉棒杆菌、梭菌。对链球菌抑制作用弱。

c. 放线菌酮能抑制 RNA 的合成，作用于 mRNA，干扰细胞的转录过程，阻止蛋白质的合成，用于抑制真菌。

4.1.2.8 乙酰辅酶 A 抑制剂

呋喃妥因、呋喃唑酮（Furazolidone）对大多数革兰氏阳性菌和革兰氏阴性菌都有抑制，如葡萄球菌、大肠埃希氏菌、痢疾杆菌、淋球菌等。已出现许多耐药菌株。对变形杆菌、克雷伯氏菌、沙雷氏菌作用较弱。对铜绿假单胞菌无效。呋喃妥因用于假单胞菌的选择性分离。呋喃唑酮与甘露醇高盐琼脂结合，用于葡萄球菌和微球菌共同存在时选择性培养微球菌。

在使用抗生素为选择剂时，尽量避免使用作用于 DNA 的药物，以保证目的菌遗传稳定，从而避免目的菌改变代谢性质。另外在使用抑制剂时要注意浓度和用量、活性单位等。一些抑制剂用量变化，能造成抑菌谱的变化。

4.1.2.9 气体类

二氧化碳在沙门氏菌检验中得到很好利用。TTB 增菌液中的碳酸钙就起提供二氧化碳的作用。也可以考虑使用复合气体选择剂。现代气调法是一种很有效的储存食物的方法，结合其他选择剂，也可用于微生物的选择性培养上。

有的气体作用于细胞色素系统。不同细菌的细胞色素系统差异很大，硫化氢、二氧化硫、一氧化碳等许多气体作用于细胞色素系统。C、S、N、P 的氢化物和氧化物形成的气体都可以能作用于细胞色素系统，对细菌产生选择性。如硫化氢对大肠埃希氏菌的规模有抑制作用。气体选择剂和复合的气体选择剂有待开发。

4.1.3 致病菌分离

4.1.3.1 分离设计原理

① 37℃培养时，37℃不生长或生长缓慢的细菌一般不用考虑。

② 细菌在高渗透环境中积累不同的化学物质以抵御高渗透压力。这时不同细菌积累的化学物质是不同的。在李斯特氏菌和金黄色葡萄球菌检验中利用甘氨酸解除高渗压力。在沙门氏菌检验中使用的 MM 增菌液就是利用氯化镁制造高渗环境。

③ 利用酸碱条件作为选择剂。

三羧酸循环中的许多有机酸作为选择剂。如沙门氏菌检验和副溶血性弧菌检验中使用柠檬酸盐为选择剂就是利用它们能利用柠檬酸为碳源，而许多杂菌不能利用柠檬酸而被抑制。在小肠结肠炎耶尔森氏菌检验中利用草酸盐作为选择剂。α-酮戊二酸也常用作细菌选择剂。

相反地，有时用碱性作为选择条件。如小肠结肠炎耶尔森氏菌检验中使用碱处理样品，副溶血性弧菌检验中使用碱性增菌液。

④ 分离革兰氏阴性菌、阳性菌时，使用相对的抑制剂。如表面活性剂类和三苯甲烷类染料革兰氏阳性菌抑制剂可抑制革兰氏阳性菌；叠氮化钠、乙酸铊、氯化锂、萘啶酮酸、多黏菌素等革兰氏阴性菌抑制剂抑制革兰氏阴性菌。

⑤ 在革兰氏阴性菌中分离发酵型（肠杆菌和弧菌科）细菌时，利用亚硫酸钠、焦亚硫酸钠、硫代硫酸钠、L-胱氨酸等，能适当降低氧化-还原电位的试剂，使发酵型代谢细菌成为优势菌，

由于常规食品检验的革兰氏阴性菌，都是兼性厌氧菌，在三糖铁试验或 3.5％氯化钠三糖铁试验中底层产酸，而假单胞菌、粪产碱菌等革兰氏阴性专性需氧菌表现为底层不产酸或弱产酸。因此使用三糖铁试验和 3.5％氯化钠三糖铁试验排除抑制剂不能抑制的需氧非发酵型革兰氏阴性菌。

空肠弯曲菌、小肠结肠炎耶尔森氏菌、副溶血性弧菌的细胞形态也有助于同其他杂菌鉴别。

⑥ 革兰氏阳性菌的分离比较复杂。有些乳酸菌的分离，常用乙酸钠为选择剂，如乳杆菌属。有些耐渗菌可利用其耐渗特点，把甘氨酸、甘油等作为选择剂。也可使用 L-胱氨酸、巯基乙酸钠等，这些试剂既能适当降低氧化还原电位，使兼性厌氧菌成为优势菌，便于兼性厌氧菌的分离，又无毒性，避免了亚硫酸钠等试剂的伤害。

在较高浓度氯化钠中能生长的细菌可考虑加合适浓度的氯化钠、氯化锂。

李斯特氏菌是兼性厌氧菌，在三糖铁试验中底层产酸，微杆菌、短杆菌、乳酪杆菌等专性需氧菌则底层不产酸。因此使用三糖铁培养基可排除抑制剂不能抑制的需氧革兰氏阳性菌。

在常规食品检验中分离革兰氏阳性菌时，除利用菌落形态外，还利用目的菌特殊的菌体形态（如葡萄球菌、链球菌、蜡样芽孢杆菌）、特殊运动方式（如李斯特氏菌的翻跟头运动）、特殊代谢（如产气荚膜梭菌的暴烈发酵）加以确认。

⑦ 加合适的抗生素是比较简洁的筛选思路。

适合做选择剂的物质有以下特点：抑制竞争菌，同时对目的菌无伤害或伤害小，如新生霉素；延长杂菌的延滞期，如亚硒酸盐对大肠埃希氏菌的抑制；促进目的菌生长，如胆盐刺激霍乱弧菌、大肠埃希氏菌的生长；不受食品中干扰物质的影响，如叠氮化钠。无机盐往往是最理想的选择剂。

使用抗生素的缺点是经常需要单独配制加入，使用不太方便。

⑧ 样品中有酵母菌或细菌培养时间较长时还应该考虑添加能抑制真菌的选择剂。如放线菌酮等。

食品微生物致病菌检验中，含抑菌剂培养基中培养的微生物，需接种到不含抑菌剂的培

养基（如营养琼脂）中培养，以确认是否为纯菌落，然后再进行试验。因为有些杂菌虽然在有抑制剂（如萘啶酮酸）时不能增殖，但菌体变大，可能处于活动状态。当移到无抑制剂的生化试验培养基时可能迅速生长。因此当其混于目的菌菌落时，可能一同被挑去，干扰目的菌的测试。

4.1.3.2 分离步骤

致病菌的分离一般有以下几个步骤。

第1步前增菌。使受伤菌得到修复。一般需要镁离子和0.1%蛋白胨水。有氧代谢时还加0.2%的丙酮酸钠。增菌时间因菌而异。

第2步增菌。加入适当选择剂和刺激目的菌生长的物质，并使用适合目的菌生长的温度、酸碱度、渗透压、氧化还原电位调节剂，使杂菌得到抑制，目的菌得到充分增殖成为优势菌。

第3步选择性平板分离。使用一种或两三种选择强度不同的选择性平板分离目的菌。

第4步菌落分离纯化。对选择性平板上挑选的可疑菌落最好在选择性平板或非选择性平板上进行划线分离纯化。

分离纯化致病菌后对选择性平板上挑选的可疑菌落进行生理特性和生化特征鉴定，同时进行血清学鉴定。有时先进行血清学鉴定后再进行生化鉴定，以加快检验速度。必要时进行动物实验，以确认致病性。

由于目的菌的形状有可能因噬菌体感染等原因发生变异，加上有一些细菌虽然存在，但尚未被发现和确认，因此在进行致病菌鉴定时要尽可能多做几项生化试验。

4.1.3.3 确认原则

第1步，通过增菌液和选择性平板的成分及培养条件判断细菌类型。通过菌落形态做初步挑选，并通过染色镜检判定是革兰氏阳性菌还是革兰氏阴性菌，是球菌、杆菌、球杆菌还是弯曲或螺旋状。观察细胞形态是否有多变性、有无芽孢或荚膜、细胞运动形态等。并测量菌体大致大小。

第2步，结合主要生化实验确定是哪一属。

第3步，结合其他生化试验和血清学试验确定种和血清型。

第4步，有的通过动物试验，确定致病性。

思考与练习

1. 什么是受伤菌？简述细菌受伤后的一般表现。

2. 受伤菌检验的意义何在？举例说明受伤菌恢复生长常用的培养基成分。

3. 食品微生物检验中常用的抑菌物质可分为几类？分别简述一下。革兰氏阴性菌、阳性菌的抑制剂都有哪些？抗生素作为选择剂时应该具备哪些特点？

4. 简述致病菌分离的一般步骤。

4.2 食品中沙门氏菌检验

沙门氏菌属于肠杆菌科沙门氏菌属，是肠道杆菌科中最重要的病原菌属，也是食物传播病原菌中研究最活跃的细菌。根据生化反应的不同又分为6个亚属，即亚属Ⅰ～亚属Ⅵ，Ⅰ

（猪霍乱沙门氏菌）、Ⅱ（萨拉姆沙门氏菌）、Ⅳ（豪顿沙门氏菌）、Ⅴ（邦戈沙门氏菌）、Ⅵ（肠沙门氏菌）及Ⅲa（亚利桑那沙门氏菌）、Ⅲb（第亚利桑那沙门氏菌），亚属Ⅲ习惯上也叫亚利桑那菌。沙门氏菌已发现有2000多个血清型，有的是专门对人致病，有的对人和动物都致病。食用生前感染的动物或受到感染的食品，均可使人发生食物中毒。在世界各地的食物中毒中，沙门氏菌食物中毒常常居前。

4.2.1 基础知识

4.2.1.1 生物学特性

（1）形态与染色　沙门氏菌属是一群血清学相关的一类细菌，革兰氏阴性杆菌；无芽孢，周身鞭毛，能运动。

（2）培养特性　需氧或兼性厌氧；嗜温性细菌，最适生长温度37℃，最适pH为6.8～7.8，沙门氏菌属生长最低水活度为0.94；在中等温度、中性pH、低盐和高水活度条件下生长最佳；对营养要求不高，在营养琼脂上就能生长。

（3）生化特性　沙门氏菌的生化特性很复杂，不发酵侧金盏花醇；大多不发酵乳糖、蔗糖，有规律地发酵葡萄糖并产生气体；不产生靛基质，靛基质阴性；不分解尿素，尿素酶阴性；大多能产生H_2S。由于沙门氏菌大多数不发酵乳糖（亚属Ⅲ特殊，发酵乳糖阳性率为61.3%），所以在某些选择培养基上能产生特殊的菌落；据此可以将沙门氏菌、大肠埃希氏菌、志贺氏菌区别开来。例如，TSI培养基就可以区别出三种菌属。

（4）抵抗力　沙门氏菌对热和外界环境的抵抗力属于中等，对中等加热敏感，在60℃经20～30min就被杀死；在普通水中虽不易繁殖，但可存活2～3周；在自然环境的粪便中可存活1～2个月，该菌属能适应酸性环境。正常家庭烹调，个人卫生可以防止煮熟食品的二次污染，以及控制时间和温度一般都能充分防止沙门氏菌病的发生。沙门氏菌对化学药品的抵抗力较弱，如以5%的苯酚处理5min可杀死；对氯霉素敏感，胆盐、亮绿对本菌属的抑制作用较大肠埃希氏菌微弱，常可以制备选择性培养基。

沙门氏菌属可以存在于多类食品中，包括生肉，禽，乳制品和蛋，鱼，虾和田鸡腿，酵母，椰子，酱油和沙拉调料，蛋糕粉，奶油夹心甜点，顶端配料，干明胶，花生露，橙汁，可可和巧克力。

4.2.1.2 流行病学

沙门氏菌侵染人体后，往往导致四类综合征：沙门氏菌病、伤寒、非伤寒型沙门氏菌败血症和无症状带菌者。沙门氏菌胃肠炎是由除伤寒沙门氏菌外任何一型沙门氏菌所致，通常表现为轻度持久性腹泻。伤寒实际上是由伤寒沙门氏菌所致。未接受过治疗的患者致死率可超过10%，而对经过适当医疗的患者其致死率低于1%，幸存者可变成慢性无症状沙门氏菌携带者。这些无症状携带者不显示发病症状仍能将微生物传染给其他人（传统的例子就是玛丽伤寒）。

非伤寒型沙门氏菌败血症可由各型沙门氏菌感染所致，能影响所有器官，有时还引起死亡。幸存者可变成慢性无症状沙门氏菌携带者。

4.2.2 常用检验培养基及检测原理

由于伤寒沙门氏菌和副伤寒沙门氏菌生态学的特殊性，原则上应使用两种增菌液和两种选择性培养基。原因之一是因不同抑制剂对不同沙门氏菌影响各异，使用单一的增菌液或选择性培养基，会出现漏检现象；另一原因是，一种选择剂不能抑制某种竞争优势菌时，另一种选择剂也许能够抑制。沙门氏菌常与大肠埃希氏菌、变形杆菌一起出现，因此在使用增菌液和选择性培养基时，要考虑这些菌生长。

4.2.2.1　沙门氏菌常用增菌液

（1）前增菌　前增菌的目的是为了使受伤菌得到修复。许多抑菌剂对受伤菌有伤害，如胆盐、去氧胆酸盐、亮绿等。修复必须在细菌繁殖之前进行，受伤沙门氏菌的修复需 6～30h 以上。冷冻受伤的沙门氏菌的修复 2～4h 效果最好。但经高温处理过的食品和沙门氏菌含量低时，延滞期变长，有时达 14h。因此不同样品所需要的前增菌时间不同。国际上采用 8～18h，以利于充分修复。

（2）增菌　增菌的目的是使沙门氏菌快速增殖的同时适当抑制其他杂菌，如大肠埃希氏菌、变形杆菌、假单胞菌等。用于沙门氏菌选择性增菌培养的增菌液有四硫黄酸盐亮绿增菌液（TTB 肉汤）、亚硒酸盐胱氨酸增菌液（SC）、氯化镁孔雀绿肉汤（MM）、RVS 肉汤等。

TTB 主要抑菌剂为亮绿和四硫黄酸钠，适合大多数沙门氏菌的生长，但不利于伤寒沙门氏菌的生长，在 42℃ 增菌有利。MM 中 $MgCl_2$ 和孔雀绿对伤寒沙门氏菌和副伤寒沙门氏菌有伤害，适合其他沙门氏菌生长。MM 适合用于生肉食品、高度污染的食品和动物饲料。36℃ 增菌有利于抑制杂菌；SC 亚硒酸盐起到抑菌作用，适合伤寒沙门氏菌、甲型副伤寒沙门氏菌的增菌，最适增菌温度为 36℃；但 36℃ 培养幼龄沙门氏菌生长不利。

在 SC 中使用了 L-胱氨酸，胱氨酸除了可用于刺激沙门氏菌生长，还可以通过降低氧化还原电位来适合兼性厌氧菌的生长，作为还原剂，保护受伤菌免受代谢中产生的氧化剂的伤害，减少亚硒酸盐的毒性。亚硒酸盐被竞争菌更快吸收，与蛋白质中含硫氨基酸部分反应形成硒-连多硫酸盐类，抑制酶等蛋白质的合成。亚硒酸盐抑制肠球菌等部分革兰氏阳性菌和部分革兰氏阴性菌，尤其对大肠埃希氏菌和志贺氏菌抑制作用明显。6～12h 内大肠埃希氏菌被强烈抑制，时间一长，抑制作用减弱。在 pH 7.0～7.4 时，亚硒酸盐对大肠埃希氏菌的抑制作用最有效，在 pH 大于 8.0 时作用减弱，所以使用了磷酸盐缓冲液。另外，氧浓度高时亚硒酸盐的还原作用减弱，所以液面要高于 6cm。在增菌液中乳糖能刺激沙门氏菌的恢复生长，可能与调节水分活度有关。

MM 中孔雀绿的作用是抑制革兰氏阳性菌和大肠埃希氏菌，高浓度 $MgCl_2$ 的脱水作用抑制了不耐干燥的大肠埃希氏菌群的生长（另外过高的金属离子浓度对大多数细菌有抑制作用）。$MgCl_2$ 和孔雀绿还可以抑制变形杆菌、克雷伯氏菌和假单胞菌。过高的 $MgCl_2$ 浓度对伤寒沙门氏菌的生长不利。现在把 $MgCl_2$ 的浓度由 4% 改为 1.7%，情况得到改善（孔雀绿对痢疾杆菌也有抑制作用）。因沙门氏菌较耐酸，MM 中还使用了较低 pH 值（5.8），增加了选择性。

TTB 中使用了胆盐和亮绿，抑制革兰氏阳性菌和大肠埃希氏菌。利用与碘的反应产生的四硫黄酸钠和硫代硫酸钠来抑制大肠埃希氏菌的蛋白质合成，并使某些蛋白质暂时失去活性。由于沙门氏菌有四硫黄酸酶（柠檬酸杆菌、变形杆菌也有此酶），能分解其毒性，且利用它作为能源，而大肠埃希氏菌没有此酶。TTB 中的碳酸钙起到稳定硫代硫酸钠的作用，并可中和杂菌产生的酸，放出二氧化碳，从而抑制有氧呼吸菌。但增菌时间超过 24h 时，杂菌反而明显增长。

在这些增菌液中除 TTB 和 MM 中有变形杆菌生长外，杂菌较少。

SC 中除大肠埃希氏菌外其他肠道杆菌和假单胞菌等也生长，用于沙门氏菌选择性增菌培养只能抑制一小部分革兰氏阳性菌，而 RVS 能抑制住大部分革兰氏阳性菌，相对比 RVS 的抑菌性较强。

SC 所含成分细菌只靠亚硒酸氢钠抑制，而 RVS 肉汤加入亮绿能抑制革兰氏阳性菌，加入大量的 $MgCl_2$ 两者结合，能抑制部分革兰氏阳性菌和革兰氏阴性菌。

RVS 肉汤中使用了大豆胨，沙门氏菌的生长好于单独使用肉胨的。MKTTn 肉汤中使用新生霉素抑制变形杆菌。RVS 肉汤和 MKTTn 肉汤用于 ISO 标准食品中沙门氏菌检验选择性增菌。

4.2.2.2 选择性培养基

沙门氏菌常用的选择性培养基有亚硫酸铋（BS）、木糖赖氨酸去氧胆酸盐（XLD）琼脂、胆硫乳琼脂（DHL）、HE、WS、SS、XLT4 琼脂等，其中 BS 选择性最强，XLD、DHL、HE、WS 其次，SS 最差。选择性分离沙门氏菌时，为了最大可能地检出沙门氏菌，必须使用两种或两种以上选择性分离培养基，一般使用强选择性的 BS 和弱选择性的其他培养基相结合。

（1）亚硫酸铋（BS）琼脂　BS 不含乳糖，只有葡萄糖，是不依赖乳糖反应的选择性培养基。

BS 中使用亮绿和亚硫酸铋作为抑菌剂，抑制革兰氏阳性菌和部分革兰氏阴性菌。亚硫酸盐利用葡萄糖将亚硫酸铋还原为硫化铋，使产硫化氢的菌株形成黑色菌落，其色素渗入培养基内并扩散到菌落周围，对光观察菌落带金属光泽，不产生硫化氢的菌株形成绿色菌落。有的沙门氏菌虽形成黑色菌落，但菌落周围不带金属光泽，柠檬酸杆菌也形成该特征菌落。

柠檬酸铋铵为络合剂，络合因细胞膜被亮绿破坏而渗漏的钙、镁等离子，可抑制假单胞菌，但对伤寒和副伤寒沙门氏菌生长无影响。络合铁的使用，促使产生适量硫化铁，Fe^{2+} 也可降低氧化还原电位。

BS 广泛用于分离伤寒沙门氏菌，其优点是产生硫化氢敏感，不依赖乳糖指示系统，是我国目前常用的培养基。由于 24h 不一定产生硫化氢，需培养 48h。

BS 平板含亮绿，在冰箱内储存不得超过 48h。时间一长，亮绿被氧化变质（遇热、光、胆盐时活性降低），使沙门氏菌菌落发白，不能有效抑制杂菌，选择性降低。另外至少要倒 15～20mL，使平板增厚。

产硫化氢的典型沙门氏菌在 BS 培养基上特征：呈褐色、灰色或黑色，有时带有金属光泽。菌落周围的培养基通常开始呈褐色，但伴随培养时间的延长而变为黑色，并有所谓的晕环效应。

不产硫化氢的非典型菌株产生绿色菌落，其周围培养基稍微或不变色（图 4-2）。

变形杆菌形成褐色或绿色菌落，无金属光泽。弗氏志贺氏菌和大肠埃希氏菌为棕色至绿色菌落。

（2）木糖赖氨酸去氧胆酸盐（XLD）琼脂　XLD 平板中以去氧胆酸钠-柠檬酸铁铵-硫代硫酸钠为选择剂，以木糖、乳糖、蔗糖为碳源，利用碳源产酸和 L-赖氨酸脱羧产碱作为指示系统。肠杆菌科细菌在此培养基中表现各异。除甲型副伤寒沙门氏菌外，沙门氏菌大多数利用木糖，且赖氨酸脱羧酶阳性。鼠伤寒沙门氏菌和伤寒沙门氏菌呈粉红色有黑心。不产硫化氢的沙门氏菌呈粉红色或无色菌落。大肠埃希氏菌、肠杆菌、柠檬酸杆菌、克雷伯氏菌、哈夫尼亚菌、沙雷氏菌、耶尔森氏菌、克吕沃尔菌为黄色菌落，大肠埃希氏菌还有胆盐沉淀环（图 4-3 中右）。变形杆菌为黄色或粉红色黑心菌落或黄色菌落，由于赖氨酸脱羧酶

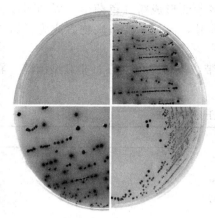

图 4-2　沙门氏菌在亚硫酸铋琼脂
（BS 琼脂）上典型特征

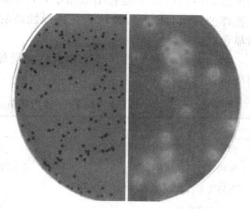

图 4-3　沙门氏菌在 XLD 琼脂上典型特征
（左：沙门氏菌；右：大肠埃希氏菌）

阴性，酸性条件下 18～24h 内抑制产生硫化氢。假单胞菌为黄色菌落。粪产碱菌为粉红色菌落。

典型沙门氏菌为粉色菌落，带或不带黑色中心。许多沙门氏菌培养物可有大的带光泽的黑色中心，或呈现几乎全部黑色的菌落。非典型的沙门氏菌在 XLD 琼脂上呈黄色菌落，带或不带黑色中心（图 4-3 中左）。

（3）胆硫乳琼脂（DHL）　DHL 系统中含乳糖和葡萄糖，利用乳糖或蔗糖的非沙门氏菌会产酸，使去氧胆酸钠或胆盐变为去氧胆酸或胆酸，与指示剂中性红（碱性染料）牢固结合，使指示剂色素沉着，表现为粉红色的菌落。去氧胆酸或胆酸的析出，不仅使菌落不透明，菌落外围培养基也变得不透明。而沙门氏菌一般不利用乳糖和蔗糖，表现为无色半透明菌落。去氧胆酸钠或胆盐使细胞膜渗漏，柠檬酸盐络合渗漏的钙、镁等重要的无机离子达到抑菌目的。沙门氏菌不能利用水杨素，水杨素的作用与乳糖和蔗糖的作用类似，用于区别能利用水杨素的非沙门氏菌。在 DHL 中，硫代硫酸钠的作用类似于亚硫酸钠和焦亚硫酸钠，可抑制专性需氧菌，又可使甲型副伤寒沙门氏菌等侏儒型菌落能形成正常菌落。柠檬酸铁铵和柠檬酸铁提供铁，使产生的硫化氢适量变为黑色硫化亚铁，造成菌落中心带黑色。

变形杆菌在 DHL 上很少变黑，但菌落周围呈暗褐色。这是由于蛋白胨里的苯丙氨酸被变形杆菌脱氨产生苯丙酮酸与柠檬酸铁铵反应，产生黑色络合物所致。产硫化氢的柠檬酸杆菌在 DHL 上也形成黑色。柠檬酸盐在低浓度下抑制革兰氏阳性菌，在高浓度下还抑制革兰氏阴性菌（皆需要酸性条件）。

菌落特征：典型和非典型沙门氏菌菌落为无色半透明有黑色中心或几乎全为黑色。有些菌株无色半透明（图 4-4）。

（4）HE 琼脂　HE 琼脂中含乳糖和葡萄糖，酸碱指示剂为溴麝香草酚蓝，分解乳糖的菌株使溴麝香草酚蓝变为黄色，菌落亦为黄色；由于沙门氏菌一般不利用乳糖和蔗糖，其分解牛肉膏蛋白胨产碱，使溴麝香草酚蓝变为蓝绿色或蓝色，菌落也为蓝绿

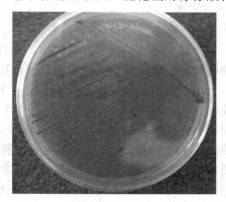

图 4-4　沙门氏菌在 DHL 上的菌落

色菌落；沙门氏菌不能利用水杨素，HE 琼脂上分解水杨素的形成粉红色菌落，周围形成粉红色浑浊带；HE 平板被认为是选择性高的比较好的培养基，添加辛酯酶底物后成为了科玛嘉显色培养基。

菌落特征：典型沙门氏菌菌落：呈蓝绿色或蓝色，带或不带黑色中心。非典型菌落：乳糖阳性的菌株为黄色，中心黑色或全黑色。

表 4-1　沙门氏菌及其他菌在 HE 上培养特征

菌名	菌落形态
伤寒沙门氏菌	蓝绿色,部分有黑心
鼠伤寒沙门氏菌	蓝绿色,部分有黑心
奇异变形杆菌	蓝绿色,有或无黑心
弗氏志贺氏菌	蓝绿色
大肠埃希氏菌	橙红色,有胆酸盐沉淀
粪链球菌	—

（5）XLT4 琼脂　目前国际上越来越多地采用 XLT4 琼脂作为选择性平板（35℃，1～24h）用于分离非伤寒沙门氏菌。1990 年由 Miller 和 Tate 描述了此培养基，其敏感性和受伤菌的恢复能力较 XLD 琼脂得到了提高。由于添加了 3 号胆盐和特吉托尔（7-ethyl-2-methy-4-uandecanol hydrogen sulfate 的钠盐），变形杆菌、假单胞菌、普罗威登氏菌、腐败交替单胞菌（腐败希瓦氏菌）、小肠结肠炎耶尔森氏菌、乙酸不动杆菌等部分或全部被抑制。柠檬酸杆菌虽然生长，呈黄色菌落，但变黑不明显。鼠伤寒沙门氏菌呈黄色，心黑，容易与其他菌鉴别，而不产硫化氢菌株则呈黄色菌落。大肠埃希氏菌得到部分抑制，呈黄色菌落。粪肠球菌、金黄色葡萄球菌受到抑制或不生长。检验时可用以下菌株作对照：乳糖阳性、硫化氢阳性的亚利桑那沙门氏菌（S. arizanae），乳糖阴性、硫化氢阴性的马流产沙门氏菌（S. abortusequi），乳糖阳性、硫化氢阴性的沙门氏菌双亚利桑那亚种（S. diarizonae）。美国食品安全检验署（USDA/FSIS）就用此培养基进行沙门氏菌的分离检测。

4.2.3　国家标准检验方法

参照 GB 4789.4—2010《食品安全国家标准　食品微生物学检验　沙门氏菌检验》。

4.2.3.1　检验程序

见图 4-5。

4.2.3.2　操作步骤

食品中的沙门氏菌含量较少，并且在加工中往往导致伤残，所以食品中的沙门氏菌往往濒临死亡。故检测前需要增菌，使受损伤的沙门氏菌细胞恢复到稳定的生理状态。

（1）前增菌　称取 25g（25mL）样品放入盛有 225mL 缓冲蛋白胨水（BPW）的无菌均质杯中，以 8000～10000r/min 均质 1～2min，或置于盛有 225mL BPW 的无菌均质袋中，用拍击式均质器拍打 1～2min。若样品为液态，不需要均质，振荡混匀。如需要测定 pH 值，用 1mol/mL 无菌氢氧化钠或盐酸调 pH 至 6.8±0.2。无菌操作将样品转至 500mL 锥形瓶中，如使用均质袋，可直接进行培养，于（36±1）℃培养 8～18h。

如为冷冻产品，应在 45℃ 以下不超过 15min 或 2～5℃ 不超过 18h 解冻。

若使用含壳蛋时，用硬刷子洗蛋并使其干燥，然后浸泡于含 0.1% SDS 的 200ppm 氯离

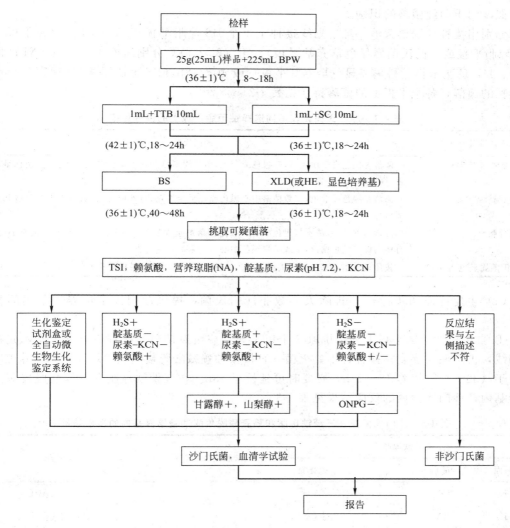

图 4-5　GB 沙门氏菌检验程序

子溶液中 30min 或 70％乙醇中 1h。0.1％ SDS 的 200ppm 氯离子溶液的配制如下：取 8mL 5.25％的次氯酸钠溶液和 1g SDS 加入 992mL 蒸馏水中溶解即可。这种消毒液需在使用前配制。无菌打开蛋壳置于无菌的容器内，用无菌的药匙或其他工具混合蛋白和蛋黄。无菌称取 25g 于无菌的三角瓶中或其他合适的容器内，再在进行前增菌。

若使用田鸡腿或骨架等（单个估计平均重在 25g 或以上）时，可取适量的样品放入灭菌塑料袋内，并用灭菌 BPW 浸没，其比例：样品比 BPW 为 1∶9，把袋放入大塑料烧杯内或其他合适的容器中，在机械振荡器上以 4cm 幅度振荡 100 次/分，震荡 15min。从袋中倾倒出 BPW 混合物于另一个灭菌塑料袋。

（2）增菌　在含选择性抑制剂的促生长培养基中，样品进一步增菌。此培养基允许沙门氏菌持续增殖，同时阻止大多数其他细菌的增殖。

轻轻摇动培养过的样品混合物，移取 1mL，转种于 10mL TTB 内，于（42±1）℃培养 18～24h。同时，另取 1mL，转种于 10mL SC 内，于（36±1）℃培养 18～24h。

（3）选择性平板分离　采用固体选择性培养基，抑制非沙门氏菌的生长，提供肉眼可见

113

的疑似沙门氏菌纯菌落的识别。

分别用接种环取增菌液 1 环，划线接种于 1 个 BS 琼脂平板和 1 个 XLD 琼脂平板（或HE 琼脂平板或沙门氏菌属显色培养基平板）。于（36±1）℃分别培养 18～24h（XLD 琼脂平板、HE 琼脂平板、科玛嘉显色培养基平板）或 40～48h（BS 琼脂平板），观察各个平板上生长的菌落，各个平板上的菌落特征见表 4-2。

表 4-2　沙门氏菌属在不同选择性琼脂平板上的菌落特征

选择性琼脂平板	沙门氏菌
亚硫酸铋琼脂（BS）	菌落为黑色有金属光泽、棕褐色或灰色，菌落周围培养基可呈棕色或黑色，有些菌株呈灰绿色，周围培养基不变
HE 琼脂	菌落蓝绿色或蓝色，多数菌落中心黑色或几乎全黑色；有些菌株为黄色，中心黑色或几乎全部黑色
XLD 琼脂	菌落粉红色，带或不带黑色中心。有的菌落可呈大的带光泽的黑色中心或呈现全部黑色。有些菌株呈黄色菌落，带或不带黑色中心
沙门氏菌属显色培养基	按照显色培养基的说明进行判断。如科玛嘉显色培养基平板菌落为紫红色

（4）生化特征初步筛选　排除大多数非沙门氏菌，提供沙门氏菌培养物菌属的初步鉴定。

① 自选择性琼脂平板上分别挑取 2 个以上典型或可疑菌落，接种三糖铁琼脂，先在斜面划线，再于底层穿刺；接种针不要灭菌，直接接种赖氨酸脱羧酶试验培养基和营养琼脂平板，于（36±1）℃培养 18～24h，必要时可延长至 48h。在三糖铁琼脂和赖氨酸脱羧酶试验培养基内，沙门氏菌属的反应结果见表 4-3。

表 4-3　沙门氏菌属在三糖铁琼脂和赖氨酸脱羧酶试验培养基内的反应结果

三糖铁琼脂				赖氨酸脱羧酶培养基	初步判断
斜面	底层	产气	硫化氢		
K	A	＋（－）	＋（－）	＋	可疑沙门氏菌属
K	A	＋（－）	＋（－）	－	可疑沙门氏菌属
A	A	＋（－）	＋（－）	＋	可疑亚利桑那菌
A	A	＋/－	＋/－	－	非沙门氏菌属
K	K	＋/－	＋/－	＋/－	非沙门氏菌属

注：K 为产碱；A 为产酸；＋为阳性反应；－为阴性反应；＋（－）为多数阳性，少数阴性；＋/－为阳性或阴性反应。

由于赖氨酸脱羧反应需严格厌氧条件，因而 LIA 斜面必须有深的底层（4cm）；当进行斜面培养时放松试管帽，以保持需氧条件防止过量的 H_2S 产生。

表 4-3 说明，在三糖铁琼脂内斜面产酸，底层产酸，同时赖氨酸脱羧酶试验阴性的菌株可以排除。其他的反应结果均有沙门氏菌属的可能。

② 接种三糖铁琼脂和赖氨酸脱羧酶试验培养基的同时，可直接接种蛋白胨水（供做靛基质试验）、尿素琼脂（pH7.2）、氰化钾（KCN）培养基，也可在初步判断结果后从营养琼脂平板上挑取可疑菌落接种于（36±1）℃培养 18～24h，必要时可延长至 48h，按表 4-4 判定结果。将已挑菌落的平板储存于 2～5℃或室温至少保留 24h，以备必要时复查。

表 4-4 沙门氏菌属生化反应初步鉴定表

反应序号	硫化氢（H₂S）	靛基质	pH7.2尿素	氰化钾（KCN）	赖氨酸脱羧酶
A1	+	－	－	－	+
A2	+	+	－	－	+
A3	－	－	－	－	+/－

注：＋为阳性；－为阴性；＋/－为阳性或阴性。

反应序号 A1：典型反应判定为沙门氏菌属。如尿素、氰化钾和赖氨酸脱羧酶 3 项中有 1 项异常，按表 4-5 可判定为沙门氏菌属。如有 2 项异常，为非沙门氏菌属。

反应序号 A2：补做甘露醇和山梨醇试验，沙门氏菌靛基质阳性变体两项实验结果均为阳性，但需要结合血清学鉴定结果进行判定。

反应序号 A3：补做 ONPG。ONPG 阴性为沙门氏菌，同时赖氨酸脱羧酶阳性，甲型副伤寒沙门氏菌为赖氨酸脱羧酶阴性。

必要时按表 4-6 进行沙门氏菌生化群的鉴别。

表 4-5 沙门氏菌生化群的鉴别

pH 7.2尿素	氰化钾（KCN）	赖氨酸脱羧酶	判定结果
－	－	－	甲型副伤寒沙门氏菌（要求血清学鉴定结果）
－	+	+	沙门氏菌Ⅳ或Ⅴ（要求符号本群生化特性）
+	－	+	沙门氏菌个别变体（要求血清学鉴定结果）

注："＋"表示阳性；"－"表示阴性。

表 4-6 沙门氏菌属生化反应鉴别

项目	Ⅰ	Ⅱ	Ⅲ	Ⅳ	Ⅴ	Ⅵ
卫矛醇	+	+	－	－	+	－
山梨醇	+	+	+	+	+	－
尿素酶试验	－	－	－	+	－	－
水杨苷	－	－	－	+	－	－
ONPG	－	－	+	－	－	－
丙二酸盐	－	+	+	+	－	－
氰化钾（KCN）	－	－	－	+	+	－

注："＋"表示阳性；"－"表示阴性。

③ 如选择 API 20E 生化鉴定试剂盒或 VITEK 全自动微生物鉴定系统，可根据①的初步判断结果，从营养琼脂平板上挑取可疑菌落，用生理盐水制备成浊度适当的菌悬液，使用 API 20E 生化鉴定试剂盒或 VITEK 全自动微生物鉴定系统进行鉴定。

（5）血清学鉴定

① 抗原的准备：一般采用 1.2%～1.5% 琼脂培养物作为玻片凝集试验用的抗原。

O 血清不凝集时，将菌株接种在琼脂量较高的（如 2%～3%）培养基上再检查；如果是由于 Vi 抗原的存在而阻止了 O 凝集反应时，可挑取菌苔于 1mL 生理盐水中做成浓菌液，于酒精灯火焰上煮沸后再检查。H 抗原发育不良时，将菌株接种在 0.55%～0.65% 半固体琼脂平板的中央，等菌落蔓延生长时，在其边缘部分取菌检查；或将菌株通过装有 0.3%～0.4% 半固体琼脂的小玻管 1～2 次，自远端取菌培养后再检查。

② 多价菌体抗原（O）鉴定：在玻片上划出两个约 1cm×2cm 的区域，挑取一环待测菌，各放 1/2 环于玻片上的每一区域上部，在其中一个区域下部加 1 滴多价菌体（O）抗血清，在另一区域下部加入 1 滴生理盐水作为对照，再用无菌的接种环或针分别将两个区域内的菌落研成乳状液。将玻片倾斜摇动混合 1min，并对着黑暗背景进行观察，任何程度的凝集现象皆为阳性反应。

③ 多价鞭毛抗原（H）鉴定：操作同多价菌体抗原（O）鉴定。

④ 血清学分型（选做项目）请查阅相关文献。

（6）结果报告　综合以上生化试验和血清学鉴定的结果，报告 25g 样品中检出或未检出沙门氏菌属。

（7）观察时注意事项

BS 琼脂上典型菌落如果在经过（24±2)h 培养的 BS 平板上挑取，接种到三糖铁琼脂（TSI）和赖氨酸琼脂（LIA）上会呈现非典型反应，视为培养物中不存在沙门氏菌。

TSI 琼脂中典型的沙门氏菌培养物使斜面呈碱性（红色），底层呈酸性（黄色），产生或不产生 H_2S（琼脂变黑色）。

在 LIA 琼脂中典型的沙门氏菌培养物其试管底层呈碱性（紫色）反应。只有试管底层呈明显黄色时才认为有酸性（阴性）反应。不要单纯根据其试管底层产生的褪色反应就排除它。在 LIA 中大多数沙门氏菌培养物皆产生 H_2S；一些非沙门氏菌培养物产生砖红色反应。

LIA 琼脂中所有底层呈碱性反应的培养物，无论其在 TSI 琼脂上反应如何皆应全部保留为可疑的沙门氏菌分离物，并进一步做生化和血清学试验。在 LIA 中呈酸性底层反应和TSI 中斜面碱性、底层酸性的培养物均视为可疑的沙门氏菌分离物，应进一步做生化和血清学试验。在 LIA 中呈酸性底层和在 TSI 中呈酸性斜面和酸性底层的培养物可视为非沙门氏菌培养物而弃去。

对所保留的拟定阳性 TIS 琼脂培养物进行生化和血清学鉴定试验。

a. 从 SC 肉汤（或相应食品的 RV 培养基）划线分离的选择性琼脂平板上所挑取的 3 个拟定阳性 TSI 琼脂培养物和从 TTB 肉汤划线分离的选择性平板所挑取的 3 个拟定阳性 TSI 琼脂培养物进行生化和血清学鉴定试验。

b. 如从一组选择性琼脂平板未分离出 3 个拟定阳性的 TSI 琼脂培养物，则对其他已分离到的拟定阳性的 TSI 琼脂培养物进行生化和血清学鉴定试验。对所分析的每个 25g 样品至少应检查 6 个 TSI 培养物。

4.2.4　FDA/BAM（肉制品、肉副产品、动物产品）沙门氏菌检验流程

见图 4-6。

4.2.5　ISO 6579:2002 沙门氏菌检测的基准方法

4.2.5.1　检测程序

见图 4-7。

4.2.5.2　操作步骤

沙门氏菌可能少量存在，并经常伴随着相当数量的其他肠杆菌属或其他菌属。因此，选择性增菌是必需的；此外，为尽可能地检测到受伤沙门氏菌，经常需要进行前增菌。通常沙

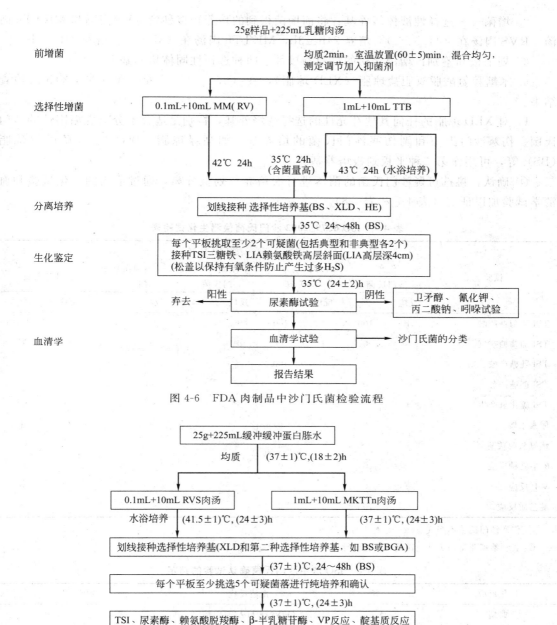

图 4-6　FDA 肉制品中沙门氏菌检验流程

图 4-7　ISO 6579:2002 沙门氏菌检验程序

门氏菌检测需四个连续阶段。

① 前增菌——非选择性液体培养基：将试验部分接种于缓冲蛋白胨水，在（37±1）℃培养（18±2）h。对于某些食品，则需利用其他的前增菌程序。数量比较庞大时，在接种测试样品前应将缓冲蛋白胨水加热到（37±1）℃。

② 增菌——选择性液体培养基：将前增菌得到的培养物接种到 RVS 肉汤和 MKTTn 肉汤。RVS 肉汤在（41.5±1）℃培养 24h±3h，MKTTn 肉汤在（37±1）℃培养 24h±3h。

③ 划平板和鉴别：增菌获得的培养物接种于两种选择性固体培养基上。

a. 木糖赖氨酸脱氧胆盐琼脂（XLD 琼脂），在（37±1）℃培养，在（24±3）h 后检查结果。

b. 对 XLD 琼脂的任何其他补充性的选择性培养基，特别是适合于分离乳糖阳性的沙门氏菌、伤寒沙门氏菌和副伤寒沙门氏菌的培养基，如亮绿琼脂（BGA）、亚硫酸铋琼脂（BS）等，可用作第二种平板划板培养基。

④ 确认：挑选可疑沙门氏菌的菌落进行次培养与划板分离，通过适当的生化试验和血清学试验加以证实（表 4-7 和表 4-8）。

表 4-7　ISO 6579:2002 沙门氏菌检测生化试验表

试验	沙门氏菌属								其他菌属	
	伤寒沙门氏菌		A 型副伤寒沙门氏菌		B 型副伤寒沙门氏菌		C 型副伤寒沙门氏菌			
	反应	%	反应	%	反应	%	反应	%	反应	%
TSI 葡萄糖产酸	+	100	+	100	+		+		+	100
TSI 葡萄糖产气	-①	0	+	100	+		+		+	92
TSI 乳糖产酸	-	2	+	100	-		-		-	1
TSI 蔗糖产酸	-	0	-	0	-		-		-	1
TSI 硫化氢产生	+	97	-	10	+		+		+	92
尿素水解	-	0	-	0	-		-		-	1
赖氨酸脱羧酶	+	98	-	0	+		+		+	95
β-半乳糖反应	-	0	-	0	-				-	2②
V-P 反应	-	0	-	0	-		-		-	0
靛基质反应	-	0	-	0	-		-		-	1

① 伤寒沙门氏菌不产气。

② 亚利桑那亚型肠炎沙门氏菌为乳糖阳性或阴性反应，但通常 β-半乳糖为阳性反应。

表 4-8　ISO 法中沙门氏菌确认试验的判定

生化反应	自凝	血清反应	判定
典型	无	O、Vi 或 H 抗原阳性	被认为是沙门氏菌
典型	无	皆阴性	
典型	有	未测	可能的沙门氏菌
不典型	有或无	O、Vi 或 H 抗原阳性	
不典型	有或无	皆阴性	不被认为是沙门氏菌

思考与练习

1. 沙门氏菌在 HE 琼脂平板、MC 琼脂平板、XLD 琼脂平板上的培养特征是什么？肠杆菌科中的 *E. coli*、沙门氏菌、志贺氏菌在 TSI 琼脂试管中的培养特征及其原理是什么

(志贺氏菌都能分解葡萄糖产酸不产气大多不发酵乳糖不产生 H_2S；大肠埃希氏菌能分解葡萄糖产酸产气大多数能分解乳糖不产生 H_2S；沙门氏菌能分解葡萄糖不发酵乳糖大多数产生 H_2S)？

2. 如何保证食品种沙门氏菌的检出率？

3. 沙门氏菌常用增菌液有哪些？选择 2～3 种增菌培养基简述其设计原理。

4. 食品中沙门氏菌检测主要有哪些步骤？

5. 沙门氏菌主要生化鉴定的表现特征及其原因是什么？

6. 沙门氏菌有哪些抗原？各有何特点？O、H 抗原如何表示，A～F 群沙门氏菌中，代表每群 O 特异性抗原的独特因子是什么？

4.3 食品中志贺氏菌检验

志贺氏菌属（*Shigella*）的细菌（通称痢疾杆菌）是细菌性痢疾的病原菌。临床上能引起痢疾症状的病原微生物很多，有志贺氏菌、沙门氏菌、变形杆菌、大肠埃希氏菌等，还有阿米巴原虫、鞭毛虫以及病毒等均可引起人类痢疾，其中以志贺氏菌引起的细菌性痢疾最为常见。人类对痢疾杆菌有很高的易感性。在幼儿可引起急性中毒性菌痢，死亡率甚高。

4.3.1 基础知识

4.3.1.1 生物学性状

（1）形态与染色　志贺氏菌属细菌的形态与一般肠道杆菌无明显区别，为革兰氏阴性杆菌，长 2～3μm，宽 0.5～0.7μm。不形成芽孢，无荚膜，无鞭毛，有菌毛。DNA 的 G＋C 为 49～53 克分子％（Tm 法）。

（2）培养特性　志贺氏菌需氧或兼性厌氧。营养要求不高，能在普通培养基上生长，最适温度为 37℃，最适 pH 为 6.4～7.8。37℃培养 18～24h 后菌落呈圆形、微凸、光滑湿润、无色、半透明、边缘整齐，直径约 2nm，宋内氏志贺氏菌菌落一般较大，较不透明，并常出现扁平的粗糙型菌落。在液体培养基中呈均匀浑浊生长，无菌膜形成。

（3）生化特性　本菌属都能分解葡萄糖，产酸不产气。大多不发酵乳糖，仅宋内氏菌迟缓发酵乳糖。靛基质产生不定，甲基红阳性，VP 试验阴性，不分解尿素，不产生 H_2S。根据生化反应可进行初步分类。

志贺氏菌属的细菌对甘露醇分解能力不同，可分为两大组。

a. 不分解甘露醇组：主要为志贺氏菌。又根据能否产生靛基质，进一步分靛基质阳性（1、3、4、5、6、9、10 型）和靛基质阴性（2、7、8 型）的痢疾志贺氏菌（*S. dysenteriae*）。

b. 分解甘露醇组：包括福氏志贺氏菌（*S. flexneri*）、鲍氏志贺氏菌（*S. boydii*）、宋内氏志贺氏菌（*S. sonnei*）。再按乳糖分解情况，分为迟缓分解乳糖的宋内氏志贺氏菌和不分解乳糖的福氏志贺氏菌和鲍氏志贺氏菌。后者再根据靛基质产生与否进一步分靛基质阳性（福氏菌 1、2、3、4、5 型和鲍氏菌 5、7、9、11、13、15 型）和靛基质阴性（福氏菌 6 型和鲍氏菌 1、2、3、4、6、8、10、12、14）两类（图 4-8）。

抗原构造与分型志贺氏菌属细菌的抗原结构由菌体抗原（O）及表面抗原（K）组成。主要抗原有三种。

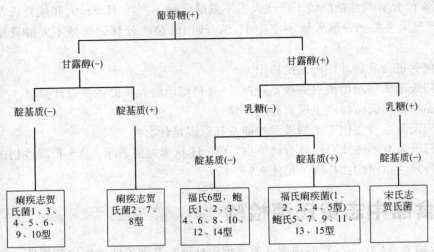

图 4-8　根据生化反应志贺氏菌属初步分类

① 型特异性抗原：型多糖抗原为菌体抗原的一种，是光滑型菌株所含有的重要抗原。当菌株变为粗糙型时，此抗原也常随之消失，各菌型所含的型抗原不同，可用于区别菌种的型别。

② 群特异性抗原：为光滑型菌株的次要抗原，也是菌体抗原的一种。特异性较低，常在数种近似的菌内出现。在福氏菌株中，由于所含群抗原不同，可将某些菌型分为多种亚型，如福氏菌 2 型，根据群抗原不同，可分成 2a、2b 两个亚型。

③ 表面抗原（K 抗原）：在新分离的某些菌株菌体表面含有此种抗原。不耐热，加热 100℃ 1h 即被破坏。具有此种抗原的菌株，可阻止菌体抗原与相应免疫血清发生凝集。

根据抗原构造的不同，将本属细菌分为四个群、39 个血清型（包括亚型），见表 4-9。

表 4-9　志贺氏菌属抗原的分类

菌名	血清分类			生化特性	
	群	型	亚型	甘露醇	鸟氨酸脱羧酶
痢疾志贺氏菌	A	1～130		—	—
福氏志贺氏菌	B	1～6 X、Y 变种	1a、1b、1c、2a、2b、3a、3b	+	—
			3c、4a、4b、5a、5b		
鲍氏志贺氏菌	C	1～18		+	—
宋内氏志贺氏菌	D	1		+	+

A 群：也称痢疾志贺氏菌群，不发酵甘露醇，无鸟氨酸脱羧酶，与其他各群细菌无血清学联系。

B 群：也称福氏菌群，发酵甘露醇，无鸟氨酸脱羧酶。抗原结构较复杂，各型间有交叉凝集。每一福氏菌型具有两种抗原，即型特异性抗原和群抗原，前者只存在于同型菌株中，后者有许多种，存在于福氏各菌型中。例如福氏 1b 型除含有 1 型特异性抗原外，尚含有 4、6 群抗原。

C 群：也称鲍氏菌群，分解甘露醇，无鸟氨酸脱羧酶。各型内无交叉凝集。

D 群：也称宋内氏菌群，仅有一个血清型。分解甘露醇，有鸟氨酸脱羧酶，迟缓发酵乳糖。有Ⅰ相（S 相光滑菌落）、Ⅱ相（R 相粗糙菌落）之分。

（4）抵抗力　志贺氏菌属在外界环境中的生存力，以宋内氏最强，福氏菌次之，志贺氏菌最弱。一般在潮湿土壤中能存活34d，37℃水中存活20d，在冰块中可存活96d，在粪便内（室温）存活11d。日光直接照射30min，56～60℃ 10min即被杀死，对高温和化学消毒剂很敏感，1%石炭酸中15～30min即被杀死，对氯霉素、磺胺类、链霉素敏感，但易产生耐药性。

（5）变异性

① S-R型变异：菌落可由光滑型变为粗糙型，同时常伴有生化反应、抗原构造和致病性的变异。在机体内，尤其在慢性患者和恢复期患者，志贺氏菌可发生变异而失去原来的生化和抗原特性，成为不典型菌株。但其中部分不典型菌株，可通过10%胆汁肉汤等返祖为典型菌株。故在慢性患者或带菌者粪便检查时，对这类菌株要特别注意，必须多次反复检查。因这对传染源的发现及控制有重要意义。

② 耐药性变异：自从广泛使用抗生素以来，志贺氏菌的耐药菌株不断增加，给防治工作带来许多困难。国内部分地区报道（1972～1974），志贺氏菌对四环素的耐药率达74%、氯霉素73.6%～97%、链霉素84%～98%、合霉素75%～100%、磺胺类97%～100%，可见国内志贺氏菌对常用几种抗生素的耐药率相当高。

③ 毒力变异与其他变异：1963年南斯拉夫Mel氏首先创用依赖链霉素的志贺氏菌株（依链Sd株）口服预防痢疾。Sd株是一株必须在链霉素存在下才能生长的菌株，其毒力减弱但仍保持免疫原性。美国以天然变异无毒株与大肠埃希氏菌杂交而获得的MH株制成疫苗，其免疫效果和稳定性均较Sd株差。我国正大力利用变异方法通过动物和药物处理等寻找安全有效、可供口服的痢疾杆菌活菌苗，并已取得初步成效。

志贺氏菌和大肠埃希氏菌都属于肠杆菌科，根据DNA杂交研究结果显示密切相关性，志贺氏菌属的四个种和大肠埃希氏菌属在生化上也是难以区分的，因为有产气的志贺氏菌，也有乳糖阴性、不产气、不运动的大肠埃希氏菌，有些大肠埃希氏菌也能引起痢疾状的腹泻。在志贺氏菌中，a. 培养物常常是不运动的，赖氨酸是阴性。b. 除了福氏志贺氏6型、鲍氏志贺氏13型和14型、痢疾志贺氏3型等少数菌株外，在糖发酵时不产气。c. 发酵黏液酸或乙酸盐洋菜或Chiristensen柠檬酸洋菜。如呈碱反应的菌株则类似于大肠埃希氏菌。d. 鲍氏志贺氏菌和痢疾志贺氏菌在美国很少见。

4.3.1.2　致病力及流行病学

志贺氏菌引起的细菌性痢疾主要通过消化道途径传播。根据宿主的健康状况和年龄，只需少量病菌（至少为10个细胞）进入，就有可能致病。志贺氏菌的致病作用主要是侵袭力、菌体内毒素，个别菌株能产生外毒素。

（1）侵袭力　志贺氏菌进入大肠后，由于菌毛的作用黏附于大肠黏膜的上皮细胞上，继而进入上皮细胞并在内繁殖，扩散至邻近细胞及上皮下层。由于毒素的作用，上皮细胞死亡，黏膜下发炎，并有毛细吸管血栓形成以致坏死、脱落，形成溃疡。志贺氏菌一般不侵犯其他组织，偶尔可引起败血症。目前认为不论是产生外毒素的还是只有内毒素的志贺氏菌，必须侵入肠壁才能致病。因此，对黏膜组织的侵袭力是决定致病力的主要因素。

（2）内毒素　志贺氏菌属中各菌株都有强烈的内毒素，作用于肠壁，使通透性增高，从而促进毒素的吸收。继而作用于中枢神经系统及心血管系统，引起临床上一系列毒血症症状，如发热、神志障碍，甚至中毒性休克。毒素破坏黏膜，形成炎症、溃疡，呈现典型的痢疾脓血便。毒素作用于肠壁自主神经，使肠道功能紊乱，肠蠕动共济失调和痉挛，尤其直肠括约肌最明显，因而发生腹痛、里急后重等症状。

（3）外毒素　志贺氏菌1型及部分2型（斯密兹痢疾杆菌）菌株能产生强烈的外毒素。为蛋白质，不耐热，75～80℃ 1h即可破坏。其作用是使肠黏膜通透性增加，并导致血管内皮细胞损害。外毒素经甲醛或紫外线处理可脱毒成类毒素，能刺激机体产生相应的抗毒素。一般认为具有外毒素的志贺氏菌引起的痢疾比较严重。

（4）所致疾病　志贺氏菌引起的细菌性痢疾可分为两类六型。

① 急性细菌性痢疾：又分急性典型、急性非典型、急性中毒性菌痢三型。急性典型菌痢症状典型，有腹痛腹泻、脓血黏便、里急后重、发热等症状。各型菌都可引起，以志贺氏菌引起的较重，宋内氏菌引起的较轻。经治疗，预后良好。如治疗不彻底，可转为慢性。急性非典型菌痢症状不典型，易诊断错误延误治疗，常导致带菌或慢性发展。急性中毒性菌痢小儿多见，各型菌都可发生。中毒性菌痢一系列的病理生理变化，主要是内毒素造成机体微循环障碍的结果，导致内脏淤血、周围循环衰竭（休克），主要功能器官灌注不足，发生心力衰竭、脑水肿、急性肾功能衰竭。严重微循环障碍，再加上内毒素损伤血管内皮细胞、激活凝血因子等，而发生弥散性血管内凝血（DIC）。

② 慢性细菌性痢疾：又分慢性迁延型、慢性隐伏型、急性发作型三型。慢性迁延型，通常由急性菌痢治疗不彻底等引起。病程超过2个月，时愈时发，大便培养阳性率低。在有临床症状时为急性发作型，该型往往在半年内有急性菌痢病史。慢性隐伏型菌痢是在一年内有过菌痢病史，临床症状早已消失，但直肠镜可发现病变或大便培养阳性。

志贺氏菌带菌者有三种类型。a. 健康带菌者，是指临床上无肠道症状而又能排出痢疾杆菌者。这种带菌者是主要传染源，特别是饮食业、炊事员和保育员中的带菌者，潜在的危险性更大。b. 恢复期带菌者，是指临床症状已治愈的患者，仍继续排菌达2周之久者。c. 慢性带菌者，是指临床症状已治愈但长期排菌者。

免疫性：病后有一定的免疫力，但免疫期短，也不稳定。可能因本菌属菌型众多，相互间无交叉免疫性之故。免疫性与血中抗体似乎无关，而与肠道黏膜细胞吞噬能力加强和机体对痢疾杆菌内毒素耐受性提高有关。肠道分泌型抗体即粪抗体亦有一定作用。粪抗体出现早、消失快，在脓血黏便中，粪抗体检出率高达90%。这为志贺氏疫苗经口免疫的可能性提供了理论依据。

人和灵长类是志贺氏菌的适宜宿主，营养不良的幼儿、老人及免疫缺陷者更为易感。据报道，每年约有14000例志贺氏菌病，但估计发病人数为30万。

据FDA统计，1997年美国加州等5个州食源性疾病共为8051例，其中志贺氏菌引起的为1263例。

志贺氏菌病常为食物爆发型或经水传播。和志贺氏菌病相关的食品包括色拉（马铃薯、金枪鱼、虾、通心粉、鸡）、生的蔬菜、乳和乳制品、禽、水果、面包制品、汉堡包和有鳍鱼类。志贺氏菌在拥挤和不卫生条件下能迅速传播，经常发现于人员大量集中的地方如餐厅、食堂。食源性志贺氏菌流行的最主要原因是从事食品加工行业人员患菌痢或带菌者污染食品，食品接触人员个人卫生差，存放已污染的食品温度不适当等。

4.3.2　常用检验培养基

常用的选择性培养基分为强选择性和弱选择性两种。高选择性平板包括SS或HE、WS，XLD琼脂为中选择性平板；低选择性平板有EMB或麦康凯（MAC）琼脂等。见表4-10。

表 4-10　不同细菌在选择性平板上的菌落特征

项目	麦康凯(MAC)琼脂	XLD 琼脂	HE 琼脂
宋内氏志贺氏菌	无色至淡粉,半透明	半透明,中心红或粉红	绿色,湿润,隆起
其他志贺氏菌	无色半透明	半透明,中心红或粉红至无色	绿色,湿润
大肠埃希氏菌	红色,琼脂上有红色沉淀	黄色,不透明,周围有黄色沉淀	红色或鲑肉色,周围有沉淀
阴沟肠杆菌	红色,琼脂上有红色沉淀	黄色,不透明,周围有黄色沉淀	红色或鲑肉色,周围有沉淀
肺炎克雷伯氏菌	红色,琼脂上有红色沉淀	黄色,不透明,周围有黄色沉淀	红色或鲑肉色,周围有沉淀
沙门氏菌	无色半透明,周围琼脂黄色	红色,心黑	蓝绿色,有或无中心黑色
奇异变形杆菌	无色半透明,周围琼脂黄色	黄色、心红、琼脂变黄,有沉淀	蓝绿色,有或无中心黑色
粪肠球菌	红色,小,圆形	无或微弱生长,黄色	无或微弱生长,黄色

　　麦康凯（MAC）琼脂：用于分离发酵乳糖的革兰氏阴性杆菌。由于含有胆酸盐,能抑制革兰氏阳性菌生长,有利于大肠埃希氏菌、志贺氏菌和沙门氏菌的生长。中性红作为酸碱指示剂,当细菌发酵乳糖产酸时菌落呈粉红色,并在菌落周围出现胆盐沉淀的浑浊圈。不发酵乳糖时形成无色半透明菌落。

　　XLD 琼脂和 HE 琼脂检测原理参见沙门氏菌检验。

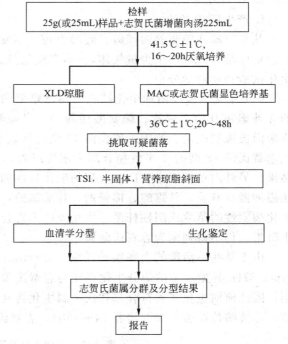

图 4-9　GB 志贺氏菌检验程序

4.3.3 国家标准检验方法

　　参照 GB 4789.5—2012《食品安全国家标准　食品微生物学检验　志贺氏菌检验》。

4.3.3.1 检验程序

　　参见图 4-9。

4.3.3.2 操作步骤

　　(1)增菌　以无菌操作取检样 25g（或 25mL）,加入装有灭菌 225mL 志贺氏菌增菌液的均质杯,用旋转刀片式均质器以 8000～10000r/min 均质;或加入装有 225mL 志贺氏菌增菌液的均质袋中,用拍击式均质器连续均质 1～2min,液体样品振荡混匀即可。于（41.5±1）℃厌氧培养 16～20h。

　　(2)分离　取增菌后的志贺氏增菌肉汤分别划线接种于 XLD 琼脂平板和 MAC 琼脂平板或志贺氏菌显色培养基平板上,于（36±1）℃培养 20～24h,观察各个平板上生长的菌落形态,志贺氏菌在不同选择性琼脂平板上的菌落特征见表 4-11。宋内氏志贺氏菌的单个菌落直径大于其他志贺氏菌。若出现的菌落不典型或菌落较小不易观察,则继续培养至 48h 再进行观察。

表 4-11　志贺氏菌在不同选择性琼脂平板上的菌落特征

选择性琼脂平板	志贺氏菌的菌落特征
MAC 琼脂	无色至浅粉红色，半透明、光滑、湿润、圆形、边缘整齐或不齐
XLD 琼脂	粉红色至无色，半透明、光滑、湿润、圆形、边缘整齐或不齐
志贺氏菌显色培养基	按照显色培养基的说明进行判定

（3）初步生化试验　选取平板上的 2 个以上典型或可疑菌落，分别接种 TSI、半固体和营养琼脂斜面各 1 管，置（36±1）℃培养 20～24h，分别观察结果。

培养物中出现下述情况之一者即可弃去：

a. 在三糖铁琼脂斜面上呈蔓延生长；

b. 发酵乳糖或蔗糖的；

c. 不分解葡萄糖和只生长在半固体表面的；

d. 产气的；

e. 有动力的；

f. 产生硫化氢的。

凡是三糖铁琼脂斜面产碱、底层产酸（不发酵乳糖、蔗糖，发酵葡萄糖）、不产气（福氏志贺氏菌 6 型可产生少量气体）、不产硫化氢、半固体管中无动力的菌株，进行进一步的生化试验和血清学分型。

（4）生化试验及附加生化试验　用已培养的营养琼脂斜面上生长的菌苔进行生化试验，即 β-半乳糖苷酶、尿素、赖氨酸脱羧酶、鸟氨酸脱羧酶以及水杨苷和七叶苷的分解试验。除宋内氏志贺氏菌、鲍氏志贺氏菌 13 型的鸟氨酸阳性；宋内氏菌和痢疾志贺氏菌 1 型，鲍氏志贺氏菌 13 型的 β-半乳糖苷酶为阳性以外，其余生化试验志贺氏菌属的培养物均为阴性结果。另外由于福氏志贺氏菌 6 型的生化特性和痢疾志贺氏菌或鲍氏志贺氏菌相似，必要时还需加做靛基质、甘露醇、棉籽糖、甘油试验，也可做革兰氏染色检查和氧化酶试验，应为氧化酶阴性的革兰氏阴性杆菌。生化反应不符合的菌株，即使能与某种志贺氏菌分型血清发生凝集，仍不得判定为志贺氏菌属。

由于某些不活泼的大肠埃希氏菌（anaerogenic *E. coli*）、A-D（Alkalescens-D isparbio-types 碱性-异型）菌的部分生化特征与志贺氏菌相似，并能与某种志贺氏菌分型血清发生凝集；因此前面生化实验符合志贺氏菌属生化特性的培养物还需另加葡萄糖胺、西蒙氏柠檬酸盐、黏液酸盐试验（36℃培养 24～48h）。志贺氏菌属生化特性见表 4-12。

表 4-12　志贺氏菌属四个群的生化特性

种和群	β-半乳糖苷酶	尿素	赖氨酸脱羧酶	鸟氨酸脱羧酶	水杨苷	七叶苷	靛基质	甘露醇	棉籽糖	甘油	葡萄糖铵	西蒙氏柠檬酸盐	黏液酸盐
A 群:痢疾志贺氏菌	−a	−	−	−	−	−	−/+	−	−	(+)	−	−	−
B 群:福氏志贺氏菌	−	−	−	−	−	−	(+)	+c	+	−	−	−	−
C 群:鲍氏志贺氏菌	−a	−	−	−b	−	−	−/+	−	−	(+)	−	−	−
D 群:宋内氏志贺氏菌	+	−	−	+	−	−	−	+	−	−	−	−	d
大肠埃希氏菌											+	d	d
A～D 菌											+	d	d

注：＋阳性；−阴性；−/＋多数阴性；＋/−多数阳性；（＋）迟缓阳性。

a—痢疾志贺 1 型和鲍氏 13 型为阳性；b—鲍氏 13 型为鸟氨酸阳性；c—福氏 4 型和 6 型常见甘露醇阴性变种；d 有不同生化型。

葡萄糖铵实验：用接种针轻轻触及培养物的表面，在盐水管内做成极稀的悬液，肉眼观察不到浑浊，以每一接种环内含菌数在 20～100 为宜。将接种环灭菌后挑取菌液接种，同时再以同法接种普通斜面 1 支作为对照。于（36±1）℃培养 24h。阳性者葡萄糖铵斜面上有正常大小的菌落生长；阴性者不生长，但在对照培养基上生长良好。如在葡萄糖铵斜面生长极微小的菌落可视为阴性结果。

黏液酸利用试验：将待测新鲜培养物接种，于（36±1）℃培养 24～48h 观察结果，液体培养基如初为蓝色，渐变为黄绿色至白色者为阳性，保持原色则为阴性。

其他生化实验操作见第 2 章。

（5）血清学鉴定

① 抗原的准备：志贺氏菌属没有动力，所以没有鞭毛抗原。志贺氏菌属主要有菌体（O）抗原。菌体 O 抗原又可分为型和群的特异性抗原。一般采用 1.2%～1.5% 琼脂培养物作为玻片凝集试验用的抗原。

注 1：一些志贺氏菌如果因为 K 抗原的存在而不出现凝集反应时，可挑取菌苔于 1mL 生理盐水做成浓菌液，100℃煮沸 15～60min 去除 K 抗原后再检查。

注 2：D 群志贺氏菌既可能是光滑型菌株也可能是粗糙型菌株，与其他志贺氏菌群抗原不存在交叉反应。与肠杆菌科不同，宋内氏志贺氏菌粗糙型菌株不一定会自凝。宋内氏志贺氏菌没有 K 抗原。

② 凝集反应：在玻片上划出 2 个约 1cm×2cm 的区域，挑取一环待测菌，各放 1/2 环于玻片上的每一区域上部，在其中一个区域下部加 1 滴抗血清，在另一区域下部加入 1 滴生理盐水，作为对照。再用无菌的接种环或针分别将两个区域内的菌落研成乳状液。将玻片倾斜摇动混合 1min，并对着黑色背景进行观察，如果抗血清中出现凝结成块的颗粒，而且生理盐水中没有发生自凝现象，那么凝集反应为阳性。如果生理盐水中出现凝集，视作为自凝。这时，应挑取同一培养基上的其他菌落继续进行试验。

如果待测菌的生化特征符合志贺氏菌属生化特征，而其血清学试验为阴性的话，则按注 1 进行试验。

③ 血清分型：请查阅相关文献。

（6）结果报告　综合以上生化试验和血清学鉴定的结果，报告 25g（25mL）样品中检出或未检出志贺氏菌。

4.3.4　ISO 21567:2004 志贺氏菌检测方法

4.3.4.1　检测程序

志贺氏菌检验程序如图 4-10。

4.3.4.2　检验过程

有人经过试验证明由磷酸缓冲液、胰胨、葡萄糖、1g/L 的吐温 80、新生霉素组成的志贺氏菌增菌液可使热受伤的福氏志贺氏菌得到完全修复。

ISO 采用了此方法中使用的志贺氏菌增菌液为增菌液，添加新生霉素为抑制剂，培养时间改为 16～20h。新生霉素抑制许多革兰氏阳性菌和革兰氏阴性菌的生长，但对志贺氏菌的生长影响较弱。

图 4-10　ISO 21567:2004 志贺氏菌检测的基准方法

在有些方法（FDA）宋内氏增菌液中添加 $0.5\mu g/mL$ 新生霉素并以 44℃培养，其余志贺氏菌增菌液中添加 $0.3\mu g/mL$ 新生霉素并以 42℃培养来提高选择性。这里全部统一为 $0.5\mu g/mL$ 新生霉素。另外在增菌过程中采取厌氧培养，以利用同大肠埃希氏菌竞争（志贺氏菌在厌氧培养时可与大肠埃希氏菌竞争）。

在此增菌液中生长的菌一般有大肠埃希氏菌、志贺氏菌、哈夫尼亚菌和普罗威登氏菌等。经 20h 的充分增菌后，用低选择性的麦康凯琼脂、中选择性的 XLD 琼脂和高选择性的 HE 琼脂作为选择性培养基。挑选可疑菌落接种到三糖铁琼脂和葡萄糖半固体琼脂。挑选底层黄色、斜面红色、不产气（不发酵乳糖和蔗糖，发酵葡萄糖产酸不产气，福氏 6 型产少量气体）、无动力的菌株做进一步生化试验和血清学试验。如表 4-13。

表 4-13 志贺氏菌与大肠埃希氏菌、哈夫尼亚菌以及普罗威登氏菌的生化性状区别

反应	大肠埃希氏菌	哈夫尼亚菌	普罗威登氏菌	宋内氏志贺氏菌	福氏志贺氏菌	痢疾志贺氏菌	鲍氏志贺氏菌
硫化氢(TSI)	−	−	−		−		
葡萄糖产气(TSI)	+	V	+	−	−	−⑤	−⑤
动力	+	+	+	−	−	−	−
尿素	−	−	V	−	−	−	−
赖氨酸脱羧酶	V	+	−	−	−	−	−⑨
鸟氨酸脱羧酶	V	+	−	+	−	−	−⑨
吲哚	+	−	+	−	V④(61%)	V④(44%)	V④(29%)
β-半乳糖苷酶	+	−	−	−(95%)	−	V⑥(50%)	V⑥(11%)
卫矛醇	−	−	−	−	V⑦(9.4%)	V⑦(4.5%)	V⑦(6.7%)
葡萄糖	+	+	+	+	+	+	+
乳糖	+	−	−	③	−①	−	−①
甘露醇	+	+	V	+(99%)	+②(94%)	−	+(98%)
蜜二糖	V	−	V	−	−	.V	−
棉籽糖	V	−	V	−	V(53%)	−	−
水杨苷	V	V	V	−	−	−	−
山梨醇	+	−	−	−	V(31%)	V(29%)	V(42%)
蔗糖	V	−	V	③	−	−	−
木糖	+	+	−	−	−	V⑧	V(57%)

注：＋，阳性；−，阴性；V，菌株间有差异或血清型间有差异；％为阳性率：①有些福氏志贺氏菌 2a 型菌株及鲍氏志贺氏菌 9 型产酸；②有些福氏志贺氏菌 4 型及 6b 型不产酸；③接种数日后宋内氏志贺氏菌产酸；④痢疾志贺氏菌和鲍氏志贺氏菌有些血清型及福氏志贺氏菌 6 型为阴性；⑤有些福氏志贺氏菌和鲍氏志贺氏菌 13 型和 14 型产酸并产气；⑥痢疾志贺氏菌 1 型和鲍氏志贺氏菌 13 型总是阳性；⑦痢疾志贺氏菌 5 型和福氏志贺氏菌 6 型为阳性；⑧痢疾志贺氏菌 8 型和 10 型为阳性，4 型和 6 型可变；⑨只有鲍氏志贺氏菌 13 型为阳性。

此次标准列出的志贺氏菌血清型如下。

① 痢疾志贺氏菌 A 1，2，3，4，5，6，7，8，9，10，11，12，13。

② 福氏志贺氏菌 B 1a，1b，2a，2b，3a，3b，3c，4a，4b，5a，5b，6，X，Y。

③ 鲍氏志贺氏菌 C 1，2，3，4，5，6，7，8，9，10，11，12，13，14，15，16，17，18。

④ 宋内氏志贺氏菌 D 1。

说明：在血清反应时群抗体（A、B、C、D）可能含有微量与其他交叉反应的抗原。可通过凝集吸收试验和（或）稀释到规定的水平来避免。

有的种，尤其是痢疾志贺氏菌具有荚膜抗原可能阻碍 O 抗原凝集，可通过 100℃加热

15～60min 去除。

宋内氏志贺氏菌抗原存在于粗糙型和光滑型。与其他志贺氏菌抗体没有交叉反应。不像其他肠杆菌科细菌，粗糙型宋内氏志贺氏菌不需自凝试验。宋内氏志贺氏菌没有荚膜抗原。

血清学反应阳性而生化性状不符合时判为志贺氏菌阴性（与埃希氏菌有交叉反应）。

目前还没有好的志贺氏菌的检验方法。该菌许多生化性状为阴性，说明不活跃。也说明一些重要性状尚未被发现。另外尚未找到好的选择剂刺激其生长，因此与其他菌竞争时占劣势。少量志贺氏菌就能使人食物中毒，但没有好的分离方法，成为世界性的难题。

思考与练习

1. 志贺氏菌属有哪些主要的生化特征？
2. 志贺氏菌分几个群？抗原结构如何？K 抗原对 O 抗原试验有何影响？
3. 写出志贺氏菌、沙门氏菌、大肠埃希氏菌在 HE、XLD 琼脂或麦康凯（MAC 琼脂）选择性平板上生长的菌落特征？
4. 在志贺氏菌中，接种三糖铁培养基和半固体培养基后，哪些培养物可认为不属于本菌生长现象的范围而可弃去？志贺氏菌在三糖铁培养基上生长的结果如何？
5. 如何用生化反应来区分志贺氏菌各群？
6. 写出志贺氏菌的检验程序及所用培养基。

4.4 食品中大肠埃希氏菌 O157:H7 的检验

能够导致人类疾病的大肠埃希氏菌，我们统称为致泻性大肠埃希氏菌，主要包括肠毒素性大肠埃希氏菌（ETEC）、致病性大肠埃希氏菌（EPEC）、出血性大肠埃希氏菌（EHEC）、侵袭性大肠埃希氏菌（EIEC）和黏附性大肠埃希氏菌（EAEC）。

致泻性大肠埃希氏菌是引起人体以腹泻症状为主的全球性疾病，其中尤以 EPEC、ETEC 所占比例为大。致泻性大肠埃希氏菌亦可常年引发人体腹泻，以夏秋季为高峰。EHEC 为世界卫生组织（WHO）定为新的食源性致病菌，其引发的出血性肠炎的爆发或散发病例。自 1982 年美国 Riley 等首次报道肠出血性大肠埃希氏菌 O157:H7（*Escherichia coli* O157:H7）导致的出血性肠炎爆发流行以来，全球发现该菌感染的国家和地区不断加大。1996 年在日本发生的 O157:H7 的爆发流行，先后波及 30 多个都、府、县，感染近万人，并造成 12 人死亡，引起了全世界的关注。至 2002 年初，国内 14 个省、自治区、直辖市分离到该病源菌，在 8 个省、自治区、直辖市发现出血性肠炎散发病例，说明该菌对我国已构成威胁，但尚未有爆发流行的报道。O157:H7 引起的感染和爆发已呈现世界流行趋势。食源性感染在爆发流行中占很大比重，对此菌的防治已成为世界性的公共卫生问题。

2011 年 5 月德国出现肠出血性大肠埃希氏菌（简称 EHEC）O104:H4 感染性腹泻患者，已造成多人死亡，另有多人生命垂危情况。疫情蔓延到了其他 10 多个国家，公开数据显示食用受污染的番茄、黄瓜、生菜与此次疾病爆发有关。EHEC 除其代表菌株 O157:H7 外，还包括 O157:NM、O26:H11、O111:H8、O125:NM、O121:H19、O45:H2、O4:NM、O145:NM、O5:NM、O91:H21、O103:H2、O113:H2 等血清型的部分菌株。血清学鉴定包括 O 抗原和 H 抗原的鉴定。前者可使用玻片凝集试验或胶乳凝集试验；后者则应先进行动力试验，动力活泼者再进行玻片和试管凝集试验。

4.4.1 基础知识

4.4.1.1 生物学特性

肠出血性大肠埃希氏菌（EHEC）是能引起人的出血性腹泻和肠炎的一群大肠埃希氏菌。以 O157:H7 血清型为代表菌株。

大肠埃希氏菌 O157:H7 属于肠杆菌科埃希氏菌属，革兰氏阴性杆菌，无芽孢，有鞭毛，动力试验阳性；其鞭毛抗原可丢失，动力试验阴性。有较强的耐酸性，pH 2.5～3.0 37℃可耐受 5h；耐低温，能在冰箱内长期生存；在自然界的水中可存活数周至数月；对氯敏感，被 1mg/L 的余氯浓度杀灭。不耐热，75℃ 1min 即被灭活；最适生长温度为 33～42℃，37℃繁殖迅速，44～45℃生长不良，45.5℃停止生长。EHEC O157:H7 除不发酵或迟缓发酵山梨醇外，其他常见的生化特征与大肠埃希氏菌基本相似，但也有某些生化反应不完全一致（表 4-14），如 MUG 阴性，具有鉴别意义。EHEC O157:H7 的一个显著特征是可产生大量的 Vero 毒素（VT），也称作类志贺氏毒素（SLT），是 EHEC 的主要致病因子。Vero 毒素按免疫原性等方面的不同可分为 VT1 和 VT2。该毒素有一个 A 亚单位和 5～6 个 B 亚单位组成。B 亚单位与宿主肠壁细胞糖脂受体结合，具有毒素活性的 A 亚单位进入细胞，改变 60s 核糖体的组分，干扰蛋白质的合成。编码 VT 的基因位于噬菌体上，可缺失而不产生 VT。

表 4-14　大肠埃希氏菌 O157:H7/NM 生化反应特征

生化试验	反应特征
三糖铁琼脂	底层及斜面呈黄色，H_2S 阴性
靛基质(吲哚)试验	阳性
山梨醇发酵	阴性或迟缓发酵
MR-VP 试验	MR 阳性 VP 阴性
氧化酶试验	阴性
西蒙氏柠檬酸盐(枸橼酸盐利用)试验	阴性
赖氨酸脱羧酶	阳性(紫色)
鸟氨酸脱羧酶	阳性(紫色)
纤维二糖发酵	阴性
棉籽糖发酵	阳性
MUG 试验	阴性
动力试验	有动力或无动力

4.4.1.2 流行病学

EHEC O157:H7 引起的感染有明显的季节性，多发生于夏秋两季，7～8 月份为发病高峰。在地区分布上，多发生于发达国家，主要以散发性感染为主。在年龄分布上，儿童与老年人的发病率明显高于其他年龄组，且并发 HUS 和 TTP 的概率较高。最易分离到 O157:H7 的年龄为 5～9 岁（0.9%）和 50～59 岁（0.89%）。农场动物，尤其是反刍动物，构成 EHEC O157:H7 在世界范围内的主要储存宿主。O157:H7 在牛中的流行报告范围为 0.1%～16%；羊、猪、鸡、马、鹿、鸽子、海鸥等动物均可能为 EHEC 的携带者。EHEC

的感染可形成直接传播（动物→人，人→人），也可以通过间接传播（食物、水源→人）。

该菌主要通过食品和饮品传播。被其污染的牛肉、牛乳及其制品、鸡肉、蔬菜、水果、饮料、饮用水等，由于未经过加热处理或加热不充分，食用后就会受感染。鸡肉是大肠埃希氏菌 O157:H7 可能寄存的地方，因为该菌能在鸡的盲肠上繁殖。该菌常在健康牛身体的表面和内部存在，在屠宰过程中牛肉很容易受到污染。牛肉被认为是主要的传播载体，很多 O157:H7 的感染与之有关。随着低加工品（minimally processedfood，MP）的出现，那些被认为危害程度较低的食品也成为不容忽略的传播载体。pH 值低于 4.6 的食品，通常被认为是低风险的，但该菌耐酸性强，能在低 pH 的食品中存活很长时间。一些酸性食品如发酵香肠、苹果汁、苹果酒、酸乳酪和蛋黄酱等都曾引起过该菌的感染和爆发流行。

EHEC O157:H7 潜伏期为 3～10d，病程 2～9d。通常是突然发生剧烈腹痛和水样腹泻，数天后出现出血性腹泻，可发热或不发热。严重者并发溶血性尿毒综合征（HUS）和血栓性血小板减少性紫癜（TTP）等，致病性非常强，可导致死亡。

该菌的感染剂量极低，有报道低达 10 个菌体，常规检测方法很难检测到。为了提高检出率，近年来免疫学、分子生物学技术逐渐用于该菌的检测与鉴定。随着预测微生物学的发展，国外科学家已致力于该菌生长预测模型及风险评估的研究，避免了使用费时、费力且效率低下的微生物检测方法，直接得到有关其生长、繁殖或死亡的信息。

4.4.2 常用检验培养基及检测原理

（1）改良山梨醇麦康凯琼脂（TC-SMAC）即头孢克肟-亚碲酸钾-山梨醇麦康凯培养基，山梨醇麦康凯琼脂加入过滤除菌的 1% 亚碲酸钾溶液，使终浓度 2.5mg/L，加头孢克肟，使终浓度为 0.05mg/L。亚碲酸钾用于抑制革兰氏阴性细菌和革兰氏阳性球菌生长，头孢克肟主要是抑制革兰氏阳性菌生长。

（2）MUG-LST 肉汤 LST 肉汤中添加 4-甲基伞形酮-β-D-葡萄糖醛酸苷（MUG），使终浓度为 0.1g/L。EHEC O157:H7 虽然有 uidA 基因，但其编码的 β-葡萄糖醛酸酶无活性，不能分解 4-甲基伞形酮-β-D-葡萄糖醛酸苷（MUG）产生荧光，即 MUG 阴性。即可以利用 MUG 反应把大肠埃希氏菌 O157:H7 和其他大肠埃希氏菌区分开。

4.4.3 国家标准检验方法

参照 GB/T 4789.36—2008《食品卫生微生物学检验 大肠埃希氏菌 O157:H7/NM 检验》（第一法）。

4.4.3.1 检验程序

见图 4-11。

4.4.3.2 检验步骤

（1）增菌 样品采集后应尽快检验。若不能及时检验，可在 2～4℃保存 18h。以无菌操作取检样 25g（25mL）加入到含有 225mL mEC＋n 肉汤的均质袋中，在拍击式均质器上连续均质 1～2min；或放入盛有 225mL mEC＋n 肉汤的均质杯中，8000～10000r/min 均质 1～2min，于（36±1）℃培养 18～24h，同时做阳性及阴性对照。

（2）分离 取增菌后的 mEC＋n 肉汤划线或取 0.1mL 涂布接种于 CT-SMAC 平板和改良 CHROMagar O157 弧菌显色琼脂平板上，于（36±1）℃培养 18～24h，观察菌落形态。必要时将混合菌落分纯。在 CT-SMAC 平板上，典型菌落为不发酵山梨醇的圆形、光

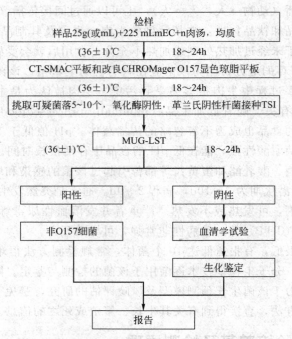

图 4-11 大肠埃希氏菌 O157：H7/NM 检验流程

滑、较小的无色菌落，中心呈现较暗的灰褐色；发酵山梨醇的菌落为红色；在改良 CHROMagarO157 弧菌显色琼脂平板上为圆形、较小的菌落，中心呈淡紫色-紫红色，边缘无色或浅灰色。

（3）初步生化试验 在 CT-SMAC 和改良 CHROMagarO157 弧菌显色琼脂平板上挑取 5～10 个典型或可疑菌落，分别接种 TSI 琼脂，同时接种 MUG-LST 肉汤，于（36±1）℃培养 18～24h 必要时进行氧化酶试验和革兰氏染色。在 TSI 琼脂中，典型菌株为斜面与底层均呈阳性反应呈黄色，产气或不产气，不产生硫化氢（H₂S）置 MUG-LST 肉汤管于长波紫外线灯下观察，无荧光产生者为阳性结果，有荧光产生者为阴性结果；对分解乳糖且无荧光的菌株，在营养琼脂平板上分纯，于（36±1）℃培养 18～24h，并进行鉴定。

（4）鉴定

① 血清学试验：在营养琼脂平板上挑取分纯的菌落，用 O157：H7 标准血清或 O157 乳胶凝集试剂做玻片凝集试验。对于 H7 因子血清不凝集者，应穿刺接种半固体琼脂，检查动力，经连续传代 3 次，动力试验阴性，H7 因子血清凝集阴性者，确定为无动力株。

② 生化试验：用 AP120E 生化鉴定试剂盒或 VITEK-GNI＋检测卡，按照生产商提供的使用说明进行。大肠埃希氏菌 O157：H7/NM 生化反应特征见表 4-14。

（5）结果报告 综合生化和血清学的试验结果，报告 25g（25mL）样品中检出或未检出大肠埃希氏菌 O157：H7/NM。在样品中检出 O157：H7 或 O157：NM 时，如需要进一步检测 Vero 细胞毒素基因的存在，可通过接种 Vero 细胞或 Hela 细胞，观察细胞病变进行判定，也可使用基因探针检测和聚合酶链反应（PCR）方法或送参考实验室进行志贺氏毒素基因（stx1、stx2）、eae、hly 基因等的检测。

4. 4. 4 FDA、USDA 大肠埃希氏菌 O157：H7 检测流程

见图 4-12。

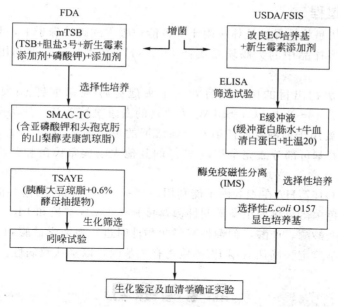

图 4-12　FDA 和 USDA 大肠埃希氏菌 O157:H7 检测流程

4.4.5　ISO 16654:2001 大肠埃希氏菌 O157 检测基准方法

4.4.5.1　检验程序

见图 4-13。

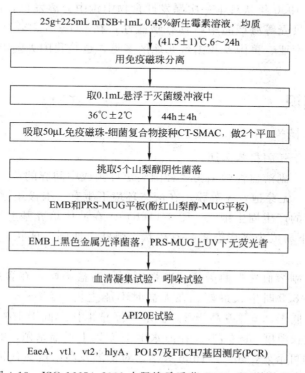

图 4-13　ISO 16654:2001 大肠埃希氏菌 O157:H7 检验程序

4.4.5.2 检测过程

免疫磁珠分离法是将特异性抗体吸附于一种能被吸附的磁性珠子上，与样品混合，利用抗原抗体反应特性将样品中的大肠埃希氏菌 O157：H7 富集起来。再利用磁场将磁性珠子钓出。

使用免疫磁珠法钓出目的菌，然后划线于头孢克肟-亚碲酸钾-山梨醇麦康凯培养基（CT-SMAC）上培养 18～24h。CT-SMAC 为改良的麦康凯培养基。使头孢克肟的最终浓度为 0.005mg/L，主要用于抑制变形杆菌，亚碲酸钾的最终浓度为 2.5mg/L，主要用于抑制气单胞菌等。此培养基可部分或完全抑制 67% 的其他大肠埃希氏菌和几乎所有山梨醇阴性的杂菌。

大肠埃希氏菌 O157：H7 在 48h 内不能利用山梨醇，呈乳白色菌落。能利用山梨醇的大肠埃希氏菌呈粉红色菌落。挑取山梨醇阴性菌落接种于 EMB 平板和 PRS-MUG 平板，观察产酸并测试葡萄糖醛酸酶。产酸，葡萄糖醛酸酶阴性时进行血清学试验和吲哚试验，符合者进行进一步生物化学鉴定。确认后用 PCR 检查有关基因，以确认致病性。

思考与练习

比较 GB、ISO 和 FDA 大肠埃希氏菌 O157：H7 的检验方法，简述各自特点。

4.5 食品中副溶血性弧菌的检验

副溶血性弧菌（*Vibrioparahaemolyticus*）是分布极广的海洋细菌，是引起食物中毒的重要病原菌之一，于 1950 年从日本一次暴发性食物中毒中分离发现。该菌存在于近海海水、海底沉积物和鱼类、贝壳等海产品中，具有嗜盐性，在 pH 7.7、37℃、含氯化钠的环境中生长最好。日本、东南亚、美国及我国台北地区多见，也是我国大陆沿海地区食物中毒和急性腹泻的主要病原菌。

4.5.1 基础知识

4.5.1.1 生物学特性

副溶血性弧菌属于弧菌科弧菌属。

(1) 形态与染色　副溶血性弧菌为一种圆头短杆菌或中间胖的革兰氏阴性杆菌，(0.3～0.7)μm×(1～2)μm。无芽孢，无荚膜，在液体环境下生有一根极生鞭毛 [图 4-14(c)]，运动活跃。在琼脂上有的产生周生鞭毛 [图 4-14(b)]。在液体培养基上浑浊生长，生长菌膜。培养 1d 后在显微镜下易成为多形态者。有棒状、弧状、卵圆、球状、丝状体出现 [图 4-14(a)]，两端浓染。

(2) 培养特性　副溶血性弧菌需氧或兼性厌氧，嗜盐畏酸，在含盐 3～3.5% 的培养基中，37℃、pH 7.5～8.5 时生长最好。在无盐时不能生长，3%～6% 食盐水繁殖迅速，每 8～9min 为 1 周期，低于 0.5% 或高于 8% 盐水中停止生长。低于 10℃不生长，最高生长温度 42～43℃，最适生长温度 35～37℃。在海水中 15℃以上逐渐繁殖，20℃以上迅速繁殖。不耐热，56℃、5min 即可杀死，90℃、1min 灭活。对低温及高浓度氯代钠抵抗力甚强。对酸敏感，在 2% 醋酸中或 50% 的食醋中 1min 即可死亡。比一般菌耐碱。在 pH 5.6～9.6 下生长。

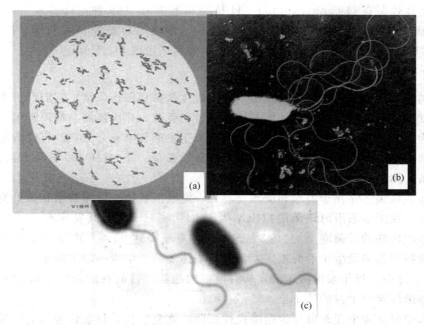

图 4-14　副溶血性弧菌镜检形态 [(a) 为染色，(b)、(c) 为鞭毛]

（3）生化特征　副溶血性弧菌的主要生理及生化特征见表 4-15。葡萄糖、麦芽糖、甘露糖、甘露醇分解均阳性；蔗糖、乳糖、纤维二糖、木糖、肌醇、水杨苷均阴性。氧化酶阳性区别于肠道杆菌；葡萄糖氧化-发酵试验为发酵型，区别于假单胞菌（氧化型）；液化明胶；分解淀粉；硝酸盐还原阳性。

表 4-15　副溶血性弧菌主要性状与其他弧菌的鉴别

名称	氧化酶	赖氨酸	精氨酸	鸟氨酸	明胶	脲酶	42℃生长	蔗糖	D-纤维二糖	乳糖	阿拉伯糖	D-甘露糖	D-甘露醇	ONPG	0	3	6	8	10
副溶血性弧菌 V. parahaemolyticus	+	+	−	+	+	V	+	−	V	−	+	+	+	−	−	+	+	+	−
创伤弧菌 V. vulnificus	+	+	−	+	+	−	+	+	+	+	−	V	+	+	−	+	+	−	−
溶藻弧菌 V. alginolyticus	+	+	−	+	+	−	+	+	−	−	+	+	+	−	−	+	+	+	+
霍乱弧菌 V. cholerae	+	+	−	+	+	−	+	+	−	+	+	+	+	+	+	+	−	−	−
拟态弧菌 V. mimicus	+	+	−	+	+	−	+	−	−	+	+	+	+	+	+	+	−	−	−
河弧菌 V. fluvialis	+	−	+	−	+	−	V	+	+	−	+	+	+	+	−	+	+	V	−
弗氏弧菌 V. furnissii	+	−	+	−	+	−	+	+	+	−	+	+	+	+	−	+	+	V	−
梅氏弧菌 V. metschnikovii	−	+	+	+	+	−	V	+	−	−	+	+	+	+	−	+	+	+	−
霍利斯弧菌 V. hollisae	+	−	−	−	−	−	nd	−	−	−	−	+	+	−	−	+	+	−	−

注：＋阳性；－阴性；V 菌株间有差异或血清型间有差异；nd 未检出。

副溶血性弧菌有 O 抗原（1～13）、H 抗原和 K 抗原（69 种，1～75，2、14、16、27、35、62 空缺），因 H 抗原为共同抗原，在鉴定中一般使用 O 抗原和 K 抗原。过去以 O4:K8 为主。O3:K6 为近年来较流行的血清型。1998 年后又出现 O4:K68。

4.5.1.2　流行病学

弧菌属中的常见致病菌有霍乱弧菌、副溶血性弧菌和创伤弧菌，它们都可能在食品中出现，成为食物中毒的原因菌。另外溶藻性弧菌、河弧菌、弗氏弧菌、梅氏弧菌、霍利斯弧菌有时也成为人的致病菌。弧菌作为食物中毒菌源于生的和未充分煮熟的有壳的水生动物。按报道的食物中毒的频率由高到低，依次为副溶血性弧菌、非 O1/O139 霍乱弧菌、创伤弧菌、霍利斯弧菌、弗氏弧菌和 O1 霍乱弧菌。

副溶血性弧菌多存在于海水和淡水交界处、海底沉积物、沿岸海水和鱼贝类食物中。温热地带较多。我国华东沿海该菌的检出率为 57.4%～66.5%，其发病有季节性，尤以夏秋季较高。海产鱼虾的带菌率平均为 45%～48%，夏季高达 90%。腌制的鱼贝类带菌率也达 42.4%，食物中毒多发生于沿海地区，常造成集体发病。中毒一般多发于 5～11 月份，高峰季节在 7～9 月份。近年来沿海地区发病有增多的趋势。目前有的沿海城市副溶血性弧菌食物中毒占细菌性食物中毒的第 1 位。

在海水中海藻和甲壳素可促进副溶血性弧菌的恢复生长。目前认为副溶血弧菌产生的毒素主要有 3 种，分别为不耐热溶血毒素 TLH、耐热直接溶血毒素 TDH 和相对耐热直接溶血毒素 TRH。

TDH 是由 165 个氨基酸构成的二聚体，分子质量为 46kDa，其热稳定性好，100℃处理 10min 仍有活性。TDH 具有直接溶血活性，可使多种红细胞发生溶血，其中，兔、犬、人、豚鼠的红细胞对 TDH 较敏感。同时，小鼠心肌细胞培养证实 TDH 有心脏毒作用，可以导致心脏病，TDH 也可使细胞膜上形成小孔通道，使细胞内外离子浓度发生改变，离子浓度的变化可以导致渗透压的变化，当渗透压的改变超过细胞的代偿调节能力时，可以使细胞发生病理和形态学改变，导致细胞膨胀甚至死亡，所以 TDH 又被认为是一种孔蛋白。TRH 是与 TDH 的氨基酸序列的同源性达 67%，有相似的免疫原性，具有溶血与肠毒素作用的一种二聚体蛋白质，分子质量为 48kDa，其热稳定性较 TDH 差，60℃处理 10min 即可失活。与 TDH 比较，牛、羊、鸡的红细胞对 TRH 较敏感，而对 TDH 不敏感，马的红细胞对两者均不敏感。TLH 是由两种具有交叉免疫原性、分子质量为 43kDa 和 45kDa 的蛋白组成的，两种蛋白具有同样的生物活性，被认为是同一基因的产物。它不但能溶解人的红细胞，而且溶解马的红细胞。实验表明，TLH 是一种非典型的磷脂酶，不能直接溶血，需要卵磷脂才有溶血活性。关于 TLH 的功能和致病性目前仍不清楚。

一般地，致病性副溶血性弧菌有溶血性（β溶血），称为神奈川现象；无致病性的无溶血性。该热稳定溶血毒素（TDH）在 100℃ 15min 热处理下不被破坏。个别无神奈川现象的也发现有致病性，其含有热稳定溶血毒素相关溶血素（TRH），此时尿素酶总是阳性。致病性主要在于热稳定溶血毒素。热稳定溶血毒素相关溶血素也是致泻因子。有时两种毒素都产生。

食品中副溶血性弧菌（也称嗜盐菌）直接或间接来源于海洋性食物。本病经食物传播，主要的食物是海产品或盐腌渍品，常常能污染鱼、虾、贝类等海产品；其次为肉类、家禽和咸蛋，偶尔也可由咸菜等引起。人们往往因食用未煮熟的海产品或污染本菌（多因食物容器或砧板污染所引起）的盐渍食物（如蔬菜、肉、蛋类等）而受感染，导致食物中毒现象的发生。近年来国内报道的副溶血性弧菌食物中毒，临床表现不一，可呈典型、胃肠炎型、菌痢型、中毒性休克型或少见的慢性肠炎型。

4.5.2 常用检验培养基及检测原理

4.5.2.1 TCBS 琼脂（硫代硫酸钠-柠檬酸盐-胆盐-蔗糖琼脂）

TCBS 琼脂原理类似肠道杆菌培养基，主要是增加了氯化钠。适当氯化钠浓度抑制不耐盐的革兰氏阴性菌；用适当碱性（pH9）提高竞争力，使弧菌优势生长。用胆盐（抑制菌落扩散）和硫代硫酸钠破坏细菌膜系统，用柠檬酸钠络合渗漏的重要无机离子，抑制革兰氏阳性菌。用硫代硫酸钠为还原剂，适当降低氧化-还原电位，使兼性厌氧的革兰氏阴性菌成为优势菌。用氯化钠抑制肠道杆菌。因此适合柠檬酸盐阳性的弧菌等微好盐兼性厌氧革兰氏阴性菌生长。因氯化钠浓度相对高，抑制变形杆菌、沙门氏菌等肠道杆菌，使之菌落小，呈半透明状（有的可能还产硫化氢，菌落发黑）。沙雷氏菌、个别的假单胞菌、气单胞菌、肠杆菌（黄色菌落）、邻单胞菌（浅绿色菌落，生长不良）也生长。发光杆菌属、肠球菌属也能生长。本培养基因含硫代硫酸钠还能抑制扩散生长的弧菌。使用两种指示剂（溴麝香草酚蓝：黄 6.0～7.6 蓝。麝香草酚蓝：黄 8.0～9.6 蓝），使培养基 pH 在 7.6～8.0 范围变成中间颜色——绿色。这里用蔗糖排除分解蔗糖的杂菌和其他弧菌。不分解蔗糖的副溶血性弧菌在此培养基上形成大而扁平、半透明、带黏性的蓝绿色菌落，尖心，斗笠状。分解蔗糖的霍乱弧菌等在此培养基上形成黄色菌落（图 4-15）。此培养基的优点是除柠檬酸盐阴性的霍利斯弧菌外其他致病性弧菌都能在此培养基上生长。能产生蓝绿色菌落的主要有拟态弧菌、创伤弧菌。TCBS 琼脂还适合霍乱弧菌的分离。

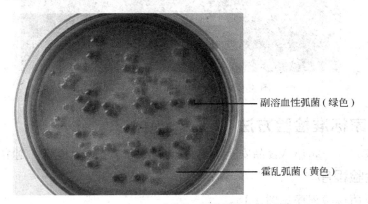

图 4-15　TCBS 琼脂上面的副溶血性弧菌

4.5.2.2 TSAT 琼脂

TSAT 琼脂是在胰大豆肉汤中添加蔗糖、氯化钠、胆盐和 TTC 组成的培养基。检验海产品时，在 TCBS 琼脂上经常有溶藻性弧菌与副溶血性弧菌一同出现，不易区分。在 TSAT 琼脂上副溶血性弧菌菌落为紫红色（直径 2～3mm，24h），而溶藻性弧菌为白色，个别微粉红色，且菌落小（直径 1～2mm，24h），二者容易区分。肠道杆菌也能在此培养基上生长，但一般菌落较小。变形杆菌菌落较大容易跟副溶血性弧菌混淆，但在以后的三糖铁上很容易区分。TSA＋TTC 中可以方便观察副溶血性弧菌动力（图 4-16）。

4.5.2.3 3.5% 盐三糖铁鉴定

可疑菌落接种到 3.5% 盐三糖铁上培养，挑取硫化氢阴性，不产气，斜面不变，底层产

图 4-16　TSAT 琼脂上面的
副溶血性弧菌
(c) 副溶血性弧菌（紫红色）

酸者进行生物化学试验。变形杆菌产生硫化氢而被排除。革兰氏阴性非发酵菌底层不产酸而排除。气单胞菌能利用蔗糖或乳糖而斜面产酸。通过涂片镜检，排除选择性平板上生长的耐盐的不能利用蔗糖的革兰氏阳性杆菌和球菌。剩余菌主要为弧菌属细菌。其他还有个别气单胞菌和发光杆菌。气单胞菌在 8% NaCl 中不生长。发光杆菌可通过暗处发光来排除，也可通过甘露醇为唯一碳源试验（一）排除，还有一个特征是三糖铁上产气。

4.5.2.4　神奈川现象

副溶血性弧菌在普通血平板（含羊、兔或马等血液）上不溶血或只产生 α 溶血；但在特定条件下，某些菌株在含高盐（70g/L NaCl）的人 O 型血或兔血及以 D-甘露醇为碳源的我妻（Wagatsuma）氏琼脂平板上可产生 β 溶血，该现象称为神奈川现象，其可作为鉴定致病性与非致病性菌株的一项重要指标。

神奈川试验是在我妻氏琼脂上测试是否存在特定溶血素 TDH，其阳性结果为菌落周围呈半透明的 β 溶血（图 4-17）。

图 4-17　副溶血性弧菌神奈川现象

4.5.3　国家标准检验方法

参照 GB 4789.7—2013《食品安全国家标准　食品微生物学检验　副溶血性弧菌检验》。

4.5.3.1　检验程序

副溶血性弧菌检验程序见图 4-18。

4.5.3.2　操作步骤

（1）样品制备

① 非冷冻样品采集后应立即置 7～10℃ 冰箱保存，尽可能及早检验；冷冻样品应在 45℃ 以下不超过 15min 或在 2～5℃ 不超过 18h 解冻。

② 鱼类和头足类动物取表面组织、肠或鳃。贝类取全部内容物，包括贝肉和体液；甲壳类取整个动物，或者动物的中心部分，包括肠和鳃。如为带壳贝类或甲壳类，则应先在自来水中洗刷外壳并甩干表面水分，然后以无菌操作打开外壳，按上述要求取相应部分。

③ 以无菌操作取样品 25g（25mL），加入 3% 氯化钠碱性蛋白胨水 225mL，用旋转刀片式均质器以 8000r/min 均质 1min，或拍击式均质器拍击 2min，制备成 1:10 的样品匀液。如无均质器，则将样品放入无菌乳钵，自 225mL 3% 氯化钠碱性蛋白胨水中取少量稀释液加

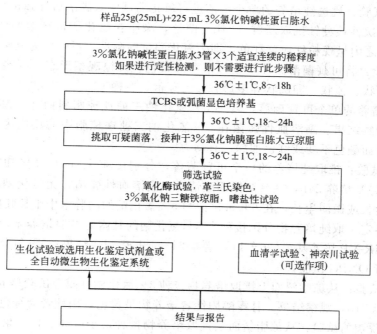

样品25g(25mL)+225 mL 3%氯化钠碱性蛋白胨水

3%氯化钠碱性蛋白胨水3管×3个适宜连续的稀释度
如果进行定性检测，则不需要进行此步骤

36℃±1℃,8～18h

TCBS或弧菌显色培养基

36℃±1℃,18～24h

挑取可疑菌落，接种于3%氯化钠胰蛋白胨大豆琼脂

36℃±1℃,18～24h

筛选试验
氧化酶试验，革兰氏染色，
3%氯化钠三糖铁琼脂，嗜盐性试验

生化试验或选用生化鉴定试剂盒或
全自动微生物生化鉴定系统

血清学试验、神奈川试验
(可选作项)

结果与报告

图 4-18　GB 副溶血性弧菌检验程序

入无菌乳钵，样品磨碎后放入 500mL 无菌锥形瓶，再用少量稀释液冲洗乳钵中的残留样品 1～2 次，洗液放入锥形瓶，最后将剩余稀释液全部放入锥形瓶，充分振荡，制备成 1∶10 的样品匀液。

（2）增菌

① 定性检测：将上述 1∶10 样品匀液于 （36±1）℃培养 8～18h。

② 定量检测

a. 用无菌吸管吸取 1∶10 样品匀液 1mL，注入含有 9mL 3%氯化钠碱性蛋白胨水的试管内，振摇试管混匀，制备成 1∶100 的样品匀液。

b. 另取 1mL 无菌吸管，依次制备 10 倍系列稀释样品匀液，每递增稀释 1 次，换用一支 1mL 无菌吸管。

c. 根据对检样污染情况的估计，选择 3 个连续的适宜稀释度，每个稀释度接种 3 支含有 9mL 3%氯化钠碱性蛋白胨水的试管，每管接种 1mL。置 （36±1）℃恒温箱内，培养 8～18h。

（3）分离　对所有显示生长的增菌液，用接种环在距离液面以下 1cm 内蘸取一环增菌液，于 TCBS 平板或弧菌显色培养基平板上划线分离。1 支试管划线 1 块平板。于 （36±1）℃培养 18～24h。

典型的副溶血性弧菌在 TCBS 上呈圆形、半透明、表面光滑的绿色菌落，用接种环轻触，有类似口香糖的质感，直径 2～3mm。从培养箱取出 TCBS 平板后，应尽快（不超过 1h）挑取菌落或标记要挑取的菌落。典型的副溶血性弧菌在弧菌显色培养基上的特征按照产品说明进行判定。

（4）纯培养　挑取 3 个或以上可疑菌落，划线接种 3%氯化钠胰蛋白胨大豆琼脂平板，（36±1）℃培养 18～24h。

（5）初步鉴定

① 氧化酶试验：挑选纯培养的单个菌落进行氧化酶试验，副溶血性弧菌为氧化酶阳性。用细玻璃棒或一次性接种针挑取新鲜（24h）菌落，涂布在氧化酶试剂湿润的滤纸平板上。如果滤纸在 10s 之内呈现粉红或紫红色，即为氧化酶试验阳性。不变色为氧化酶试验阴性。

② 涂片镜检：将可疑菌落涂片，进行革兰氏染色，镜检观察形态。副溶血性弧菌为革兰氏阴性，呈棒状、弧状、卵圆状等多形态，无芽孢，有鞭毛。

③ 挑取纯培养的单个可疑菌落，转种 3% 氯化钠三糖铁琼脂斜面并穿刺底层，（36±1）℃培养 24h 观察结果。副溶血性弧菌在 3% 氯化钠三糖铁琼脂中的反应为底层变黄不变黑，无气泡，斜面颜色不变或红色加深，有动力。

④ 嗜盐性试验：挑取纯培养的单个可疑菌落，分别接种 0、6%、8% 和 10% 氯化钠的胰胨水，（36±1）℃培养 24h，观察液体浑浊情况。副溶血性弧菌在无氯化钠和 10% 氯化钠的胰胨水中不生长或微弱生长，在 6% 氯化钠和 8% 氯化钠的胰胨水中生长旺盛。

（6）确定鉴定　取纯培养物分别接种含 3% 氯化钠的甘露醇试验培养基、赖氨酸脱羧酶试验培养基、MR-VP 培养基，（36±1）℃培养 24~48h 后观察结果；3% 氯化钠三糖铁琼脂隔夜培养物进行 ONPG 试验。

① 甘露醇试验：从琼脂斜面上挑取培养物接种 3% 氯化钠甘露醇试验培养基，于（36±1）℃培养不少于 24h，观察结果。甘露醇阳性者培养物呈黄色，阴性者为绿色或蓝色。

② 赖氨酸脱羧酶试验：从琼脂斜面上挑取培养物接种，于（36±1）℃培养不少于 24h，观察结果。赖氨酸脱羧酶阳性者由于产碱中和葡萄糖产酸，故培养基仍应呈紫色。阴性者无碱性产物，但因葡萄糖产酸而使培养基变为黄色。对照管应为黄色。

③ VP 试验：将 3% 氯化钠胰蛋白胨大豆琼脂生长物接种 3% 氯化钠 MR-VP 培养基，（36±1）℃培养 48h。取 1mL 培养物，转放到一个试管内，加 0.6mL 甲液，摇动。加 0.2mL 乙液，摇动。随意加一点肌酸结晶，4h 后观察结果。阳性结果呈现伊红的粉红色。

④ ONPG 试验：将待检培养物接种 3% 氯化钠三糖铁琼脂，（36±1）℃培养 18h。挑取一满环新鲜培养物接种于 0.25mL 3% 氯化钠溶液，在通风橱中，滴加 1 滴甲苯，摇匀后置 37℃水浴 5min。加 0.25mL ONPG 溶液，（36±1）℃培养观察 24h。阳性结果呈黄色。阴性结果则 24h 不变色。

（7）血清学分型（可选择项）　请参考相关文献。

（8）神奈川试验（可选择项）　神奈川试验是在我妻氏琼脂上测试是否存在特定溶血素。神奈川试验阳性结果与副溶血性弧菌分离株的致病性显著相关。用接种环将测试菌株的 3% 氯化钠胰蛋白胨大豆琼脂 18h 培养物点种表面干燥的我妻氏血琼脂平板。每个平板上可以环状点种几个菌。（36±1）℃培养不超过 24h，并立即观察。阳性结果为菌落周围呈半透明环的 β-溶血。

（9）结果与报告　当检出的可疑菌落生化性状符合表 4-16 要求时，报告 25g（25mL）样品中检出副溶血性弧菌。如果进行定量检测，根据证实为副溶血性弧菌阳性的试管管数，查最可能数（MPN）检索表，报告每克（每毫升）副溶血性弧菌的 MPN 值。

表 4-16　副溶血性弧菌的生化性状

试验项目	革兰氏染色镜检	氧化酶	动力	蔗糖	葡萄糖	甘露醇	分解葡萄糖产气	乳糖	硫化氢	赖氨酸脱羧酶	V-P	ONPG
结果	阴性,无芽孢	+	+	−	+	+	−	−	−	+	−	−

思考与练习

1. 副溶血性弧菌的个体形态怎样？生长特征如何？

2. 副溶血性弧菌的主要污染食品及其耐热性是什么？

3. 食品中副溶血性弧菌检测的鉴别性培养基 TCBS 琼脂（硫代硫酸钠-柠檬酸盐-胆盐-蔗糖琼脂）培养特征及基本原理是什么？

4. 如何理解神奈川现象？

4.6 食品中金黄色葡萄球菌检验

金黄色葡萄球菌（*Staphylokkkus aureus*）属于微球菌科葡萄球菌属，是葡萄球菌引起人类疾病的主要菌种。根据《伯杰氏鉴定细菌学手册》（第八版），将葡萄球菌分为金黄色葡萄球菌、表皮葡萄球菌和腐生葡萄球菌三种。其中金黄色葡萄球菌多为致病性，表皮葡萄球菌偶尔致病，腐生葡萄球菌一般为非致病性菌。金黄色葡萄球菌除了可以引起皮肤组织炎症外，还可以产生肠毒素，因此由该菌引起的中毒为毒素型食物中毒。食品中存在金黄色葡萄球菌对人的健康是一种潜在危害，所以检验食品中金黄色葡萄球菌及其数量具有实际意义。

4.6.1 基础知识

4.6.1.1 生物学特性

（1）形态与染色　典型的金黄色葡萄球菌呈球形，直径 $0.8\mu m$ 左右，显微镜下排列成葡萄串状。金黄色葡萄球菌无芽孢、无鞭毛，大多数无荚膜，革兰氏染色阳性。

（2）培养特性　金黄色葡萄球菌营养要求不高，在普通培养基上生长良好，需氧或兼性厌氧，最适生长温度 37℃，最适生长 pH 7.4。平板上菌落厚、有光泽、圆形凸起，直径 $1\sim2mm$。血平板菌落周围形成透明的溶血环。金黄色葡萄球菌有高度的耐盐性，可在 10%～15% NaCl 肉汤中生长。在含 20%～30% 二氧化碳的环境中培养可以产生大量的毒素。

（3）生化特性　金黄色葡萄球菌可分解葡萄糖、麦芽糖、乳糖、蔗糖，产酸不产气。甲基红反应阳性，VP 试验弱阳性。许多菌株可分解精氨酸，水解尿素产氨，还原硝酸盐，不产生吲哚，液化明胶。金黄色葡萄球菌具有较强的抵抗力，对磺胺类药物敏感性低，但对青霉素、红霉素等高度敏感。

4.6.1.2 流行病学

金黄色葡萄球菌的致病力强弱主要取决于其产生的毒素和侵袭性酶，其产生的毒素与酶主要有溶血毒素、肠毒素、杀白细胞毒素、血浆凝固酶、脱氧核糖核酸酶，此外，金黄色葡萄球菌还产生表皮溶解毒素、明胶酶、蛋白酶、脂酶、溶血酶、卵磷脂酶、肽酶等。

金黄色葡萄球菌肠毒素是金黄色葡萄球菌产生的耐热性肠毒素。金黄色葡萄球菌除了产生肠毒素外，还可以产生能使人（特别是新生儿和婴幼儿）发生剥脱性皮炎的外毒素——剥脱毒素，以及使人产生中毒性休克综合征的外毒素——中毒性休克毒素等金黄色葡萄球菌毒素。但是食品中常见的是 SE，产生 SE 的菌株血浆凝固酶或耐热核酸酶为阳性。SE 属于外毒素，是分子质量为 26～30kDa 的一类蛋白质，它们在分子内部均存在二硫键，具有很好的热稳定性和抵抗蛋白酶消化的特性。迄今为止，根据血清型，SE 可分为 A、B、C、D、

E、G、H、I、J、K 型共 10 种，C 型抗原根据等电点的不同又可以分为 C1、C2 和 C3 三个亚型。其中，SEA 毒性最强，而 SEB 为食品中最常见，主要污染乳、肉、蛋、鱼及其制品等蛋白类食品。

SE 是引起人类食物中毒和葡萄球菌胃肠炎的主要原因。研究表明，SE 可以引起急性胃肠炎，刺激非特异性 T 细胞增殖而产生超抗原效应。具有耐热性，可耐受 100℃煮沸 30min 而不被破坏，要使其完全破坏需煮沸 2h。其他如杀白细胞毒素、溶血毒素等 100℃ 10min 或 80℃ 20min 就可以丧失毒性。产生肠毒素的菌株血浆凝固酶或耐热核酸酶为阳性。

金黄色葡萄球菌在自然界中无处不在，空气、水、灰尘及人和动物的排泄物中都可找到。因而，食品受其污染的机会很多。金黄色葡萄球菌多为致病性，是人类化脓感染中最常见的病原菌，可引起局部化脓感染，也可引起肺炎、假膜性肠炎、心包炎等，甚至败血症、脓毒症等全身感染。

4.6.2 常用检验培养基及检验原理

分离金黄色葡萄球菌最常用的培养基是 Baird-Parker 培养基。由于本培养基有利于受伤的金黄色葡萄球菌的恢复生长，适合金黄色葡萄球菌的直接菌落计数。甘露醇高盐琼脂也用于分离该菌，但由于高浓度氯化钠对受伤菌有伤害，故不适合直接菌落计数。

Baird-Parker 培养基成分如下：胰蛋白胨、牛肉膏、酵母浸膏、丙酮酸钠、甘氨酸、氯化锂、琼脂、蒸馏水、卵黄、亚碲酸钾。

亚碲酸钾和氯化锂都是革兰氏阴性菌的抑制剂，二者与甘氨酸合用抑制微球菌属（经常为成对、四联或成群，细胞常比葡萄球菌大，有时为椭圆形）、葡萄球菌属和部分芽孢杆菌属以外的大部分细菌。偶尔有链球状菌或弧菌生长。金黄色葡糖球菌能将亚碲酸盐还原，形成黑色菌落，作为指示系统。金黄色葡糖球菌可吸收甘氨酸，积累于细胞内，可耐高渗环境，高浓度的甘氨酸还参与抑制细菌细胞壁的合成，有抑菌作用，与其他抑菌剂常有协同作用。由于高浓度氯化钠对由于加热和冷冻等处理而受伤的菌有伤害，而且降低正常菌的生长率，所以不用氯化钠（指平板计数时）用氯化锂和甘氨酸代替氯化钠，达到降低水分活度目的。

另外，需氧细菌在有氧呼吸时产生对细菌有毒的过氧化氢。正常需氧菌和兼性厌氧菌能产生过氧化氢酶或过氧化物酶来分解过氧化氢。但对于受伤菌来说，产生这些酶的能力已经减弱或丧失，使菌无法良好生长。丙酮酸钠的主要作用就是吸收金黄色葡糖球菌和其他细菌在代谢过程中产生的过氧化氢，以利于受伤金黄色葡糖球菌的恢复生长。对于从糖分解到丙酮酸有关酶受损伤的细胞来说，丙酮酸钠还可能直接被受伤细菌利用，刺激生长。

Baird-Parker 培养基利用卵黄检查其分解卵磷脂和脂肪的能力。葡萄球菌可产生卵磷脂酶（一般为 A，有的为 C，β-溶血素具有卵磷脂酶 C 的活性），将卵黄中的磷脂分解为溶于水的磷酸胆碱等物质和不溶于水的甘油二酯。脂肪酶进一步将甘油二酯分解为水溶性的脂肪酸和甘油，脂肪酸遇钙、镁等离子沉淀，平板上出现乳白色浑浊带（图 4-19）。

在使用 Baird-Parker 培养基时，不要使用冰箱内

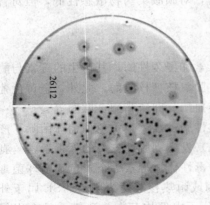

图 4-19　金黄色葡萄球菌在 Baird-Parker 平板上的菌落形态

保存已超过48h的平板，除非在使用前另加丙酮酸钠。经实验证明，超过48h时会降低其选择性，其机理可能与丙酮酸钠选择兼性厌氧菌有关。也可以在使用前另加丙酮酸钠。丙酮酸钠很容易扩散到培养基中。

4.6.3 国家标准检验方法

参见 GB 4789.10—2010《食品安全国家标准　食品微生物学检验　金黄色葡萄球菌检验》第二法和第三法。

4.6.3.1 Baird-Parker 平板计数（第二法）

本方法适用于金黄色葡萄球菌含量较高的食品中金黄色葡萄球菌的计数。

4.6.3.1.1 检验流程

见图 4-20。

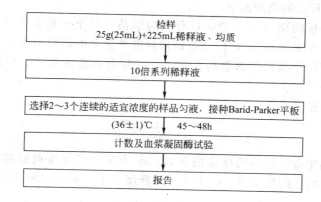

图 4-20　Baird-Parker 平板计数金黄色葡萄球菌检验程序

4.6.3.1.2 实验步骤

（1）样品的稀释

① 固体和半固体样品：称取 25g 样品置盛有 225mL 磷酸盐缓冲液或生理盐水的无菌均质杯内，8000～10000r/min 均质 1～2min，或置盛有 225mL 稀释液的无菌均质袋中，用拍击式均质器拍打 1～2min，制成 1∶10 的样品匀液。

② 液体样品：以无菌吸管吸取 25mL 样品，置盛有 225mL 磷酸盐缓冲液或生理盐水的无菌锥形瓶（瓶内预置适当数量的无菌玻璃珠）中，充分混匀，制成 1∶10 的样品匀液。

③ 用 1mL 无菌吸管或微量移液器吸取 1∶10 样品匀液 1mL，沿管壁缓慢注于盛有 9mL 稀释液的无菌试管中（注意吸管或吸头尖端不要触及稀释液面），振摇试管或换用 1 支 1mL 无菌吸管反复吹打使其混合均匀，制成 1∶100 的样品匀液。

④ 按③操作程序，制备 10 倍系列稀释样品匀液。每递增稀释一次，换用 1 次 1mL 无菌吸管或吸头。

（2）样品的接种　根据对样品污染状况的估计，选择 2～3 个适宜稀释度的样品匀液（液体样品可包括原液），在进行 10 倍递增稀释时，每个稀释度分别吸取 1mL 样品匀液以 0.3mL、0.3mL、0.4mL 接种量分别加入三块 Baird-Parker 平板，然后用无菌 L 棒涂布整个平板，注意不要触及平板边缘。使用前，如 Baird-Parker 平板表面有水珠，可放在25～50℃的培养箱里干燥，直到平板表面的水珠消失。

（3）培养　在通常情况下，涂布后，将平板静置 10min，如样液不易吸收，可将平板放

141

在培养箱（36±1）℃培养 1h；等样品匀液吸收后翻转平皿，倒置于培养箱，（36±1）℃培养，45～48h。

（4）典型菌落计数和确认

① 金黄色葡萄球菌在 Baird-Parker 平板上，直径为 2～3mm，颜色呈灰色到黑色，边缘为淡色，周围为一浑浊带，在其外层有一透明圈。用接种针接触菌落有似奶油至树胶样的硬度，偶然会遇到非脂肪溶解的类似菌落；但无浑浊带及透明圈。长期保存的冷冻或干燥食品中所分离的菌落比典型菌落所产生的黑色较淡些，外观可能粗糙并干燥。

② 选择有典型金黄色葡萄球菌菌落数的平板，且同一稀释度三个平板所有菌落数合计菌落数在 20～200CFU 的平板，计算典型菌落数。结果如下。

a. 最低稀释度平板的菌落小于 20 且有典型菌落，计数该稀释度平板上的典型菌落。

b. 某一稀释度平板的菌落大于 200 且有典型菌落，但下一稀释度平板上没有典型菌落，应该计数该稀释度平板上的典型菌落。

c. 某一稀释度平板的菌落大于 200 且有典型菌落，且下一稀释度平板上有典型菌落，但其平板上的菌落数不在 20～200，应该数该稀释度平板上的典型菌落。

d. 只有一个稀释度平板的菌落数均在 20～200 且有典型菌落，计数该稀释度平板上的典型菌落。

以上按式（1）计算。

$$T = \frac{AB}{Cd} \tag{1}$$

式中，T 为样品中金黄色葡萄球菌菌落数；A 为某一稀释度典型菌落的总数；B 为某一稀释度血浆凝固酶阳性的菌落数；C 为某一稀释度用于血浆凝固酶试验的菌落数；d 为稀释因子。

e. 2 个连续稀释度平板菌落数均在 20～200，按式（2）计算。

$$T = \frac{A_1 B_1 / C_1 + A_2 B_2 / C_2}{1.1d} \tag{2}$$

式中，T 为样品中金黄色葡萄球菌菌落数；A_1 为第一稀释度（低稀释倍数）典型菌落的总数；A_2 为第二稀释度（高稀释倍数）典型菌落的总数；B_1 为第一稀释度（低稀释倍数）血浆凝固酶阳性的菌落数；B_2 为第二稀释度（高稀释倍数）血浆凝固酶阳性的菌落数；C_1 为第一稀释度（低稀释倍数）用于血浆凝固酶试验的菌落数；C_2 为第二稀释度（高稀释倍数）用于血浆凝固酶试验的菌落数；1.1 为计算系数；d 为稀释因子（第一稀释度）。

③ 从典型菌落中任选 5 个菌落（小于 5 个全选），分别接种到 5mL BHI 肉汤和营养琼脂小斜面，（36±1）℃培养 18～24h。

④ 取新鲜配制兔血浆 0.5mL，放入小试管中，再加入 BHI 培养物 0.2～0.3mL，振荡摇匀，置（36±1）℃恒温培养箱或水浴内，每半小时观察 1 次，观察 6h，如呈现凝固（即将试管倾斜或倒置时呈现凝块）或凝固体积大于原体积的一半，判定为阳性结果。同时以血浆凝固酶试验阳性和阴性葡萄球菌株的肉汤培养物作为对照。也可用商品化的试剂，按说明书操作，进行凝固酶试验。

（5）金黄色葡萄球菌平板计数的报告 根据 Baird-Parker 平板上金黄色葡萄球菌的典型菌落数，按公式计算，报告每克（每毫升）样品中金黄色葡萄球菌数，以 CFU/g（CFU/mL）表示；如 T 为 0，则以小于 1 乘以最低稀释倍数报告。

举例 1：Baird-Parker 平板计数法中 10^{-1} 三个平板计数为 65；10^{-2} 三个平板计数为 6，

10^{-1}血浆凝固酶阳性的菌落数 B 为 4，10^{-1}用于血浆凝固酶试验的菌落数 C 为 5，那么利用公式(1)可得：

$$T = 65 \times 4 \times 10 \div 5 = 520$$

举例 2：Baird-Parker 平板计数法中 10^{-1} 三个平板计数为 185；10^{-2} 中三个平板计数为 21，10^{-1} 血浆凝固酶阳性的菌落数 B 为 3，用于血浆凝固酶试验的菌落数 C 为 5，10^{-2} 血浆凝固酶阳性的菌落数 B 为 4，用于血浆凝固酶试验的菌落数 C 为 5，那么利用公式（2）可得：

$$T = (183 \times 3 \div 5 + 21 \times 4 \div 5) \div 1.1 \times 10 = 1151$$

4.6.3.2　MPN 计数（第三法）

本方法适用于金黄色葡萄球菌含量较低而杂菌含量较高的食品中金黄色葡萄球菌的计数。

4.6.3.2.1　检验流程

见图 4-21。

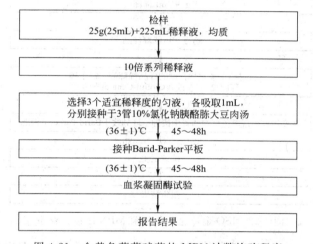

图 4-21　金黄色葡萄球菌的 MPN 计数检验程序

4.6.3.2.2　操作步骤

（1）接种和培养　根据对样品污染状况的估计进行样品的稀释，选择 3 个适宜稀释度的样品匀液（液体样品可包括原液），在进行 10 倍递增稀释时，每个稀释度分别吸取 1mL 样品匀液接种到 10%氯化钠胰酪胨大豆肉汤管，每个稀释度接种 3 管，将上述接种物（36±1)℃培养 45～48h（样品的最高稀释度必须达到能获得阴性终点）。

用接种环从有细菌生长的各管中移取一环，分别接种于 Baird-Parker 平板，（36±1)℃培养 45～48h。

（2）典型菌落确认　金黄色葡萄球菌在 Baird-Parker 平板上直径为 2～3mm，颜色呈灰色到黑色，边缘为淡色，周围为一浑浊带，在其外层有一透明圈。用接种针接触菌落有似奶油至树胶样的硬度，偶然会遇到非脂肪溶解的类似菌落；但无浑浊带及透明圈。长期保存的冷冻或干燥食品中所分离的菌落比典型菌落所产生的黑色较淡些，外观可能粗糙并干燥。

从典型菌落中至少挑取 1 个菌落接种到 BHI 肉汤和营养琼脂斜面，（36±1)℃培养 18～24h。进行血浆凝固酶试验。

取新鲜配制的兔血浆 0.5mL 放入小试管内，再加入 BHI 培养物 0.2～0.3mL，振摇均匀置（36±1）℃温箱或水浴箱内培养，每半小时观察 1 次，观察 6h，如出现凝固（将试管倾斜或倒置时有凝块）或凝固体积大于原体积的一半，被判定为阳性结果。同时以血浆凝固酶试验阳性和阴性葡萄球菌菌株的肉汤培养物对照。结果若可疑，挑取营养琼脂小斜面的菌落到 5mL BHI，（36±1）℃培养 18～24h，重复实验。

（3）结果计算　计算血浆凝固酶试验阳性菌落对应的管数，查 MPN 检索表（附表 1）。

（4）金黄色葡萄球菌最可能数（MPN）的报告　根据检索表的数值，报告每克（每毫升）样品中金黄色葡萄球菌的最可能数，以 MPN/g（MPN/mL）表示。

4.6.4　ISO 6888-3:2003 法

目前国际标准金黄色葡萄球菌检验方法有：ISO 6888-3:2003 食品和动物饲料微生物学，凝血酶阳性葡萄球菌（金黄色葡萄球菌及其他种）计数的水平方法第 3 部分：低数值探测和 MPN 技术。其检验流程见图 4-22。

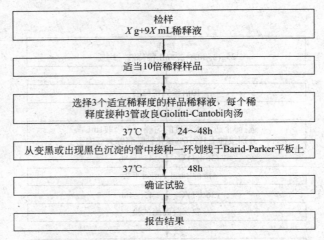

图 4-22　ISO 金黄色葡萄球菌 MPN 法检验程序

在改良 Giolitti-Cantobi 肉汤接种培养时，接种 10mL 于 10mL 双料肉汤，接种 1mL 于 9mL 单料肉汤，并小心地于接种管中培养基顶部倾注一定量的水琼脂，使其凝固形成密封塞。

确证试验为凝固酶试验。凝固酶试验出现凝固，阳性者判定为金黄色葡萄球菌。

4.6.5　FDA/BAM 金黄色葡萄球菌检验——MPN 法

4.6.5.1　检验程序

见图 4-23。

4.6.5.2　检验操作

胰蛋白胨大豆肉汤（TSB）中含 1‰丙酮酸钠。在金黄色葡萄球菌确证试验中主要包括以下内容。

（1）凝固酶试验

① 方法：从平板上至少挑取 1 个可疑金黄色葡萄球菌菌落，移种到 TSB/BHI 肉汤中，置 35℃培养 18～24h。取肉汤培养物 0.3mL 同 0.5mL 凝固酶试验兔血浆充分混合，置 35℃培养，定时观察是否有凝块形成，至少观察 6h。试验中需同时做已知阳性和阴性对照。

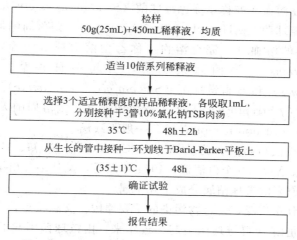

图 4-23　FDA 金黄色葡萄球菌 MPN 法检验流程

② 结果判定：以内容物完全凝固、使试管倒置或倾斜时不流动为阳性。部分凝固的必须进行生化鉴定加以证实。

（2）革兰氏染色　对所有的可疑培养物都要进行革兰氏染色。

（3）生化鉴定　生化鉴定包括过氧化氢酶试验、葡萄糖厌氧利用试验、甘露醇厌氧利用试验、金葡溶菌酶敏感性试验和耐热核酸酶试验（辅助）。生化鉴定见表 4-17。

表 4-17　两种葡萄球菌和微球菌的典型特性

特性		金黄色葡萄球菌 (S. aureus)	表皮葡萄球菌 (S. epidermidis)	微球菌 (Micrococci)
过氧化氢酶		+	+	+
凝固酶		+	−	−
耐热核酸酶		+	−	−
溶菌酶		+	−	+
厌氧利用	葡萄糖	+	+	−
	甘露醇	+	−	−

思考与练习

1. 金黄色葡萄球菌在血平板和 Baird-Parker 平板上的菌落特征有哪些？
2. 鉴定致病性金黄色葡萄球菌的重要指标是什么？
3. 凝固酶试验、耐热酶试验的原理是什么？
4. 简述 Baird-Parker 平板计数金黄色葡萄球菌检验步骤。

4.7　食品中溶血性链球菌检验

链球菌属（Streptococcus）是一个古老的属，根据溶血性，可把链球菌分为以下三种。

（1）甲型溶血性链球菌（α-Hemolytic streptococcus）　菌落周围有 1～2mm 宽的草绿溶

血环，称甲型溶血或 α 溶血。亦称草绿色链球菌（*Streptococcus viridans*），为条件致病菌。

（2）乙型溶血性链球菌（β-Hemolytic streptococcus）　菌落周围形成一个 2～4mm 宽、界限分明、完全透明的溶血环，完全溶血，称乙型溶血或 β 溶血，又称溶血性链球菌（*Streptoccus hemolyticus*）。该菌致病力强，引起多种疾病。包括 A 群链球菌（*Streptococcus pyogenes*）和 B 群链球菌（*Streptococcus agalactiae*）。

（3）丙型链球菌（γ-Streptococcus）　不产生溶血素，菌落周围无溶血环，故又称不溶血性链球菌（Streptococcusnon-hemolytics）。一般不致病。

用兰氏血清学分类法可将其分为从 A、B、C、D、E、F、G、H、K、L、M、N、O、P、Q、R、S、T、U、V 共 20 个血清群。1974 年以后，又从中分出了肠球菌属、乳球菌属和游走球菌属，因此原来的链球菌属分成了几个属。

链球菌在自然界分布广泛，是食物污染的重要原因。文献报道，许多由食物引起的脓毒性咽喉痛和猩红热，是由 A 群链球菌引起，近年来，由链球菌引起的食物中毒已逐渐为人们所注意。链球菌性食物中毒，经常由乳、肉类食品所引起，多为 α 溶血，β 型溶血型链球菌引起食物中毒较少。溶血性链球菌（*Streptococcus hemolyticus*）可引起皮肤化脓性感染、乳房炎、败血症等多种疾病，可通过多种途径污染乳、乳制品和肉类制品，并大量增殖而引起食物中毒。

4.7.1　基础知识

4.7.1.1　生物学特性

形态与染色链球菌呈球形或椭圆形，直径 0.6～1.0μm，呈链状排列，长短不一，从 4～8个至 20～30 个菌细胞组成不等，链的长短与细菌的种类及生长环境有关。在液体培养基中易呈长链，固体培养基中常呈短链，由于链球菌能产生脱链酶，所以正常情况下链球菌的链不能无限制延长。多数菌株在血清肉汤中培养 2～4h 易形成透明质酸的荚膜，继续培养后消失。该菌不形成芽孢，无鞭毛，易被普通的碱性染料着色，革兰氏阳性，老龄培养或被中性粒细胞吞噬后，转为革兰氏阴性。

培养特征需氧或兼性厌氧菌，营养要求较高，普通培养基上生长不良，需补充血清、血液、腹水，大多数菌株需维生素 B_2、维生素 B_6、烟酸等生长因子。在 20～42℃能生长，最适生长温度为 37℃，最适 pH 为 7.4～7.6。在血清肉汤中易成长链，管底呈絮状或颗粒状沉淀生长。在血平板上形成灰白色、半透明或不透明、表面光滑、边缘整齐、直径 0.5～0.75mm 的细小菌落，不同菌株溶血不一。

生化反应分解葡萄糖，产酸不产气，对乳糖、甘露醇、水杨苷、山梨醇、棉籽糖、蕈糖、七叶苷的分解能力因不同菌株而异。一般不分解菊糖，不被胆汁溶解，触酶阴性。

抗原结构链球菌的抗原构造较复杂，主要有以下三种。

（1）核蛋白抗原　或称 P 抗原，无特异性，各种链球菌均相同。与葡萄球菌有交叉，不能用于分类。

（2）多糖抗原　或称 C 抗原，系群特异性抗原，是细胞壁的多糖组分，据此可将链球菌分为 20 个血清群。对人致病的 90% 属于 A 群，其次为 B 群。可用稀盐酸等提取。

（3）蛋白质抗原　或称表面抗原，具有型特异性，位于 C 抗原外层，其中可分为 M、T、R、S 四种不同性质的抗原成分，与致病性有关的是 M 抗原，基于 M 蛋白抗原性的不同，可将 A 群链球菌区分为 100 多个不同的血清型。

毒素主要有以下几种。

（1）链球菌溶血素　溶血素有 O 和 S 两种，O 为含有—SH 的蛋白质，具有抗原性，S 为小分子多肽，分子量较小，故无抗原性。

（2）致热外毒素　曾称红疹毒素或猩红热毒素，是人类猩红热的主要毒性物质，会引起局部或全身红疹、发热、疼痛、恶心、呕吐、周身不适。

（3）透明质酸酶　又称扩散因子，能分解细胞间质的透明质酸，故能增加细菌的侵袭力，使病菌易在组织中扩散。

（4）链激酶　又称链球菌纤维蛋白溶酶，能使血液中纤维蛋白酶原变成纤维蛋白酶，具有增强细菌在组织中的扩散作用，该酶耐热，100℃ 50min 仍可保持活性。

（5）链道酶　又称链球菌 DNA 酶，能使脓液稀薄，促进病菌扩散。

（6）杀白细胞素　能使白细胞失去动力，变成球形，最后膨胀破裂。

抵抗力该菌抵抗力一般不强，60℃ 30min 即被杀死，对常用消毒剂敏感，在干燥尘埃中生存数月。乙型链球菌对青霉素、红霉素、氯霉素、四环素、磺胺均敏感。青霉素是链球菌感染的首选药物，很少有耐药性。

4.7.1.2　流行病学

溶血性链球菌常可引起皮肤、皮下组织的化脓性炎症、呼吸道感染、流行性咽炎的爆发流行以及新生儿败血症、细菌性心内膜炎、猩红热和风湿热、肾小球肾炎等变态反应。溶血性链球菌的致病性与其产生的毒素及其侵袭性酶有关。

溶血性链球菌在自然界中分布较广，存在于水、空气、尘埃、粪便及健康人和动物的口腔、鼻腔、咽喉中，可通过直接接触、空气飞沫传播或通过皮肤、黏膜伤口感染，被污染的食品如乳、肉、蛋及其制品也会对人类进行感染。上呼吸道感染患者、人畜化脓性感染部位常成为食品污染的污染源。一般来说，溶血性链球菌常通过以下途径污染食品。

① 食品加工或销售人员口腔、鼻腔、手、面部有化脓性炎症时造成食品的污染。

② 食品在加工前就已带菌、奶牛患化脓性乳腺炎或畜禽局部化脓时，其乳和肉尸某些部位污染。

③ 熟食制品因包装不善而使食品受到污染。

4.7.2　国家标准检验方法

参照 GB 4789.11—2014《食品安全国家标准　食品微生物学检验　β型溶血性链球菌检验》。

4.7.2.1　检验程序

溶血性链球菌检验程序见图 4-24。

4.7.2.2　操作步骤

（1）样品处理及增菌　按无菌操作称取检样 25g（或 25mL），加入盛有 225mL mTSB 的均质袋中，用拍击式均质器均质 1～2min；或加入盛有 225mL mTSB 的均质杯中，以 8000～10000r/min 均质 1～2min。若样品为液态，振荡均匀即可。（36±1）℃培养 18～24h。

（2）分离　将增菌液划线接种于哥伦比亚 CNA 血琼脂平板，（36±1）℃厌氧培养 18～24h，观察菌落形态。

溶血性链球菌在哥伦比亚 CNA 血琼脂平板上的典型菌落形态为直径 2～3mm，灰白色、半透明、光滑、表面突起、圆形、边缘整齐，并产生 β 型溶血。

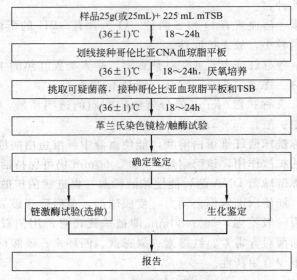

图 4-24 GB β 型溶血性链球菌检验

（3）鉴定

① 分纯培养：挑取 5 个可疑菌落（小于 5 个则全选）分别接种哥伦比亚血琼脂平板和接种 TSB 增菌液，（36±1）℃培养 18～24h。

② 革兰氏染色镜检：挑取可疑菌落染色镜检。β 型溶血性链球菌为革兰氏染色阳性，球形或卵圆形，常排列成短链状。

③ 触酶试验：挑取可疑菌落于洁净的载玻片上，滴加适量 3%过氧化氢溶液，立即产生气泡者为阳性。β 型溶血性链球菌触酶为阴性。

④ 链激酶试验：吸取草酸钾血浆 0.2mL 于 0.8mL 灭菌生理盐水中混匀，再加入经（36±1）℃培养 18～24h 的可疑菌的 TSB 培养液 0.5mL 及 0.25%氯化钙溶液 0.25mL，振荡摇匀，置于（36±1）℃水浴中 10min，血浆混合物自行凝固（凝固程度至试管倒置，内容物不流动）。继续（36±1）℃培养 24h，凝固块重新完全溶解为阳性，不溶解为阴性。β 型溶血性链球菌为阳性。

⑤ 可选择使用生化鉴定试剂盒或生化鉴定卡对可疑菌落进行鉴定。

（4）结果与报告 综合以上试验结果，报告每 25g（每 25mL）检样中检出或未检出 β 型溶血性链球菌。

思考与练习

1．根据溶血性，可把链球菌分为几种？分别简述一下。

2．简述 β 型溶血性链球菌检验操作步骤及其特征。

4.8 食品中产气荚膜梭菌的检测

食品中产气荚膜梭菌（*Clostridium perfringens*）属于梭菌属，为厌氧芽孢菌，是引起食源性胃肠炎最常见的病原之一，可引起典型的食物中毒。

4.8.1 基本知识

4.8.1.1 生物学特性

（1）形态和染色 产气荚膜梭菌菌体两端钝圆，直杆状，$(1\sim2)\mu m\times(2\sim10)\mu m$，革兰氏阳性、无鞭毛，芽孢呈椭圆形，位于次级端或近中央，不比菌体明显膨大，但有些菌株在一般的培养条件下很难形成芽孢，在人和动物活体组织内或在含血清的培养基内生长时有可能形成荚膜。

（2）培养特性 产气荚膜梭菌虽属厌氧性细菌，但对厌氧程度的要求并不太严，甚至在 Eh $200\sim250\mathrm{mV}$ 的环境内也能生长。生长适宜温度为 $37\sim47\mathrm{℃}$，多认为 $43\sim47\mathrm{℃}$ 是菌体生长和繁殖的最适温度。在适宜条件下增代时间仅 8min，可利用高温快速培养法，对本菌进行选择分离。在普通琼脂平板上培养 15h 左右可见到菌落，呈凸面状，表面光滑半透明，正圆形，在营养成分不足或琼脂浓度高的平板上，有时尤其经过传种的菌株，可能形成锯齿状边缘或带放射状条纹的 R 型菌落。血琼脂平板培养 $3\sim4h$ 即见生长，24h 菌落直径可达 $2\sim4mm$，圆形、扁平、半透明、边缘整齐。在血琼脂平板上，多数菌株有双层溶血环，内环是由 θ 毒素引起的完全溶血，外环是由 α 毒素引起的不完全溶血。在蛋黄琼脂平板上出现 Nagler 反应；在庖肉培养基中可分解肉渣中糖类，肉渣或肉块变为略带粉色，但不被消化，产生大量气体 [图 4-25（a）]；在牛乳培养基发生"汹涌发酵" [图 4-25（b）]。

 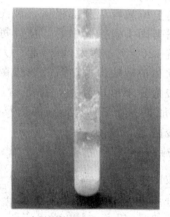

(a) 菌体庖肉培养基的生长特征 　　(b) 牛奶培养基中的"汹涌发酵"

图 4-25　产气荚膜梭菌的培养特性

（3）生化特性 气荚膜梭菌的所有菌株都能发酵葡萄糖、麦芽糖、乳糖及蔗糖，产酸产气；液化明胶；不产生靛基质；硝酸还原酶阳性，还原硝酸盐为亚硝酸盐；能将亚硫酸盐还原为硫化物，在含亚硫酸盐及铁盐的琼脂中形成黑色菌落。牛乳培养基中能分解乳糖产酸，使其中酪蛋白凝固；同时产生大量气体（H_2 和 CO_2），可将凝固的酪蛋白冲成蜂窝状，将液面封固的凡士林层上推，甚至冲走试管口棉塞，气势凶猛，称"汹涌发酵"（stormy fermentation）。这是本菌的主要生化特征之一，也是主要鉴别的指标。在蛋黄琼脂平板上，细菌产生的卵磷脂酶（α 毒素）分解蛋黄中卵磷脂生成磷酰胆碱与非水溶性甘油二酸酯，在菌落周围出现乳白色浑浊圈，这一现象称为 Nagler 反应（纳格勒氏反应，Nagler's reaction），为本菌的特点；由于卵磷脂酶具有抗原性，它的活性可被相应抗血清所中和，若在培养基中

加入 α 毒素的抗血清，则可中和 α 毒素，在菌落周围不出现浑浊圈。

（4）毒素　产气荚膜梭菌能产生 10 余种外毒素，有些外毒素即为胞外酶，可引起典型的食物中毒。根据产气荚膜梭菌的 4 种主要毒素（α、β、ε、ι）产生情况，可将其分为 A、B、C、D、E 5 个毒素型。

① 外毒素：各型产气荚膜梭菌产生的外毒素（或可溶血抗原）共有 12 种，其中主要有 4 型，即 A、B、C、D，而已知"A 型"毒素与人类食物中毒有关。

② 肠毒素：A 型产气荚膜梭菌的耐热株能引起人的食物中毒，关于产气荚膜梭菌食物中毒的发病机制，基本认为是，被耐热性 A 型产气荚膜梭菌芽孢污染的肉、禽等生食品，虽经烹制加热，但芽孢不仅不死灭，反而由于受到"热刺激"，在较高温度长时间储存（即缓时冷却）的过程中芽孢发芽、生长、繁殖，而且随食物进入人肠道的这些繁殖体容易再形成芽孢，同时产生肠毒素，聚集于芽孢内，当菌体细胞自溶和芽孢游离时，肠毒素将被释放出来，人、猴、犬等口服人工提取的该肠毒素能引起腹泻。

人和动物对产气荚膜梭菌的毒素的免疫主要表现为抗肠毒素的产生，健康者血清常含有抗肠毒素，似乎表明产气荚膜梭菌作为正常菌群，在肠道内可能在不断地产生着肠毒素。

产气荚膜梭菌为厌氧芽孢菌，是引起食源性胃肠炎最常见的病原之一。可引起典型的食物中毒。由产气荚膜梭菌引起的疾病为魏氏梭菌中毒。患者临床特征是剧烈腹绞痛和腹泻。摄食被本菌污染的食品后 6～24h 开始发病。在食品中该菌数量必须达到很高时（1.0×10^7 或更多），才能在肠道中产生毒素，病程通常在 24h 内，但某些个体的不显著症状可能会持续 1～2 周，已报道有少数患者因脱水和其他混合感染而导致死亡。

据美国人类卫生教育福利部报道，魏氏梭菌引起的食物中毒在美国占细菌性食物中毒的 30% 左右，另据美国疾病控制中心，估计每年因产气荚膜梭菌引起的食物中毒约近 1 万人，其中大约只报道 1200 例，爆发约 20 起。大量的爆发和少量的发病都与公共饮食有关，例如学校的自助食堂和护理病房。产气荚膜梭菌中毒最常发生于儿童和老人。

产气荚膜梭菌易于形成芽孢，芽孢的热抵抗力很强，由患者粪便中分离的芽孢能耐受 100℃ 1～5h 的加热。除了具有形成芽孢及耐热等特点之外，生化性状、毒素及酶的特异性等与其他魏氏梭菌是一致的。

4.8.1.2　致病性

产气荚膜梭菌毒素对人致病的主要为 A 型，A 型很容易从外环境中分离到，属人和动物肠道正常菌群；B～E 群在土壤中不能存活，主要寄生于有免疫力的动物肠道内。食品中污染该菌到一定数量（1.0×10^7 或更多时）往往在摄食后才能在肠道中生产毒素引起食物中毒。潜伏期约 10h，临床表现为腹痛、腹胀、水样腹泻；无热、无恶心呕吐。1～2d 后自愈。

产气荚膜梭菌广泛分布存在于土壤、人和动物肠道中，经常在人和许多家养及野生动物的肠道中发现该细菌的芽孢。牛肉、猪肉、羔羊、鸡、火鸡、焖肉、红烧蔬菜、炖肉和肉汁中常常能够分离到产气荚膜梭菌。因此，引起食物中毒的食品大多是畜禽肉类和鱼类食物以及加热不彻底的牛乳。此外，不少熟食品，由于加温不够或中途污染而在缓慢的冷却过程中，菌体大量繁殖并形成芽孢产生肠毒素，其食品并不一定在色香味上发生明显的变化，但是人们误食了这样的熟肉或汤菜，就有可能发生食物中毒。

4.8.2　常用培养基及检测原理

（1）胰胨-亚硫酸盐-环丝氨酸（TSC）琼脂　胰胨、大豆蛋白胨和酵母膏粉提供碳氮源、维生素和生长因子；葡萄糖和乳糖为可发酵糖类提供碳源；偏亚硫酸氢钠和柠檬酸铁铵用于检测硫化氢的产生，使菌落中心呈黑色；卵黄含有卵磷脂，可检测某些含卵磷脂酶的梭菌；D-环丝氨酸抑制非梭菌的细菌。

（2）液体硫乙醇酸盐培养基（FTG） 胰酪胨和酵母膏粉提供碳氮源、维生素和生长因子；葡萄糖提供可发酵用糖类，更利于生长；氯化钠维持均衡的渗透压；硫乙醇酸钠和L-胱氨酸能有效降低氧化还原电位，防止过氧化物的积累对某些菌产生毒性，同时其硫氢基团有钝化含砷、汞及其他重金属防腐剂的抑菌作用；少量琼脂的凝固作用可防止二氧化碳、氧气和还原产物的扩散；刃天青是氧化还原指示剂，氧化状态呈粉红色，还原状态无色。

4.8.3 国家标准检验方法

参照 GB 4789.13—2012《食品安全国家标准 食品微生物学检验 产气荚膜梭菌检验》。

4.8.3.1 检验程序

产气荚膜梭菌检验程序见图 4-26。

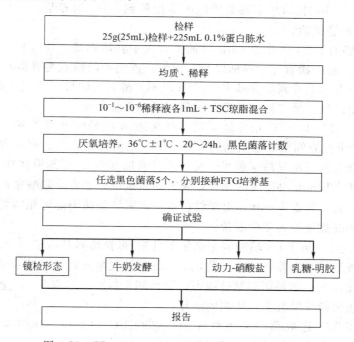

图 4-26 GB 4789.13—2012 产气荚膜梭菌检验程序

4.8.3.2 操作步骤

（1）样品制备

① 样品采集后应尽快检验，若不能及时检验，可在 2～5℃保存；如 8h 内不能进行检验，应以无菌操作称取 25g（25mL）样品加入等量缓冲甘油-氯化钠溶液（液体样品应加双料），并尽快于−60℃低温冰箱中冷冻保存或加干冰保存。

② 以无菌操作称取 25g（25mL）样品放入含有 225mL 0.1％蛋白胨水（如为冷冻保存样品，室温解冻后，加入 200mL 0.1％蛋白胨水）的均质袋中，在拍击式均质器上连续均质 1～2min；或置于盛有 225mL 0.1％蛋白胨水的均质杯中，8000～10000r/min 均质 1～2min，作为 1∶10 稀释液。

以上述 1∶10 稀释液按 1mL 加 0.1‰蛋白胨水 9mL 制备 $10^{-2}\sim10^{-6}$ 的系列稀释液。

（2）培养 吸取各稀释液 1mL 加入灭菌平皿内，每个稀释度做两个平行。每个平皿倾注冷却至 50℃的 TSC 琼脂［可放置于（50±1）℃恒温水浴箱中保温］15mL，缓慢旋转平皿，使稀释液和琼脂充分混匀。

上述琼脂平板凝固后，再加 10mL 冷却至 50℃的 TSC 琼脂［可放置于（50±1）℃恒温水浴箱中保温］均匀覆盖平板表层。

待琼脂凝固后，正置于厌氧培养装置内，于（36±1）℃培养 20～24h。

典型的产气荚膜梭菌在 TSC 琼脂平板上为黑色菌落。

（3）确证试验

① 从单个平板上任选 5 个（小于 5 个则全选）黑色菌落，分别接种到 FTG 培养基，于（36±1）℃培养 18～24h。

② 用上述培养液涂片，革兰氏染色镜检并观察其纯度。产气荚膜梭菌为革兰氏阳性粗短的杆菌，有时可见芽孢体。如果培养液不纯，应划线接种 TSC 琼脂平板进行分纯，（36±1）℃厌氧培养 20～24h，挑取单个典型黑色菌落接种到 FTG 培养基，（36±1）℃培养 18～24h，用于后续的确证试验。

③ 取生长旺盛的 FTG 培养液 1mL 接种于含铁牛乳培养基，在（46±0.5）℃水浴中培养 2h 后，每小时观察一次有无"汹涌发酵"现象，该现象的特点是乳凝结物破碎后快速形成海绵样物质，通常会上升到培养基表面。5h 内不发酵者为阴性。产气荚膜梭菌发酵乳糖，凝固酪蛋白并大量产气，呈"汹涌发酵"现象，但培养基不变黑。

④ 用接种环（针）取 FTG 培养液穿刺接种缓冲动力-硝酸盐培养基，于（36±1）℃培养 24h。在透射光下检查细菌沿穿刺线的生长情况，判定有无动力。有动力的菌株沿穿刺线呈扩散生长，无动力的菌株只沿穿刺线生长。然后滴加 0.5mL 试剂甲和 0.2mL 试剂乙以检查亚硝酸盐的存在。15min 内出现红色者，表明硝酸盐被还原为亚硝酸盐；如果不出现颜色变化，则加少许锌粉，放置 10min，出现红色者，表明该菌株不能还原硝酸盐。产气荚膜梭菌无动力，能将硝酸盐还原为亚硝酸盐。

⑤ 用接种环（针）取 FTG 培养液穿刺接种乳糖-明胶培养基，于（36±1）℃培养 24h，观察结果。如发现产气和培养基由红变黄，表明乳糖被发酵并产酸。将试管于 5℃左右放置 1h，检查明胶液化情况。如果培养基是固态，于（36±1）℃再培养 24h，重复检查明胶是否液化。产气荚膜梭菌能发酵乳糖，使明胶液化。

（4）结果与报告 选取典型菌落数在 20～200CFU 的平板，计数典型菌落数。如果如下。

① 只有一个稀释度平板的典型菌落数在 20～200CFU，计数该稀释度平板上的典型菌落。

② 最低稀释度平板的典型菌落数均小于 20CFU，计数该稀释度平板上的典型菌落。

③ 某一稀释度平板的典型菌落数均大于 200CFU，但下一稀释度平板上没有典型菌落，应计数该稀释度平板上的典型菌落。

④ 某一稀释度平板的典型菌落数均大于 200CFU，且下一稀释度平板上有典型菌落，但其平板上的典型菌落数不在 20～200CFU，应计数该稀释度平板上的典型菌落。

⑤ 2 个连续稀释度平板的典型菌落数均在 20～200CFU，分别计数 2 个稀释度平板上的典型菌落。

以上计数结果按下式计算。

$$T = \frac{\Sigma\left(A \times \dfrac{B}{C}\right)}{(n_1 + 0.1n_2)d}$$

式中，T 为样品中产气荚膜梭菌的菌落数；A 为单个平板上典型菌落数；B 为单个平板上经确证试验为产气荚膜梭菌的菌落数；C 为单个平板上用于确证试验的菌落数；n_1 为第一稀释度（低稀释倍数）经确证试验有产气荚膜梭菌的平板个数；n_2 为第二稀释度（高稀释倍数）经确证试验有产气荚膜梭菌的平板个数；d 为稀释因子（第一稀释度）；0.1 为稀释系数。

根据 TSC 琼脂平板上产气荚膜梭菌的典型菌落数，按照上式计算，报告每克（每毫升）样品中产气荚膜梭菌数，报告单位以 CFU/g（CFU/mL）表示；如 T 值为 0，则以小于 1 乘以最低稀释倍数报告。

思考与练习

1. 产气荚膜梭菌的生化鉴定实验有哪些？其原理？
2. 什么是汹涌发酵现象和 Nagler 反应？其在鉴别产气荚膜梭菌中的作用有哪些？
3. 液体硫乙醇酸盐培养基（FTG）在产气荚膜梭菌检测中的作用有哪些？其检验设计原理是什么？
4. 简述产气荚膜梭菌检测流程。

4.9 食品中单核细胞增生李斯特氏菌检验

单核细胞增生李斯特氏菌（*Listeria monocytogenes*）属李斯特氏菌属，是一种人畜共患病的病原菌，能引起人畜患败血症、脑膜炎、流产和单核细胞增多，死亡率极高。广泛存在于自然界中，食品中存在的单核细胞增生李斯特氏菌威胁着人类的安全。因此，在食品安全微生物检验中，必须加以重视。

4.9.1 基础知识

4.9.1.1 生物学特性

（1）形态与染色　单核细胞增生李斯特氏菌革兰氏阳性；大小为 $0.5\mu m \times (1.0 \sim 2.0)\mu m$；

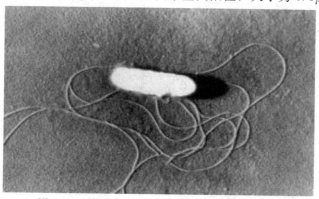

图 4-27　单核细胞增生李斯特氏菌的电镜照片

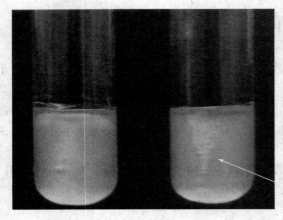

图 4-28 单核细胞增生李斯特氏菌
在半固体培养基中的生长情况
（动力学阳性，倒立伞状生长，如箭头所指）

直或稍弯，两端钝圆，常呈 V 字形排列，偶有球状、双球状；一般有 4 根周毛和 1 根端毛，但周毛易脱落。电镜观察，20℃ 培养时生有很多鞭毛。兼性厌氧，无芽孢；一般不形成荚膜，但在营养丰富的环境中可形成荚膜；在陈旧培养中的菌体可呈丝状及革兰氏阴性（图 4-27）。

（2）培养特性 单核细胞增生李斯特氏菌对营养要求不高，生长温度范围为 2～42℃（也有报道在 0℃ 能缓慢生长），最适培养温度为 35～37℃；在 20～25℃ 培养有动力（动力观察最适温度），穿刺培养 2～5 天可见倒立伞状生长（图 4-28）；在 4℃ 的环境中仍可生长繁殖，是单核细胞增生李斯特氏菌恢复生长的最好地方，是冷藏食品威胁人类健康的主要病原菌之一。

肉汤培养物在显微镜油镜下可见翻跟斗运动。在 pH 中性至弱碱性（pH 9.6）、氧分压略低、二氧化碳分压略高的条件下该菌生长良好；在 pH 3.8～4.4 能缓慢生长；在 6.5% NaCl 肉汤中生长良好。在固体培养基上，菌落初始很小，透明，边缘整齐，呈露滴状，但随着菌落的增大，变得不透明。在 5%～7% 的血平板上，菌落通常也不大，灰白色，刺种血平板培养后可产生窄小的 β-溶血环。在 0.6% 酵母浸膏胰酪大豆琼脂（TSA-YE）和改良 McBride（MMA）琼脂上，用 45° 角入射光照射菌落，通过解剖镜垂直观察，菌落呈蓝色、灰色或蓝灰色。

（3）生化反应 表 4-18 列出单核细胞增生李斯特氏菌生化反应特性，根据生化反应的特征可以验证鉴别培养基上的可疑培养物。

表 4-18 单核细胞增生李斯特氏菌生化反应

生化反应种类	反应特性	生化反应种类	反应特性
Gram 染色	+	果糖	+
动力学实验	+	麦芽糖	+
明胶液化	-	乳糖	+
吲哚反应	-	糊精	+
硫化氢	-	蔗糖	+
还原硝酸盐	-	鼠李糖	+
过氧化氢酶（接触酶）	+	山梨糖醇	+
尿素分解	-	甘油	+
枸橼酸盐	-	甘露醇	+
VP 反应	+	半乳糖	-
抗氧化	-	卫矛醇	-
5℃生长	可能	旋覆花素	-
6%以上氯化钠	耐性	肌醇	-
葡萄糖	+产气	阿拉伯糖	-
海藻糖	+	木糖	-
水杨苷	+	棉籽糖	-
阿东糖醇	-	马尿酸盐	+

4.9.1.2 流行病学

李斯特氏菌（*Listeria*）是条件致病菌，大多为散发病例，也可因污染食品而爆发。李斯特氏菌中毒严重的可引起血液和脑组织感染，很多国家都已经采取措施来控制食品中的李斯特氏菌，并制定了相应的标准。目前国际上公认的李斯特氏菌共有七个菌株：单核细胞增生李斯特氏菌（*L. monocytogenes*）、伊氏李斯特氏菌（*L. iuanovii*）、英诺克李斯特氏菌（*L. innocua*）、威氏李斯特氏菌（*L. welshimer*）、斯氏李斯特氏菌（*L. seeligeri*）、格氏李斯特氏菌（*L. grayisubgrayi*）、默氏李斯特氏菌（*L. grayisubmurrayi*），其中单核细胞增生李斯特氏菌是唯一能引起人类疾病的李斯特氏菌。

单核细胞增生李斯特氏菌能产生一种溶血素性质的外毒素，引起人和牛、绵羊等动物的脑膜炎，可使家兔豚鼠等实验动物感染引起血中单核细胞增高。可引起婴儿及新生儿的化脓性脑膜炎或脑膜脑炎，死亡率可达 70%。子宫内感染的新生儿可导致新生儿李斯特氏菌病、流产、死胎或习惯性流产。

单核细胞增生李斯特氏菌进入人体后是否发病，与菌的毒力和宿主的年龄、免疫状态有关，因为该菌是一种细胞内寄生菌，宿主对它的清除主要靠细胞免疫功能。人体开始被感染该菌时，不一定发病。在免疫力低下时，出现发热、头痛、败血症、脑膜炎、单细胞增多等症状。单核细胞增生李斯特氏菌的人体正常带菌率为 2%～6%，由于潜伏期长，提前诊断困难。

单核细胞增生李斯特氏菌的抗原结构与毒力无关，它的致病性与毒力机理如下。

① 寄生物介导的细胞内增生，使它附着及进入肠细胞与巨噬细胞。

② 抗活化的巨噬细胞，单核细胞增生李斯特氏菌有细菌性过氧化物歧化酶，使它能抗活化巨噬细胞内的过氧物（为杀菌的毒性游离基团）分解。

③ 溶血素，即李氏杆菌素 O，可以从培养物上清液中获得；活化的细胞溶素，有 α 和 β 两种，为毒力因子。

单核细胞增生李斯特氏菌广泛地存在于自然界，如土壤、水域（地表水、污水、废水）、昆虫、植物、蔬菜、鱼、鸟、野生动物、家禽等。污染自身该菌较高的食品有原乳和乳制品、肉类（特别是牛肉）、蔬菜、沙拉、海产品、冰激凌等。

4.9.2 常用检验培养基及检测原理

4.9.2.1 增菌液

LB1 增菌液和 LB2 增菌液中用萘啶酮酸抑制革兰氏阴性菌，用吖啶黄抑制革兰氏阳性球菌和乳杆菌属等部分革兰氏阳性杆菌。使用七叶苷为碳源可以排除不能利用七叶苷的细菌。目前使用的各种增菌液存在的问题是更有利于无害李斯特氏菌的生长，即无害李斯特氏菌的生长比单核细胞增生李斯特氏菌快。

4.9.2.2 分离培养基

含七叶苷的选择分离培养基经常优先选用，如 OXA、PALCAM、MOX 或加入七叶苷和三价铁增强的 LPM。OXA、PALCAM、MOX 平板接菌后放置于 35℃ 培养 24～48h，而增强的 LPM 平板于 30℃ 培养 24～48h。特别推荐以下单核细胞增生李斯特氏菌与伊氏李斯特氏菌所用的选择性培养基，如 BCM、ALOA、Rapid 单核细胞增生李斯特氏菌培养基、或科玛嘉李斯特氏菌培养基培养 48h（也可培养 24h），以及含七叶苷的选择琼脂。这样可以减少伊氏李斯特氏菌对单核细胞增生李斯特氏菌的覆盖。

李斯特氏菌在含七叶苷的培养基上为带黑色晕的黑色菌落。一些其他的细菌在 2d 以后或更长的时间能够形成淡棕黑色的菌落。从 Oxford、PALCAM、改良 LPM 培养基或 MOX 培养基上，挑取 5 个典型菌落划线到 TSA-YE 培养基，分离纯化单菌落。由于伊氏李斯特氏菌在食品中不常见，可以选择 BCM 培养基上的蓝色菌落假定阳性单核细胞增生李斯特氏菌。单核细胞增生李斯特氏菌和绵羊李斯特氏菌在 ALOA 培养基下都是带有酯解环的蓝色菌落。因为选择性培养基上分离出的菌落仍有包涵其他细菌的可能，在传统的检测方法中应用 0.6% 酵母浸膏的胰酪胨大豆琼脂（TSA-YE）培养基进一步纯化菌落是强制性步骤。由于在同一样品中至少存在 1 种李斯特氏菌，至少挑取 5 个菌落进行分离。BCM 和 ALOA 培

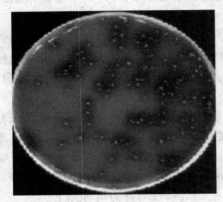

图 4-29　单核细胞增生李斯特氏菌在 PALCAM 平板上典型菌落

养基可以减少所需挑取的菌落数。运用商业的 Confirmatory 培养基（Biosynth International, Inc.），或传统的木糖/鼠李糖发酵肉汤或琼脂，可以区别单核细胞增生李斯特氏菌和伊氏李斯特氏菌。TSAYE 平板需在 30℃ 培养 24～48h。若不运动性，也可在 35℃ 培养。

（1）牛津（Oxford）琼脂（OXA）　培养基中可溶性淀粉消除一些毒性物质，氯化钠维持渗透压，氯化锂抑制革兰氏阴性菌生长，混合抗菌剂抑制除李斯特氏菌外的革兰氏阳性菌生长，李斯特氏菌分解七叶苷与铁离子结合生成黑色的 6,7-二羟基香豆素，并在黑色菌落周围形成棕色的环。生长在 Oxford 琼脂上 24h 的典型李斯特氏菌呈小的（1mm）、灰白色的菌落，外围是黑色晕环；48h 后菌落变暗，可能见到泛绿色的光，直径约 2mm，有黑色晕轮并且中间凹陷。在此平板上生长的杂菌有个别葡萄球菌（金黄色葡萄球菌为黄色菌落）、个别肠球菌、个别乳杆菌和变形杆菌。除葡萄球菌外一般不利用七叶苷外，肠球菌、部分乳杆菌和普通变形杆菌利用七叶苷。

（2）PALCAM 琼脂　该培养基含有七叶苷与铁离子，甘露醇是可发酵的糖；氯化锂和其他的抗生素能抑制革兰氏阴性菌和大多数革兰氏阳性菌。对于微需氧培养的平板，培养后将平板暴露在空气中 1h，使培养基由粉红色重新恢复至紫色。24h 培养后，李斯特氏菌形成直径为 1.5～2mm、小的或细小的灰绿色或橄榄绿色菌落，有时中心黑色，但常常带有黑色晕圈（图 4-29）。48h 培养后，呈现直径 1.5～2.0mm 的绿色菌落，中心下陷并围有黑色晕。格氏李斯特氏菌和默氏李斯特氏菌能分解甘露醇，在 PALCAM 平板上通过酚红指示剂可确认不是单核细胞增生李斯特氏菌。在此平板上生长的杂菌有个别葡萄球菌、个别肠球菌，不能利用七叶苷但分解甘露醇产酸，菌落显黄色。

（3）ALOA（Agar Listeria Ottavani & Agosti）培养基平板　在此培养基上致病性李斯特氏菌形成直径为 1～2mm 的蓝绿色菌落 24h，周围有脂肪溶解圈。37℃ 培养（24±3）h 后生长不良时继续培养（24±3）h。李斯特氏菌产生 β-D-葡萄苷酶，分解 X-葡萄苷产生蓝绿色的物质。其中致病性李斯特氏菌（*L. monocytogens* 和 *L. ivanovii*）产生磷脂酶 C，分解 L-α-磷脂酰肌醇，产生不溶于水的磷脂，菌落周围显浑浊。其他科在此培养基上生长的有个别蜡样芽孢杆菌和屎肠球菌。

4.9.2.3　协同溶血试验

在羊血琼脂平板上除能区分细菌溶血与否外，可用协同溶血试验（CAMP）来鉴别李斯特氏菌的种（表 4-19）。

CAMP 试验用菌种为金黄色葡萄球菌 ATCC25923 或 NCTC1803，因有的金黄色葡萄球菌没有溶血反应，因此用这些特殊菌株。马红球菌可用 *R.equi* NCTC1621 或 *R.equi* ATCC6939。马红球菌为革兰氏阳性卵圆形短杆菌，血平板上菌落橘红色。金黄色葡萄球菌形成宽溶血带。单核细胞增生李斯特氏菌在靠近金黄色葡萄球菌的接种端溶血增强形成窄β-溶血带，斯氏李斯特氏菌溶血也增强，而伊氏李斯特氏菌在靠近马红球菌的接种端溶血增强形成宽β-溶血带（图 4-30）。

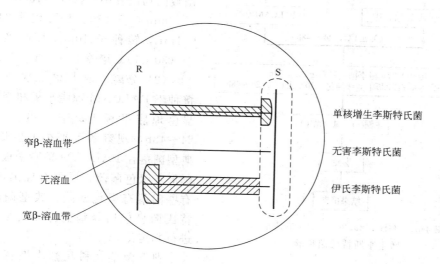

图 4-30　CAMP 试验的接种方法和说明
如图所示接种薄的血琼脂平板。垂直线分别代表金黄色葡萄球菌（S）
以及马红球菌（R），水平线代表检测培养物，阴影区域代表溶血作
用增强；加点的部分说明是金黄色葡萄球菌影响的区域

表 4-19　单核细胞增生李斯特氏菌溶血特征与其他李斯特氏菌的区别

菌种	溶血反应	CAMP-金黄色葡萄球菌	CAMP-马红球菌
单核细胞增生李斯特氏菌	+	+	-
格氏李斯特氏菌	-	-	-
斯氏李斯特氏菌	+	+	-
威氏李斯特氏菌	-	-	-
伊氏李斯特氏菌	+	-	+
英诺克李斯特氏菌	-	-	-
默氏李斯特氏菌	-	-	-

注：＋阳性；－阴性。

4.9.3　国家标准检验方法

参见 GB 4789.30—2010《食品安全国家标准　食品微生物学检验　单核细胞增生李斯特氏菌检验》。

4.9.3.1　检验程序

单核细胞增生李斯特氏菌检验见程序图 4-31。

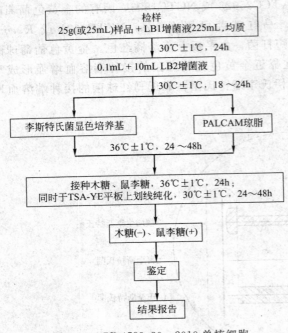

检样
25g(或25mL)样品 + LB1增菌液225mL,均质

30℃±1℃, 24h

0.1mL + 10mL LB2增菌液

30℃±1℃, 18~24h

李斯特氏菌显色培养基   PALCAM琼脂

36℃±1℃, 24~48h

接种木糖、鼠李糖, 36℃±1℃, 24h;
同时TSA-YE平板上划线纯化, 30℃±1℃, 24~48h

木糖(-)、鼠李糖(+)

鉴定

结果报告

图 4-31　GB 4789.30—2010 单核细胞
增生李斯特氏菌检验

4.9.3.2　操作步骤

（1）增菌　以无菌操作取样品 25g（或 25mL）加入含有 225mL LB1 增菌液的均质袋中，在拍击式均质器上连续均质 1~2min；或放入盛有 225mL LB1 增菌液的均质杯中，8000~1000r/min 均质 1~2min。于（30±1）℃培养 24h，移取 0.1mL，转种于 10mL LB2 增菌液内，于（30±1）℃培养 18~24h。

（2）分离　取 LB2 二次增菌液划线接种于 PALCAM 琼脂平板和李斯特氏菌显色琼脂平板上，于（36±1）℃培养 24~48h，观察各个平板上生长的菌落。典型菌落在 PALCAM 琼脂平板上为小的圆形灰绿色菌落，周围有棕黑色水解圈，有些菌落有黑色凹陷。典型菌落在李斯特氏菌显色培养基上特征按照产品说明进行判定。

典型菌落在科玛嘉李斯特氏菌显色琼脂平板上为小的圆形蓝色菌落，周围有白色晕圈。

（3）初筛　自选择性琼脂平板上分别挑取 5 个以上典型或可疑菌落，分别接种在木糖、鼠李糖发酵管，于（36±1）℃培养 24h；同时在 TSA-YE 平板上划线纯化，于（30±1）℃培养 24~48h。选择木糖阴性、鼠李糖阳性的 TSA-YE 纯培养物继续进行鉴定。

（4）鉴定

① 染色镜检：李斯特氏菌为革兰氏阳性短杆菌，大小为（0.4~0.5）μm×（0.5~2.0）μm；用生理盐水制成菌悬液，在油镜或相差显微镜下观察，该菌出现轻微旋转或翻滚样的运动。

注：与已知的李斯特氏菌对照相比，球形、大的杆状且快速泳动的都不是李斯特氏菌。陈旧培养物革兰氏染色会发生变化，而且菌体可成球形。在染色过重的玻片上菌体有呈栅状排列的趋势，易误认为白喉菌而错判。

② 动力试验：将 TSAYE 培养物穿刺到 SIM 试管中，室温培养 7d，每日观察。李斯特氏菌有动力，呈伞状生长或月牙状生长。

③ 生化鉴定：挑取纯培养的单个可疑菌落，进行过氧化氢酶试验，过氧化氢酶阳性反应的菌落继续进行糖发酵试验和 MR-VP 试验。

a. 取菌落置于洁净的试管内或玻片上，然后加 3%过氧化氢数滴，立即观察结果。半分钟内有大量气泡产生者为阳性，李斯特氏菌过氧化氢酶阳性。

b. 挑取过氧化氢酶阳性菌落接种于 TSB-YE 肉汤管中，35℃培养 24h 用做糖类发酵和 MR-VP 生化项目实验。TSB-YE 肉汤管在 4℃下可存放几天，也可反复接种。

c. 将 TSAYE 肉汤培养物分别接种于 0.5%（w/v）葡萄糖、麦芽糖、七叶苷、甘露醇发酵管内（可选用倒立发酵管），35℃培养 7d。

呈阳性反应的李斯特氏菌产酸不产气。所有李斯特氏菌对葡萄糖、七叶苷、麦芽糖均能发醇，除格氏李斯特氏菌均不能发酵甘露醇。单核细胞增生李斯特氏菌的主要生化特征见表4-20。

表4-20　单核细胞增生李斯特氏菌生化特征与其他李斯特氏菌的区别

菌种	溶血反应	葡萄糖	麦芽糖	MR-VP	甘露醇	鼠李糖	木糖	七叶苷
单核细胞增生李斯特氏菌	+	+	+	+/+	−	+	−	+
格氏李斯特氏菌	−	+	+	+/+	+	−	−	+
斯氏李斯特氏菌	+	+	+	+/+	−	−	+	+
威氏李斯特氏菌	−	+	+	+/+	−	V	−	+
伊氏李斯特氏菌	+	+	+	+/+	−	−	+	+
英诺克李斯特氏菌	−	+	+	+/+	−	V	−	+

注：+阳性；−阴性；V反应不定。

d. 溶血试验：将5%～8%羊血琼脂平板底面划分为20～25个小格，挑取纯培养的单个可疑菌落刺种到血平板上，每格刺种一个菌落，并刺种阳性对照菌（单核细胞增生李斯特氏菌和伊氏李斯特氏菌）和阴性对照菌（英诺克李斯特氏菌），穿刺时尽量接近底部，但不要触到底面，同时避免琼脂破裂，（36±1）℃培养24～48h，于明亮处观察，单核细胞增生李斯特氏菌和斯氏李斯特氏菌在刺种点周围产生狭小的透明溶血环，英诺克李斯特氏菌无溶血环，伊氏李斯特氏菌产生大的透明溶血环。

e. 协同溶血试验（CAMP）：当溶血试验结果不明确时，可用CAMP试验来鉴别李斯特氏菌的种。在羊血琼脂平板上平行划线接种金黄色葡萄球菌和马红球菌，挑取纯培养的单个可疑菌落垂直划线接种于平行线之间，垂直线两端不要触及平行线，于（30±1）℃培养24～48h。单核细胞增生李斯特氏菌在靠近金黄色葡萄球菌的接种端溶血增强，斯氏李斯特氏菌溶血也增强，而伊氏李斯特氏菌在靠近马红球菌的接种端溶血增强。

（5）可选择生化鉴定试剂盒或全自动微生物生化鉴定系统等对3～5个纯培养的可疑菌落进行鉴定。

（6）小鼠毒力试验（可选择）　将符合上述特性的纯培养物接种于TSB-YE中，于（30±1）℃培养24h，4000r/min离心5min，弃上清液，用无菌生理盐水制备成浓度为10^{10} CFU/mL的菌悬液，取此菌悬液进行小鼠腹腔注射3～5只，每只0.5mL，观察小鼠死亡情况。致病株于2～5d内死亡。试验时可用已知菌做对照。单核细胞增生李斯特氏菌、伊氏李斯特氏菌对小鼠有致病性。

4.9.3.3　结果报告

综合以上生化试验和溶血试验的结果，报告25g（或25mL）样品中检出或未检出单核细胞增生李斯特氏菌。

李斯特氏菌为体积很小、触酶阴性的革兰氏阳性菌，可以在湿涂片及SIM中运动。能利用葡萄糖、七叶苷、麦芽糖，一些种能利用甘露醇、鼠李糖和木糖产酸。格氏李斯特氏菌利用甘露醇产酸。单核细胞增生李斯特氏菌、伊氏李斯特氏菌和斯氏李斯特氏菌三者在羊血琼脂平板上溶血，所以CAMP试验阳性。但只有单核细胞增生李斯特氏菌不利用木糖和鼠李糖利用阳性。伊氏李斯特氏菌和斯氏李斯特氏菌的鉴别也可采用CAMP试验。斯氏李斯特氏菌在金黄色葡萄球菌线上有溶血增强现象，而伊氏李斯特氏菌在马球菌线上有溶血增强现象。对于所有的非溶血菌，英诺克李斯特氏菌与单核细胞增生李斯特氏菌一样，能产生相同的鼠李糖-木糖反应，但CAMP试验阴性，英诺克李斯特氏菌利用木糖有时呈阴性结果。目前，因为普遍认同英诺克李斯特氏菌为非溶血性菌，单核细胞增生李斯特氏菌为溶血性菌，因此英诺克李斯特氏菌为溶血菌的说法是不正确的。木糖反应阴性的威氏李斯特氏菌同微溶血的斯氏李斯特氏菌易被混淆，但可用 CAMP 试验区别开。

4.9.4　FDA/BAM 单核细胞增生李斯特氏菌检验

见图 4-32。

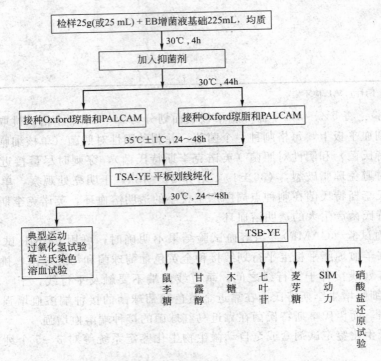

图 4-32　FDA 单核细胞增生李斯特氏菌检验流程

4.9.5　ISO 11290-1: 1996/And. 1: 2004(E)方法

4.9.5.1　检验程序

检验程序见图 4-33。

4.9.5.2　检验步骤

① 前增菌（30℃，24h）、增菌（35℃或 37℃，48h）、转种选择性平板（30℃、35℃或 37℃，24~48h）、挑选黑色菌落进行确证。如果不考虑受伤菌，可免去增菌部分。其检验原理是：使用七叶苷为碳源，排除不能使用七叶苷为碳源的细菌。由于培养基中加了柠檬酸铁（三价铁），能利用七叶苷为碳源生长时液体培养基或菌落周围变黑色。

② 前增菌：使用低剂量抑制剂和低温培养保证受伤菌的恢复生长，并且抑制杂菌。由于单核细胞增生李斯特氏菌能耐 5% 氯化钠，采用 2% 的氯化钠来提高选择性。前增菌使用 Half Fraser 肉汤。

③ 增菌：使用 Fraser 肉汤等到受伤菌得到修复后，增加抑制剂种类和用量，达到充分抑制杂菌、使目的菌占优势竞争地位的目的。其中氯化锂和萘啶酮酸用于抑制革兰氏阴性菌，吖啶黄主要用于抑制革兰氏阳性球菌和乳酸杆菌，高浓度氯化钠主要用于抑制肠球菌。考虑到避开相近菌属的最适生长温度，提高竞争力，常用 37℃。

注：a. Oxford 琼脂基在 30℃、35℃或 37℃需氧培养 24~48h。Oxford 琼脂平板 30℃

培养仅适于受其他菌群轻度污染的食品，对于重度污染的食品，最好培养于35℃或37℃，因为李斯特氏菌趋于和其他菌群一同生长。

b. PALCAM 琼脂基在 30℃、35℃ 或 37℃ 培养 24～28h，如有必要采用微需氧。

c. 温度必须满足有关各方规定的要求。

④ 选择性平板分离：使用多种抗生素抑制革兰氏阴性菌和革兰氏阳性菌。多黏菌素抑制假单胞菌和大多数肠杆菌科等革兰氏阴性菌，盐酸吖啶黄主要抑制革兰氏阳性球菌。头孢菌素类抗生素虽然不抑制肠球菌，但抑制多黏菌素不能抑制的肠杆菌科菌核其他革兰氏阴性菌及大多数革兰氏阳性菌（包括丹毒丝菌），磷霉素更广泛抑制革兰氏阴性菌和革兰氏阳性菌（包括肠球菌）。李斯特氏菌也受这些革兰氏阳性菌抗生素的抑制，但需要更高的浓度（约 8 倍以上）。放线菌酮用于抑制真菌。筛选出能利用七叶苷为碳源的李斯特氏菌等少数革兰氏阳性杆菌。如果食品被轻微污染，采用 30℃ 培养，如果被严重污染，则采用 37℃ 培养，因为在此温度下，李斯特氏菌容易成为优势菌。

使用 ALOA 平板和另一种选择性平板（如 OXFORD 平板或 PLCAM 平板，在 PLCAM 平板可需氧或微氧培养）。

⑤ 确证试验：由于杂菌少，确证试验变得很简单。将选择的菌落划线接种预先干燥的 TSYEA 琼脂平板后，进行过氧化氢酶试验、革兰氏染色、运动力试验（呈现狭长，短棒状翻滚的运动性）、溶血试验、糖发酵试验、协同溶血试验（CAMP）等。

革兰氏染色镜检阳性、过氧化氢阳性、25℃动力试验（必要时做此项，25℃液体培养后用载玻片和盖玻片直接在显微镜下观察。球菌、肠杆菌和快速运动的应排除。培养温度超过 25℃时可能观察不到特征性的翻筋斗运动）阳性和 β 溶血（有的用 VP 试验），为李斯特氏菌属，区别于革兰氏阳性菌的其他属。用 CAMP 试验和分解鼠李糖、不分解木糖的试验确认为单核细胞增生李斯特氏菌（表 4-21）。

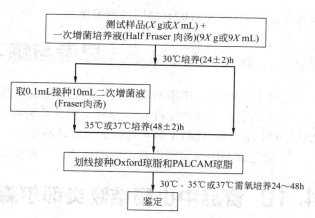

图 4-33　ISO 单核增生李斯特氏菌检验程序

表 4-21　李斯特氏菌属种的鉴别

种	溶血性	产酸		CAMP 试验	
		鼠李糖	木糖	金黄色葡萄球菌	马红球菌
单核细胞增生李斯特氏菌	+	+	−	+	−
英诺克李斯特氏菌	−	V	−	−	−
伊氏李斯特氏菌	+	−	+	−	+
斯氏李斯特氏菌	(+)	−	+	(+)	−
威氏李斯特氏菌	−	V	+	−	−
格氏李斯特氏菌	−	−	−	−	−
默氏李斯特氏菌	−	V	−	−	−

注：V 代表有不同反应；（+）代表有微弱反应；—代表无反应；+代表 90% 为阳性反应。个别 *L. monocytogenes* 无溶血现象。

肉制品检验常用 UVM 增菌液和 MOX 平板。单核细胞增生李斯特氏菌在 MOX 平板上形成直径为 1mm 左右的有黑圈的圆形菌落。

思考与练习

1. 单核细胞增生李斯特氏菌的形态特征怎样？生化反应特性怎样？
2. 李斯特氏菌在含七叶苷培养基上的培养特征怎样？举例说明单核增生李斯特氏菌在 PALCAM 琼脂和 ALOA 培养基特征和设计原理。
3. 简述食品中单增李斯特氏菌的分离、检测操作。

4.10 食品中小肠结肠炎耶尔森氏菌检验

4.10.1 基础知识

4.10.1.1 生物学特性

形态特征小肠结肠炎耶尔森氏菌革兰氏阴性杆菌或球杆菌，大小为（1～3.5）$\mu m \times$ （0.5～1.3）μm，多数情况单细胞零散存在，有时排列成短链或成堆；不形成芽孢，无荚膜；周生鞭毛。鞭毛的着生与环境条件有关：培养温度在 30℃以下时，鞭毛形成，有动力；温度较高时即丧失，35℃以上则无动力。

培养特性小肠结肠炎耶尔森氏菌兼性厌氧菌生长，温度为 30～37℃，但在 22～29℃该菌的某些特性才能出现；能在 0～4℃可以生长繁殖，属于具有嗜冷性的致病菌；要求较高的水分活度，最低水分活度为 0.95，pH 接近中性，较低的耐盐性。对加热、消毒剂敏感。该菌代时较长，最短也需要 40min 左右。小肠结肠炎耶尔森氏菌在如在 SS 琼脂和麦康凯琼脂培养基上 24h 培养后菌落极小，48h 可生成圆形、光滑、湿润、扁平、半透明的菌落，直径才增大成 0.5～3.0mm；在麦康凯琼脂上菌落淡黄色，如若微带红色，则菌落中心的红色常稍深；在肉汤中生长呈均匀浑浊，一般不形成菌膜。CIN-1 平板上，菌落较大，扁平，有明显的边缘，中心为深红色，整个边缘明显无色的小菌落（直径 1～2mm）。

生化反应特性小肠结肠炎耶尔森氏菌 VP 试验阳性、鸟氨酸脱羧酶阳性，能发酵山梨醇，甘露醇，不发酵鼠李糖、棉籽糖等。目前已知小肠结肠炎耶尔森氏菌生物型为 1B、2、3、4、5 具有致病性，这些生物型和第 6 生物型不能快速水解七叶苷和发酵水杨苷。生物型 6 相当少，可以通过微弱发酵蔗糖加以区别，并且吡嗪酰胺酶均为阳性反应。目前，从血清型上来说，致病菌株是 0：1，2a，3；0：2a，3；0：3；0：8；0：9；0：4，32；0：5，27；0：12，25；0：13a，13b；0：19；0：20；0：21。引起人类疾病的主要血清群是 0：3，0：8，0：9 和 0：5，27。

4.10.1.2 致病性

小肠结肠炎耶尔森氏菌（*Yersinia enterocolitica*）广泛分布于自然界，是一种人畜共患的病原微生物，对人以肠道感染为主，并可成为各种疾病的病原。在食品和饮水等受到本菌污染时，往往可引起人的胃肠炎爆发，其症状表现与沙门氏菌食物中毒相似。是欧洲某些国家腹泻的主要病种，不少地区耶尔森氏菌引起的胃肠炎和严重腹泻，比痢疾还多。除肠道症状外，还能引起呼吸道、心血管系统、骨骼、结缔组织和全身疾病，出现败血症时病死率达 30％以上。主要症状表现为发热，腹痛、腹泻、呕吐、关节炎、败血症等。耶尔森氏菌病典型症状常为胃肠炎症状、发热,亦可引起阑尾炎。本菌对易染人群为婴幼儿,常引起发热、腹痛和带血的腹泻。1981年我国才发现此病,引起全国重视,并开展了全国性调查和研究,分别从人群、动物和外环境分离出病原菌,证明耶尔森氏菌病在我国的分布是非常广泛的。

小肠结肠炎耶尔森氏菌分布很广,可存在于生蔬菜、乳和乳制品、肉类、豆制品、沙拉、牡蛎、蛤和虾等食品及食品原料中。湖泊、河流、土壤和植被往往也存在于该菌;家畜、犬、猫、山羊、灰鼠、水貂和灵长类动物的粪便中也能分离出该菌;港湾周围,许多鸟类包括水禽和海鸥可能是带菌者。

4.10.2 常用检验培养基及检测原理

常用小肠结肠炎耶尔森氏菌的选择分离培养基为CIN-1平板及改良Y琼脂。CIN-1平板是一种对耶尔森氏菌选择性较强的培养基,胰胨和酵母浸膏提供氮源和微量元素;甘露醇为可发酵糖;去氧胆酸钠和结晶紫抑制革兰氏阳性菌;中性红是pH指示剂。小肠结肠炎耶尔森氏菌在CIN琼脂上生长良好,发酵甘露醇产酸能使指示剂变红,所以菌落呈现红色。不同型的菌株,菌落大小有明显不同。

改良Y琼脂中蛋白胨和水解酪蛋白提供氮源和微量元素;乳糖用于糖发酵试验;氯化钠维持正常的渗透压,去氧胆酸钠和三号胆盐抑制革兰氏阳性菌;丙酮酸钠刺激目标菌的生长;琼脂是培养基的凝固剂。小肠结肠炎耶尔森氏菌不分解乳糖,所以在改良Y琼脂上不产酸,不能使指示剂孟加拉红变红,细菌不着色,故小肠结肠炎耶尔森氏菌为无色透明菌落。

4.10.3 国家标准检验方法

参照GB/T 4789.8—2008《食品卫生微生物学检验 小肠结肠炎耶尔森氏菌检验》。

4.10.3.1 检验程序

小肠结肠炎耶尔森氏菌的检验程序如图4-34所示。

4.10.3.2 操作过程

(1)增菌 以无菌操作称取25g(或25mL)样品放入含有225mL改良磷酸盐缓冲液的无菌均质杯或均质袋中,以8000r/min均质1min或拍击式均质器均质1min。液体样品或粉末状样品,应振荡混匀。于26℃±1℃增菌48~72h。除乳及其制品外,其他食品的增菌液0.5mL与碱处理液4.5mL充分混合15s。小肠结肠炎耶尔森氏菌比其他革兰氏阴性细菌生长慢,其生长往往易被掩盖。经弱碱液处理,立即接种选择性平板进行分离,提高小肠结肠炎耶尔森氏菌的检出率。

(2)分离培养 将乳及其制品增菌液或经过碱处理的其他食品增菌液分别接种CIN-1琼脂平板和改良Y琼脂平板,于(26±1)℃培养48h±2h,小肠结肠炎耶尔森氏菌在CIN-1平板上红色牛眼状菌落;改良Y琼脂平板上生长为无色透明、不黏稠的菌落。

改良Y琼脂的分离率高于麦康凯和SS培养基,因此选用CIN-I和改良Y琼脂结合使用,可以达到较好的分离选择效果。

(3)改良克氏双糖试验 分别挑取上述可疑菌落3~5个,接种改良克氏双糖斜面,于26℃±1℃培养24h,改良克氏双糖管斜面和底部皆产酸者(变黄)不产气者被认为可疑耶尔森氏菌,做进一步的生化鉴定。

(4)尿素酶试验和动力观察 将改良克氏双糖可疑培养物接种到尿素培养基上(接种量要大,挑取一接种环,振摇几秒),放置于26℃培养2~4h,然后将尿素酶阳性者接种两管半固体琼脂,分别放置26℃和37℃恒温箱,培养24h检查,如在26℃有动力学阳性,进行

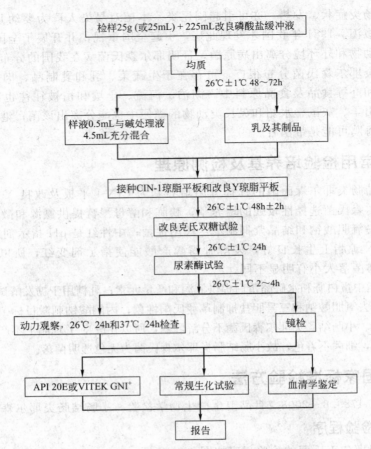

检样25g(或25mL)+225mL改良磷酸盐缓冲液

均质

26℃±1℃ 48～72h

样液0.5mL与碱处理液 4.5mL充分混合 | 乳及其制品

接种CIN-1琼脂平板和改良Y琼脂平板

26℃±1℃ 48h±2h

改良克氏双糖试验

26℃±1℃ 24h

尿素酶试验

26℃±1℃ 2～4h

动力观察，26℃ 24h和37℃ 24h检查 | 镜检

API 20E或VITEK GNI⁺ | 常规生化试验 | 血清学鉴定

报告

图 4-34　GB 小肠结肠炎耶尔森氏菌检验程序

镜检和进一步的生化试验。

（5）革兰氏染色镜检　将上述可疑菌落做涂片染色，进行显微镜观察，呈革兰氏阴性球杆菌，有时呈椭圆或杆状，大小为 $(0.8\sim3.0)\mu m \times 0.8 \mu m$。

（6）生化特性鉴定　将上述可疑的菌落做进一步的生化鉴定试验，主要有 VP 试验、鸟氨酸脱羧酶试验，山梨醇、甘露醇、蔗糖、棉籽糖、鼠李糖等发酵试验，所有的生化反应皆在 26℃ 培养。VP 试验阳性、鸟氨酸脱羧酶阳性、棉籽糖阴性、山梨醇阳性、甘露醇阳性、鼠李糖阴性、蔗糖有不同生化型的可判断为小肠结肠炎耶尔森氏菌（表 4-22）。

表 4-22　小肠结肠炎耶尔森氏菌与其他相似菌的生化性状鉴定

项目	小肠结肠炎耶尔森氏菌	中间型耶尔森氏菌	弗氏耶尔森氏菌	克氏耶尔森氏菌	假结核耶尔森氏菌	鼠疫耶尔森氏菌
动力（26℃）	+	+	+	+	+	-
尿素酶	+	+	+	+	+	-
VP 试验（26℃）	+	+	+	-	-	-
鸟氨酸脱羧酶	+	+	+	+	-	-
蔗糖	d	+	+	-	-	-
棉籽糖	-	+	+	-	-	d
山梨醇	+	+	+	-	+	-
甘露醇	+	+	+	+	+	+
鼠李糖	-	-	-	-	+	+

注：＋阳性；－阴性；d 不同生化型。

综合以上生化特性结果，报告 25g 或 25mL 样品中检出或未检出小肠结肠炎耶尔森氏菌。

可选择使用两种生化鉴定系统（API20E 或 VITEKGNI＋）中任一种，代替常规的生化鉴定。

① API20E：从营养琼脂平板上挑取单个菌落，按照 API20E 操作手册进行并判读结果。

② VITEK 全自动细菌生化分析仪：从营养琼脂平板上挑取单个菌落，按照 VITEKGNI＋操作手册进行并判定结果。

（7）血清学鉴定　除进行生化学鉴定外，亦可做血清型别的鉴定。目前国内可生产 27 种 O 型血清因子，供各地使用，具体操作方法与沙门氏菌 O 因子血清分型相同。

4.10.4 FDA/BAM 小肠结肠炎耶尔森氏菌检验

该法检验程序如图 4-35 所示。

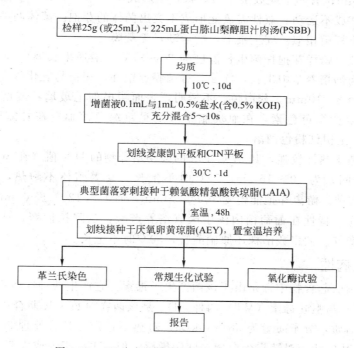

图 4-35　FDA 小肠结肠炎耶尔森氏菌检验程序

小肠结肠炎耶尔森氏菌在麦康凯平板上为小的（直径 1～2mm）、偏平、无色的或淡粉红色菌落。在 CIN 平板上为具有紧红色中心整个边缘明显无色的小菌落（直径 1～2mm）。用接种针将所选菌落穿刺接种于赖氨酸精氨酸铁琼脂（LAIA）斜面，室温培养 48h。在 LAIA 中的培养物会产生碱性斜面，酸性底层，不产生气体和 H_2S（KA－）的反应，被认为是尿素酶阳性的可疑耶尔森氏菌。去除在 LAIA 中产 H2S 或产气或尿素酶阴性的培养物。将 LAIA 斜面上的培养物划线接种于厌氧卵黄琼脂（AEY），置室温培养。使用 AEY 上的生长物进行纯度检查、脂肪酶反应（2～5d）、氧化酶试验、革兰氏染色和生化试验的接种。耶尔森氏菌为氧化酶阴性、革兰氏阴性的杆菌。

1. 小肠结肠炎耶尔森氏菌的主要污染源及致病性是什么？
2. 食品中小肠结肠炎耶尔森氏菌的选择分离培养基有哪些？培养特征各是什么？
3. FDA 标准检验小肠结肠炎耶尔森氏菌的程序如何？

4.11 食品中蜡样芽孢杆菌检验

4.11.1 基础知识

4.11.1.1 生物学特性

（1）形态特征 芽孢杆菌属是一大群需氧的革兰氏阳性杆菌，菌体杆状，大小为（1～1.3)μm×（3～5)μm；有一个或数菌体为球状，不形成丝状体，形成内生孢子。以侧生鞭毛或周生鞭毛运动，或不运动。兼性需氧能形成不突出菌体的芽孢。菌体两端较平整，多数呈链状排列，与炭疽杆菌相似。周生鞭毛，能运动，无荚膜。

（2）培养特性 蜡样芽孢杆菌生长温度为 25～37℃，最适生长温度 30～32℃，10℃以下停止繁殖。在肉汤培养基中生长，浑浊，有菌膜或壁环，振摇易乳化。在普通琼脂上生成的菌落较大，直径 3～10mm，灰白色、不透明，表面粗糙似毛玻璃状或熔蜡状，边缘常呈扩展状；偶有产生黄绿色色素，在血琼脂平板上呈草绿色溶血；在甘露醇卵黄多黏菌素（MYP）平板上，呈伊红粉色菌落。

蜡杆芽孢杆菌耐热性较强，其 37℃ 16h 的肉汤培养物的 $D_{80℃}$ 值（在 80℃时使细菌数减少 90% 所需的时间）为 10～15min；50℃ 时不生长。其繁殖体不耐热，在 100℃ 下加热 20min 可破坏这类菌。游离芽孢能耐受 100℃ 30min，而干热 120℃ 经 60min 才能杀死。

（3）生化反应 特性在葡萄糖肉汤中厌氧培养产酸，从阿拉伯糖、甘露醇、木糖不产酸，分解糖类不产气。大多数菌株还原硝酸盐，50℃时不生长。

4.11.1.2 致病性

蜡样芽孢杆菌引起食物中毒是由于该菌产生肠毒素。它产生两种性质不同的代谢物，包括腹泻毒素（DT）与呕吐毒素（VT）两种。DT 是该菌在对数生长期合成并释放的胞外毒素，为多组分蛋白质，分子质量为 38～40kDa，对热不稳定，45℃ 处理 30min 或 56℃ 处理 5min 就可以导致其失活，对链霉蛋白酶与胰酶敏感，但 pH 小于 4 或大于 11 时不稳定，抗原性较强可以产生特异性抗体，主要导致腹泻、腹痛，但不发热。由多组分蛋白质构成；而 VT 被认为是某些菌株在芽孢形成时产生的小分子多肽，分子质量一般小于 5kDa，热稳定性好，120℃ 处理 90min 仍很稳定，且对胃酶与胰酶有抗性，在 pH 2～11 范围内稳定，无抗原性，主要症状为恶心、呕吐、偶有腹痛，也不发热。蜡样芽孢杆菌除了产生上述两种肠毒素外，还产生溶血素等细菌毒素。

呕吐型的潜伏期为 0.5～6h；中毒症状以恶心、呕吐为主，偶尔有腹痉挛或腹泻等症状，病程不超过 24h。腹泻型的潜伏期为 6～15h，症状以水泻、腹痉挛、腹痛为主，有时会有恶心等症状，病程约 24h。

蜡样芽孢杆菌广泛存在于尘埃、土壤、空气、水体、动植物体表，以及各种暴露于空气中的肉制品、乳制品、水果、干果、乳粉、奶油、生菜、炒米饭以及各种甜点等中，而且由于该菌能产生耐热的芽孢，所以当食物被该菌污染而又加热不足时容易导致该菌繁殖，并产生细菌毒素，从而引起摄食者中毒。引起蜡状芽孢杆菌食物中毒的食品大多数无腐败变质现象，除米饭有时微黏、入口不爽或稍带异味外，大多数食品感官正常。

4.11.2 常用检验培养基及检测原理

常用蜡样芽孢杆菌的选择分离培养基为甘露醇卵黄多黏菌素琼脂培养基（MYP），MYP中蛋白胨和牛肉膏粉提供氮源、维生素和生长因子；D-甘露醇为可发酵糖类；氯化钠维持均衡的渗透压；琼脂是培养基的凝固剂；酚红为 pH 指示剂；卵黄含有卵磷脂，蜡样芽孢杆菌产生卵磷脂酶，在菌落周围产生沉淀环；并不发酵 D-甘露醇产酸使菌落显红色；多黏菌素 B 可抑制杂菌的生长。

4.11.3 国家标准蜡样芽孢杆菌检测方法

GB 4789.14—2014《食品安全国家标准　食品微生物学检验　蜡样芽孢杆菌检验》（第一法）——平板计数法。

4.11.3.1 检验程序

蜡样芽孢杆菌的检验程序如图 4-36 所示。

4.11.3.2 操作步骤

（1）样品的制备　取待检样品，用无菌剪刀将样品剪碎，称取样品 25g，放入盛有 225mL 无菌磷酸盐缓冲稀释液（或无菌生理盐水）无菌均质杯中，用旋转刀片式均质仪以 18000～20000r/min 均质 1～2min，或拍击式均质器拍击 1～2min。若样品为液态，吸取 25mL 样品至盛有 225mL PBS 或生理盐水的无菌锥形瓶（瓶内可预置适当数量的无菌玻璃珠）中，振荡混匀，作为 1∶10 的样品匀液。取 1∶10 稀释液 1mL 加到含有 9mL 无菌磷酸盐缓冲液（或无菌

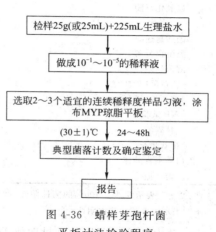

图 4-36　蜡样芽孢杆菌
平板计法检验程序

生理盐水）的稀释瓶中，充分混匀制成 1∶100 的稀释液。据对样品污染状况的估计，按上述操作，依次制成十倍递增系列稀释样品匀液。每递增稀释 1 次，换用 1 支 1mL 无菌吸管或吸头，一般情况稀释到 10^{-6}。

（2）样品接种　根据对样品污染状况的估计，选择 2～3 个适宜稀释度的样品匀液（液体样品可包括原液），以 0.3mL、0.3mL、0.4mL 接种量分别移入三块 MYP 琼脂平板，然后用无菌 L 棒涂布整个平板，注意不要触及平板边缘。使用前，如 MYP 琼脂平板表面有水珠，可放在 25～50℃的培养箱里干燥，直到平板表面的水珠消失。

（3）分离、培养　在通常情况下，涂布后，将平板静置 10min。如样液不易吸收，可将平板放在培养箱 30℃±1℃培养 1h，等样品匀液吸收后翻转平皿，倒置于培养箱，30℃±1℃培养 24h±2h。如果菌落不典型，可继续培养 24h±2h 再观察。在 MYP 琼脂平板上，典型菌落为微粉红色（表示不发酵甘露醇），周围有白色至粉红色沉淀环（表示产卵磷脂酶）。

从符合计数要求每个平板中挑取至少 5 个典型菌落（小于 5 个全选），分别划线接种于

营养琼脂平板做纯培养，30℃±1℃培养24h±2h，进行确证实验。在营养琼脂平板上，典型菌落为灰白色，偶有黄绿色，不透明，表面粗糙似毛玻璃状或熔蜡状，边缘常呈扩展状，直径为4～10mm。

(4) 确定鉴定

① 染色镜检：挑取纯培养的单个菌落，革兰氏染色镜检。蜡样芽孢杆菌为革兰氏阳性芽孢杆菌，大小为 (1～1.3)μm×(3～5)μm，芽孢呈椭圆形，位于菌体中央或偏端，不膨大于菌体，菌体两端较平整，多呈短链或长链状排列。

② 生化鉴定：挑取纯培养的单个菌落，进行过氧化氢酶试验、动力试验、硝酸盐还原试验、酪蛋白分解试验、溶菌酶耐性试验、VP试验、葡萄糖利用（厌氧）试验、根状生长试验、溶血试验、蛋白质毒素结晶试验。蜡样芽孢杆菌生化特征与其他芽孢杆菌的区别见表4-23。

表 4-23　蜡样芽孢杆菌与其他芽孢杆菌的区别

特　性	蜡样芽孢杆菌	苏云金芽孢杆菌	蕈状芽孢杆菌	炭疽芽孢杆菌	巨大芽孢杆菌
革兰氏染色	+	+	+	+	+
过氧化氢酶	+	+	+	+	+
动力	+/-	+/-	-	+/-	
硝酸盐还原	+	+	+	+	-/+
酪蛋白分解	+	+	+/-	-/+	+/-
溶菌酶耐性	+	+	+	+	
卵黄反应	+	+	+	+	
葡萄糖利用（厌氧）	+	+	+	+	
VP 试验	+	+	+	+	
甘露醇	-	-	-	-	
根状生长					
蛋白质毒素晶体					
溶　血	+	+	-/+		

注："+"表示90%～100%的菌株阳性；"-"表示90%～100%的菌株阴性；"+/-"表示大多数的菌株阳性；"-/+"表示大多数的菌株阴性。

a. 动力试验：用接种针挑取培养物穿刺接种于动力培养基中，30℃培养24h。有动力的蜡样芽孢杆菌应沿穿刺线呈扩散生长，而蕈状芽孢杆菌常呈"绒毛状"生长。也可用悬滴法检查。

b. 溶血试验：挑取培养物接种于胰酪胨大豆羊血琼脂平板上，30℃±1℃培养24h±2h。蜡样芽孢杆菌菌落为浅灰色，不透明，似白色毛玻璃状，有草绿色溶血环或完全溶血环。苏云金芽孢杆菌和蕈状芽孢杆菌呈现弱的溶血现象，而多数炭疽芽孢杆菌为不溶血，巨大芽孢杆菌为不溶血。

c. 根状生长试验：挑取单个可疑菌落按间隔2～3cm距离划平行直线于经室温干燥1～2d的营养琼脂平板上，30℃±1℃培养24～48h，不能超过72h。用蜡样芽孢杆菌和蕈状芽孢杆菌标准株作为对照进行同步试验。蕈状芽孢杆菌呈根状生长的特征。蜡样芽孢杆菌菌株呈粗糙山谷状生长的特征。

d. 溶菌酶耐性试验：用接种环取纯菌悬液一环，接种于溶菌酶肉汤中，36℃±1℃培养24h。蜡样芽孢杆菌在本培养基（含0.001%溶菌酶）中能生长。如出现阴性反应，应继续培养24h。巨大芽孢杆菌不生长。

e. 蛋白质毒素结晶试验：取经30℃培养24h并于室温放置3～4d的营养琼脂培养物少

许于载玻片上，滴加蒸馏水混涂成薄膜。以自然干燥，微火固定后，于涂膜加甲醇半分钟后倾掉，再通过火焰干燥，于载片上滴满 0.5％碱性复红液，放火焰上加热微见蒸气（勿使染液沸腾）后持续 1～2min，移去火焰，使载片放置 0.5min 再倾去染液。用洁净自来水彻底清洗、晾干、镜检。观察有无游离芽孢和染成黑色的菱形毒素结晶体。如发现游离芽孢形成的不丰富，应将培养物置室温 2～3d 再行检查。苏云金芽孢杆菌用此法检测为阳性，而蜡样芽孢杆菌群的其他菌种则为阴性。

实验结果符合蜡样芽孢杆菌群的形态特征，动力试验阳性，溶血试验阳性，不能形成根状生长和不产生蛋白结晶毒素，可报告为蜡样芽孢杆菌阳性。

③ 生化分型（选做项目）：根据对柠檬酸盐利用、硝酸盐还原、淀粉水解、VP 试验反应、明胶液化试验，将蜡样芽孢杆菌分成不同生化型别，见表 4-24。

表 4-24　蜡样芽孢杆菌生化分型试验

型别	生化试验				
	柠檬酸盐	硝酸盐	淀粉	VP	明胶
1	+	+	+	+	+
2	−	+	+	+	+
3	−	+	+	+	+
4	−	−	+	+	+
5	−	−	−	+	+
6	+	−	−	+	+
7	+	+	−	+	+
8	−	+	−	+	+
9	−	+	−	+	+
10	−	+	+	−	+
11	+	+	+	−	+
12	−	−	+	−	+
13	−	−	−	−	−
14	+	−	−		+
15	+	−	−		+

注：＋表示 90％～100％的菌株阳性；－表示 90％～100％的菌株阴性。

（5）结果计算　典型菌落计数、确认和计算公式参照本章 4.6.3.1 金黄色葡萄球菌的 Baird-Parker 平板计数（第二法），其中 A 表示某一稀释度蜡样芽孢杆菌典型菌落的总数；B、B_1、B_2 表示鉴定结果为蜡样芽孢杆菌的菌落数；C、C_1、C_2 表示用于蜡样芽孢杆菌鉴定的菌落数。

（6）结果与报告　根据 MYP 平板上蜡样芽孢杆菌的典型菌落数，按公式计算、报告每克（每毫升）样品中蜡样芽孢杆菌菌数，以 CFU/g（CFU/mL）表示；如 T 值为 0，则以小于 1 乘以最低稀释倍数报告。必要时报告蜡样芽孢杆菌生化分型结果。

4.11.4　FDA/BAM 蜡样芽孢杆菌检测

蜡样芽孢杆菌检验程序如图 4-37 所示。

蜡样芽孢杆菌的分离物应符合下述条件：革兰氏阳性产芽孢大杆菌，其芽孢不突出体外；在 MYP 琼脂上产生卵磷脂酶而不发酵甘露醇；厌氧培养生长，发酵葡萄糖产酸；还原硝酸盐；VP 阳性；分解 L-酪氨酸；在含 0.001％溶菌酶的培养基中能生长。要鉴别典型蜡样芽孢杆菌和蜡样芽孢杆菌群的其他种还需进一步进行动力试验、根状生长试验、溶菌活性

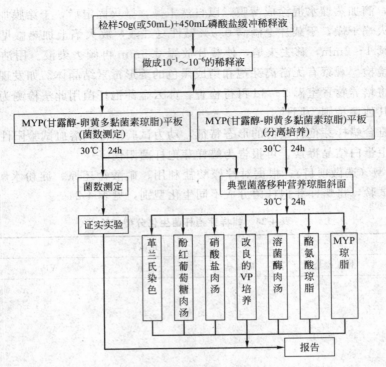

图 4-37　FDA/BAM 蜡样芽孢杆菌检验程序

试验、蛋白质毒素结晶试验。蜡样芽孢杆菌具有动力、强溶血、不形成根状菌落或不产生蛋白质毒素结晶。

思考与练习

1. 蜡样芽孢杆菌引起的食物中毒的原因集中在哪几方面？
2. 如何对蜡样芽孢杆菌进行定性检测？该菌有哪些典型的生化反应特性？

4.12　食品中空肠弯曲菌检验

4.12.1　基础知识

4.12.1.1　生物学特性

（1）形态特征　空肠弯曲杆菌（*Campylobacter jejuni*）为革兰氏染色阴性菌，螺旋形、弯曲杆状，大小为（0.2～0.8）μm×（0.5～5）μm，有一个以上螺旋并可长达 8μm，也可出现 S 形或似飞翔的海鸥形，菌体一端或两端有单根鞭毛，长度为菌体的 2～3 倍，有活泼的动力或不产生动力，超过 48h 的培养物以衰老的球菌状居多。

（2）培养特性　在普通培养基上难以生长，在凝固血清和血琼脂培养基上培养 36h 可见无色半透明毛玻璃样小菌落，单个菌落呈中心凸起，周边不规则，无溶血现象。空肠弯曲杆菌是一类微需氧菌，初次分离时需在含 5%O_2、85%N_2、10%CO_2 的环境中。空肠弯曲菌抵抗力不强，易被干燥、直射日光及弱消毒剂所杀灭，56℃ 5min 可被杀死。对红霉素、新霉素、庆大霉素、四环素、氯霉素、卡那霉素等抗生素敏感。近年发现了不少耐药菌株及多重耐药性菌株。培养适宜温度为 25~43℃，最适宜温度为 42℃。最适 pH7.2。

（3）生化反应特性　对糖类既不发酵也不氧化，在布氏肉汤中生长呈均匀浑浊。空肠弯曲菌不发酵糖类，不分解尿素，靛基质阴性。可还原硝酸盐，氧化酶和过氧化氢酶为阳性。能产生微量或不产生硫化氢，甲基红和 VP 试验阴性，枸橼酸盐培养基中不生长，在弯曲菌中唯一马尿酸呈阳性反应。

4.12.1.2　致病性

空肠弯曲杆菌广泛存在于鸟、禽、猫、犬等动物体内。健康的鸡和奶牛携带该菌。空肠弯曲杆菌已涉及生的和未煮熟的鸡、生的和巴氏杀菌不彻底的牛乳、蛋制品、生火腿、未经氯处理的水。

空肠弯曲菌是一种人畜共患病病原菌，可以引起人和动物发生多种疾病，并且是一种食物源性病原菌，被认为是引起全世界人类细菌性腹泻的主要原因，对空肠弯曲菌的致病机制的研究越来越多。空肠弯曲菌可以通过产生细胞紧张性肠毒素、细胞毒素和细胞致死性膨胀毒素而致病潜伏期 1~10d，平均 5d。食物中毒型潜伏期可仅 20h。初期有头痛、发热、肌肉酸痛等前驱症状，随后出现腹泻、恶心呕吐。骤起者开始发热、腹痛腹泻。发热占 56.3%~60%，一般为低到中度发热，体温 38℃ 左右。个别可高热达 40℃，伴有全身不适。儿童高热可伴有惊厥。腹痛腹泻为最常见症状。腹泻次数多为 4~5 次，频者可达 20 余次。病变累及直肠、乙状结肠者，可有里急后重。

4.12.2　常用检验培养基及检测原理

常用空肠弯曲杆菌的选择分离培养基为 Skirrow 与 mCCD 琼脂平板。在 Skirrow 中蛋白胨，酵母浸膏，胰蛋白胨提供氮源，氯化钠维持渗透压；琼脂是凝固剂。万古霉素是窄谱抗生素，仅对革兰氏阳性菌有较强的杀菌和抑菌作用，如溶血性链球菌、草绿色链球菌、肠球菌、金黄色葡萄球菌等。多黏菌素 B 仅限于对革兰氏阴性菌，如对产气杆菌、流感杆菌、痢疾杆菌等。因此，该培养基对空肠弯曲杆菌有选择性筛选作用。空肠弯曲杆菌有活泼的动力或不产生动力，菌落为无透明、白色或棕黄色，凸起，边缘不整齐，有时沿接种线向外扩散的菌落。

在改良 CCD 琼脂基础琼脂中蛋白胨、胰蛋白胨、酵母浸膏提供碳、氮源、维生素、生长因子；氯化钠维持均衡的渗透压；丙酮酸钠、焦亚硫酸钠、硫酸亚铁有利于弯曲菌的生长。头孢哌酮可抑制革兰氏阴性细菌和部分革兰氏阳性菌、两性霉素 B 抑制真菌生长、利福平可抑制非弯曲菌其他厌氧菌；该培养基对空肠弯曲杆菌有选择性筛选作用。空肠弯曲杆菌有动力，对糖类既不发酵也不氧化，呼吸代谢无酸性或中性产物，在 mCCD 琼脂上潮湿、扁平、有光泽，呈扩散生长的倾向。

4.12.3　国家标准检测方法

参照 GB 4789.9—2014《食品安全国家标准　食品微生物学检验　空肠弯曲菌检验》。

4.12.3.1　检验程序

空肠弯曲菌检验程序如图 4-38 所示。

4.12.3.2　样品处理

（1）一般样品　取 25g（或 25mL）样品（水果、蔬菜、水产品为 50g）加入盛有

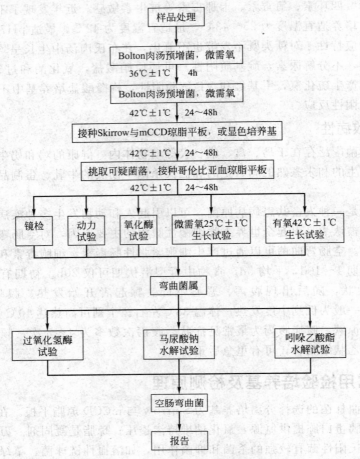

图 4-38　GB 空肠弯曲菌检验

100mL Bolton 肉汤的有滤网的均质袋中（若为无滤网均质袋可使用无菌纱布过滤），用拍击式均质器 8000～10000r/min 均质 1～2min，经滤网或无菌纱布过滤，将滤过液进行培养。

（2）整禽等样品　用 200mL 0.1% 的蛋白胨水中充分冲洗样品的内外部，并振荡 2～3min，经无菌纱布过滤至 250mL 离心管中，16000g 离心 15min 后弃去上清，用 10mL 0.1% 蛋白胨水悬浮沉淀，吸取 3mL 于 100mL Bolton 肉汤中进行培养。

（3）贝类　取至少 12 个带壳样品，除去外壳后将所有内容物放到均质袋中，用拍击式均质器均质 1～2min，取 25g 样品至 225mL Bolton 肉汤中（1∶10 稀释），充分震荡后再转移 25mL 于 225mL Bolton 肉汤中（1∶100 稀释），将 1∶10 和 1∶100 稀释的 Bolton 肉汤同时进行培养。

（4）蛋黄液或蛋浆　取 25g（或 25mL）样品于 125mL Bolton 肉汤中并混匀（1∶6 稀释），再转移 25mL 于 100mL Bolton 肉汤中并混匀（1∶30 稀释），同时将 1∶6 和 1∶30 稀释的 Bolton 肉汤进行培养。

（5）鲜乳、冰淇淋、乳酪等　若为液体乳制品称取 50g；若为固体乳制品称取 50g 加入盛有 50mL 0.1% 蛋白胨水的有滤网均质袋中，用拍击式均质器均质 15～30s，保留滤过液。必要时调整 pH 值至 7.5±0.2，将液体乳制品或滤过液以 20000g 离心 30min 后弃去上清，用 10mL Bolton 肉汤悬浮沉淀（尽量避免带入油层），再转移至 90mL 不含抗生素的 Bolton

肉汤进行培养。

(6) 需表面涂拭检测的样品　无菌棉签擦拭检测样品的表面（面积为 50～100cm²），将棉签头剪落到 100mL Bolton 肉汤中进行培养。

(7) 水样　将 4L 的水（对于氯处理的水，在过滤前每升水中加入 5mL 1mol/L 硫代硫酸钠溶液）经 0.45μm 滤膜过滤，把滤膜浸没在 100mL Bolton 肉汤中进行培养。

4.12.3.3　操作步骤

(1) 预增菌和增菌　在微需氧条件下，(36±1)℃培养 4h，如条件允许配以 100r/min 的振荡速度。必要时测定增菌液的 pH 值并调整至 7.2±0.2，(42±1)℃继续培养 24～48h。

(2) 分离培养　将 24h 增菌液、48h 增菌液及对应的 1∶50 稀释液分别划线接种于 Skirrow 血琼脂与 mCCDA 琼脂平板上，微需氧条件下 (42±1)℃培养 24～48h。另外可选择使用空肠弯曲菌显色平板作为补充。

观察 24h 培养与 48h 培养的琼脂平板上的菌落形态，mCCDA 琼脂平板上的可疑菌落通常为淡灰色，有金属光泽、潮湿、扁平，呈扩散生长的倾向。Skirrow 血琼脂平板上的第一型可疑菌落为灰色、扁平、湿润有光泽，呈沿接种线向外扩散的倾向；第二型可疑菌落常呈分散凸起的单个菌落，边缘整齐、发亮。空肠弯曲菌显色培养基上的可疑菌落按照说明进行判定。

(3) 弯曲菌属的鉴定　挑取 5 个（如少于 5 个则全部挑取）或更多的可疑菌落接种到哥伦比亚琼脂平板上，微需氧条件下 (42±1)℃培养 24～48h，进行鉴定。

① 形态观察：挑取可疑菌落进行革兰氏染色，镜检，弯曲菌革兰氏阴性，菌体弯曲如小逗点状，两菌体的末端相接时呈 S 形、螺旋状或海鸥展翅状。

② 动力观察：挑取可疑菌落用 1mL 布氏肉汤悬浮，用相差显微镜观察运动状态，弯曲菌呈螺旋状运动，但有些菌株运动不明显。

③ 氧化酶试验：用铂/铱接种环或玻璃棒挑取可疑菌落至氧化酶试剂润湿的滤纸上，若 10s 内呈现紫红色、紫罗兰或深蓝色者为阳性。空肠弯曲菌为阳性。

④ 微需氧条件下 25℃±1℃生长试验：挑取可疑菌落，接种到哥伦比亚琼脂平板上，微需氧条件下 (25±1)℃培养 (44±4)h，观察细菌生长情况，弯曲菌不生长。

⑤ 有氧条件下 (42±1)℃生长试验：挑取可疑菌落，接种到哥伦比亚琼脂平板上，有氧条件下 (42±1)℃培养 (44±4)h，观察细菌生长情况，弯曲菌不生长。

(4) 空肠弯曲菌的鉴定

① 过氧化氢酶试验：挑取菌落，加到载玻片上的 3% 过氧化氢溶液中，空肠弯曲菌 30s 内出现气泡。

② 马尿酸钠水解试验：挑取菌落，加到盛有 0.4mL 1% 马尿酸钠的试管中制成菌悬液。混合均匀后在 (36±1)℃水浴放置 2h 或 (36±1)℃培养箱中放置 4h。沿着试管壁缓缓加入 0.2mL 茚三酮溶液，不要振荡，在 (36±1)℃的水浴或培养箱中放置 10min 后判读结果。空肠弯曲菌若出现深紫色则为阳性；若出现淡紫色或没有颜色变化则为阴性。空肠弯曲菌为阳性。

③ 吲哚乙酸酯水解试验：挑取菌落至吲哚乙酸酯纸片上，再滴加一滴无菌水。若能水解吲哚乙酸酯，则在 5～10min 内出现深蓝色。若无颜色变化则表示没有发生水解。空肠弯曲菌为阳性。

对于可以为弯曲菌属的菌落，也可用 VITEK2 生化鉴定卡来鉴定。

根据生化鉴定结果表对食品中是否含有空肠弯曲菌作出鉴定并报告。

4.12.4 ISO 10272-1：2006 弯曲杆菌属检测和计数用水平方法

4.12.4.1 检验程序

该法检验程序如图 4-39。

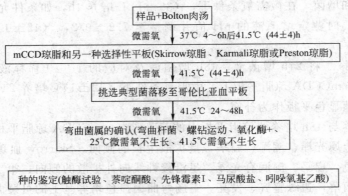

图 4-39　ISO 10272-1：2006 法检验程序

4.12.4.2 检验过程

当样品中杂菌过多或目的菌数目太少时采用选择性增菌的方法。Bolton 肉汤中有保护弯曲菌的丙酮酸钠、偏亚硫酸钠、氯化高铁血红素等物质，避免了对弯曲菌有抑制作用的物质的产生。这种抑制物被认为是光和空气作用于培养基而造成的。

弯曲菌在 mCCD 琼脂上表现为灰色，常带金属光泽，扁平湿润，有向四周蔓延的倾向。干燥培养基中蔓延较差。也可能有其他形态的菌落，带绿色兼有或无金属光泽。杂菌多时，在 mCDC 上生长的杂菌有假单胞菌、鲍氏不动杆菌、大肠菌群、克吕沃尔等革兰氏阴性菌和链球菌、酵母等。使用 mCDC 琼脂，避免了使用血琼脂。

空肠弯曲杆菌在 Karmali 培养基上表现为灰色，扁平湿润，有向四周蔓延的倾向。使用木炭，避免了使用血液。Karmali 培养基比 Skirrow 琼脂更有效抑制假单胞菌、革兰氏阳性菌和酵母菌。杂菌多时有部分肠杆菌和不动杆菌生长。

经试验，Preston 琼脂上所有被试验的弯曲菌全部生长，而且选择性很好，检出率远高于 Skirrow 琼脂。杂菌多时有个别假单胞菌、大肠埃希氏菌和粪便来源的链球菌生长。

出现与某些培养基中的有些抑菌剂可能抑制部分弯曲菌。如先锋霉素 I、黏菌素、多黏菌素 B。它们可能抑制部分 C. jejuni、C. coli、C. fetussub sp. Fetus、C. jejunisub sp. Doylei、C. upsaliensis。如表 4-25。因此要用两种不同类型的选择性平板。

表 4-25　部分致病弯曲菌与弓形杆菌属性比较（生长需要氢气者未列入表中）

比较点	空肠弯曲菌	大肠弯曲菌	胎儿弯曲菌	红嘴鸥弯曲菌	乌普萨拉弯曲菌	弓形弯曲菌
触酶	+	+	+	+	一或者弱+	一或+
氧化酶	+	+	+	+	+	+
硫化氢（醋酸铅法）	+	+	d	+	+	?
硫化氢（三糖铁法）	一	一或者弱+	一	一	一	一
硝酸盐还原	+	+	+	+	+	一或者弱+

比较点	空肠弯曲菌	大肠弯曲菌	胎儿弯曲菌	红嘴鸥弯曲菌	乌普萨拉弯曲菌	弓形弯曲菌
马尿酸盐水解	+	-	-	+	-	-
1%甘氨酸	+	+	-或者弱+	+	-	-或者弱+
42℃生长	+	+	+	+	d	-
25℃生长	-	-	+	-		+或-
萘啶酮酸	-	-	+	-		+
先锋霉素I	+	+	-	-		-
吲哚氧基乙酸	+	+	+	+		+或-

注：+为生长或阳性；-为不生长或阴性；d为有不同情况。

思考与练习

1. 空肠弯曲杆菌的形态及培养特性是什么？主要污染源及致病性如何？

2. 在 ISO 10272-1：2006 检验程序中，空肠弯曲杆菌在不同选择性培养基上的培养特征如何？

4.13 食品中肉毒梭状芽孢杆菌检验

肉毒梭状芽孢杆菌简称肉毒梭菌，是一种腐生菌，可引起食物中毒，但与其他食物中毒不同，并非细菌感染，属单纯性毒素中毒，胃肠症状很少见。肉毒梭菌在自然界广泛存在，常常污染、滋生于腊肠、火腿、鱼及鱼制品和罐头等食品。肉毒中毒一年四季均可发生发病主要与饮食习惯有着密切关系。在美国以罐头发生中毒较多，日本以鱼制品较多，在我国主要以发酵食品为主，如臭豆腐、豆瓣酱、面酱、豆豉等日常家庭法制作的发酵食品；未经加热处理而直接食用的食品中，往往滋生肉毒梭菌或含有肉毒毒素（密封性保存的食品），故其肉毒梭菌的检测至为重要。

4.13.1 基础知识

4.13.1.1 生物学特性

形态与染色肉毒梭菌属于厌氧性梭状芽孢杆菌属，严格厌氧、多形态细菌，约为 $4\mu m \times 1\mu m$ 的大杆菌，两侧平行，两端钝圆，直杆状或稍弯曲，形成芽孢，芽孢比繁殖体宽，为卵圆形，位于次极端，或偶有位于中央，常见很多游离芽孢；芽孢有时形成长丝状或链状，有时能见到舟形、带把柄的柠檬形、蛇样线状、染色较深的球茎状，这些属于退化型。当菌体开始形成芽孢时，常常伴随着自溶现象，可见到阴影形；具有 4～8 根周毛性鞭毛，运动迟缓；没有荚膜；新鲜培养基的革兰氏染色为阳性（图 4-40）。

培养特性肉毒梭菌发育最适温度为 25～35℃，培养基的最适的酸碱度为 pH 6.0～8.2。在固体培养基表面上，形成不正圆形，大约 3mm 左右的菌落。菌落半透明，表面呈颗粒状，边缘不整齐，界线不明显，向外扩散，呈绒毛网状，常常扩散成菌苔。在血平板上，出现与菌落几乎等大或者较大的溶血环。能产生脂酶，在乳糖卵黄牛乳平板上，菌落下培养基为乳浊，菌落表面及周围形成彩虹薄层，不分解乳糖；分解蛋白的菌株，菌落周围出现透明环。

生化特性肉毒梭菌的生化性状很不规律，即使同性，也常见到株间的差异（表 4-26）。

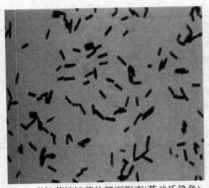

(a) 肉毒梭菌纯培养的镜下形态(革兰氏染色)　　(b) 肉毒梭菌在厌氧血琼脂平板上的菌落特征

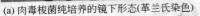

图 4-40　肉毒梭菌形态、Gram 染色及其在血平板上的培养特征

表 4-26　各型肉毒梭菌的生化反应

反应项目	A	B	C	D	E	F
葡萄糖发酵	+	+	+	+	+	+
麦芽糖发酵	+	+	(±)	(±)	(+)	+
乳糖发酵	+			(−)		
蔗糖发酵	(±)		(±)			(±)
靛基质产生			(±)	(±)		(−)
胆胶液化	+	+	(±)	(±)	(±)	(+)
牛乳消化	+	(±)				(+)

注：＋阳性反应；－阴性反应；（±）视菌株而异；（＋）多为阳性反应；（−）多为阴性反应。

4.13.1.2　致病性

　　肉毒毒素通常是一条分子质量大约为 150kDa 的单一的肽链蛋白质，在内源性蛋白酶或外源性蛋白酶（如胰酶）的作用下，可以形成毒性提高的双链结构 BT。根据血清型的不同，BT 可以分为 A、B、c、D、E、F、G 型共 7 种，C 又可以分为 C1 和 C2 两个亚型。肉毒梭菌在自然界的分布上具有某种区域性差异，显示出生态上的差别倾向。7 种血清型均可以引起人类中毒，其中 A、B、E 是可引起人类中毒的主要血清型，而 C、D 两种血清型多引起禽、畜等动物的中毒。E 型菌及其芽孢适应于深水的低温，在海洋地区的广泛分布，存在于海洋的沉积物、水产品的肠道内。在我国报道的肉毒梭菌食物中毒事件多由 A 型毒素导致，B、E 型次之，F 型少见。

　　肉毒毒素与典型的外毒素不同，并非由生活的细菌释放，而是在细菌细胞内产生无毒的前体毒素，等待细菌死亡自溶后游离出来，经肠道中的胰蛋白酶或细菌产生的蛋白酶激活后方始具有毒性，且能抵抗胃酸和消化酶的破坏，可在胃液 24h 不被破坏，可被胃吸收。但肉毒毒素不耐热，煮沸 1min 即可被破坏。

　　肉毒毒素是目前已知的化学毒物和生物毒物中毒性最强的一种，毒性比氰化钾强 1 万倍，对人的致死量推测为 10mg/kg 体重。它主要侵犯中枢神经系统，通过阻断乙酰胆碱的释放而导致死亡，一旦中毒难以康复，病死率高临床表现主要表现为某些部位的肌肉麻痹，重者可死于呼吸困难与衰竭；还可以引起婴儿肉毒病，1 岁以下婴儿肠道内缺乏拮抗肉毒梭菌的正常菌群，可因食用被肉毒梭菌芽孢污染的食品后，芽孢在盲肠部位定居，繁殖后产生毒素，引起中毒。

　　由于肉毒梭菌属于厌氧菌，所以肉毒毒素较多出现在不杀菌或杀菌不彻底的密闭包装食品中。在我国，BT引起中毒的食品主要是由家庭自制的豆瓣酱、豆酱、豆豉、臭豆腐等发酵食品，以及少数不新鲜的肉、蛋、鱼类食品；在日本，以鱼制品引起中毒者较多；在美国，以家庭自制罐头和肉、乳制品引起中毒者为多；在欧洲，多见于腊肠、火腿和保藏的肉类。

肉毒毒素是目前已知的化学毒物和生物毒物中毒性最强的一种，对人的致死量推测为10mg/kg体重。它是一种神经毒，主要侵犯中枢神经系统，通过阻断乙酰胆碱的释放而导致死亡，一旦中毒难以康复，病死率高。

4.13.2　国家标准检验方法

参照 GB/T 4789.12—2003《食品卫生微生物学检验　肉毒梭菌及肉毒毒素检验》。

4.13.2.1　检验程序

肉毒梭菌及肉毒毒素检验程序如图 4-41。

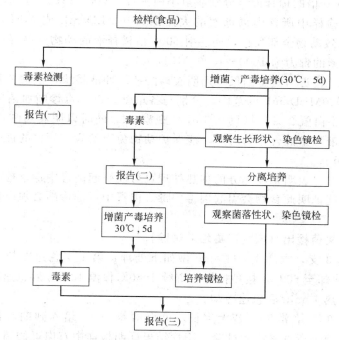

图 4-41　肉毒梭状芽孢杆菌及毒素的检验程序

报告（一）为检样含有某型肉毒毒素；报告（二）为检样含有某型肉毒梭菌；

报告（三）为由检样分离的菌株为含有某型肉毒梭菌

4.13.2.2　检验步骤

4.13.2.2.1　肉毒毒素检测

肉毒中毒的诊断，重要的是毒素的检出及定型；罐头食品的细菌学检验，有时需要证实肉毒梭菌的存在，不过，最终还是要根据产毒试验来鉴定细菌及其型别。

液状检样可直接离心，固体或半固体检样须加适量（例如等量、1倍量或5倍量、10倍量）明胶磷酸盐缓冲液，浸泡、研碎，然后离心，取上清液进行检测。

另取一部分上清液，调 pH 6.2，每9份加10%胰酶（活力 1：250）水溶液1份，混匀，不断经常轻轻搅动，37℃作用60min，进行检测。肉毒毒素检测以小白鼠腹腔注射法为标准方法。

（1）检出试验　取上述离心上清液及其胰酶激活处理液分别注射小白鼠 3 只，每只 0.5mL，观察 4d。注射液中若有肉毒毒素存在，小白鼠一般多在注射后 24h 内发病、死亡。主要症状为竖毛、四肢瘫软、呼吸困难、呼吸呈风箱式，腰部凹陷，宛如蜂腰，最终死于呼吸麻痹。如遇小鼠猝死以致症状不明显时，则可将注射液做适当稀释，重新试验。

（2）确证试验　不论上清液或其胰酶激活处理液，凡能致小鼠发病、死亡者，取样分成 3 份进行试验。1 份加等量多型混合肉毒抗毒诊断血清，混匀，37℃作用 30min；1 份加等量明胶磷酸盐缓冲液，混匀，煮沸 10min；1 份加等量明胶磷酸盐缓冲液，混匀即可，不做其他处理。3 份混合液分别注射小白鼠各 2 只，每只 0.5mL，观察 4d，若注射加诊断血清与煮沸加热的 2 份混合液的小白鼠均获保护存活，而唯有注射未经其他处理的混合液的小白鼠以特有症状死亡，则可判定检样中有肉毒毒素存在，必要时进行毒力测定及定型试验。

（3）毒力测定　取已判定含有肉毒毒素的检样离心上清液，用明胶磷酸盐缓冲液做成 50 倍、500 倍及 5000 倍的稀释液，分别注射小白鼠各 2 只，每只 0.5mL，观察 4d。根据动物死亡情况，计算检样中所含肉毒毒素的大体毒力（MLD/mL 或 MLD/g）。例如，5 倍、50 倍及 500 倍稀释致动物全部死亡，而注射 5000 倍稀释液的动物全部存活，则可大体判定检样上清液所含毒素的毒力为 1000～10000MLD/mL。

（4）定型试验　按毒力测定结果，用明胶磷酸盐缓冲液将检样上清液稀释至所含毒素的毒力大体在 10～1000MLD/mL 的范围，分别与各单型肉毒抗毒诊断血清等量混匀，37℃作用 30min，各注射小白鼠 2 只，每只 0.5mL，观察 4d。同时以明胶磷酸盐缓冲液代替诊断血清，与稀释毒素液等量混合作为对照。能保护动物免于发病、死亡的诊断血清型即为检样所含肉毒毒素的型别。

食物中发现毒素，表明未经充分的加热处理，可能引起肉毒中毒。检出肉毒梭菌，但未检出肉毒毒素，不能证明此食物会引起肉毒中毒。肉毒中毒的诊断必须以检出食物中的肉毒毒素为准。

4.13.2.2.2　肉毒梭菌检出（增菌产毒培养试验）

取疱肉培养基 3 支，煮沸 10～15min 做如下处理：第 1 支急速冷却，接种检样均质液 1～2mL；第 2 支冷却至 60℃，接种检样，继续于 60℃保温 10min 后急速冷却；第 3 支接种检样，继续煮沸加热 10min 后急速冷却。

以上接种物于 30℃培养 5d，若无生长，可再培养 10d。培养到期，若有生长，取培养液离心，以其上清液进行毒素检测试验，阳性结果证明检样中有肉毒梭菌存在。

4.13.2.2.3　分离培养

选取经毒素检测试验证实含有肉毒梭菌的前述增菌产毒培养物（必要时可重复 1 次适宜的加热处理）接种卵黄琼脂平板，35℃厌氧培养 48h。肉毒梭菌在卵黄琼脂平板上生长时，菌落及周围培养基表面覆盖特有的彩虹样（或珍珠层样）薄层，但 G 型菌无此现象。

根据菌落形态及菌体形态挑取可疑菌落，接种疱肉培养基，于 30℃培养 5d，进行毒素检测及培养特性检查确证试验。

培养特征检查：接种卵黄琼脂平板，分成 2 份，分别在 35℃的需氧和厌氧条件下培养 48h，观察生长情况及菌落形态。肉毒梭菌只有在厌氧条件下才能在卵黄琼脂平板上生长并形成具有上述特征的菌落，而在需氧条件下则不生长。

4.13.2.2.4　结果报告

根据毒素检测、生化鉴定实验报告肉毒梭菌的污染情况。

① 食物中发现毒素，表明未经充分的加热处理，可能引起肉毒中毒。

② 检出肉毒梭菌，但未检出肉毒毒素，不能证明此食物会引起肉毒中毒。

③ 肉毒中毒的诊断必须以检出食物中的肉毒毒素为准。

4.13.2.3 试验注意事项

① 典型的肉毒中毒，小白鼠会在 4～6h 死亡，而且 98％～99％ 的小白鼠会在 12h 内死亡，因此，试验前 24h 内的观察是非常重要的。

② 24h 后的死亡是可疑的，除非有典型的症状出现。

③ 如果小白鼠注射经 1∶2 或 1∶5 倍数稀释的样品后死亡，但注射更高稀释度的样品后未死亡，这也是非常可疑的现象，一般为非特异性死亡。

④ 小白鼠要用不会抹去的颜料加以标记。

⑤ 小白鼠的饲料与水必须及时添加、充分供应。

思考与练习

1. 肉毒梭菌的生物学特性、培养特征有哪些？

2. 肉毒毒素种类及其危害有哪些？

3. 食品中肉毒梭菌的鉴定步骤有哪些？

4.14 常见细菌毒素检测

4.14.1 细菌毒素分类

细菌毒素是由产毒细菌产生的对其他生物有害的物质。人类于 1888 年发现了第一个细菌毒素，即白喉毒素，它是由白喉棒状杆菌产生的。随后，特别是在第二次世界大战以后，其他细菌毒素相继被发现与研究。20 世纪 70～80 年代，关于细菌毒素的结构与功能，以及毒素的生化、免疫与遗传等方面的研究发展非常迅速，而 90 年代以来，关于细菌毒素的分子生物学与疾病机制等方面的研究成为热点。

到目前为止，已经发现的细菌毒素有 200 多种，一些产毒基因已被克隆与表达，部分毒素已获得结晶纯品，并分析了其三维结构。但是，细菌毒素的分类体系仍不是十分清晰。目前，关于细菌毒素的分类主要是根据毒素产生菌的名称、作用的靶器官、结构与功能以及毒素的存在形式来进行分类。例如，霍乱毒素和破伤风毒素都是根据产生菌的名称进行的命名与分类，它们对应的产生菌分别为霍乱弧菌和破伤风杆菌；神经毒素、白细胞毒素、肠毒素则是根据毒素作用的靶器官进行的分类，它们的靶器官分别是神经细胞、白细胞与肠道细胞；膜损伤毒素与超抗原毒素是根据毒素的功能进行的分类，它们分别损伤细胞膜与导致机体产生超抗原效应；而外毒素与内毒素是根据细菌毒素的存在形式进行的分类，它们分别存在于细胞外和细胞内。目前，这些分类方法常常结合在一起采用，通常是先根据毒素的存在形式分为内毒素和外毒素，然后再根据其他特性进行分类。下面就内毒素与外毒素的区别进行简要的介绍。

内毒素是由革兰氏阴性菌产生的，它存在于细胞壁中，只有当菌体死亡溶解或用人工方法裂解细菌后才释放。它的成分是脂多糖，非常耐热，加热 100℃经 1h 不被破坏，必须加热 160℃经 2～4h，或用强碱、强酸或强氧化剂加温煮沸 30min 才能灭活。内毒素可以引起发热反应、白细胞反应、内毒素毒血症与休克等症状。内毒素不能被福尔马林脱去毒性成为类毒素，将内毒素注射到机体内虽可产生一定量的特异抗体，但是抗体对抵消内毒素毒性的作用很微弱。

外毒素是产毒细菌分泌于菌体外的细菌毒素。产生外毒素的细菌主要是革兰氏阳性菌，例如白喉棒状杆菌、破伤风杆菌、肉毒梭菌和金黄色葡萄球菌。还有少数革兰氏阴性菌也能产生外毒素，如霍乱弧菌等。有时，一种外毒素可由多种细菌产生，一种细菌也可产生多种外毒素。例如，金黄色葡萄球菌产生的外毒素包括肠毒素、杀白细胞素和溶血毒素；副溶血性弧菌能产生溶血毒素、肠毒素、霍乱样毒素等。外毒素的毒性很强，可以引起多种中毒症状，它的主要成分是蛋白质，易被加热与酸碱破坏，经福尔马林处理后能脱毒成为类毒素，刺激动物生产大量抗体，并中和毒素的毒性作用。

尽管有些食源性病原菌的致病机制还不是十分清楚，但是可以肯定的是细菌毒素都是重要的致病因子。当人（或动物）摄食被这些食源性病原菌污染的食品（或饲料）后，细菌毒素进入机体，产生危害。其中细菌外毒素由于毒性强，危害大，也比较容易采用免疫学检测方法进行分析与检测，所以对于食源性病原微生物的分析与检测除了分析检测这些微生物本身外，也可以通过分析外毒素的含量来判断食品的污染情况。几种食品中常见的细菌毒素已经在相应的致病菌检验章节介绍，在此不再一一表述。

4.14.2　细菌毒素的分析方法

由于食源性病原菌对人体的危害很大，而且它们进入人体消化道后通常还可能进一步增殖，使危害程度增加，所以食源性病原菌在食品中是不得检出的。例如，我国国家标准规定了沙门氏菌、金黄色葡萄球菌、副溶血性弧菌、溶血性链球菌等食源性病原微生物在食品中不得检出，并制定了相应的检测方法。当然由食源性病原菌产生的相关细菌毒素在食品中也应该不得检出，但是由于检测食品中的细菌毒素非常困难，特别是细菌毒素成分（蛋白质或脂多糖）与食品本身的一些成分非常相似，很难分离纯化，所以直接检测食品中细菌毒素的方法不多，上升为标准的方法更少，也只有很少的食品（如蘑菇罐头）规定了需要检测是否存在细菌毒素。然而，由于细菌毒素对人体的危害极大，而且有时尽管检测不出食源性病原菌，但是并不意味着不存在细菌毒素，因为很多细菌毒素的耐热性很强，通过加热尽管可以杀死微生物，但是未必可以使毒素也失活，所以加强食品中细菌毒素的检测是非常必要和重要的，特别是对于快速查找食品中毒事件中的病原物非常有意义。

目前，检测食品中细菌毒素的方法主要是采用基于抗原抗体特异性反应而建立的免疫琼脂扩散法、反向间接血凝试验、放射免疫法、免疫荧光法、酶联免疫吸附法、金标试剂条、免疫生物传感器法等免疫学方法。也可以通过动物实验来测定食品中细菌毒素的含量，但是动物实验测定的是食品中总的细菌毒素。这两种方法都是直接测定食品中细菌毒素的含量。另外，随着分子生物学技术的发展，很多食源性病原菌的产毒基因已经知晓，所以也可以采用 PCR 方法，通过测定产毒基因来判断食品中是否存在食源性病原菌，也可以间接反映食品中是否存在细菌毒素。

4.14.3　葡萄球菌肠毒素检验——ELISA 试剂盒检测

该方法参照 GB 4789.10—2010。

4.14.3.1　原理

本方法可用 A、B、C、D、E 型金黄色葡萄球菌肠毒素分型酶联免疫吸附试剂盒完成。

本方法测定的基础是酶联免疫吸附反应（ELISA）。96孔酶标板的每一个微孔条的A～E孔分别包被了A、B、C、D、E型葡萄球菌肠毒素抗体，H孔为阳性质控，已包被混合型葡萄球菌肠毒素抗体，F和G孔为阴性质控，包被了非免疫动物的抗体。样品中如果有葡萄球菌肠毒素，游离的葡萄球菌肠毒素则与各微孔中包被的特定抗体结合，形成抗原抗体复合物，其余未结合的成分在洗板过程中被洗掉；抗原抗体复合物再与过氧化物酶标记物（二抗）结合，未结合上的酶标记物在洗板过程中被洗掉；加入酶底物和显色剂并孵育，酶标记物上的酶催化底物分解，使无色的显色剂变为蓝色；加入反应终止液可使颜色由蓝变黄，并终止了酶反应；以450nm波长的酶标仪测量微孔溶液的吸光度值，样品中的葡萄球菌肠毒素与吸光度值成正比。

4.14.3.2 检测步骤

（1）从分离菌株培养物中检测葡萄球菌肠毒素方法　待测菌株接种营养琼脂斜面37℃培养24h，用5mL生理盐水洗下菌落，倾入60mL产毒培养基中，每个菌种种一瓶，37℃振荡培养48h，振速为100次/分，吸出菌液离心，8000r/min 20min，加热100℃，10min，取上清液，取100μL稀释后的样液进行试验。

（2）从食品中提取和检测葡萄球菌毒素方法

① 乳和乳粉：将25g乳粉溶解到125mL、0.25mol/L、pH 8.0的Tris缓冲液中，混匀后同液体乳一样按以下步骤制备。将乳于15℃，3500g离心10min。将表面形成的一层脂肪层移走，变成脱脂乳。用蒸馏水对其进行稀释（1：20）。取100μL稀释后的样液进行试验。

② 脂肪含量不超过40％的食品：称取10g样品绞碎，加入pH 7.4的PBS液15mL进行均质。振摇15min。于15℃ 3500g离心10min。必要时，移去上面脂肪层。取上清液进行过滤除菌。取100μL的滤出液进行试验。

③ 脂肪含量超过40％的食品：称取10g样品绞碎，加入pH 7.4的PBS液15mL进行均质。振摇15min。于15℃，3500g离心10min。吸取5mL上层悬浮液，转移到另外一个离心管中，再加入5mL的庚烷，充分混匀5min。于15℃，3500g离心5min。将上部有机相（庚烷层）全部弃去，注意该过程中不要残留庚烷。将下部水相层进行过滤除菌。取100μL的滤出液进行试验。

（3）检测　所有操作均应在室温（20～25℃）下进行。

将所需数量的微孔条插入框架中（一个样品需要一个微孔条）。将样品液加入微孔条的A～G孔，每孔100μL。H孔加100μL的阳性对照，用手轻拍微孔板充分混匀，用粘胶纸封住微孔以防溶液挥发，置室温下孵育1h。

洗板：将孔中液体倾倒至含10％次氯酸钠溶液的容器中，并在吸水纸上拍打几次以确保孔内不残留液体。每孔用多通道加样器注入250μL的洗液，再倾倒掉并在吸水纸上拍干。重复以上洗板操作4次。

每孔加入100μL的酶标抗体，用手轻拍微孔板充分混匀，置室温下孵育1h。重复上述洗板程序。加50μL的TMB底物和50μL的发色剂至每个微孔中，轻拍混匀，室温黑暗避光处孵育30min。再加入100μL的2mol/L硫酸终止液，轻拍混匀，30min内用酶标仪在450nm波长条件下测量每个微孔溶液的OD值。

（4）结果的计算　OD值小于临界值的样品孔判为阴性，表述为样品中未检出某型金黄色葡萄球菌肠毒素；OD值大于或等于临界值的样品孔判为阳性，表述为样品中检出某型金黄色葡萄球菌肠毒素。

每一个微孔条的 F 孔和 G 孔为阴性质控，两个阴性质控 OD 值的平均值加上 0.15 为临界值。

测试结果阳性质控的 OD 值要大于 0.5，阴性质控的 OD 值要小于 0.3，如果不能同时满足以上要求，测试的结果不被认可。对阳性结果要排除内源性过氧化物酶的干扰。

思考与练习

1. 食品检测中常见的细菌毒素有哪几种？各有什么特点？
2. 食品中细菌毒素的常见分析有哪些？

第5章 食品中真菌检验及其毒素检测

● [本章提要]

　　本章主要讲述了食品中酵母菌和霉菌的检验方法；掌握霉菌和酵母菌计数的方法；重点掌握食品中常见产毒霉菌的分离和鉴定的方法。 了解食品中常见真菌毒素及其致病性，并了解常见毒素检验方法。

霉菌和酵母广泛分布于自然界，并可作为食品中正常菌相的一部分。长期以来，人们利用某些霉菌和酵母加工一些食品，如用霉菌加工干酪和肉，使其味道鲜美；还可利用霉菌和酵母酿酒、制酱；食品、化学、医药等工业都少不了霉菌和酵母。但在某些情况下，霉菌和酵母也可造成食品腐败变质。由于它们生长缓慢和竞争能力不强，故常常在不适于细菌生长的食品中出现，这些食品一般是 pH 低、湿度低、含盐和糖高的食品，低温储藏的食品及含有抗生素的食品等。霉菌和酵母能抵抗热、冷冻、抗生素和辐照等储藏及保藏技术，而且它们还能代谢某些不利于细菌生长的物质，而促进致病细菌的生长；有些霉菌能够合成有毒代谢产物——霉菌毒素。霉菌和酵母往往使食品表面失去色、香、味。例如，酵母在新鲜的和加工的食品中繁殖，可使食品发生难闻的异味，它还可以使液体发生浑浊，产生气泡，形成薄膜，改变颜色及散发不正常的气味等。因此霉菌和酵母也作为评价食品卫生质量的指示菌。

5.1 霉菌和酵母菌计数

霉菌和酵母菌计数可以反映食品被污染的程度。目前已有若干个国家制定了某些食品的霉菌和酵母限量标准。我国已制定了糕点和蜜饯食品中霉菌和酵母的限量标准，其他食品霉菌和酵母的限量标准也在制定中。

5.1.1 霉菌和酵母计数（倾注法）

参照 GB 4789.15—2010《食品安全国家标准　食品微生物学检验　霉菌和酵母计数》，适用于测定各种粮食、食品和饮料中霉菌和酵母的计数。

5.1.1.1 培养基的选择

（1）马铃薯-葡萄糖-琼脂培养基（PDA）　霉菌和酵母在 PDA 培养基上生长良好。用 PDA 做平板计数时，必须加入抗生素以抑制细菌。

（2）孟加拉红（虎红）培养基　该培养基中的孟加拉红和抗生素具有抑制细菌的作用。孟加拉红还可抑制霉菌菌落的蔓延生长。在菌落背面由孟加拉红产生的红色有助于霉菌和酵母菌落的计数。

（3）高盐察氏培养基　粮食和食品中常见的曲霉和青霉在该培养基上分离效果良好，它具有抑制细菌和减缓生长速度快的毛霉科菌种的作用。

5.1.1.2 操作方法

（1）检样稀释及培养　为了准确测定霉菌和酵母数，真实反映被检食品的卫生质量，首先应注意样品的代表性。对大的固体食品样品，要用灭菌刀或镊子从不同部位采取试验材料，再混合磨碎。如样品不太大，最好把全部样品放到灭菌均质器杯内搅拌 2min。液体或半固体样品可用迅速颠倒容器 25 次来混匀。有的规定在实际操作时，振摇时振幅要 30cm，7s 振摇 25 次。

① 以无菌操作将检样（块状食品需剪碎后置灭菌乳钵磨碎）25g（或 25mL）放入含有 225mL 灭菌蒸馏水带玻塞锥形瓶（液体样品瓶内需预置适当数量的无菌玻璃珠）中，充分振摇，做成 1∶10 的均匀稀释液。

② 吸取 1∶10 稀释液 1mL，注入含有 9mL 灭菌水的试管中（注意吸管尖端不要触及试管内稀释液），另换一支 1mL 灭菌吸管吹吸稀释液使其充分混合均匀（使霉菌孢子充分散

开），做成 1∶100 的稀释液。

③ 吸取 1mL 1∶100 稀释液于含有 9mL 灭菌水的试管中，按上述操作顺序做 10 倍递增稀释液，每递增稀释一次，即换用一支吸管。

（2）倾注培养　根据食品卫生标准要求或对样品污染的情况估计，选择 2～3 个适宜的稀释度（液体样品可以包括原液），在做 10 倍递增稀释的同时，吸取 1mL 稀释液于灭菌平皿中，每个稀释度作两个平皿。稀释液移入平皿后，应立即将晾至 46℃ 左右的马铃薯-葡萄糖-琼脂培养基或孟加拉红培养基 15～20mL 注入平皿中，立即倾注并旋转混匀，先向一个方向旋转，再转向相反方向，充分混合均匀。待琼脂凝固后，翻转平板，置 25～28℃ 温箱中，培养 5d，观察并记录结果。

5.1.1.3　菌落计数方法

做平板菌落计数时，可用肉眼观察，必要时用放大镜检查，以防遗漏。记录稀释倍数和相应的平板菌落数。

5.1.1.4　霉菌和酵母计数的报告

选取菌落数在 10～150 CFU 的平板，根据菌落形态分别计数霉菌和酵母数。霉菌蔓延生长覆盖整个平板的可记为多不可计。菌落应采用两个平板的平均数乘以相应稀释倍数，即为每克或每毫升检样中所含霉菌和酵母计数，以 CFU/g（或 CFU/mL）表示。

5.1.2　霉菌直接镜检计数法

常用的方法为郝氏霉菌计数法或称霍华德（Howard）霉菌计数法。本方法适用于各种加工的水果和蔬菜制品，如番茄酱、果酱和果汁等。霉菌可以作为一种指示菌，表明加工制品的原料有霉菌所致的腐烂存在。此法系在一个标准计数玻片上计数含有霉菌菌丝的显微镜视野。

5.1.2.1　设备和材料

（1）显微镜　霉菌直接计数用的双筒显微镜一定要有标准化视野，在 90～125 倍时视野直径为 1.382mm。同时在一个目镜中装配有一个特制的测微玻璃圆盘，其上刻有每边长度相当于视野直径 1/6 的 36 个小方格。

（2）郝氏计测玻片　系特制的玻璃载片，带有一个 20mm×15mm 的长方形平面，即计测室，其周围有沟，两侧各有一条高出长方形平面 0.1mm 的肩堤，盖片放在肩堤上面，盖片和长方形平面之间相距 0.1mm。中央长方形平面，肩堤和盖片共同形成一个光学工作面。为了便于校正显微镜，计测玻片上刻有两条相距 1.382mm 的平行线，作为校正显微镜视野的标准线。

（3）稳定液　0.5% 羧甲基纤维素钠溶液。在高速搅拌器的杯中加入 500mL 沸水，加2.5g 纤维素胶和 10mL 约为 37% 的甲醛，混合约 1min，也可用 3%～5% 果胶或 1% 藻胶代替。用真空或加热的方法去除溶液中的气泡，调节 pH 至 7.0～7.5。如无搅拌器，则可将干燥的稳定剂与酒精混合，以促进其在水中的溶解。

（4）其他　折光仪、烧杯、玻璃棒、盖玻片等。

5.1.2.2　操作方法

（1）样品制备

① 番茄酱：用小烧杯称取约 10g 样品，加蒸馏水稀释至约 30mL，用折光仪测定其折光

指数为 1.3447~1.3460，即浓度为 7.9%~8.8%。

② 苹果酱：用小烧杯称取一定量的样品，加等量的稳定液制成样液。

（2）涂片　用蒸馏水清洗郝氏计测玻片和盖片，擦干后，将盖片压在计测玻片的肩堤上，观察玻片和盖片之间形成的牛顿环，如无牛顿环，说明玻片和盖片不清洁，应重新清洗。用玻璃棒将制好的样液均匀涂布于计测玻片中央平面计测室上，盖上盖片。

（3）观测　采用8~12.5 倍目镜和 10 倍物镜，用刻有间距 1.382mm 平行线的计测玻片调节视野为 1.382mm。将特制测微圆盘放入目镜中，使其上方格每边为视野直径的 1/6。将计测玻片置显微镜下，用 90~125 倍的放大倍数检查每个视野。每个样品应检查 2 个玻片，每个玻片至少检查 25 视野，即一共应观测 50 个视野，同一检样应该由 2 个人观察。

5.1.2.3　霉菌菌丝的特征

（1）平行壁　霉菌菌丝呈管状，多数情况下，整个菌丝体的直径是一致的。因此在显微镜下菌丝壁看起来像两条平行的线。这是区别霉菌菌丝和其他纤维时最有用的特征之一。

（2）横隔　许多霉菌的菌丝具有横隔，毛霉、根霉等少数霉菌的菌丝没有横隔。

（3）菌丝内呈粒状　薄壁、呈管状的菌丝含有原生质，在高倍显微镜下透过细胞壁可见其呈粒状或点状。

（4）分支　如菌丝不太短，则多数呈分支状，分支与主干的直径几乎相同，有分支是鉴定霉菌最可靠的特征之一。

（5）菌丝的顶端常呈钝圆形。

（6）无折射现象　凡有以上特征之一的丝状体均可判定为霉菌菌丝。

5.1.2.4　计算

观察视野中有无菌丝，凡符合下列情况之一者为阳性视野。

① 一根菌丝长度超过视野直径 1/6；

② 一根菌丝长度加上分支的长度超过视野直径 1/6；

③ 两根菌丝总长度超过视野直径 1/6；

④ 三根菌丝总长度超过视野直径 1/6；

⑤ 一丛菌丝可视为一个菌丝，所有菌丝（包括分支）总长度超过视野直径 1/6。

根据对所有视野的观察结果，计算阳性视野所占比例，并以阳性视野百分数（%）报告结果。

计算公式：（阳性的可视划区/镜检的总可视划区数）×100＝阳性比率%

5.2　常见产毒霉菌的分离与鉴定

各类谷物和食品由于受到霉菌的侵染，不仅会发生霉坏变质，在经济上建成巨大损失，而见还可能带染各种不同性质的霉菌毒素，人和家畜、家禽食入后，常常会导致急性和慢性的中毒病，以往在医学范畴中尚未引起人们的足够重视。1960 年，英国从火鸡爆发的中毒病中发现了黄曲霉毒素，并由 Lancaster 证明这种毒素是一种强烈的致肝癌物质，以后，许多工作者又陆续发现杂色曲霉素、赭曲霉毒素、展青霉素等，也均具有较强烈的致癌性。此外，还发现了一些威胁人和家畜健康的镰刀菌毒素，如脱氧雪腐镰刀菌烯醇（致呕毒素）、T-2 毒素、镰刀菌烯酮-x、雪腐镰刀菌烯醇。M、玉米赤霉烯酮、新茄病镰刀菌烯醇和丁烯酸内酯等。所以，在霉菌侵染谷物和食品的问题上，已越来越引起世界各国的极大注意。

5.2.1 样品的采集

为了解各类谷物和食品中霉菌的侵染情况，在采集样品时必须注意样品的代表性和避免污染。因为这关系到整个分析结果的正确性。在采样前应事先准备好灭菌的容器和采集工具，如牛皮纸袋、磨口瓶、扦样器和金属小勺等。由于微生物广泛存在于自然界中，所以从采样直到进行分析的过程中，要时刻严防污染。取样距离分析的时间愈短愈好，必要时应放在低温干燥的地方保存。

5.2.1.1 粮食样品的采集

（1）粮库贮粮 在采样前，观察并记录采样囤垛周围环境的卫生状况，外界温度和湿度，粮食的来源，储存时间，粮食质量和水分，有无霉变现象，以及当时的粮温变化等情况。

① 粮囤：根据囤型的大小分层定点采样，一般可分为3～4层（每层距离可按1m左右间隔）。每层进行五点取样，前后左右四点用短扦样器探入约30cm深度取样，中心部位的取样可用长扦样器，先将探口向下探至中心部位后，将探口翻转向上，进行取样，所取各层样品装入一灭菌容器内，封闭容器充分混匀，留下半斤左右取回实验室。

② 粮垛和粮堆：与上述粮囤的取样方法大同小异。由于粮垛和粮堆的中心部位不易采取，可根据垛型和粮堆的大小，分层随机采取不同点的混合样品。

（2）小量贮粮 一般在卫生学调查的基础上进行病区和非病区家庭或零售粮店的采样。采样时可根据现场的实际情况酌定，通常使用金属小勺采取上中下各部位的混合样品。

5.2.1.2 食品样品的采集

（1）谷物加工制品 包括熟饭、面包、糕点、米粉和黏糕类等。首先亦应在卫生学调查的基础上采取具有代表性样品。将可疑食品用无菌工具（刀、剪和镊等）采集250g左右，放入灭菌牛皮纸袋或其他无菌容器内，严密封妥后取回实验室。

（2）各类发酵食品 按上述无菌操作手续采取成品及其制作过程中的半成品200～300g。

（3）乳制品 如乳制品储存过久出现发霉现象，采集方法和数量应具有代表性。

5.2.1.3 动物饲料样品的采集

采集动物饲料样品包括干草等一般饲料、发酵饲料（如糖化饲料）以及发霉的谷物等，仍按上述原则进行采样。

5.2.2 霉菌的分离

5.2.2.1 培养基的选择

在贮粮和食品中产生毒素的霉菌主要为镰刀霉、青霉和曲霉菌属的一些菌类，其中有些菌种是耐高渗压的，因此分离这类霉菌除考虑其营养要求外，还要适当地提高培养基的渗透浓度，一般可在察氏培养基中增加食盐或糖分的含量，称为高渗察氏培养基。此外，还需同时选用一种低渗培养基，如马丁培养基或马铃薯葡萄糖培养基，这样才能确切地反映谷物和食品中霉菌侵染的全貌。

5.2.2.2 粮粒表面除菌

为了分离潜伏在粮粒内部的霉菌，在进行分离培养前，需先消除粮粒表面沾染的霉菌，目前使用的粮粒表面杀菌剂很多，但都不太理想。由于霉菌在粮粒组织内部主要分布在皮层和胚部，鉴于这些部位，特别是脱壳的粮粒，很容易或多或少地受到药物渗入的影响，有时不能反映粮粒内部受到霉菌侵染的全部情况，因此采取单纯使用无菌水多次洗涤的方法，既可将附着在粮粒表面的霉菌及其孢子洗除，又可使粮粒组织内部侵染的全部霉菌在分离培养过程中不受影响。

粮粒表面洗涤除菌的方法比较简便，取粮粒样品10～20g放入灭菌的150mL三角瓶中，如为带壳粮粒，可先放入75％酒精浸泡1～2min以脱除粮粒表面的蜡质（脱壳粮粒可省略此步），倾去酒精后，再以无菌操作手续倒入灭菌蒸馏水约50mL，或淹没粮粒1～2cm左右，盖好棉塞，充分振荡1～2min，将水倒净，再换水振荡，如此反复洗涤10次，最后将水弃去备用。

5.2.2.3　粮粒内部霉菌的分离

（1）粮粒的直接接种法　粮粒内部的霉菌分离主要应用此法。以无菌操作手续，用灭菌的小镊子将表面除菌的粮粒样品胚部向下种在改良察氏琼脂平板上。接种时需按等距离排列，并微加压力使其紧附或刺入培养基中。每块平板可按种5～10粒（大粒者接种5粒，小粒者可按种10粒），每份样品共种100粒。样品接种完毕，立即置28℃培养1周后开始进行检查。

（2）粮粒切开接种法　此法操作手续比较麻烦，仅供参考。因为大粮粒如玉米、大豆和花生米等的直接接种，在培养期间可能出现由于粮粒发芽顶开皿盖，而使培养物遭到污染。所以使用粮粒切开接种法，一般可以避免上述情况的发生，即粮粒洗涤除菌后先放在无菌容器内，用灭菌刀或剪将粮粒切开两半或只切取其胚部，再用灭菌镊子将半颗粮粒或其种胚放入琼脂平板上，使粮粒的切开面紧贴附于培养基表面，然后置于28℃培养1周后观察菌落生长情况。

5.2.2.4　加工食品霉菌的分离

（1）粉状食品接种法　以无菌操作手续称取样品5g，放入装有50mL灭菌蒸馏水的大试管中，用力充分振摇并用吸管反复吸吹，此液即为1∶10稀释掖，然后再按1∶100、1∶1000进行稀释，将其三个倍数稀释液各取1mL，分别放入无菌平皿中，做倾注培养。

（2）块状食品的接种　以无菌手续用小刀切取样品的各个部位称取1g或2g，用小镊将碎块等距离接种在改良察氏琼脂平板上，接种前后要尽量避免外界的污染。

上述样品按种完毕后，置28℃培养1周进行检查。

5.2.2.5　可疑饲料霉菌的分离

除发霉谷物按照上述粮粒接种方法外，如为干草类饲料，则用灭菌剪刀在无菌器皿中将其剪成碎段称取1g或2g，然后用灭菌小镊将碎段按等距离接种在改良察氏琼脂平皿上，置28℃培养1周进行检查。

5.2.2.6　结果判断和记录

（1）粮粒培养的检查　在培养期间应随时观察并标记100粒粮粒中生长霉菌的粮粒和菌落，最后记录其受霉菌侵染的粒数和菌落生长的总数，综合判断粮粒霉菌污染的情况，然后制片镜检进行初步分属和分群。

（2）粉状加工食品的培养检查　一般定量稀释做倾注培养的样品，均需进行菌落计数，观察并记录每克样品中霉菌污染的数目。菌落检查步骤同上。

（3）块状食品和饲料的培养检查　如按定量接种的样品，亦需首先进行菌落计数，同样记录每克样品中霉菌污染的数目，菌落检查步骤同上。

5.2.3　霉菌的鉴定

目前所发现的对人类和动物能引起食物中毒的产毒霉菌，主要包括曲霉属、青霉属和镰刀菌属的一些菌种。这里仅将这些有关的霉菌属的分类系统和代表性产毒菌种加以介绍。

5.2.3.1　曲霉属

这个菌属在自然界分布极广，许多菌种具有分解有机物质和产生多种有机酸的能力，其中不少是重要的工业霉菌；另外有些菌种，寄生于食品、贮粮和动物饲料后，不但能引起发热霉坏，甚至还产生致癌性毒素。一些重要产毒的菌种，如黄曲霉、寄生曲霉、赭曲霉和杂色曲霉等，在当前已引起有关方面的注意。

曲霉属在 Raper 和 Fennell 的分类系统中共分 18 个群、123 个种和 18 个变种。一般说来，大部分菌种的培养性状相对稳定，因此在鉴定工作中，与其他菌属相比较并不太困难。通常初分离时，首先要获得纯培养，然后接种在标准鉴定培养基上，于 26℃培养 2 周，在培养过程中，要随时注意观察其培养特性的逐步变化。

目前采用的标准培养基，按照 Raper 和 Fennell 的《曲霉属》一书的规定，主要为察氏琼脂培养基，另外还可选用麦芽汁琼脂和玉米浆琼脂作为鉴定辅助培养基。

（1）接种和培养　曲霉的菌落形态特征，是在鉴定时的一项重要依据。为了便于观察，通常用平板培养。用接种钩从斜面纯培养物中蘸取少量孢子，点种在平板上，每块平板一般接种 1～3 个菌落，在培养后的第 4、7、10 和 14 天观察其生长速度和菌落特征。

（2）培养特性的观察

① 肉眼观察：接种的平板，在培养过程中，需要在一定时间进行肉眼观察（必要时可借助于放大镜），并详细地记录菌落的外观。

a. 生长速度；记录菌落生长的快、中、慢、极慢。一般在培养 2 周时测量菌落的直径（cm）。

b. 菌落的颜色：有些菌株在培养期间，菌落颜色变化很大，主要观察菌落表面（包括子实体、气生菌丝和菌核等）和底部埋伏型菌丝在不同阶段的颜色及其变化、菌落反面的颜色及其变化等。

c. 菌落的表面：气生菌丝生长疏松或致密；平坦、隆起、凹陷或有皱褶，有无同心环或放射沟纹，边缘是否整齐，是全缘的、锯齿状的，还是树枝状和纤毛状等。

d. 菌落的质地：指菌落的外观似毡状、绒状、棉絮状、羊毛状、束状、粉粒状、明胶状或皮革状等类型。

e. 培养基颜色及其变化：观察是否仅限于菌落所覆盖的部分，还是扩散到更大范围。

f. 渗出液：有些菌种常常在菌落表面出现带颜色的液滴。观察时应注意其色调和分泌的数量。

g. 气味：菌落的气味较难描述，许多菌株在培养过程中有霉味、土气味和芳香味等，但也有很多菌株不产生气味。

② 显微镜检查

a. 活培养检查：将培养物（斜面、平板和微量培养）放在载物台上，用低倍镜观察子实器官的特性和排列，如孢子穗的形态、孢子链的排列和分生孢子梗的生长方式等。

b. 制片检查：主要观察子实器官的细微结构，如顶囊的形状和大小，小梗的排列（单层或双层）和长度，分生孢子的形态、大小、颜色和表面的细微结构，分生孢子梗的长度、颜色、表面光滑或粗糙以及有无闭囊壳和壳细胞等。

在制片时，菌种的培养时间很重要，培养物太幼时，子实结构及孢子还未发育完好，太老时，子实结构又会散落乃至解体，具体情况要根据不同菌种而定。一般说来，合适的菌龄是在培养4～7d，如用培养皿点种培养时，在菌落蔓延过程中，可由菌龄合适的地方挑出一块来制片。

制片的方法和其他霉菌制片一样，滴一小滴乳酸苯酚液于清洁载玻片中央，用无菌钩从培养物上挑取少量的典型材料，放于液滴中，再用两根针将材料小心撕开到全部打湿，然后盖上盖片轻轻按压，如有气泡可慢慢加热除掉。

5.2.3.1.1 黄曲霉（*A. flavus* Link）

【菌落】在察氏琼脂培养基上变化不定，于24～26℃培养10d，生长较快的直径可达6～7cm，生长缓慢的直径为3～4cm。通常由略薄而质地紧密的基部菌丝所组成，这种基部菌丝在某些菌株中一直埋伏于边缘的1.0～1.5cm处，一般呈扁平状，但偶尔也出现放射沟或皱褶呈脑状，大部分菌株直接从基质菌丝上产生丰富的分生孢子结构，幼龄的分生孢子头通常呈黄色或黄柠檬色，很快通过亮色到暗黄绿色，近乎灰绿色或淡榆绿色，老时最后变成深葡萄绿色至玉绿色或水芹绿色。反面一般无色到粉淡褐色。在大量产生菌核的菌株中，呈暗红至褐色。渗出液除大量产生菌核的菌株以外不显著，有时呈红至褐色，无嗅，但有时很难闻，很多菌株，特别是在新分离的菌株中产生菌核，有时可控制菌落的外观，其形状、大小和色素均变化不一，以白色菌丝球的形式出现，常表现为球形至近球形，并逐渐由白色通过暗红至褐色到近似黑色的特征，一般直径为400～700μm，很少超过1mm，但有些菌株一律较小，另一些菌株无较深的色素，还有些菌株向垂直方向延长或不限定的顶部生长。

【分生孢子头】典型放射状，劈裂成几个不明显的圆柱状，直径很少超过500～600μm，

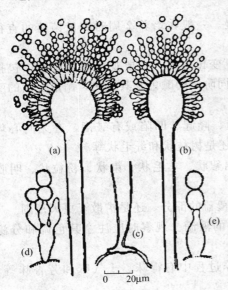

图 5-1　黄曲霉
(a) 双层小梗的分生孢子头；(b) 单层小梗的分生孢子头；(c) 分生孢子梗的基部（足细胞）；(d) 双层小梗的细微结构；(e) 单层小梗的细微结构

大部分菌株为300～400μm，较小的头偶尔呈圆柱状300×50μm［图5-1(a)、(b)］。

【分生孢子梗】壁厚，无色，极粗糙，通常长度小于1mm，但偶尔有的菌株（特别是在实验室长期保存的培养物）可达2.0～2.5mm，顶囊下面的分生孢子梗的直径为10～20μm。

【顶囊】早期稍长，晚期变成近似球形或球形，直径的变化从10～65μm，但大部分菌株一般为25～45μm。

【小梗】在正常的顶囊上不是单层就是双层，在一个头上很少见发生两种情况，梗基通常为（6.0～10.0）μm×（4.0～5.5）μm，但有时长达15μm或16μm，并且偶尔见到直径膨胀到8.0μm或9.0μm，小梗为（6.5～10.0）μm×（3.0～5.0）μm；单层小梗大小不一，（6.5～14.0）μm×（3.0～5.5）μm，一律在小顶囊上产生，形成分生孢子的顶端通常呈瓶状［图5-1(d)、(e)］。

【分生孢子】典型呈球形到近似球形，具显著的小刺，直径变化不定，3.0～6.0μm，但大部分为

$3.5\sim4.5\mu m$，初形成时有时呈椭圆形，偶尔见到继续为椭圆形，此时测量，为（$4.5\sim5.5$）$\mu m\times$（$3.5\sim4.5$）μm。

本菌是重要的储藏霉菌，能分泌对种子有毒害作用的物质，使种子很快丧失发芽力。大多数菌株寄生谷物后，对人、家畜和家禽是无毒，产毒的只占少数。产毒的菌株寄生于玉米、大米、花生米等粮食种子后，能产生黄曲霉毒素，可引起幼禽（雏鸭、小火鸡）、幼畜（小猪、小牛犊）的肝癌以致很快死亡。

5.2.3.1.2　寄生曲霉（*A. parasitius* Speare）

【菌落】在察氏琼脂培养基上生长良好，于 $24\sim26℃$ 培养 $8\sim10d$ 直径可达 $2.5\sim4.0cm$，由致密的基层菌丝组成，有些菌株具有较宽的、白色的、几乎不形成孢子的边缘，另一些菌株则形成埋伏型和绒毛状的边缘，扁平或稍具放射沟，产生非常丰富的分生孢子头，其颜色根据菌株及其成熟程度的不同而变化，幼时从明显的亮黄色（近似蜡黄色），通过草绿色或杉绿色到暗黄绿色（近似常春藤绿色）老时到暗浊黄绿色；反面淡黄色到微淡褐色；渗出液很少；气味不明显。

【分生孢子头】很一致，呈疏松的放射状，直径可达 $400\sim500\mu m$。

【分生孢子梗】长度不一，从 $200\mu m$ 到很少见的 $1.0mm$ 以上，大部分菌株的长度为 $300\sim700\mu m$，一般在 $400\mu m$ 以下，壁无色，有些菌株光滑或近似光滑，另一些菌株下面光滑，上面明显的粗糙。

【顶囊】从狭窄的基部（直径 $3\mu m$）逐渐扩大至 $10\sim12\mu m$，并迅速形成近似球形到烧瓶形或乳钵形的顶囊，直径为 $20\sim35\mu m$。

【小梗】呈单层，$7\sim9\mu m\times3.0\sim4.0\mu m$，密集在顶囊的表面上，无色或呈淡黄绿色。

【分生孢子】呈球形，具粗疏的小刺，直径为 $3.5\sim5.5\mu m$，亮黄绿色。

无菌核和闭囊壳。

本菌系属黄曲霉菌群的菌种。本菌寄生谷物后，绝大部分菌株均能产生黄曲霉毒素铁均能产生黄曲霉毒素。

5.2.3.1.3　杂色曲霉 [*Aspergillus versicolor*（Vuill）Tiraboscli]

【菌落】在察氏琼脂培养基上生长较慢，于 $24\sim26℃$ 培养两周直径达 $2\sim3cm$，有些菌株致密，具有丰富的由基质生出的分生孢子梗；另有些菌栋呈现显著的密集交织的气生菌丝，并生出或多或少丰富的短分支样的分生孢子梗；还有些菌株两种生长类型结合发育，菌落中心隆起或呈纽扣状，起初为白色，通过黄色、橘黄色至黄色、黄褐色到黄绿色，例如青豆绿色则根据菌株和孢子形成的量而定，偶尔呈现完全无绿色的肉色到粉红色；渗出液无到丰富，由清晰到暗葡萄酒红色；反面和基质无色或近乎无色，有些菌株通过黄色到橘黄色，然后呈玫瑰色到红色或紫红色。

【分生孢子头】呈粗糙的半球形，放射状，直径 $100\sim125\mu m$ [图 5-2(a)]。

【分生孢子梗】无色或在具有强烈色素的菌株中带黄色，壁厚，光滑，$500\mu m$ 甚至 $700\mu m\times5\mu m$ 或接近顶囊处约 $10\mu m$。

【顶囊】直径 $12\sim16\mu m$，较大者罕见，可育区为半球形或半椭圆形。分生孢子梗顶端几乎形成稍微扩大的漏斗状 [图 5-2(c)]。

【小梗】双层，梗基一般为（$5.5\sim8.0$）$\mu m\times$（$3.0\sim4$）μm，偶尔较小，小梗（$5.0\sim7.5$）$\mu m\times$（$2.0\sim2.5$）μm。

顶囊和小梗在富有色素的菌株中，可能具有颜色。

【分生孢子】球形，具有粗疏的到细密的小刺，大部分 $2\sim3\mu m$，很少为 $3.5\mu m$，通常

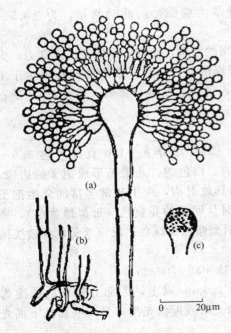

图 5-2 杂色曲霉
(a) 分生孢子头; (b) 分生孢子梗
的基部 (足细胞); (c) 顶囊

组成疏松的放射状的链。

【壳细胞】产生时，为构巢曲霉型。

闭囊壳未发现。

菌核未发现。

本菌主要在含水量 15% 左右的贮粮上活动为害，被侵染的大米变为白垩色，其他谷物种子，如玉米和小麦亦能寄生，可产生杂色曲霉素，能引起动物肝癌。

5.2.3.2 青霉属

此菌属与曲霉属接近，种类甚多，分布亦广。许多菌株均能引起食品的霉坏，特别是对贮粮和曲霉一样，均能导致粮食发热霉变，也有不少菌种能够产生强烈的毒素而使粮食带毒。

Raper 和 Thom 将青霉属分为 4 个大群、41 个系、127 个种和 4 个变种。在基质中产生毒素的菌株很多，仅就主要的一些菌种分别加以描述，以便鉴定时作为参考。

鉴定青霉要比曲霉困难一些。由于青霉的菌落颜色比较单一，多为灰绿色，而陈旧的培养物又会改变，也可随培养条件的不同而变化。在试验室中即使在一般相同的条件下，某些菌株在相继的培养中也会发生变异，培养和鉴定的程序均与曲霉属相同。

5.2.3.2.1 黄绿青霉 (*Penicillium citreo-viride* Biourge)

【菌落】在察氏琼脂培养基上生长局限，于室温培养 12~14d，直径可达 2.0~3.0cm，呈明显的皱褶和纽扣状，有的菌落中心部位隆起，也有的中心凹陷，由柔韧的菌丝组成绒毡状，厚度达 100~200μm 或以上，但到边缘则逐渐变薄，呈一种纤维状边缘。大部分菌株呈明显的柠檬黄色至黄绿色。培养 2 周以上才呈现很少的分生孢子发育，有些菌株孢子形成则不太缓慢，在 10~14d 即变成浊灰色，表面呈现绒状或具很少的絮状，营养菌丝细弱呈黄色。渗出液有些菌株不产生；有些菌株很少，呈淡柠檬色，气味小，发霉味。反面和琼脂在生长期至亮黄色，有些菌株在老时变得较暗。

【分生孢子梗】主要从匍匐的和分支的菌丝上产生，壁光滑，大部分为 (50~100)μm×(1.6~2.2)μm，但有时从基质上产生，较长，可达 150μm。

【帚状枝】大部分为简单的单轮生，偶尔呈现主轴延长或从较低的节上生出 1 个或 2 个分支，产生次级小梗轮生体，产生的分生孢子链长达 50μm 以上，疏松并列或略分散，不粘连成坚实的柱状 [图 5-3(a)]。

【小梗】8~12 个密集簇生，大部分为 (9~12)μm×(2.2~2.8)μm，均具有相当长的梗颈。

【分生孢子】球形，2.2~2.8μm，壁薄，光滑或近乎光滑，粘连成明显的链 [图 5-3(b)]。

此菌分布广，能在较低的温度和营养条件下正常发育，常可从土壤、病变米和其他物质中分离出来。有些菌株能产生毒素，日本过去曾从病变米上发现，并定名为毒青霉，后经分类学研究，已改称黄绿青霉。该菌所致的病变米为"黄变米"，米粒含水量在15%即能发生，该菌从米的损伤部和胚部开始寄生，被侵染的糙米和白米初呈淡黄色，后形成黄色斑点。病米具有特殊的臭气，在紫外线照射下能产生黄色荧光。所产生的毒素为黄绿青霉素，能引起动物的肝肿瘤、中枢神经麻痹和贫血症，用酒精从病米中提取的粗毒素具有黄色荧光，以此毒素0.05～0.15mL注射或混喂小白鼠，均能导致死亡。

5.2.3.2.2　桔青霉（*Penicillium citrinum* Thom）

【菌落】在察氏琼脂培养基上生长局限，于24～25℃培养10～14d，直径一般为2.0～2.5cm。具有典型的放射状皱纹，通常很明显，大部分菌株为绒状，有些菌株稍带絮状，还有些菌株质地交织致密几乎呈革状。分生孢子的产生，在不同菌株中从少到多，在某种程度上要看在培养皿中的菌落数目的多少孢子区初期呈蓝绿色，近似白菜绿色，成熟期则形成艾绿至

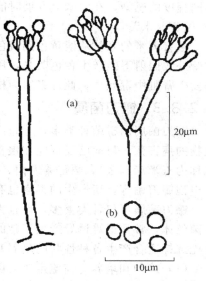

图 5-3　黄绿青霉
（a）帚状枝；（b）分生孢子

白荷花绿色（黄至绿色），在晚期最后呈现鼠灰至深橄榄灰色。分生孢子的产生通常较晚（8～10d以后），而且在整个菌落中都不一致，一般在边缘到接近边缘区很厚。渗出液丰富，常以淡黄色至稻草色不同大小的水珠形式产生；有些菌株有明显的蘑菇气味，有些菌株则不显著。反面通常呈黄色至橘黄色，琼脂变成类似的颜色，往往稍带点淡粉红色。

【分生孢子梗】大部分从基质上发生，或从较厚的菌落中心部位的气生菌丝上发生，或在絮状菌株中发生，大部分长为50～200μm，直径为2.2～3.0μm，通常不分支，但偶尔产生一个或多个长25～35μm的分支。所有的分生孢子梗壁均光滑。

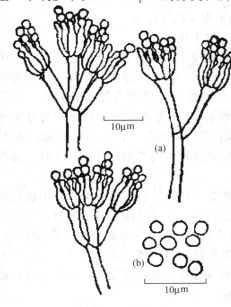

图 5-4　桔青霉
（a）帚状枝；（b）分生孢子

【帚状枝】由3～4个顶端的枝群组成，或偶尔更多一些［图5-4（a）］。

【梗基】略分散，大小为（12～20）μm×（2.2～3.0）μm（顶部膨大至4.0μm或5.0μm）。

【小梗】每个梗基支持一个由6～10个略微拥挤并列的小梗组成的小梗丛，每个小梗为（8.0～11.0）μm×（2.0～2.8）μm，并且产生并列的分生孢子链，呈很明显的圆柱状，长达100～150μm。

【分生孢子】球形至近球形，大部分为2.5～3.0μm，但一般是在2.2～3.2μm的范围，壁光滑或近似光滑，然而往往在检查时在气泡里可见有小颗粒［图5-4（b）］。

桔青霉是常见的腐生菌，能引起多种有机物质霉腐，接近干生性。孢子萌芽的最低相对湿度为80%，最高发育温度为37℃，粮食上经常可以分离出来，特别是世界各国所产的大米上均有

不同程度的感染，在大米上发展时能引起黄色的病变并使大米具有毒性，这种米日本称之为"泰国黄变米"。

被害大米的米粒从淡黄色到黄色。病况发展后，在黄色米粒上出现淡青色的菌丛。病米在紫外线照射下能产生黄色荧光，用该菌人工接种制成的病米来饲喂小白鼠，80d左右即全部发生肾脏中毒死亡，此毒素即为桔青霉素。

5.2.3.3 镰刀菌属

镰刀菌属的霉菌种类多，分布广，且多为腐生，也有不少菌种为重要的粮食作物和其他植物的病害菌。目前已发现能在粮食和食品中主要产生毒素的菌株有禾谷镰刀菌（其有性世代称为玉米赤霉菌）、梨孢镰刀菌、拟枝孢镰刀菌、三线镰刀菌、雪腐镰刀菌、茄病镰刀菌和申孢镰刀菌等，所产生的毒素也有使动物中毒的报道。

镰刀菌属不仅种类繁多，而且大部分菌种的培养性状很难保持稳定，初分离时有时只产生菌丝体，常常很难诱导产生正常的分生孢子形态，在鉴定工作中会带来很大困难，因此，首先选择适合产生各种性状的培养基是非常重要的。

（1）接种和培养　在鉴定镰刀菌工作中，可选用几种标准培养基进行接种和培养，一般培养温度为26℃。现将这些培养基的名称和用途分述如下。

① 马铃薯块斜面：在这种培养基上，较容易地产生分生孢子座和黏性分生孢子团。

② 燕麦琼脂培养基：这种培养基可用作描述色素及产生分生孢子座。

③ 马铃薯2％葡萄糖琼脂培养基：这种培养基可用于观察大分生孢子、菌核、厚垣孢子以及色素。

④ 马铃薯5％葡萄德琼脂培养基：用途与第三种培养基相同。

⑤ 大米培养基：这种培养基主要用于描述色素。

⑥ 苜蓿茎：这种培养基主要供产生分生孢子座用。

⑦ 三叶草茎：用途与第六种培养基相同。

⑧ 槐枝：用途同苜蓿茎。

⑨ 玉米琼脂培养基：这种培养基用于产生分生孢子座及描述色素。

⑩ 小麦煎汁加2％食盐：诱导禾谷镰刀菌的大分生孢子用。

（2）测量和描绘分生孢子的标准日期　鉴定镰刀菌菌种，除了确定标准培养基以外，还需要确定测量分生孢子的标准日期。镰刀菌分生孢子的形态、大小、分类及横隔数目在鉴定中居很重要的地位。由于培养的时间不同，分生孢子的长度与宽度也会发生差异。一般说来，大多数镰刀菌菌种，在马铃薯葡萄糖琼脂上生长到第15天都能形成发育正常的分生孢子的子实体，如在这个时期内末长出子实体，以后每隔15d再检查一次，即第30天、第45天等。在此期间观察分生孢子的大小是比较一致的，测量各种不同类型的分生孢子时，通常用测微计分别测量50~100个。

（3）观察色素的标准日期　在培养基上镰刀菌所产生的色素性状，在分类鉴定中也具有很大意义，应和测量分生孢子一样，需要确定一个描述色素的标准日期，镰刀菌培养的颜色深度与培养的生长程度有很大关系，一般说来，色素在第30天表现得最清楚。色素是种、变种及型的鉴别性状，在描述色素时，最好能对照标准色谱加以描述。通常观察产生的色素均以大米培养基、马铃薯块培养基和马铃薯葡萄糖琼脂培养基的颜色变化为基础，一般描述其初期菌丝体和后期菌丝体出现的颜色以及菌核的颜色。

5.2.3.3.1 禾谷镰刀菌 (*Fusarium graminearum* Schw)

禾谷镰刀菌属于色变组（Discolor）中的一个种。

【大分生孢子】生长于分生孢子座和黏分生孢子团内，纺锤或镰刀形，椭圆形弯曲，顶端细胞均匀地逐渐变细，基部有明显足细胞，典型的具5隔，很少具3隔和更多的隔[图5-5（a）]。

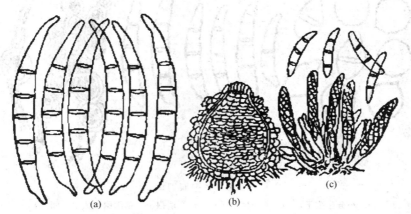

图 5-5　禾谷镰刀菌
（a）大分生孢子；（b）子囊壳；（c）子囊和子囊孢子

成堆时微白至玫瑰色，赭至玫瑰色，金黄色至黄色，洋红至紫红色。

在马铃薯葡萄糖球脂培养基上第15天大小为，3隔的 $41\mu m \times 4.3\mu m$。5隔的 $51\mu m \times 4.9\mu m$ [（41～73）$\mu m \times$（4～5.9）μm]。7隔的 $73\mu m \times 5.4\mu m$。

【厚垣孢子】间生，不多或无。

【菌核】呈各种深浅不一的紫红色、暗紫红色、鲜明玫瑰色或无色。

【颜色】在大米培养基上于座呈典型的黄色、暗奶油色、黄至橄榄色、赭至橄榄色。后期菌丝体为黄色或为子座的各种色泽，以及呈各种紫红色和玫瑰色；在马铃薯葡萄糖琼脂培养基上，气生菌丝体生长良好，棉絮状至丝状，白色或紫红色。基质亦呈紫红色。

该菌主要寄生在禾本科植物上，普通侵染大麦、稻谷、黑麦、小麦、玉米及其他植物的种子、穗、茎和根上。产生的毒素为玉米赤霉烯酮、雪腐镰刀菌烯醇和镰刀菌烯酮-X。

5.2.3.3.2　梨孢镰刀菌 [*Fusarium poae*（Peck）Wr.]

本菌系属于枝孢组（Sporotrichella）中的菌种。

【分生孢子】生长在气生菌丝中的小分生孢子，绝大多数为梨形和柠檬形 [图5-6（a）]。在马铃薯葡萄糖琼脂第15天其大小为：0隔的 $8.5\mu m \times 5.4\mu m$ [（5～12）$\mu m \times$（3～8）μm]。1隔的 $13\mu m \times 5.8\mu m$ [（9～20）$\mu m \times$（3.5～9）μm]。

【大分生孢子】纺锤形拟椭圆形弯曲 [图5-6（b）]，大小为：3隔的 $27\mu m \times 4.3\mu m$ [（18～35）$\mu m \times$（3.5～5.0）μm]。

【厚垣孢子】绝大多数间生，成串及结节状 [图5-6（c）]。

【菌核】无。

【颜色】在大米培养基上子座呈典型的黄至橄榄色，带紫色色泽，在马铃薯琼脂上气生菌丝为白色或玫瑰色。

此菌主要寄生于燕麦、小麦和玉米的种子上，能产生 T-2 毒素、丁烯酸内酯和新茄病镰刀菌烯醇。

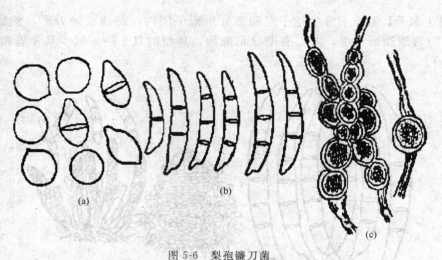

图 5-6　梨孢镰刀菌
（a）小分生孢子；（b）大分生孢子；（c）厚垣孢子（单细胞和成串，间生）

5.3 真菌毒素中毒及其检测

　　真菌毒素（mycotoxins）是由少数真菌寄生于谷物或水果等农作物上，在适宜条件下产生的具有生物活性的一类物质。真菌毒素主要包括黄曲霉毒素（aflatoxins）、赭曲霉毒素（ochratoxins）、玉米赤霉烯酮（zearalenone）、单端孢霉烯族毒素（trichothecenes）、烟曲霉毒素（fumonisins）、黄绿青霉毒素（citreovidin）以及麦角生物碱（ergot alkaloids）等几大类，每类中还可以分为若干个亚型，如黄曲霉毒素可分为 20 多个亚型（B_1、G_1、G_2、M_1等），单端孢霉烯族毒素更是多达几十种（T-2、DON、MON、DAS、NIV 等）。据估计目前大约有 200 余种真菌毒素，其中与人畜关系密切的有近百种。由真菌毒素所引起的人畜中毒，称之为真菌毒素中毒症。

5.3.1 真菌毒素的分类及其毒性分级

　　（1）真菌毒素的分类　真菌毒素的分类主要有两种方法。
　　① 根据其所作用的靶组织，可将其分为肝脏毒、肾脏毒、心脏毒、神经毒、造血器官毒、光过敏性皮炎性物质及其他 7 种。
　　② 根据其化学结构及性质可将其分为 11 种：生物碱、蒽醌、丁烯酸内酯、香豆素、环氯肽、nonadride、酚大环内酯、哌嗪、吡喃酮和吡喃、蔗草镰刀菌烯及其他。
　　（2）真菌毒素的毒性分级　真菌毒素的毒性，由于使用的动物和染毒的途径不同而有差别，根据食品毒理的分级标准，可将常见的 25 种真菌毒素分为极毒、剧毒、中毒、低毒四种。见表 5-1。

表 5-1　各种真菌毒素的 LD_{50}

途径	剂量/(mg/kg)			
	<1.0	1~50	51~500	500 以上
经口灌喂	黄曲霉毒素 0.3~0.62 （兔、猫、猪）	黄西林 40（M） 赭曲霉素 20（R） 烟曲霉震颤素 5（M） 黄绿青霉素 29（M） 圆弧偶氮酸 36（R）	三苯素>200（M） 黄天精 221（M）	霉酚酸 2500（M）

途径	剂量/(mg/kg)			
	<1.0	1~50	51~500	500 以上
皮下注射		桔青霉素 35(M) 展青霉素 10(R)		
腹腔内(ip) 或静脉注射 (iv)	环氮素 0.45 (M)iv	裸麦素 42(M)ip PR 毒素 6(M)iv 娄地青霉素 15~20(M)iv 雪腐镰刀菌烯醇 9.6(M)iv 二乙酰雪腐镰刀烯醇 9.6(M)iv T-2 毒素 5.2(M)iv 新茄病镰刀菌烯醇 14.5(M)iv	皱褶青霉素 55(M)ip 杂色曲霉素 60(R)ip 红天精 60(M)ip 丁烯酸丙醇 91(M)ip 玉米赤霉烯酮 500(M)ip	
判定	极毒	剧毒	中毒	低毒

5.3.2 食品中常见真菌毒素及其致病性

5.3.2.1 食品中常见真菌毒素及其致病机制

在目前已知的 200 多种真面毒素中，人们研究的里点集中在毒性强、污染频率高、对人类危害较大的真菌毒素上，主要包括黄曲霉毒素 B_1 和 M_1（aflatoxins，AFB_1、AFM_1）；赭曲霉毒素 A（ochraloxinA，OTA）；烟曲霉毒素（fumonisins，F）；玉米赤霉烯酮（zearalenone，ZFN）、串珠镰刀菌素（moniliformin，MF）；脱氧雪腐镰刀菌烯醇（deoxynivlenol，DON）；桔霉素（citrinin，CIT）；单端孢霉烯族毒素（trichothecenes，TS）等十几种。这些真菌毒素的致病机制大致如下。

（1）黄曲霉毒素 B_1　有致癌性，可抑制 DNA、RNA 的合成，也有细胞毒，还可破坏凝血机制、破坏某些酶类等，从而产生症状或致癌。

（2）赭曲霉毒素　可抑制 ATP 酶、琥珀酸脱氢酶以及细胞色素 C 氧化酶，从而对羟化过程产生作用。

（3）单端孢霉烯族毒素　主要是抑制蛋白质、RNA、DNA 等大分子物质的合成，破坏细胞膜和酶类的功能，对造血系统和免疫系统有较强的毒作用。

（4）玉米赤霉烯酮　具有雌激素样作用。

（5）烟曲霉毒素　作用机制不甚明了，但与某些癌症的发生密切相关。

（6）串珠镰刀菌素　主要通过抑制丙酮酸脱氢酶、谷胱甘肽过氧化物酶等发生作用。

（7）桔霉素　在线粒体内聚集且干扰电子传递系统．导致 DNA 合成受到抑制，并进一步使 RNA 和蛋白质合成受到抑制，肝糖原下降，胆固醇和甘油三酯合成受阻。

5.3.2.2 真菌毒素的致病性

（1）真菌毒素食物中毒　相对来说真菌毒素一般都是相对分子质量小的物质，通常不被食物的烹调加热所破坏，所以在某种程度上比细菌毒素更危险。因细菌毒素的相对分子质量很大，在加热时极易破坏其化学结构，从而丧失其毒性。一次大量摄入真菌毒素可引起急性中毒，急性中毒主要引起腹泻、恶心、呕吐、腹痛等消化系功能紊乱的症状，严重者可发生嗜睡、昏迷甚至死亡。慢性中毒的症状多种多样，而且不同毒素间的差异很大。真菌毒素引起的中毒不但与毒素的毒性和质量浓度有关，也与加工工艺有关，某些加工方式可以使毒素大量增加，如制粉过程和啤酒麦芽发酵的过程中都可使毒素含量成倍增加。此外，一些动物食品如牛乳、肉类因真菌毒素的残留也可以对人体发生损害。

(2) 真菌毒素的"三致"作用

① 真菌毒素的致癌性：到目前为止，已知有 14 种真菌毒素有致癌性。其中，经口服致癌的有 AFB$_1$、AFB$_2$、AFG、AFM$_1$、AFL（黄曲霉毒醇）、杂色曲霉素、黄天精、环氯素、岛青霉素和皱褶青霉素 10 种；经皮下注射，可引起实验动物产生肉瘤者，有展青霉素和青霉酸 2 种；需与其他化学物质协同作用而使实验动物产生肿瘤者，有灰黄霉素和赭曲霉素 A 两种。在这些毒素中，以黄曲霉毒素的致癌性最强，能使多种实验动物致癌，如大白鼠、虹鳟鱼、脉鼠、雪貂、绵羊、猴、鸭、小白鼠等，其中以大白鼠、虹鳟鱼最为敏感。黄曲霉毒素 B$_1$ 是一种最强的自然致癌物质，从国内外肝癌高发区的流行病学调查发现，肝癌高发区食品中的黄曲霉毒素含量与人类肝癌的发病率有平行关系。因此限定食品中黄曲霉毒素的含量和加强食品中黄曲霉毒素的检测具有重要的意义。

② 真菌毒素的致畸性：早在 1960 年就知道了黄曲霉毒素对地鼠、小白鼠、大白鼠有致畸性。此外灰黄霉素、红色青霉素 B、赭曲霉素 A 和 T-2 毒素对哺乳动物有致畸性。细胞松弛素 B 及展青霉素对鸡胚也表现出致癌作用。20 世纪 70 年代又发现桔青霉素、纯绿青霉素和链孢霉醇具有杀胚胎或抑制生长作用。

③ 真菌毒素的致突变性：关于致突变性的研究多集中于黄曲霉毒素。日本学者上野曾对 35 种真菌毒素及其衍生物的致突变性和潜在的致癌作用，用枯草杆菌重组试验进行筛选，结果发现黄曲霉毒素 B$_1$ 和 G$_1$、桔青霉素、皱褶青霉素、黄天精、展青霉素、青霉酸、娄地青霉素、杂色曲霉素、O-乙酰杂色曲霉素、O-乙酰二氢杂色曲霉素、玉米赤霉烯酮和玉米赤霉烯醇-6 呈阳性。在这 13 种毒素中有 8 种是有致癌性的。但已知有致癌性的展青霉素和环氯素在重组试验中却呈阴性。另外，赭曲霉毒素 A 是近年来在国内比较受关注的一种真菌毒素，其毒性比黄曲霉毒素 B$_1$ 更大，主要危害肾，造成肾肿大，也可造成肠炎、淋巴坏疽、肝大等。现已发现有 7 种曲霉和 6 种青霉能产生赭曲霉毒素，其中曲霉和鲜绿青霉为主要产毒菌。在国内某些地区的分布比黄曲霉毒素还要广泛，危害相当严重。

为了控制真菌毒素对食用者的危害，国内外粮食豆类各级标准中都规定了真菌毒素的安全指标（表 5-2）。

表 5-2　真菌毒素安全指标

项目	中国 国家标准限量 GB 2715—2005	绿色食品 豆类限量标准 NY/T 285—2003	无公害食品 粮用豆标准限量 NY/T 5202—2005	FAO/ WHO 食品限量
黄曲霉毒素 B$_1$/(μg/kg)	≤5	≤4	≤5	≤0.05
赭曲霉毒素 A/(μg/kg)	≤5	—	—	—

5.3.3 真菌毒素的常用检验方法

随着生物学、生物化学、分析化学、免疫化学及仪器分析等的发展，促进了真菌毒素检验方法的飞跃进展。到目前为止，大致有生物鉴定法、免疫分析法、化学分析法和仪器分析法。

(1) 生物鉴定法　生物鉴定法分为幼年动物鉴定实验、胚胎和卵鉴定实验、组织培养鉴定实验、豚鼠鉴定实验、植物鉴定实验、微生物实验、水生动物鉴定实验等。根据生物摄入或添加真菌毒素后产生的病变、死亡或异常来判定毒素危害，通过生物体实验来验证其毒性部位和毒性机理。该方法对样品纯度要求较低，存在少量杂质对检测结果不会造成大的影响，具有一定的应用价值，主要作为定性实验判断真菌毒素的存在性。但生物鉴定法的专一性不强，灵敏度较低，费用较高，实验周期较长，对工作人员的操作技术也有较高要求，一般只作为化学分析法的佐证。

（2）免疫分析法　免疫分析法是利用抗原抗体反应特异性的原理，达到对真菌毒素检测的目的。此方法不仅具有高度特异性、高灵敏度以及稳定、快速简便等特点，而且可以在组织、细胞和分子等不同层次、不同水平上应用。

① 酶联免疫吸附测定法：酶联免疫吸附测定法（ELISA）是近年来发展最快的免疫学检测方法，具有特异性强、灵敏度高、前处理简单、不需要昂贵仪器、技术上易于推广等优点，特别适用于大量样品中真菌毒素含量的检测工作。江涛等运用间接竞争 ELISA 法检测样品，所用的抗总黄曲霉毒素单克隆抗体对黄曲霉毒素（B_1、B_2、G_1、G_2）的交叉反应率分别为 100%、57.5%、104% 和 19%，与其他真菌毒素无交叉反应，特异性较高。但是 ELISA 法存在一定的假阳性，不能作为最终的确证方法。

② 放射免疫检测法：放射免疫检测法以放射性同位素为标记物标记标准品，然后与样品混合，加入定量特异性抗体。由于样品中的抗原浓度与抗体抗原复合物中放射性强度成反比，根据对抗体抗原复合物的放射性计数，可计算样品中的抗原浓度。该法灵敏度很高、特异性强。但放射性元素易造成污染，标准品难以保存，且该法必须与液体闪烁计数器等仪器连用，价格昂贵，成本较高，技术推广上具有一定难度，因此该法的应用受到一定限制。

（3）化学分析法　最常用的是薄层色谱法，此方法经济实用，对设备要求不高，较易于推广。随着高效薄层色谱法及薄层扫描仪的发展，拓宽了薄层层析色谱技术在检测真菌毒素领域中的应用。该法目前仍作为发展中国家检测真菌毒素，特别是检测本身能够发荧光的真菌毒素的常规方法，但此法精确度低、操作过程复杂，近年来的应用受到限制。

（4）仪器分析法　仪器分析法指对样品进行一定的提取、净化等前处理步骤之后，借助检测设备对样品进行定性、定量分析。此类方法分析的准确度高、定量限低，是目前真菌毒素检测比较通用、受到广泛认可的方法。

① 仪器分析法前处理净化方式：为获得一定的选择性和灵敏度，常常需要对提取液进一步净化。净化是指在上机检测前，采用一定的方式去除提取液中的杂质（如脂肪、蛋白、色素等），以避免对真菌毒素分析产生干扰，有的净化方式（如固相萃取）还能起到富集毒素的作用。

a. 液液萃取净化：液液萃取是利用相似相溶原理，选择适当的溶剂和萃取条件对样品进行净化。SN0589—1996 高效液相色谱紫外检测器法测定饮料中的棒曲霉毒素法中，试样中的棒曲霉毒素经乙酸乙酯提取，提取液经碳酸钠溶液净化后，上机检测。此种净化方法简单、经济；缺点是净化效果比较差，不适用于复杂基质。

b. 固相萃取净化

ⓐ 免疫亲和色谱柱：免疫亲和技术是利用免疫化学反应原理，以抗原或抗体一方作为配基，亲和吸附另一方的亲和色谱分离系统，它可以选择性吸附提取液中的抗原物质——真菌毒素。此方法具有高灵敏度、高选择性、高特异性、溶剂消耗少、净化效果好、回收率高的特点，被很多官方机构作为认可的检测方法；缺点是免疫亲和柱的价格昂贵，同时由于其高特异性的特点，无法进行多残留检测。目前已经商业化的有黄曲霉毒素（B_1、B_2、G_1、G_2）、赭曲霉毒素、烟曲霉毒素、玉米赤霉烯酮等毒素的免疫亲和柱。

ⓑ 传统固相萃取柱：固相萃取（SOILD PHASE EXTRACTION，简称 SPE）是一个

包括液相和固相的物理萃取过程。在固相萃取过程中，固相对分析物的吸附力大于样品母液，当样品通过固相柱时，其他样品组分则通过柱子，而分析物被吸附在固体表面，然后可用适当溶剂洗脱下来。此技术净化效果好、适用范围广、价格适中，节省有机试剂，对环境比较友好，因而在残留分析前处理中被普遍应用；但此方法只适合分析一种或者一类化合物，不适用于多残留分析。

ⓒ 多功能净化柱：多功能净化柱是一种特殊的固相萃取柱，它以极性、非极性及离子交换等几类基团组成填充剂，可选择性吸附样液中的脂类、蛋白类、糖类等各类杂质，待测组分真菌毒素不被吸附而直接通过，从而一步完成净化过程，净化效果比较理想。此方法操作简单、净化效果较好、适用于多残留分析；缺点是对部分真菌毒素有一定的吸附，因而回收率偏低。

c. 基质固相分散：基质固相分散（matirxsilod-phasediseprsino，MSPD）是类似于固相萃取的一种提取、净化、富集技术，其基本原理是将试样直接与适量反相填料研磨、混匀制成半固态物质，然后装柱，用洗脱剂淋洗。根据分析物在聚合物组织基质中的分散和溶剂的极性将分析物迅速分离。该方法缺点是重复性差，实验操作对结果影响比较大。

② 检测方式

a. 荧光光度计：荧光光度计是一种利用某些物质被紫外线照射后能发出反应该物质特征的荧光这一原理而研制的超微量分析仪器。荧光从入射光的直角方向检测，即在黑背景下检测荧光的发射，所以荧光光度计可比其他分光光度计的灵敏度高出 $2\sim3$ 个数量级，检测低限可达 $10^{-5}\sim10^{-6}\mu g/mL$。国标 GB/T 18980—2003 通过免疫亲和色谱荧光光度计法对黄毒霉毒素进行了检测，此方法灵敏度高，避免了有毒标准品的使用，缺点是只能检测一类毒素的总量，存在一定的假阳性，不能作为确证方法。

b. 高效毛细管电泳法：高效毛细管电泳技术是以高压电场为驱动力，以毛细管为分离通道，依据样品中各组分之间和分配行为上的差异而实现分离的一类液相分离技术。它结合了电泳技术与色谱技术，具有灵敏度高和分析效率高、样品需求量少、节省溶剂用量等特点，可用于食品、粮食中玉米赤霉烯酮等真菌毒素的分析与检测。

c. 气相色谱法及 GC-MS 法：先使用气相色谱法即通过气相色谱柱对真菌毒素进行分离，再使用质谱或经氟酰基化试剂衍生后用电子谱获检测器来进行检测。此方法常用于分析热稳定、易挥发性、分子中不含发色基团和荧光基团，或具有弱荧光或弱吸收的真菌毒素。由于大多数真菌毒素对热不稳定，气相色谱法分析的毒素种类有限，目前主要用来检测单端孢霉烯族化合物。

d. 高效液相色谱法及 LC-MS-MS 法：先使用高效液相色谱法即在适宜的流动相条件下，采用反相 C18 柱使毒素分离，再通过紫外、荧光、质谱进行检测。此方法适用于大多数真菌毒素分析，具有稳定可靠、灵敏高等特点，是目前比较认可的通用检测方法。尤其是液相色谱结合质谱联用技术，可以同时提供目标化合物的保留时间和分子结构信息，具有杂质影响小、对净化要求低、灵敏度高、适合多组分分析等优点，并且可以进行定量分析与定性确证。

由于真菌毒素的种类繁多，化学性质各不相同，而每种检测方法都有其适用范围和优缺点，因此可以根据实际情况来选择检测方法。但从整个真菌毒素检测技术的现状和发展来讲，简单快速、适合多组分残留分析的前处理方式，再借助准确灵敏的液相色谱-串联质谱法，无疑是今后真菌毒素分析和检测技术的发展方向。

思考与练习

1. 霉菌的计数方法有哪些？
2. 试述粮食和其他粒状或块状食品的霉菌检验步骤。
3. 分离产毒霉菌的样品如何采集？
4. 产毒霉菌鉴定时应从哪些方面进行观察？
5. 真菌毒素的致病性体现在哪些方面？
6. 真菌毒素的检验方法有哪些？各有何优缺点？

第6章　食品微生物快速检验

思考与练习

- [本章提要]

　　主要介绍基于免疫学的微生物快速检测的原理及检测技术；基于酶学的微生物快速检测的原理及检测技术；基于分子生物学微生物快速检测的原理及检测技术；常见的微生物自动化仪器的检测的原理、技术及应用。

6.1 基于免疫学的检验方法

免疫学检测即是根据抗原抗体反应的原理,利用已知的抗原检测未知的抗体或利用已知的抗体检测未知的抗原。由于抗体与抗原的结合具有特异性和专一性的特点,这种检测可以定性、定位和定量地检测某一特异的蛋白(抗原或抗体)。免疫学检测技术是近几年发展起来的新技术,现已有三大类几百余种方法,广泛地应用于各个领域中。可用于疾病诊断(传染病、自身免疫病、肿瘤病、过敏反应),食品中微生物及其毒素、药残、农残、激素和过敏原的检测。现已一些研究者把放射免疫和免疫酶技术用于食品农药残留检测,并取得极大成功。现已有多种快速检测方法,如酶免疫方法、夹心 ELISA、免疫荧光法、免疫扩散和免疫磁珠等用于食物及环境中的沙门氏菌、单核细胞增生李斯特氏菌、大肠埃希氏菌、金黄色葡萄球菌等致病菌的检测。免疫学技术以其快速、敏感、特异性强、稳定性好等优点,在食品微生物检测方面凸显了优势。国内外已经有很多公司生产了基于免疫学的食品安全检测仪器,如法国生物梅里埃的 Mini-VIDAS 是一种用于食物传播致病菌检测的全球领先的自动化系统,可测试大肠埃希氏菌 O157(包括大肠埃希氏菌 H7)、沙门氏菌、李斯特氏菌、单核细胞增生李斯特氏菌、金黄色葡萄球菌肠毒素以及弯曲菌的检测。近年来,抗原的定量检测技术也不断推陈出新,在夹心法 ELISA 的基础上,开发了多抗原检测试剂盒,能同时检测微量液相样本中多个抗原含量。这项技术的应用大大缩短了诊断的时间,提高检验的准确性。

免疫学检测技术主要有常规免疫学技术、免疫标记技术和免疫细胞功能测定技术三大类,常规免疫学技术即血清学反应,已经在第 2 章做了介绍,下面就免疫标记技术在食品微生物检验中的应用做介绍。

6.1.1 免疫标记技术概述

免疫标记技术是目前应用最广泛的一类免疫学检测技术,在检测的特异性、敏感性和快速性,以及对抗原、抗体的定量、定性、定位检测方面较经典的血清学反应都有了提高。免疫标记技术是将已知抗体或抗原标记上易显示的物质,通过检测标记物来反映抗原抗体反应的情况,从而间接地测出被检抗原或抗体的存在与否或量的多少。常用的标记物有荧光素、酶、放射性核素及胶体金等。免疫标记技术具有快速、定性或定量甚至定位的特点,特别是随着方法的不断改进,尤其是采用基因工程方法制备包被抗原,采用针对某一抗原表位的单克隆抗体进行阻断 ELISA 试验,都大大提高了 ELISA 的特异性,加之电脑化程度极高的 ELISA 检测仪的使用,使 ELISA 成为最广泛应用的检测方法之一。

6.1.2 酶联免疫反应

6.1.2.1 酶联免疫反应简介

1971 年瑞典学者 Engvail 和 Perlmannn,荷兰学者 Van Weerman 和 Schuurs 分别报道将免疫技术发展为检测体液中微量物质的固相免疫测定方法,称为酶联免疫吸附试验。其基本原理与放射免疫技术相同。酶联免疫吸附试验是一种固相免疫测定技术,其先将抗体或抗原包被到某种固相载体表面,并保持其免疫活性。测定时,将待检样本和酶标抗原或抗体按不同步骤与固相载体表面吸附的抗体或抗原发生反应,后加入酶标抗体与免疫复合物结合,用洗涤的方法分离抗原抗体复合物和游离的未结合成分,最后加入酶反应底物,根据底物被酶催化产生的颜色及其吸光度（A）值的大小进行定性或定量分析的方法。

最初发展的免疫酶测定方法。是使酶与抗体或抗原结合，用以检查组织中相应的抗原或抗体的存在。后来发展为将抗原或抗体吸附于固相载体，在载体上进行免疫酶染色，底物显色后用肉眼或分光光度计判定结果。常见用于标记的酶有辣根过氧化物酶（HRP）、碱性磷酸酶（AP）等。由于酶联免疫法无需特殊的仪器，检测简单，因此被广泛应用于疾病检测。这种技术就是目前应用最广的酶联免疫吸附试验，俗称 ELISA（enzyme linked immunosorbent assay）。

众所周知，酶是一种有机催化剂，很少量的酶即可导致大量的催化过程，所以极为敏感。免疫酶技术就是将抗原和抗体的免疫反应和酶的催化反应相结合而建立的一种新技术。酶与抗体或抗原结合后，既不改变抗体或抗原的免疫学反应的特异性，也不影响酶本身的酶学活性，即在相应而合适的作用底物参与下，使基质水解而呈色，或使供氢体由无色的还原型变为有色的氧化型。这种有色产物可用肉眼、光学显微镜和相电子显微镜观察，也可以用分光光度计加以测定。呈色反应显示了酶的存在，从而证明发生了相应的免疫反应。所以，这是一种特异而敏感的技术，可以在细胞或亚细胞水平上示踪抗原或抗体的所在部位，或在微克甚至纳克水平上对其进行定量。

6.1.2.2 用于标记的酶

用于标记抗体或抗抗体的酶必须具有下列特性：有高度的活性和敏感性；在室温下稳定；反应产物易于显现；能商品化生产。目前应用较多的有辣根过氧化物酶、碱性磷酸酶、葡萄糖氧化酶等，其中以辣根过氧化物酶应用最广。

6.1.2.3 酶联免疫吸附试验方法

根据检测目的和操作步骤不同，有间接法、双抗体夹心法、竞争法三种类型的常用方法。

（1）间接法 此法是测定抗体最常用的方法。将已知抗原吸附于固相载体，加入待检标本（含相应抗体）与之结合。洗涤后，加入酶标抗球蛋白抗体（酶标抗抗体）和底物进行测定。

操作步骤：①包被固相载体：用已知抗原包被固相载体；4℃过夜，洗涤 3 次、抛干；②加待检标本：经过温育（37℃/2h），使相应抗体与固相抗原结合。洗涤，除去无关的物质；③加酶标抗抗体：再次温育（37℃/2h）与固相载体上抗原抗体复合物结合；洗涤，除去未结合的酶标抗抗体；④加底物显色：37℃ 30min，终止反应后，用酶标仪测光密度值定量测定。

（2）双抗体夹心法 此法常用于测定抗原，将已知抗体吸附于固相载体，加入待检标本（含相应抗原）与之结合。温育后洗涤，加入酶标抗体和底物进行测定。

操作步骤：①用已知特异性抗体包被固相载体；②加待检标本，经过温育使相应抗原与固相抗体结合；洗涤，除去无关的物质；③加酶标特异性抗体，与已结合在固相抗体上的抗原反应；洗涤，除去未结合的酶标抗体；④加底物显色，终止反应后，用酶标仪测量光密度值进行定量测定。它是采用酶标抗抗体检查多种大分子抗原，它不仅不必标记每一种抗体，还可提高试验的敏感性。但不能用于测定半抗原等小分子物质。

（3）竞争法 竞争法主要用于测定小分子抗原及半抗原，其原理类似于放射免疫测定。以测定抗原为例，将特异性抗体吸附于固相载体，4℃过夜，洗涤 3 次、抛干；加入待检抗原及一定量的酶标抗原（对照孔仅加酶标抗原）使二者竞争与固相抗体结合；经过洗涤分离加底物显色，终止反应后，用 ELISA 检测仪测定 OD 值。被结合的酶标抗原的量由酶催化底物反应产生有色产物的量来确定，如果待检溶液中抗原越多，被结合的标记抗原的量就越少，有色产物就减少，这样根据有色产物的变化就可求出未知抗原的量。

6.1.2.4 ELISA 的操作要点

优质的试剂、良好的仪器和正确的操作是保证 ELISA 检测结果准确可靠的必要条件。国外试剂均与特殊仪器配合应用，两者均有详细的使用说明，严格遵照规定操作，必能得出准确的结果。

（1）试剂的准备　按试剂盒说明书的要求准备实验中需用的试剂。自配的缓冲液应用 pH 计测量较正。从冰箱中取出的试验用试剂应待温度与室温平衡后使用。试剂盒中本次试验不需用的部分应及时放回冰箱保存。

（2）加样　加在 ELISA 板孔的底部，避免加在孔壁上部，并注意不可溅出，不可产生气泡。加标本一般用微量加样器，按规定的量加入板孔中。每次加标本应更换吸嘴，以免发生交叉污染。

（3）保温　在 ELISA 中一般有两次抗原抗体反应，即加标本和加酶结合物后。抗原抗体反应的完成需要有一定的温度和时间。抗原、抗体的结合只在固相表面上发生。加入板孔中的标本，其中的抗原并不是都有均等的和固相抗结合的机会，只有最贴近孔壁的一层溶液中的抗原直接与抗体接触。这是一个逐步平衡的过程。在其后加入的酶标记抗体与固相抗原的结合也同样如此，所以 ELISA 反应总是需要一定时间的温育。温育常采用的温度有 43℃、37℃、室温和 4℃等。37℃是实验室中常用的保温温度，也是大多数抗原抗体结合的合适温度。实验表明，两次抗原抗体反应一般在 37℃经 1～2h，产物的生成可达顶峰。为加速反应，有些试验在 43℃进行，但不宜采用更高的温度。抗原抗体反应 4℃更为彻底，在放射免疫测定中多使反应在冰箱中过夜，以形成最多的沉淀。但因所需时间太长，在 ELISA 中一般不予采用。保温的方式除有的 ELISA 仪器附有特制的电热块外，一般均采用水浴。为避免蒸发，板上应加盖，也用塑料贴封纸或保鲜膜覆盖板孔，此时可让反应板漂浮在水面上。若用保温箱，ELISA 板应放在湿盒内，湿盒要选用传热性良好的材料如金属等，在盒底垫湿的纱布，最后将 ELISA 板放在湿纱布上。无论是水浴还是湿盒温育，反应板均不宜叠放，以保证各板的温度都能迅速平衡。

（4）洗涤　ELSIA 就是靠洗涤来达到分离游离的和结合的酶标记物的目的。通过洗涤以清除残留在板孔中没能与固相抗原或抗体结合的物质，以及在反应过程中非特异性地吸附于固相载体的干扰物质。聚苯乙烯等塑料对蛋白质的吸附是普遍性的，而在洗涤时又应把这种非特异性吸附的干扰质洗涤下来。洗涤的方式除某些 ELISA 仪器配有自动洗涤仪外，手工操作有浸泡式和流水冲洗式两种。洗涤液多为含非离子型洗涤剂的中性缓冲液，洗涤液中的非离子型洗涤剂一般是吐温 20。非离子型洗涤剂既含疏水基团，也含亲水基团，其疏水基团与蛋白质的疏水基团借疏水键结合，从而削弱蛋白质与固相载体的结合，使蛋白质回复到水溶液状态，从而脱离固相载体。

（5）显色和比色

① 显色：显色是 ELISA 中的最后一步温育反应，此时酶催化无色的底物生成有色的产物。反应的温度和时间仍是影响显色的因素。

② 比色。

（6）结果判断

① 定性测定：定性测定的结果判断分别用"阳性"、"阴性"表示。

② 定量测定：在定量测定中，每批测试均须用一系列不同浓度的参考标准品在相同的

条件下制作标准曲线。

应用酶联免疫技术制造的 Mini-VIDAS 全自动免疫分析仪，是用荧光分析技术通过固相吸附器，用已知抗体来捕捉目标生物体，然后以带荧光的酶联抗体再次结合，经充分冲洗，通过激发光源检测，即能自动读出发光的阳性标本，其优点是检测灵敏度高、速度快，可以在 48h 的时间内快速鉴定沙门氏菌、大肠埃希氏菌 O157：H7、单核细胞增生李斯特氏菌、空肠弯曲杆菌和葡萄球菌肠毒素等。

6.1.3 其他免疫学检验方法

6.1.3.1 免疫荧光法

免疫荧光技术是利用荧光素标记的抗体（或抗原）检测组织、细胞或血清中的相应抗原（或抗体）的方法。用荧光素标记的抗体（抗原）与组织或细胞中的相应抗原（抗体）结合，借助于荧光显微镜或流式细胞仪对抗原（抗体）进行鉴定或定位。常用的荧光素有异硫氰酸荧光素（FITC）和藻红蛋白（PE）等，在激发光的作用下可产生发射光（即荧光）。由于荧光抗体具有安全、灵敏的特点，因此已广泛应用在免疫荧光检测和流式细胞计数领域。近年来，随着荧光素和荧光检测技术的不断进步，荧光检测的灵敏度已经接近同位素检测的水平。荧光检测技术的发展，使得免疫荧光技术在传染病诊断上有广泛的用途，如细菌、病毒、螺旋体感染的疾病等。

6.1.3.2 放射免疫技术

放射免疫检测技术是目前灵敏度最高的检测技术，利用放射性同位素标记抗原（或抗体），通过竞争结合的原理使标本中待检抗原与标记抗原竞争结合有限的抗体，测定结合相中的放射性强度，可推测标本中待检抗原含量。放射性同位素具有皮克级的灵敏度，且利用反复曝光的方法可对痕量物质进行定量检测。但放射性同位素对人体的损伤也限制了该方法的使用。随着各种非同位素免疫标记技术的出现和完善，有些检测项目将取代放射免疫技术。但它毕竟是定量分析方法的先进技术。随着科学技术的进步，放射免疫分析技术将会得到更加广泛深入的发展。

6.1.3.3 免疫胶体金技术

免疫胶体金技术（immune colloidal gold technique）是以胶体金作为示踪标志物应用于抗原抗体的一种新型的免疫标记技术。胶体金是由氯金酸（$HAuCl_4$）在还原剂如白磷、抗坏血酸、枸橼酸钠、鞣酸等作用下，聚合成为特定大小的金颗粒，并由于静电作用成为一种稳定的胶体状态，称为胶体金。胶体金在弱碱环境下带负电荷，可与蛋白质分子的正电荷基团形成牢固的结合，由于这种结合是静电结合，所以不影响蛋白质的生物特性。胶体金除了与蛋白质结合以外，还可以与许多其他生物大分子结合，如 SPA、PHA、ConA 等。该方法是将二抗标记上胶体金颗粒，利用抗原抗体间的特异性反应，最终将胶体金标记的二抗吸附于渗滤膜上，实质上是蛋白质等高分子被吸附到胶体金颗粒表面的包被过程。包括快速免疫金渗滤法（immuogold filtration assay，IGFA）即穿流式（flow through）的固相膜免疫测定和免疫层析法（immunochromatogra-hy，ICA）两种。ICA 是继 IGFA 之后发展起来的另一种固相膜免疫测定，与 IGFA 利用微局限性膜的过滤性能不同，免疫色谱法中滴加在膜一端的样品溶液受膜的毛细管作用（基于色谱作用的横流）向另一端移动。移动过程中被分析物与固定在膜上某一区域的受体（抗原或者抗体）结合而被固相化，无关物质则越过该区域而被分离，然后通过标记物显色来判定试验结果，以胶体金为标记物的实验称为胶体金免疫色谱试验。

免疫胶体金技术检测方法简单而快速；不需仪器设备，操作人员不需特殊训练；试剂稳定，适用于单份测定，可以快速检测多种致病菌。胶体金免疫层析法能快速、灵敏检测金黄色葡萄球菌和沙门氏菌，无需特殊仪器设备，适合现场检测之用。

6.1.3.4 免疫磁珠法技术（MACS）

免疫磁珠法是 20 世纪 80 年代出现的技术方法。这一方法的核心是在磁珠表面包被具免疫反应性的抗体进行抗原抗体反应，在细胞表面形成玫瑰花结，这些结合了磁珠的细胞一旦置于强大的磁场下，就会与其他未被结合的细胞分群，具超强顺磁场的磁珠脱离磁场后立即消失磁性，这样就可以筛选或去除所标记的细胞，从而达到阳性或阴性选择细胞的目的。这一技术目前已经广泛运用于细胞及分子生物学，分离基因、靶细胞及造血干细胞等。其分离效果得到了免疫荧光、PCR、FISH 及 FACS 等方法的确认。应用免疫磁珠技术可以检测多种致病菌。如常见的食源性致病菌有沙门氏菌、大肠埃希氏菌 O157：H7、志贺氏菌、副溶血性弧菌等。

6.1.3.5 免疫检测技术试剂盒

近年来，抗原的定量检测技术也不断推陈出新，在夹心法 ELISA 的基础上，开发了多抗原检测试剂盒，能同时检测微量液相样本中多个抗原含量。这项技术的应用大大缩短了诊断的时间，提高检验的准确性。目前 ELISA（酶联免疫吸附试验、酶联免疫试剂盒）方法已被广泛应用于多种细菌和病毒等疾病的诊断。蛋白免疫印迹检测试剂盒包含酶标记的具有亲和性的纯化抗体来检测小鼠、兔或者血清样本。通过特定单抗和血清样本的筛选，相应蛋白会结合到膜上。与碱性磷酸酶相偶联的酶标二抗直接作用于此部位。此试剂盒可用于致病菌的检测。免疫磁珠分离检测试剂盒，磁珠上的抗体和特异性抗原物质结合后形成抗原-抗体-磁珠免疫复合物，这种复合物在磁场作用下发生移动，达到分离特异性抗原的目的。该试剂盒可用于致病菌的分离。国内外使用的比较多的 Reveal 该试剂盒利用侧流式免疫色谱分析技术，有 Reveal® 大肠埃希氏菌 O157：H7 检测系统、Reveal® 沙门氏菌检测系统、Reveal® 李斯特氏菌检测试剂盒等。

6.1.3.6 免疫检测技术的应用

免疫学检测技术是近几年发展起来的新技术，现已广泛地应用于各个领域中。一些研究者把放射免疫和免疫酶技术用于食品农药残留检测，并取得极大成功。现已有多种快速检测方法，如酶免疫方法、夹心 ELISA、免疫荧光法、免疫扩散和免疫磁珠等用于食物及环境中的沙门氏菌、单核细胞增生李斯特氏菌、大肠埃希氏菌、金黄色葡萄球菌等致病菌的检测。免疫学技术以其快速、敏感、特异性强、稳定性好等优点，在食品微生物检测方面凸显了优势。国内外已经有很多公司生产了基于免疫学的食品安全检测仪器，如法国生物梅里埃的 min-VIDAS 是一种用于食物传播致病菌检测的全球领先的自动化系统，可测试大肠埃希氏菌 O157（包括大肠埃希氏菌 H7）、沙门氏菌、李斯特氏菌、单核细胞增生李斯特氏菌、金黄色葡萄球菌肠毒素以及弯曲菌的检测。

6.2 基于酶学的检验方法

6.2.1 酶触反应及应用

6.2.1.1 原理

快速酶触反应是根据细菌在其生长繁殖过程中可合成和释放某些特异性的酶，按酶的特性，选用相应的底物和指示剂，将他们配制在相关的培养基中。根据细菌反应后出现的明显的颜色变化，确定待分离的可疑菌株，反应的测定结果有助于细菌的快速诊断。这种技术将传统的细菌分离与生化反应有机地结合起来，并使得检测结果直观，正成为今后微生物检测发展的一个主要发展方向。

6.2.1.2 沙门氏菌鉴别

沙门氏菌具有辛酸酯酶，以 4-甲基伞形酮-辛酸酯酶（4-methyl umbelliferyl caprylate，4-MUCAP）为底物，经沙门氏菌酶解，在紫外线灯下观察游离 4MU 的荧光。分离可疑菌株后进行血清学鉴定，确定其污染情况。这一特性是肠杆菌科其他属细菌所不具备的。因此，可以用来鉴别沙门氏菌。

我们国家商检局采用 4-MUCAP 试剂快速检测。从培养的分离培养基上选可疑沙门氏菌菌落（尽量选较大、分离较好的单个菌落），用玻璃笔做好标记并编号。用毛细滴管吸取 MUCAP 试剂，加 1 滴于编号的菌落上。待一个平板的被检菌落全部滴加试剂后，将平板拿至 366nm 紫外线灯下检视。发蓝色荧光的为 MUCAP 试验阳性，将阳性菌落号记录下来。

6.2.1.3 大肠埃希氏菌的鉴别

Delise 等新合成一种羟基吲哚-β-D 葡萄糖苷酸（IBDG），在 β-D 葡萄糖苷酶的作用下，生成不溶性的靛蓝，将一定量的 IBDG 加入到麦康凯培养基琼脂中制成 MAC-IBDG 平板，35℃培养 18h，出现深蓝色菌落者为大肠埃希氏菌阳性株。其色彩独特，且靛蓝不易扩散，易与乳糖发酵菌株区别。

6.2.1.4 单核细胞增生李斯特氏菌的鉴别

Clark 等用 DL-丙氨酸-萘胺和 D-丙氨酸-对-硝基苯胺检测单核细胞增生李斯特氏菌的丙氨酸氨基肽酶，仅需要 4h 就可以把单核细胞增生李斯特氏菌与其他李斯特氏菌鉴别开来。

6.2.2 显色培养基及应用

6.2.2.1 原理

利用培养基中的显色基质与细菌产生的酶发生的特异反应，从而产生被检细菌的特有颜色，并由此鉴定为相应的细菌。显色培养基结合了酶与底物反应的特异性和菌落颜色的可视化信息，可以在自然环境中检测和鉴定不同的微生物个体，尤其是对混合生长的多种微生物进行检测。显色培养基被广泛应用于不同微生物群落结构检测和评价，是一种较好的微生物快速检测方法。在特异性酶作用下，直接观察菌落颜色即可对菌种作出鉴定。

6.2.2.2 方法

按常规方法制备样品液，在适宜的温度下进行增菌培养一定时间，无菌操作将增菌液划线或涂布显色培养基平板，适宜温度培养 24～48h。待检菌在显色培养基上呈色菌落。它是一种新型分离培养基，利用显色培养基进行微生物的筛选分离，其反应的灵敏度和特异性大大优于传统培养基。

6.2.2.3 应用

显色培养基主要应用于致病菌的快速筛选，如大肠埃希氏菌显色培养基、大肠埃希氏菌/大肠菌群显色培养基、李斯特氏菌显色培养基、沙门氏显色培养基等在食品微生物检验室中得到广泛的应用。

6.2.3 3M Petrifilm™测试片及应用

美国 3M 公司的 3M Petrifilm™测试片能提高实验室效率，降低工厂成本。3M Petrifilm™测试片是一种便捷的可再生水化干膜，适用于细菌和真菌的计数。

传统的微生物检测方法 SN、GB 等标准，从整个检测过程到最终获得最终结果所用时间较长。例如，金黄色葡萄球菌的全部检测完毕需要 5d 的时间，费时费力，并造成食品的积压，也影响食品的品质。故高效、准确、快速地检测微生物的方法受到了人们的重视。目前，常用的快速检测试剂盒层出不尽，其中 3M Petrifilm™测试纸片快速、准确，可靠性得到国际化认可。AOAC、FDA、FSIS、USDA、NMKL、AFNOR、CFRA、DIN 等国际权威机构认证认可 3M 菌株检测纸片，这使得检测方法和检测结果在国际上可以更好地被接受。3M 测试纸片主要有：菌落总数测试片；大肠埃希氏菌/大肠菌群计数测试片；霉菌和酵母菌计数测试片；肠杆菌科计数测试片；大肠菌群计数测试片；高灵敏度大肠菌群计数测试片；快速大肠菌群计数测试片；快速金黄色葡萄球菌计数测试片；环境李斯特氏菌测试片等产品。

6.2.3.1 3M Petrifilm™测试片原理

3M Petrifilm™测试片实际也是基于酶反应的一种快速检测方法。3M Petrifilm™测试片是一种预先制备好的培养基，含有选择性试剂、营养成分、冷水可溶性凝胶和有助于菌落检测的显色指示剂，根据菌株在其上的特征和颜色，可以检测多种细菌。3M Petrifilm™ Coliform 大肠埃希氏菌/大肠菌群测试片含有 VRB 培养剂（Violet Red Bile），一种冷水可溶性的凝胶剂和四唑（tetrazollium）指示剂，可增强菌落计数效果。绝大多数 E.coli（约占 97%）能产生葡萄糖苷酸酶与培养基中的指示剂反应，产生蓝色沉淀环绕在大肠埃希氏菌菌落周围，表面覆盖的胶膜，可留住发酵乳糖的大肠菌群产生的气体，约有 95% 的大肠埃希氏菌产生，形成蓝色或深蓝色菌落并有气泡相连接，气泡大小约为 1 个菌落直径（操作参见 3.2.4、3.3.4.3 和 3.3.6 相关内容）。

6.2.3.2 3M Petrifilm™测试片使用方法

（1）按常规方法进行样品处理 调整样品稀释液的 pH 值至 6.5～7.5。以 1mol/mL NaOH 调整酸性产品 pH 值，以 1mol/mL HCl 调整碱性产品。

（2）接种、培养 将测试片放置在平坦的外表面，揭起上层膜。使用吸管将 1mL 待测液垂直滴在测试片的中央处。小心卷回上层膜，避免气泡进入。不要让上层膜直接盖回。3M 测试片未拆封包冷藏于≤8℃，并在保存期限内使用完。在高温度的环境中可能出现冷凝水，最好在拆封前将整包回温至室温。开封测试片室温保存 30d，开封测试片可冷冻保存至使用期末。

（3）使用压板放置在上层膜中央处。轻轻地压下，使样品液均匀覆盖于圆形的培养面积上。切勿扭转或滑动压板。拿起压板，静置 1min 以使培养基凝固。

（4）测试片的透明膜朝上可堆叠至 10 片，于 35℃ 或 37℃ 下培养 24h。

（5）计数 计数测试片上的典型菌落。例如 3M Petrifilm™ Coliform 大肠埃希氏菌/大肠菌群测试片的判读为：大肠菌群菌落在 Petrifilm EC 测试片上生长产酸，pH 指示剂使培养基颜色变深，计数所有红色或蓝色带气泡的菌落为大肠菌群，计数蓝色带气泡的菌落为大肠埃希氏菌，计数范围 15～150，方格设计便于计数。一次测试即可测得大肠埃希氏菌和总大肠菌群数，24～28h 内即可获得结果。24h 得出大肠菌群数，对于肉、家禽、海鲜食品，

24h 得出大肠埃希氏菌数，其他食品，48h 得出大肠埃希氏菌数，$E.coli$ O157 表现为大肠菌群。当每片菌落数大于 150 个时采用估算，测定每小格（1cm²）内的平均菌落数，乘以 20（总生长面积数）。

6.3 基于分子生物学的检验方法

传统的微生物培养检验方法需要经过富集培养、选择性分离、形态特征观察、生理生化反应、血清学鉴定等过程，操作烦琐复杂、耗时费力，而且无法对人工难以培养的微生物进行检测。近年来，随着分子生物学技术的迅速发展，出现了很多适合于食源性微生物检测和分析的分子生物学方法，如 PCR 技术、实时荧光定量 PCR 技术、核酸杂交法、基因芯片技术等。这些方法具有操作简便、快速、灵敏度高和特异性强等特点，通常只需要 24~48h 就可以获得检测结果。

6.3.1 PCR 技术

6.3.1.1 PCR 技术原理

PCR 技术实际上是在模板 DNA、引物和四中脱氧核糖核苷酸存在的条件下依赖于 DNA 聚合酶的酶促合成反应。PCR 技术的特异性取决于引物和模板 DNA 结合的特异性。

PCR 反应分为以下三步。

① 变性（denaturation）：通过加热使 DNA 双螺旋的氢键断裂，双链解离形单链 DNA。

② 退火（annealing）：当温度突然降低时，由于模板分子结构较引物要复杂得多，而且反应体系中引物 DNA 量大大多于模板 DNA，是引物和其互补的模板在局部形成杂交链，而模板 DNA 双链之间互补的机会较少。

③ 延伸（extension）：在 DNA 聚合酶的和四种脱氧核糖核苷三磷酸底物及 Mg^{2+} 存在的条件下，$5' \rightarrow 3'$ 的聚合酶催化以引物为起始点的 DNA 链延伸反应。

以上三步为一个循环，每一个循环的产物可以作为下一个循环的模板，数小时之后，介于两个引物之间的特异性 DNA 片段得到了大量复制，数量可达 $2 \times 10^6 \sim 2 \times 10^7$ 拷贝（图 6-1）。

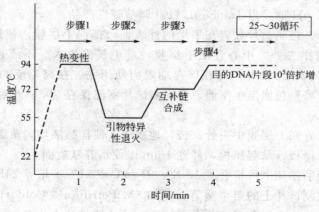

图 6-1　PCR 扩增原理

由于 PCR 检测的是微生物的核酸序列，所以它不能区分检测到的是有活性还是没有活性的微生物。而作为食物中致病菌的检测，更需要检测的是有活性的细菌，可以通过在

PCR 检测之前对食物样品进行富集来克服上述缺点。另外，PCR 反应是一种灵敏度很高的酶学反应，但是在检测食品中的致病微生物时，食物的成分、培养基和 DNA 提取液都可能降低它的灵敏度，所以它主要是用来对琼脂平板上的纯细菌培养物或菌落进行鉴定，如单核细胞增生李斯特氏菌、金黄色葡萄球菌、沙门氏菌、致病性大肠埃希氏菌、肉毒梭菌、乳酸菌的检测，水中细菌指标测定。

6.3.1.2 从食品样品中进行 PCR 检测的基本步骤

从食品样品中提取微生物遗传物质 DNA 或 RNA 这是进行 PCR 反应的前提。在提取特定微生物类的核酸时，应先对样品进行处理，提取的 RNA 或 DNA 也必须进行纯化，尽量去除干扰，满足 PCR 反应的要求。目前，从食品微生物样品中提取核酸的主要方法有氯化铯密度梯度离心法、酚/氯仿抽提法、乙醇沉淀法、亲和色谱法等，有时也结合使用以上几种方法。

以从食品微生物中提取的 DNA 或 RNA 核酸作为模板，进行 PCR 扩增反应，在操作中应注意优化每一步的操作程序，严格控制好每一步反应的温度和时间，循环反应的总数应适当，通常 30 次左右即可。PCR 反应产物的检测与分析经过 PCR 反应扩增以后，食品样品中 DNA 或 RNA 的量成百万倍增加，因而通过适当的方法即很容易检测出来。通常将 PCR 扩增后的产物进行琼脂糖凝胶电泳，经过溴化乙锭染色后，在紫外线灯下即可观察到清晰的电泳区带。

6.3.1.3 普通 PCR 法检测食品中的沙门氏菌

检验程序按照图 6-2 中的检验程序进行。

具体方法包括以下几个步骤。

（1）样品制备、增菌培养和分离 按照传统的标准方法进行。

（2）细菌模板 DNA 的制备

① 增菌液模板 DNA 的制备：对于上述传统方法培养的增菌液，可直接取该增菌液 1mL 加到 1.5mL 无菌离心管中，8000r/min 离心 5min，尽量弃尽上清；加入 50μL 无菌双蒸水或加入 50μL DNA 提取液混匀后沸水浴 5min，12000r/min 离心 5min，取上清保存于 −20℃ 备用以待检测。−70℃ 可长期保存。

② 可疑菌落模板 DNA 的制备：对于（1）方法分离到的可疑菌落，可直接挑取可疑菌落，加入 50μL DNA 提取液，再按照①步骤制备模板 DNA 以待检测。也可使用等效商业化的 DNA 提取试剂盒并按其说明提取制备模板 DNA。

（3）PCR 反应体系 普通 PCR 反应体系参见表 6-1。

（4）PCR 反应参数 95℃预变性 5min；95℃变性 30s，64℃退火 30s，72℃延伸 30s，35 个循环；72℃延伸 5min，4℃保存。注：PCR 反应参数可根据基因的扩增仪型号的不同进行适当的调整。

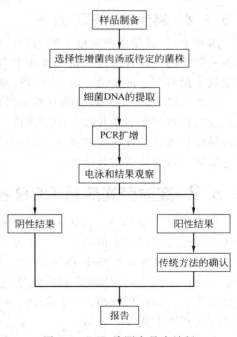

图 6-2 PCR 检测食品中沙门氏菌的检测程序

表 6-1 普通 PCR 反应体系

试剂	储备液浓度	25μL 反应体系中加样体积/μL
10×PCR 缓冲液	—	2.5
MgCl$_2$	25mmol/L	3.0
dNTP(含 dUTP)	各 2.5mmol/L	1.0
UNG 酶	1U/μL	0.06
上游引物	20pmol/μL	1.0
下游引物	20pmol/μL	1.0
Taq 酶	5U/μL	0.5
DNA 模板		2.0
双蒸水		补至 25

注: 1. 反应体系中各试剂的量可根据具体情况或不同的反应总体积进行适当调整。

2. 每个反应体系应设置两个平行反应。

(5) PCR 扩增产物的电泳检测　用电泳缓冲液（1×TAE）制备 1.8%～2% 琼脂凝胶（55～60℃时加入溴化乙锭至最终浓度为 0.5μg/mL，也可在电泳后进行染色），取 8～15μL PCR 扩增产物，分别和 2μL 上样缓冲液混合，进行点样。用 DNA 分子量标记物做参照，3～5V/cm 恒压电泳，电泳 20～40min，电泳检测结果用凝胶成像分析系统记录并保存。

(6) 结果判定和报告　在阴性对照未出现条带，阳性对照出现预期大小的扩增条带条件下，如待测样品也出现预期大小扩增条带，则可报告该样品检验结果为阳性，可以出具未的检出沙门氏菌的报告；如待测样品未出现预期大小扩增条带，则可报告该样品结果为假定阳性，则回到传统的检测步骤，进一步应按传统的沙门氏菌标准检测方法进行确认，最终结果以传统的方法结果为准。如果阴性对照出现条带和（或）阳性对照未出现预期大小的扩增条带，本次待测样品的结果无效，应重新做实验，并排除污染因素。

6.3.1.4　其他普通 PCR 方法

多重 PCR 是使用两对以上的引物，在同一个 PCR 反应管内同时检测出同一种或同时检测多种微生物。这种方法保留了常规 PCR 的敏感性和特异性，减少了操作步骤和试剂，但扩增效率没有单一的 PCR 高，扩增条件需要摸索协调，引物之间也可能出现干扰。

巢式 PCR 是先用一对引物对外侧引物扩增含目的基因的大片段，在用一对内侧引物以大片段为模板扩增更小片段，由于使用了两对引物并且进行了两轮扩增反应，试验的敏感性和特异性均增强。在一定情况下，这种方法对减少 PCR 后扩增产物的污染问题极为有用，但它增加了每次试验的复杂性。

6.3.2　实时荧光定量 PCR 技术

实时荧光定量 PCR（real time fluorogenetic quantitative PCR，FQ-PCR），是在 PCR 定性技术基础上发展起来的核酸定量技术。它是一种在 PCR 反应体系中加入荧光基团，利用荧光信号积累实时检测整个 PCR 过程，最后通过标准曲线对未知模板进行定量分析的方法。该技术不仅实现了对 DNA 模板的定量，而且具有灵敏度高、特异性和可靠性更强、能实现多重反应、自动化程度高、无污染性、具实时性和准确性等特点，目前已广泛应用于分子生物学研究和医学研究等领域。

在荧光定量 PCR 技术中，有一个很重要的概念是 C_t 值。C 代表 Cycle，t 代表 threshold，C_t 值的含义是：每个反应管内的荧光信号到达设定的域值时所经历的循环数。

研究表明，每个模板的 C_t 值与该模板的起始拷贝数的对数存在线性关系，起始拷贝数越多，C_t 值越小。利用已知起始拷贝数的标准品可做出标准曲线，其中横坐标代表起始拷贝数的对数，纵坐标代表 C_t 值。因此，只要获得未知样品的 C_t 值，即可从标准曲线上计算出该样品的起始拷贝数。

荧光定量 PCR 所使用的荧光物质可分为 2 种：荧光染料和荧光探针。荧光染料法是指 SYBR Green I 法，荧光探针法包括 Taqman 探针法、LightCycler 法和分子信标（Molecular beacon）法。

SYBR Green I 法是在 PCR 反应体系中加入过量 SYBR 荧光染料，SYBR 荧光染料特异性地掺入 DNA 双链后，发射荧光信号，而不掺入链中的 SYBR 染料分子不会发射任何荧光信号，从而保证荧光信号的增加与 PCR 产物的增加完全同步。扩增产物序列特异性通过反应后变性分析来确证。在反应的最后阶段，反应体系的温度逐渐升高，双链 DNA 慢慢地变成单链，从而 SYBR Green I 染料释放出来，导致荧光强度的慢慢降低，测定整个过程的荧光强度，可以获得 PCR 产物的变性温度，因为每一种 PCR 产物都有不同的长度和 GC 百分比，所以也具有特征性的变性温度。通过变性曲线得到的产物大小可以和 PCR 产物的电泳结果相比较。这种方法在检测禽肉中的沙门氏菌和干冻食品中的细菌活性方面已有报道。

Taqman 探针法是利用 Taq DNA 聚合酶的 $5' \rightarrow 3'$ 核酸酶活性来酶切和降解标记报告荧光基团和淬灭荧光基团的探针，所以称为 Taqman 探针。探针完整时，报告基团发射的荧光信号被淬灭基团吸收，PCR 扩增时，Taq 酶的 $5' \rightarrow 3'$ 外切酶活性将探针酶切降解，使报告荧光基团和淬灭荧光基团分离，从而荧光监测系统可接收到荧光信号，即每扩增一条 DNA 链，就有一个荧光分子形成，实现了荧光信号的累积与 PCR 产物形成完全同步。PCR 扩增产物的指数增加和荧光强度的增加是相对应的。这个系统现在已经商品化，TaqMan 系统已经被用来检测食物或者纯培养物中的单核增生李斯特氏菌、大肠埃希氏菌 O157：H7 和沙门氏菌。

分子信标探针是一种具有茎和环状结构的单链核酸分子，探针分子中环状部分的序列和靶核酸的主要已知序列互补，茎部是通过探针序列任何一侧的 2 个互补臂序列退火形成。臂序列和靶序列没有关系，一个荧光基团贴附在一个臂的终端，一个非荧光基团贴附在另一个臂的终端。茎部使得这 2 个基团紧紧地贴在一起。从而使得荧光团释放出来的荧光被 FRET 淬灭。荧光团-淬灭对的原理是荧光团接收到的荧光转移到淬灭物上，消散为热而不是光，结果荧光团不能释放荧光。但是当探针遇到靶分子时，形成的杂交物比通过臂序列形成的杂交物长并且稳定，因为核酸的二级螺旋结构相对坚硬，探针和靶序列的杂交就排除了同时存在臂序列杂交的可能。这样，探针就经过自然结构的改变而使臂序列分开，进而使荧光团和淬灭物相互分离。因为荧光团和淬灭物不再紧密地连接在一起，所以在紫外线灯照射下能够产生荧光。这种方法对致病性反转录病毒的检测、沙门氏菌和大肠埃希氏菌 O157 的检测都有应用。

6.3.3 核酸杂交法

核酸杂交技术是分子生物学领域中最常用的基本技术方法之一。其基本原理是：具有一定同源性的两条核酸单链在一定条件下（适宜的温度及离子强度等）可以按碱基互补原则退火形成双链。此杂交过程是高度特异性的。杂交的双方分别是待测核酸序列及探针。用于检测的已知核酸片段称之为探针（probe）。为了便于示踪，探针必须用一定的手段加以标记，以便于随后的检测。常用的标记物是放射性核素、地高辛半抗原（digaoxigenin），生物素

(biotin)，辣根过氧化物酶（HRP），还可以标记一些荧光物质如异硫氰酸荧光素（FITC）、花青（cyanine，Cy2、Cy3、Cy5）等。

核酸杂交中经常使用的是印迹杂交技术。印迹杂交技术是指将带检测的核酸分子结合到一定的固相支持物上，然后与存在于液相中标记的核酸探针进行杂交的过程。其操作基本流程是：首先用凝胶电泳将待测核酸片段分离，然后用印迹技术将分离的核酸片段转移到特异的固相支持物上，转移后的核酸片段将保持其原来的相对位置不变。再用标记的核酸探针与固相支持物上的核酸片段进行杂交。最后洗去未杂交的游离探针分子，通过放射自显影等检测方法显示标记的探针的位置。由于探针已与待测核酸片段中的同源序列形成杂交分子，探针分子显示的位置及其量的多少，则反映出待测核酸分子中是否存在相应的基因序列及其量与大小。

用于核酸杂交的固相支持物的种类很多。常用的主要有硝酸纤维素膜（nitrocellulose）、尼龙膜（nylon membrane）、化学活化膜（chemical activated paper）等。印迹的方法也有多种：可以直接将核酸样品点样于固相支持物上，称为斑点或狭缝印迹法；利用毛细管虹吸作用有转移缓冲液带动核酸分子转移到固相支持物上；利用电场作用的电转法；利用真空抽滤作用的真空转移法。

在微生物诊断和鉴别方面一个重要的发展就是核酸探针的引进。它可以解决使用抗体检测微生物时存在的非特异性问题。核酸杂交方法的一个主要不利方面，是需要相对大量的样本量（典型的 $10^4 \sim 10^5$ 细菌）才能获得明确的结果，因为样品中同时含有大量的非特定微生物会干扰杂交结果，所以，在食品微生物方面主要是利用琼脂平板上的细菌进行菌落原位印迹杂交。

6.3.4　基因芯片技术

基因芯片技术是 20 世纪 90 年代中期发展起的一门新的生物学技术，首先报道于 1995 年，是信息技术、微电子技术和生物学技术的结合，其实质是在面积不大的基片表面上有序地点阵排列一系列固定在一定位置的可寻址的识别分子（如寡聚核苷酸或蛋白质等，称为靶标 Target），在相同条件下与待检标记样品基因（探针 Probe）进行杂交，然后进行扫读分析获得基因芯片信息，因此该技术具有平行性、高通量等优点，自问世以来广泛应用于生命科学各研究领域，其中用基因芯片技术对微生物的检测和分型是当前的应用研究热点。

基因芯片检测原理仍是基于核酸分子碱基配对，实质上是一种高密度的反向点杂交，杂交类型属固-液相杂交。在固相载体上连接大量靶分子，待测样品分子经过标记后溶于适量的杂交缓冲液中，滴加于固相载体表面，在一定条件下进行杂交。其技术核心是 DNA 微阵列制备、探针制备、杂交和杂交后芯片信号检测和分析。

（1）DNA 微阵列制备　通过原位合成法或分配法将靶标固定在可寻址的、已经修饰好的固体支持物上，原位合成法一般只能合成几十个核苷酸，分配法一般是将 PCR 扩增获得的靶标采用点样法分配在微阵列表面上，片段较长，一般在 100bp 以上。固体支持物有玻璃、生物膜、塑料等，玻片因其优秀的理化性能而成为最常用的支持物，玻片经过一系列活化处理如氨基化或和醛基化处理后称为基片，靶标通过静电吸附或共价键等方式固定于基片上。制备芯片时要注意靶标浓度，理论上每 $4nm^2$（400 平方埃）面积上一个靶标分子最有利于杂交。

（2）探针制备　标记是获得基因杂交信号的重要手段，是将指标分子如荧光素等导入待检样品之中，荧光素是目前芯片技术中最常用的指标分子，主要采用酶促介导的反应如体外转录、PCR、反转录等进行标记。如 PCR 标记是通过 DNA 聚合酶将荧光标记的引物或荧光分子修饰的核苷酸掺入 PCR 产物中，在完成对样品荧光标记的同时又实现了对目标片段的特异性扩增。在此过程中，荧光分子通过三种主要途径掺入 PCR 产物中，第一是在合成 PCR 引物时，直接以化学方法将荧光分子合成在引物的 5′端；第二是在 PCR 反应中加入荧光修饰的核苷酸类似物如 Cy3-dCTP 等，由 DNA 聚合酶将其掺入 PCR 产物中；第三是对 PCR 产物通过非模板依赖性的酶促加尾反应在其 3′端随机加入荧光修饰的核苷酸。

（3）杂交 DNA 微阵列原理就是核酸杂交，因此杂交条件是否严谨极为关键。总体上讲，杂交条件选择时必须考虑杂交反应体系中盐浓度、探针 G＋C％含量和所带电荷、探针与芯片之间连接臂的长度、种类和结构、检测基因的二级结构的影响，同时还与研究目的有关，如突变检测时要鉴别出单个碱基错配就需要更高的杂交严谨性，疾病诊断时的杂交条件严谨性要求不高，但其杂交温度范围选择更加重要，过于严谨的杂交条件将降低检出率。

（4）芯片信号检测和分析 芯片信号检测主要采用激光共聚焦显微扫描仪或 CCD 成像设备对芯片进行扫描。根据探针标记所用的荧光素种类选择激发光波长进行扫描，如荧光素 Cy3 和 Cy5 的激发光波长分别为 540nm 和 650nm，然后应用数据分析软件自动获取基因芯片上的各种信息，并对信息进行处理获得试验结果。

基因芯片技术可以利用相关微生物的特异性基因（如毒力基因、抗生素耐受基因）和基因库中的 rDNA 序列设计玻片上的片断，这种方法可以快速、准确地检测和鉴定食物中的病原菌，从而保证食物安全。但是，基因芯片技术像其他的新兴技术一样，也有一定的缺点。例如背景干扰比较大、染料与 DNA 标记时效果不同、从不同细菌中分离出来的 RNA 的完整性不同、实验费用高和结果分析方法的不一致等。但是作为分子生物学领域的一个崭新技术，它在食源性致病菌的检测和鉴定方面必定会带来新的革命。它可以在一种食品中同时鉴定大量的不同病原菌，并且检测他们的毒力基因和抗生素耐受基因等。基因芯片技术必将在食品加工领域、实验室和食物安全监测方面起到越来越大的作用。

6.3.5 环介导等温扩增

环介导等温扩增技术（loop-mediated isothermal amplifieation，LAMP）是 2000 年由日本研究人员 Notomi 等发明的一种新型的体外等温扩增特异核酸片段的技术。该技术利用两对特殊引物和有链置换活性的 Bst（bacillus stearothermophilus）DNA 聚合酶，使反应中在模板两端引物结合处循环出现环状单链结构，在等温条件下使引物顺利与模板结合并进行链置换扩增反应。一般情况下，LAMP 可以在 60min 内扩增出 109～1010 倍靶序列拷贝，得到浓度高达 500μg/mL 的 DNA，其扩增产物既可通过常规的荧光定量和电泳检测，也可以通过简易的目测比色和焦磷酸镁浊度检测。若在反应体系中加入反转录酶，LAMP 还可以实现对 RNA 模板的扩增（即 RT-LAMP）。

6.3.5.1 扩增原理

LAMP 的技术核心是针对靶基因 6 个区域的 4 条特殊引物的设计和具有链置换活性的 BstDNA 聚合酶的应用。LAMP 反应中的 4 条引物及其对应的 6 个区域的结构如图 6-3 所示。F2 区和 B2c 区为位于靶序列两端的特异序列，F1 区和 B1c 区分别为位于 F2 区和 B2c 区内侧的特异序列，F3 区和 B3c 区为分别位于 F2 和 B2c 外侧的特异序列。4 条引物可分成一对内部引物和一对外部引物，内部引物包括上游内部引物（forward inner primer，FIP）和下游内部引物（backward inner primer，BIP）。FIP 包含 F1c 序列和与 F2c 互补的 F2 序列，这两个序列直接相连，即 5′-F1c-F2-3′；BIP 包含 B1c（B1 区域互补序列）和 B2 序列，两段序列直接相连，即 5′-B1c-B2-3′。外部引物为分别与 F3c 和 B3c 互补的 F3 和 B3 序列。

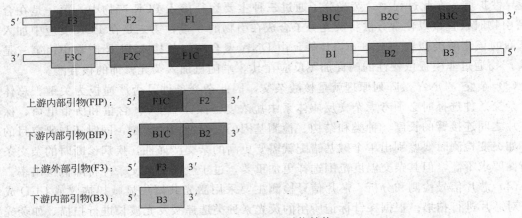

图 6-3　LAMP 引物结构

LAMP 扩增过程可分为 3 个阶段：循环模板合成阶段、循环扩增阶段和伸长再循环阶段。在循环模板合成阶段，FIP 的 F2 序列先结合到模板 DNA 的 F2c 上引导合成互补的 DNA 链。进而外引物 F3 结合到模板 DNA 的 F3c 上，引导合成模板 DNA 的互补链，释放出由 FIP 引导合成的互补链。被释放出的互补链 5′端的 F1c 和 F1 发生自我碱基配对形成一个环状结构，同时引物 BIP 结合到其 3′端，引导合成该链的互补链，并把 5′端的环状结构打开，以类似于 F3 的方式，外引物 B3 从 BIP 引物外侧结合到 B3c 上引导合成该链的互补链，同时置换出由 BIP 引导合成的互补链。被置换出的互补链两端分别带有 B1c-B2-B1 和 F1-F2c-F1c 互补结构，自然发生碱基配对，形成一条哑铃状单链结构。该结构是 LAMP 法基因扩增循环的起始结构，再经过后续的循环扩增反应最终形成一系列大小不一的由反向重复的靶序列构成的茎环结构和多环花椰菜结构的 DNA 片段混合物。

6.3.5.2　LAMP 特点

LAMP 是一种全新的恒温核酸扩增方法，和传统的核酸扩增方法相比，其反应原理和引物设计更为复杂，但是具有传统方法无法比拟的优点。

（1）等温扩增　只需要一个恒定温度就能完成扩增反应，不需要 PCR 那样循环地改变温度。

（2）快速高效　整个扩增反应可在 30～60min 内完成，扩增出 109～1010 倍靶序列拷贝，DNA 产量高达 $500\mu g/mL$。

（3）特异性高　由于 4 个引物靶向目标核酸片段的 6 个区域决定了 LAMP 的高特异性，即使在有非靶 DNA 共存的条件下，LAMP 扩增的特异性也不受影响。

（4）灵敏度高　LAMP 能检测到 PCR 检测限 1/10 的拷贝数，扩增模板可以只有 10 拷贝甚至更少。

（5）产物检测方便　LAMP 反应产生大量的产物，可利用直观的焦磷酸镁浊度检测法或荧光目测比色法对扩增结果进行简便快速地检测。

（6）设备简单　LAMP 等温扩增和产物直观检测的特点决定了其不需要复杂的设备，它只需一个简单的恒温器，不需要昂贵的检测设备，对现场检测或基层应用相当有利。目前已经有使用 LAMP 法检测肠出血性大肠埃希氏菌（EHEC）、肠侵袭性大肠埃希氏菌

（EIEC）、产肠毒性大肠埃希氏菌（ETEC）、沙门氏菌、副溶血性弧菌的报道。

6.4 基于生物传感器的检验方法

生物传感器是生物技术群的一个领域，也是典型的多学科交叉生长点，涉及生命科学、物理、化学、信息科学等众多学科和技术。由于生物传感器具有操作简便、快速、准确、易于联机及重复使用等特点，在生命科学研究、医学生物工程临床诊断与分析、生物工艺过程检测与监控、环境质量检测、食品科学、化学化工过程分析及分析化学研究等许多方面都有广泛的应用前景。

6.4.1 生物传感器技术分类及原理

6.4.1.1 生物传感器技术分类

生物传感器主要有酶传感器、微生物传感器和免疫传感器三类。

（1）酶传感器 它由把酶固定在憎水性薄膜中所形成的生物功能膜（即分子识别器）与电极组成。酶是生物细胞内进行催化反应的蛋白质。把某种酶固定在膜中，在酶的作用下，就可检测物质发生的化学反应。反应的生成物或消耗物会引起电化学现象，通过电极将这种现象转换成电信号检出，从而测定有机物含量。例如把葡萄糖氧化酶固定在聚丙烯酰胺胶体中，就可构成对葡萄糖有敏感反应的生物功能膜，这种膜使葡萄糖进行一种特异性氧化反应，从反应生成物的多少即可确定葡萄糖的含量。不同的反应对应于不同的酶，而每种酶只对应一种反应，因此这种膜有很强的选择性。酶传感器多用于食品工业、制药工业、环境监测及临床检验等。

（2）微生物传感器 它是用微生物代替酶，直接把微生物固定在憎水膜中作为敏感膜，再加上电极组成的。微生物传感器的特点是寿命较长，成本较低，常用于发酵工业、环境监测和生物工程等。

（3）免疫传感器 它利用抗原抗体反应的特异性实现选择性识别作用。这种传感器是把抗原或抗体固定在憎水性薄膜中作为敏感膜，再加上电极组成的。主要用于医学领域中测定抗原的活度。

6.4.1.2 生物传感器技术原理

生物传感器是很有发展前途的新型传感器，微电子学与分子生物学的成功结合正促使它朝着小型、高灵敏、高功能、集成化方向发展。例如可将生物敏感膜覆盖在离子敏感场效应晶体管的栅极上制成集成生物传感器，它的优点是体积小，检测试样量很少，所产生的电信号容易存储和读出，并能制成多种形式和将若干种传感器组合在一个器件内。又如把光学技术与生物敏感膜结合起来可制成表面等离子体激光共振免疫传感器，它用光学技术测量抗原膜的增厚，并利用共振原理放大信号，其分辨率可达 $10\mu m$。这些新型生物传感器除能用于医学测试、环境监测、食品、医药工业之外，在生物工程及生命科学研究等方面也有广阔的应用前景。

生物传感器的传感原理如图 6-4 表示，其构成包括生物敏感膜和换能器两部分。被分析物扩散进入固定化生物敏感膜层，经分子识别，发生生物学反应，产生的信息继而被相应的化学换能器或物理换能器转变成可定量和可处理的电信号，再经检测放大器放大并输出，便可知道待测物浓度。

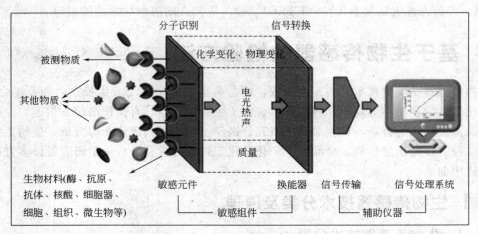

图 6-4　生物传感器的传感原理

　　生物传感器是利用生物的特异性反应把某种有机物的化学物质转化为可电测的量的。它由分子识别器（即敏感膜）和信息转换器两部分组成。分子识别器是生物传感器的核心，它能识别被测对象，并与之发生一定的物理或化学变化。分子识别器由具有分子识别功能的物质（如酶、微生物、抗体、激素等）和一层极薄的膜（如高分子膜或陶瓷膜）构成。常用的信息转换器有离子选择电极、气敏电极、半导体离子敏感场效应晶体管（ISFET）等，它们能将分子识别器与被测对象发生的物理或化学变化转变成电信号。

　　（1）酶生物传感器的原理　　酶传感器由固定化酶和电化学器件构成，通过电极反应检测出与酶反应有关的物质并转换为电信号，从而检测试液中的特定成分的浓度。作为电化学器件使用的是各种电极，其测定方法大致分为电位法和电流法两种。

　　① 电位法：该方法由工作电极和参考电极来实现。工作电极带有选择性膜，膜能够与酶、有关的离子、气体等电极活性物质进行选择性反应。工作电极的膜电位随电极活性物质的浓度而变化。按照工作电极与参考电极的电位差来测定这个变化，再换算成浓度。pH 电极、钠及钾离子电极、氨气体电极、二氧化碳气体电极等都是这种类型的电极。

　　② 电流法：该方法分为电动势型（燃料电池型）和极谱型两类。电动势型是在电解液中电极活性物质自发地进行电极反应，并测出流动的电流。极谱型是采用外部的电源，通过在阳极与阴极之间加以电位，使电极活性物质氧化、还原，检测两电极间流动的电流。氧电极和过氧化氢电极是电流法使用的典型电极。此外，由于与酶反应有关的物质生成或消耗会引起溶液电导率的变化，所以测定电导率变化的"电导率法"也被有些电化学装置所采用。

　　（2）微生物传感器的原理　　微生物传感器由包含微生物的膜状感受器和电化学换能器组合而成，可以分为以微生物呼吸活性（氧消耗量）为指标的呼吸活性测定型传感器和以微生物的代谢产物（电极活性物质）为指标的电极活性物质测定型传感器两类。

　　① 呼吸活性测定型传感器：微生物大体上分为好氧性微生物和厌氧性微生物。好氧性微生物呼吸时消耗 O_2 并生成 CO_2。因此把固定了好氧性微生物的膜和 O_2 电极或 CO_2 电极结合起来，就构成了呼吸活性测定型微生物传感器。其基本原理是：作为测定对象的有机化合物（基质）存在于溶液中，基质向微生物膜上扩散，微生物因同化了这种有机物而使呼吸活泼起来。O_2 在微生物膜上被消耗，其含量减少。结果透过透氧性膜到达电极的还原氧量减少。这个变化可以直接从电流的减小来观察。只要确定了电流值的变化量和有机物浓度之间的关系，就可以进行这种有机物的定量分析。

② 电极活性物质测定型传感器：厌氧微生物则可以通过电极活性物质测定型传感器测定，好氧性微生物也可利用这种传感器。微生物在代谢有机物时生成各种产物。在代谢产物是电极活性物质的情况下，把微生物膜和离子选择性电极组合起来，就构成了电极活性物质测定型微生物传感器。当待测物（有机物）扩散到微生物膜内时，它被微生物代谢而生成氢气。氢气到达阳极，经电化学反应而被氧化。阳极和阴极之间的电流值和微生物所生成的 H_2 成比例地变化。因此，根据这个电流的测量，可以测定被测对象的浓度。

（3）免疫传感器的原理　利用抗体能够识别抗原并和被识别抗原结合的功能，借此开发的生物传感器称为免疫传感器。免疫传感器是以免疫测定法的原理为基础构成的，可分为采用标识剂（标识免疫）的方式和不用标识剂（非标识免疫）的方式两种。免疫传感器可以识别肽或蛋白质等高分子之间微小的结构差异。

① 非标识免疫方式是在感受器表面上形成抗原抗体复合物，此时引起的物理变化直接转换为电信号。已经进行了两类研究：a. 在膜表面上结合抗体（或抗原）以组成感受器，用来测定其与抗原（或抗体）反应前后的膜电位；b. 在金属表面上结合抗体（或抗原）以组成传感器，用来测定其与抗原（或抗体）反应时所产生的电极电位变化。

② 在标识免疫方式的免疫传感器中，把酶、红细胞或核糖体等作为标识剂，将各种标识剂的最终变化用电化学换能器转化为电信号。这种标识免疫传感器的重要特点是利用了标识剂的一种化学放大作用，从而获得较高的灵敏度。

免疫传感器分为：a. 电化学免疫传感器（这类生物传感器分为电位测量式、电流测量式和导电率测量式三种类型）；b. 质量检测免疫传感器；c. 压电免疫传感器；d. 声波免疫传感器；e. 热量检测免疫传感器；f. 光学免疫传感器。

6.4.2　生物传感器技术在食品微生物检测中的应用

生物传感器已被成功应用在食品检测中，目前在食品中微生物测定和细菌毒素检测取得了较大成果。

6.4.2.1　生物传感器用于食品中微生物测定

污染食品的微生物可以分为腐败菌和病原菌，腐败菌本身不致病，主要通过对食品成分的分解和破坏，产生有毒有害物质从而对人体造成危害。病原菌除破坏食品的组成成分外，其本身也能致病。由于传统检测方法操作烦琐，周期长，因此各种快速检测方法不断出现，生物传感器方法就是其中一种。

基于微生物呼吸代谢过程中产生电子的生物传感器，可以直接在阳极上放电，产生微电流，而电流的大小与测定液中微生物浓度有关。另有一种光纤传感器可直接放入被测的样品溶液中，通过测定微生物代谢过程中产生的二氧化碳量来估算细菌浓度。

一些致病病原菌的检测大肠埃希氏菌、沙门氏菌、金黄色葡萄球菌、李斯特氏菌、产气荚膜梭菌和蜡样芽孢杆菌等是常见的污染食品的病原菌。采用光纤传感器与聚合酶链反应生物放大作用耦合，可实现对食品中李斯特氏菌单细胞基因的检测。而采用酶免疫电流型生物传感器可实现对存在于食品中少量的沙门氏菌、大肠埃希氏菌和金黄色葡萄球菌等的检测。蛋白A可作为金黄色葡萄球菌的存在标记物，利用光纤免疫传感器，将抗蛋白A的抗体固定在光纤上捕获蛋白A，然后结合上FTIC标记的抗蛋白A IgG以产生抗原—抗体反应的信号。

细菌毒素、藻类毒素以及动植物毒素是污染食品主要生物毒素，其中以细菌毒素和真菌毒素最为常见。为防止毒素超标的食品进入食物链，加强对其检测至关重要。许多细菌是引起人感染的主要病原体。检验毒素通常采用色谱法和生物学方法等，但这些方法检测时间长，对样品的前处理烦琐，因此以免疫学方法的生物传感器检测方法为代表的各种快速检测方法备受欢迎。生物传感器的出现极大地推进了细菌测定学的发展，也使食品工业生产和包装过程微生物自动检测成为可能，以电化学为基础的免疫传感器已成功地用于检测细菌毒素蛋白质。同时，用于分析 DNA 的微型传感器已经被开发成功，它可以迅速准确地断定食品来源疾病的细菌类型，使制造商免受数百万产品召回损失和可能产生的法律纠纷。在检测 DNA 方面，新传感器具备含有 DNA 片断的探头，可以完成检测。例如，为了测试蛋黄酱样品中的沙门氏菌，探头就具有这种类型的 DNA 片断，确定基因组中的细菌。

6.4.2.2　生物传感器用于生物毒素的检测

极少量的生物毒素就可以引起中毒效应，故对食品中生物毒素的痕量检测至关重要。目前，蓖麻毒素的传感器研究较多，如光纤传感器和电化学免疫传感器等。利用抗原抗体反应和荧光标记方法制得的生物传感器对于肉毒毒素 A 和金黄色葡萄球菌肠毒素 A 的检测有较好的效果。毒素的种类繁多，食品在产前、运输、加工及销售等环节都有可能被污染，而且有些毒性大，很多有致畸、致癌作用。为了防止毒素超标的食品和饲料直接进入食物链，加强对其检测非常必要。毒素的检测主要集中在烟曲霉毒素 B_1（FBt）、葡萄球菌肠毒素、黄曲霉毒素 B、肉毒毒素等上，所用的传感器大多采用光纤免疫传感器。

随着生物传感器技术的发展和新型生物传感器的出现，近年出现了很多新型的传感器，如直径在微米级甚至更小的微型传感器，以分子之间特异识别并结合为基础的亲和生物传感器，其中以酶电压传感器和和免疫传感器为代表，而这两种传感器在食品中化学残留检测方面引用广泛。

6.5　微生物自动化仪器检测

6.5.1　Mini-VIDAS 微生物自动酶标检测仪

6.5.1.1　检测原理、特点

Mini-VIDAS 是法国生物梅里埃公司生产的一种全自动免疫荧光酶标仪，在微生物检测中主要是利用酶联免疫的原理对微生物或毒素等进行筛选检测。增菌肉汤中的抗原与试剂条中的抗体相结合，用荧光分析技术通过固相吸附器，用已知抗体来捕捉目标生物体，然后以带荧光的酶联抗体再次结合，经充分冲洗，通过激发光源检测，即能自动读出发光的阳性标本，可快速鉴定沙门氏菌、大肠埃希氏菌 O157：H7、单核李斯特氏菌、空肠弯曲杆菌和葡萄球菌肠毒素等。细菌、蛋白的检测是应用一种夹心的技术，包被针上有抗体包被，所测得的荧光与标本中抗原的含量成正比。Mini-VIDAS 设两个相互独立工作的检测仓，可同时进行 12 个相同或不同的测试。致病菌筛选定（<48h），每天可进行 60~80 项测试。其仪器如图6-5所示。

图 6-5　Mini-VIDAS 微生物自动酶标检测仪

6.5.1.2 Mini-VIDAS 大肠埃希氏菌 O157（ECO） 筛选举例

煮沸过的增菌肉汤加入试条孔后，在特定时间内，样本在 SPR 内、外反复循环。样本中的 O157 抗原与包被在 SPR 内部的 O157 抗体结合，未结合的其他成分通过洗涤步骤清除。标记有碱性磷酸酶的抗体也在 SPR 内、外循环并与固定在 SPR 壁上的大肠埃希氏菌 O157 抗原结合，经洗涤仍结合在 SPR 壁上的酶将催化底物转变成具有荧光的产物 4-甲基伞形酮。在 VIDAS 中由光扫描器在 450nm 处检测该荧光强度，试验完成后由计算机自动分析结果，得出检测值。

（1）说明　SRP 在生产时以抗大肠埃希氏菌 O157 多克隆抗体包被。每一 SPR 上均标有 "ECO"。从包装袋中取出 SPR 后要及时封闭包装袋。试剂条包含 10 个以箔封的孔，并覆以标签，标签上有条形码，显示测试种类，试剂盒批号、有效期等。第一孔加入样本，最后一孔是荧光测定用比色杯。中间各孔含有实验用各种试剂。VIDAS ECO 试剂盒存于 2～8℃。打开试剂盒后，SPR 包装袋应密封完好，无破损，否则请不要使用 SPR。取出密封袋内所需 SPR，其余 SPR 应封好包装，并放回 2～8℃，有利于试剂的稳定。

（2）输入 MLE 卡信息　每一个新试剂盒在使用之前，首先要使用试剂盒中的 MLE 卡向仪器（VIDAS 或 Mini-VIDAS）输入试剂规格（或出厂的校正曲线数据），否则方法将无法运行。每一盒试剂只需输入一次。可以使用 MLE 卡自动输入或手动输入。自动输入 MLE 卡信息时，卡正面向上放入塑料托盘，再将托盘箭头朝上放入仪器色测试仓，选 "Calibration" 菜单→ "Read master lot" →选定放卡的测试仓。几分钟后仪器完成 MLE 卡的信息读入。一个新试剂盒在输入 MLE 卡信息之后，需使用试剂盒内的校正液进行校正，以后每 14d 进行一次校正。此项操作可以提供仪器特定的校正曲线。

（3）标本制备　将增菌肉汤预温至 41℃。以无菌方法向消化袋中加入 25g（25mL）各类食品。在 41℃±1℃ 消化与孵育 6～7h。取 1mL 预增菌肉汤接种于 9mL 含头孢克肟和亚碲酸钾的麦康凯肉汤，在 35～37℃ 孵育（18±1）h。孵育之后，取 1mL 增菌肉汤加入试管中，在 100℃ 水浴中加热 15min。剩余增菌肉汤存于 2～8℃，以备对阳性检测结果确认。

（4）仪器检测

① 打开仪器后部电源线旁的电源开关，仪器自检正常后出现主菜单，待其预热约 30min 即可开始检测工作。

② 冰箱中取出 VIDAS ECO 试剂盒并使其恢复到室温（最少 30min）。从试剂盒中取出所需试剂，并将未用的试剂放回 2～8℃ 储存。用封口条将 SPR 储存袋重新封好。在 ECO 试剂条的空白处标上样本号。

③ 输入所需的信息以便建立 work list。指定检测位置，"A" 仓，按压 "检测项目" 选择键，直至出现要检测的项目 ECO 代表大肠埃希氏菌 O157。在显示检测位置屏幕，依次做标准、C1 和 C2，键入 "ECO" 至检测编号，再输入将要检测的实验号。

④ 分别吸取 500μL 标准，对照和煮沸的样本（冷却后）加入试剂条样本孔中央。将 SPR 和试剂条放入 VIDAS 相应的位置。核对位置以确保 SPR 上 3 个字母编码的颜色标记与试剂条相符。

⑤ 然后启动检测，所有分析过程均由仪器自动完成。检测约需 45min。

（5）检测结果　检测完成后，结果由计算机自动分析，并给出结果。对于阳性结果要进一步确认。将储存于 2～8℃ 的 CT-MAC 肉汤连续 10 倍稀释，取适当稀释液置于 SMAC 和 CT-SMAC 平板，在 35～37℃ 孵育 18～24h。在 CT-MAC 和 SMAC 平板上，大肠埃希氏菌

O157：H7 株（山梨醇阴性）呈现中心黑色的无色菌落，需对其进行生化和血清学鉴定。可疑菌落的确证方法向见附录。山梨醇阳性的菌落在此平板上呈现粉红或红色。

6.5.1.3　应用范围及优缺点

致病菌筛选定（＜48h），检测速度快，标准化分析，节省手工步骤。但此方法的阳性结果需进一步确认，所以该方法最适合食品中致病性微生物的快速筛选。

6.5.2　ATB new 半自动细菌鉴定和药敏分析系统

6.5.2.1　ATB new 细菌鉴定系统基本组成介绍

ATB new 是生物-梅里埃公司产品，基本组成为：①ATB 主机（包含电脑）；②电子比浊器；③电子加样器；④API/ATB new 鉴定分析软件和专家软件系统；⑤打印机；⑥ATB 操作手册。

计算机程序包括 ATB 和 API 的鉴定数据库、ATB 的药敏数据库、数据储存和分析系统及药敏专家系统。鉴定和药敏反应板在机外孵育后，一次性上机读取结果，由计算机进行分析和处理，并报告细菌鉴定和药敏结果。ATB 系统是由 API 金标准改良而成，拥有庞大的细菌资料库以及严格的质控，可鉴定多达 550 种细菌。另外，ATB 系统操作方便，只需将培养结果输入电脑，就可得到结果。

6.5.2.2　测定原理

ATB 生化鉴定卡采用比色法进行结果判读根据各项生化反应结果，采用八进位制数码鉴定原理，把三个生化试验编为一组，其顺序代号分别是 1、2、4 三个数字，凡结果阳性者记"＋"，阴性者记"－"。将每组生化反应阳性者的代号数相加即得编码数，全阳性编码为 7，全阴性编码为 0。得到一个 11 位数的生物编码，系统自动在数据库中搜索结果，药敏卡采用比浊法来测定其药敏性，系统自动在数据库中搜索结果，并报告细菌鉴定和药敏结果。

6.5.2.3　使用方法

(1) 制菌液　标本得到纯菌落，进行初步鉴定选择试剂条。选择待鉴定的菌落接种于生理盐水中混匀后用标准麦氏比浊仪调整至一定浊度，然后去一定量菌悬液于 ATB 培养基中混匀后接种。

(2) 标记卡　将密封包装打开，取出 ATB 生化鉴定卡和药敏卡，标明试验菌株、日期和试验者，并恒温至室温。

(3) 接种　用自动加样器按 ATB 生化鉴定卡和药敏卡的规定的加样量分别吸取并进行连续或间歇加样。当吸取菌悬液液后，加入 ATB 生化鉴定卡和药敏卡每个孔内，ATB 生化鉴定卡 32E 和药敏卡每个小杯的加样量不同。如果要做氧化发酵试验，则需要在分隔室中加入液体石蜡，使其封盖菌液面。

(4) 培养　将接种的 ATB 生化鉴定卡和药敏卡放入装有水的培养盒中或浅碟上，置 35℃培养 24h。

(5) 鉴定　在 ATB 生化鉴定卡的部分小杯中加入相应的反应试剂，然后把 ATB 生化鉴定卡放入 ATB new 结果阅读器自动判断每个反应的颜色。把 ATB 药敏卡放入 ATB new 结果阅读器自动判断每个杯其浊度变化，然后仪器综合后自动检索，打印结果。

6.5.3　全自动微生物鉴定及药敏分析系统 VITEK

6.5.3.1　VITEK 基本组成介绍

VITEK AMS 系列全自动微生物分析系统是法国生物-梅里埃公司生产的全自动微生物

鉴定和药敏分析系统。VITEK AMS 是由生物-梅里埃公司生产的第一代产品，有以下四个规格：VITEK-32、VITEK-60、VITEK-120 和 VITEK-240。由计算机主机、孵育箱/读取器、充填机/封口机、打印机等组成。充填机/封口机 3min 内把样本注入试验卡中及封口；读取器/恒温箱自动恒定培养温度并同时读取卡内生化反应变化（系统依据不同型号，容纳32~480 张卡不等），电脑主机负责分析资料的储存、系统的操作及分析程式的运作。

VITEK-2 是生物-梅里埃公司开发的新一代微生物分析仪，其工作原理与 VITEK AMS 没有大的差别，但它的容量更大，自动化程度更高，并且使用 64 孔的反应卡片，鉴定更准确可靠，可同时测定 20 种抗生素的药敏试验。VITEK-32 和 VITEK-2 的硬件组成如图 6-6 和图 6-7 所示。

图 6-6　全自动微生物鉴定/药敏分析系统——VITEK-32

图 6-7　全自动微生物鉴定/药敏分析系统——VITEK-2 Compact

6.5.3.2　检测原理

仪器的原理其实就是进行细菌鉴定中使用的生化反应。仪器把 30 个对细菌鉴定必需的生化反应培养基固定到卡片上，根据不同微生物的理化性质不同，采用光电比色法，测定微生物分解底物导致 pH 改变而产生的不同颜色来判断反应的结果。由计算机控制的读数器每隔 1h 对各反应孔底物进行光扫描并读数一次，动态观察反应变化。一旦鉴定卡内的终点指示孔到临界值，则指示此卡已完成。系统最后一次读数后，将所得的生物数码与菌种数据库标准菌的生物模型相比较，得到相似系统鉴定值，并自动打印出实验报告。

6.5.3.3 使用方法

(1) VITEK AMS 使用方法

① 在试卡上填上标本号，VITEK 会自动识别此号码。

② 将菌落分离，加盐水后利用一支 L 形吸管，准备将菌液传送到卡内。

③ 将试卡放入充填器，用真空原理，菌液会吸进试卡的每个小孔内，将底物溶解，然后封口。

④ 将鉴定或药敏试卡放入培养/读数箱内。

(2) VITEK-2 使用方法

① 标本的稀释：选取经纯培养 18～24h 后，待测菌落，置于装有 3mL 0.45％氯化钠溶液的试管中进行稀释，用标准比浊计调整菌液浓度达到测试卡所要求相应标准度。

② 卡片充样：从冰箱中取出测试卡，放置 2～3min，使温度与室温相同。将测试卡放在载卡架上，输样管浸入装有待测菌液的标准管中。将载卡架放入仪器的填充仓填充接种。填充完毕后，在 10min 之内取出并放入装载仓。

③ 扫描条码：仪器自动扫描条码，审核所有输入的卡片信息是否正确，确认无误后自动进行封口和上卡。

6.5.3.4 应用范围、优缺点

(1) 应用范围 是医院、卫生防疫、商品检验、环境保护、畜牧业等领域细菌检验的重要设备。根据细菌生化反应特征，通过比色、自动编码、检索系统对细菌进行鉴定，得到准确的鉴定结果。主要对进出口食品检验中发现的可疑致病菌进行最后鉴定。根据需要鉴定的微生物的种类的不同，设计了不同的鉴定卡片，比如革兰氏阴性菌卡、革兰氏阳性菌卡、酵母菌卡等。VITEK 可快速鉴定包括各种肠杆菌科细菌、非发酵细菌、苛氧菌、革兰氏阳性球菌、革兰氏阴性球菌、厌氧菌和酵母菌等 500 种病原菌。

(2) 优点 VITEK AMS 鉴定结果与传统方法的 18～24h 相比，平均只需4～6h。对与快速生长细菌（大肠埃希氏菌、粪肠球菌、变形杆菌、克雷伯氏菌等）鉴定可提前到 2h。操作简便，全部操作自动化，只需操作基本步骤。数小时内可获得试验结果（肠杆菌只需4～6h），有时快速生长菌可在 2h 内报告结果使用灵活，随时放入试卡进行测试，VITEK SR 测试容量可扩充由 32～480 张卡。准确可靠，一般常见的细菌均可准确的鉴定出来，获得 AOAC 国际认证，保证提供的微生物鉴定结果是公认的。因此 VITEK 试卡是封闭式的，只有一个小孔与外界相通。一旦堵住小孔，试卡将被完全密封，因此该仪器的生物安全性非常高。

VITEK-2 作为最新一代的全自动鉴定及药敏分析系统，已经得到了很多人的认可，自动化程度最高。只剩下一个最基本（却也是最重要）的操作——调配菌悬液。菌谱扩大。新卡的使用使得革兰氏阳性球菌菌谱、革兰氏阴性杆菌菌谱扩大了 1 倍。但要注意的是所挑菌落必须是新鲜菌的纯菌落，杂菌会出现错误的生化谱，而且菌悬液一定要混匀，并调整到一定浊度。

(3) 缺点 判断是某种菌的可能性高。有时也需要进行其他一些试验来进一步确定，比如血清学反应等。生物-梅里埃公司的微生物鉴定仪是全世界最好的，但因微生物鉴定工作的特殊性，其仍不能完全代替人工。

6.5.4 BD BBL Crystal™ 细菌鉴定系统

6.5.4.1 BD BBL Crystal 细菌鉴定系统基本组成介绍

(1) Crystal 硬件组成 Crystal 硬件由电脑、AutoReader 自动判读仪、打印机及标准

麦氏比浊仪组成，如图 6-8 所示。

图 6-8　BD BBL Crystal™细菌鉴定系统基本组成

（2）Panel（试剂板）种类及接种肉汤介绍　Panel 共六种，分别为 RSE（快速粪肠）、N/H（奈瑟氏/嗜血）、ANR（厌氧）、RGP（快速革兰氏阳性）、E/NF（肠/非发酵）和 GP（革兰氏阳性）。

试剂盒中包含接种肉汤，无需配制。接种肉汤是预先配制好的培养基，装在一次性肉汤管中。试剂板，独立包装，在收到试剂时，立即放入 2~8℃冰箱保存；盛液盒，放置在 2~30℃无尘环境中；接种肉汤，放置在 2~25℃的环境中。

（3）比浊仪介绍　标准麦氏比浊仪，用来测肉汤中菌悬液的浓度，使用前要先校正再测量。

6.5.4.2　测定原理

BD BBL Crystal™细菌鉴定系统属于自动化程度高的仪器，是一个全新的菌型鉴定的模式，有全封闭的检测系统，利用荧光、显色和改良传统底物，用于分离自样本中的常见病原菌的菌型鉴定。将传统的酶、底物生化反应与先进的荧光增强技术相结合，时间测速度明显提高，可在 4h 内完成大多数致病菌的鉴定实验。

6.5.4.3　接种及培养

实验标本要求纯分，对于接种 E/NF，RSE 板的细菌菌龄应在 18~24h；对于某些生长缓慢的细菌接种 N/H，GP，RGP，ANR 板的应在 24~48h。

① CrystalSpec 比浊仪配制一定浊度的菌液，浊度要求如下。

RSE（快速粪肠）	0.5~1.0 McFarland	RGP（快速革兰氏阳性）	2.0 McFarland
N/H（奈瑟氏/嗜血）	3.0 McFarland	E/NF（肠/非发酵）	0.5 McFarland
ANR（厌氧）	4.0~5.0 McFarland	GP　（革兰氏阳性）	0.5 McFarland

② 将配制好的菌悬液倒入盛液盒的顶端。

③ 手持盛液盒的两端，左右摇晃，使菌液沿轨道均匀充满每一孔，并将多余菌液回流到盛液盒的顶端。

④ 试剂板和盛液盒合上，并做标记。

⑤ 将接种完成的鉴定板，标签朝下放置托盘中。

⑥ 将托盘放入 35～37℃ 非 CO_2 的孵育箱中孵育一定的时间。

RSE（快速粪肠）	3～3.5h	RGP（快速革兰氏阳性）	4h
N/H（奈瑟氏/嗜血）	4h	E/NF（肠/非发酵）	18～20h
ANR（厌氧）	4h	GP （革兰氏阳性）	18～24h

⑦ 将孵育完成的鉴定板取出，在 CRYSTAL AutoReader 上判读鉴定结果。

6.5.4.4　中文软件及 AutoReader 的使用

① 点击 BBL Crystal 图标，打开 BBL Crystal 软件。

② 输入用户名 BBL Crystal，密码 BBL 进入使用界面。

③ 点击数据输入菜单。

④ AutoReader 自动开门，将鉴定板放入 AutoReader。

⑤ 输入标本信息（标本号、患者姓名等）。

⑥ 选择鉴定板种类。

⑦ 选择附加实验（氧化酶、吲哚）。

⑧ 点击扫描键。

⑨ 扫描完成，从 AutoReader 取出鉴定板。

⑩ 点击添加键存盘，输入新的标本。

⑪ 点击 ID 键，进行鉴定。

⑫ 查阅鉴定结果，点击复查键。

⑬ 在复查界面，可进行修改，打印。

6.5.4.5　主要优点及其注意事项

一个全新的菌型鉴定的模式，可一步法接种菌悬液，无需添加试剂，无需加样器或滴管，无需液体石蜡覆盖。有大于 500 种微生物的菌种库，判读结果快速简便，准确可靠，灵敏度高。缺点是：菌落必须纯分，只适用于菌种的最后鉴定，不适用于致病菌的快速筛选。

BD BBL Crystal™ 细菌鉴定系统使用时应注意事项如下。

① 用新鲜的纯分过的细菌菌落，并使用适合的培养基分纯细菌，勿使用含抑制剂的平板。

② 不同的鉴定板需配置特定的菌液浓度。

③ 接种完成后，尽快将鉴定板装在托盘中，放入培养箱。

④ 在鉴定板判读时，输入正确的附加实验结果。

⑤ AutoReader 每 2 周需用参考板定标一次。

使用自动化鉴定仪的进行食品微生物检验在快速的同时也有其局限性。

① 自动化鉴定系统是根据数据库中所提供的资料鉴定细菌，目前为止，尚无一个鉴定系统能包括所有的细菌鉴定资料，对于数据库中没有的细菌则鉴定不出来。

② 通过自动化鉴定仪得出的结果，必须与已获得菌落特征及生理生化特征进行核对，以避免错误的鉴定。

③ 有的仪器操作技术要求严格，实验室人员必须经过培训合格上岗才能保证结果的准确性。

6.5.5　自动化血培养检测和分析系统

血培养检查是用于检验血液样品中有无细菌存在的一种微生物学检查方法，对于快速检测食物中毒症患者血液中是否有细菌生长以明确诊断有十分重要的作用。近年来，随着科学技术进步和微生物学的发展，已经创造出许多自动化、电脑化的智能型自动血培养仪。

自动血培养仪包括培养系统或恒温孵育系统、检测系统、计算机及外围设备。自动血培养仪的检测原理主要有二氧化碳感受器、荧光检测和放射性标记物质检测三种检测技术。美国 BD 公司 BACTEC 系列自动血培养仪荧光增强检测技术的原理是细菌在代谢过程中释放出二氧化碳，二氧化碳与培养瓶底部含有荧光染料的感应器反应，使感应器内结合二氧化碳的荧光物质被激发出荧光，系统每 10min 自动测定一次荧光水平，通过电脑数据系统处理得出培养结果。法国生物-梅里埃公司 VITAL 自动血培养仪的检测原理是在液体培养瓶内含有发荧光物质的分子，如有细菌生长，其代谢过程中会产生氢离子、电子和各种带电荷的原子团，发荧光的分子接受了这些物质后改变自身结构转变为不发光的化合物，出现荧光衰减现象，即提示有细菌生长。荷兰 Organon Teknika 公司 BacT/alert 自动血培养仪的检测原理是在血培养瓶底部有一个固相感应器，上面有半渗透性薄膜将培养基与感应装置隔离。当培养瓶内有细菌生长，其释放的二氧化碳可渗透至感应器，经水饱和后，产生氢离子 pH 值发生改变，感应器的颜色由原来的绿色变成黄色，这一过程由一个置于检测组件内部的光反射检测计进行连续监测。

6.5.6 全自动抗原抗体检测系统

随着免疫学检测技术的发展，自动化的抗原抗体检测系统陆续出现，将免疫学检测中的取样、加试剂、孵育、信号检测、数据处理等都自动化进行，使免疫检测的速度进一步提高。如自动化的免疫浊度分析系统、自动化化学发光免疫分析系统、酶联免疫分析系统如法国生物梅里埃的 Mini-VIDAS 等。自动化的免疫浊度分析系统是利用抗原抗体结合后浊度的变化进行检测的一种方法，已成为免疫检测技术的一种重要手段。自动化化学发光免疫分析系统是利用标记在抗原或抗体上的发光物质在特定条件下发射光子产生发光现象，通过检测光信号再对光信号进行转化而进行检测的一种检测系统。酶联免疫分析系统主要是利用酶联免疫的原理对微生物或毒素等进行筛选检测。如 Mini-VIDAS 是抗原与试剂条中的抗体结合后，然后以带荧光的酶联抗体再次结合，经充分冲洗，通过激发光源检测，即能自动读出发光的阳性标本。

6.6 现代食品微生物检测技术的发展趋势

随着人们生活水平不断提高，各种安全问题越来越受到人们的重视，微生物的污染问题也相应地备受关注。在食品和环境等各个方面都有微生物污染的可能，一旦污染，微生物将大量繁殖而导致食源性疾病或环境污染。微生物污染食源现象严重，食品法典委员会（CAC）将微生物性健康危害列为食源性健康危害的三大原因之一。其中致病性微生物所导致相关疾病是当前食品安全面临的首要问题。特别是近年来随着环境污染的加剧和生态平衡的不断破坏，导致感染的致病菌的种类越来越多。传统的检验方法，主要包括形态特征观察和生理生化试验，涉及的实验较多、操作烦琐、需要时间较长、准备和后处理工作非常繁重。总之，随着现代科技的发展，可以预料在不远的将来，传统的微生物检测技术将逐渐被各种新型简便的微生物快速诊断技术所取代。

（1）基于微量生化和药敏反应为的新的快速检测系统是食品微生物检测技术的重要发展趋势之一　食源性致病菌及感染性疾患仍然是危害人类健康的重要因素。WHO 宣布近 30

年来，新发现了29种新病原体，致使感染人类的微生物日趋复杂。常见致病微生物的威胁不但没有消除，且出现了严重的耐药问题，如葡萄球菌、肠球菌、铜绿假单胞菌、大肠埃希氏菌、克雷伯氏菌。严峻的现实向微生物检验提出了更高的要求——更准确、更快速地检出与监测病原体，因此，生物-梅里埃公司的VITEK 2作为最新一代的全自动鉴定及药敏分析系统适应了这一要求。食品安全局势期待有更多更好的类似的检测系统出现。

(2) 基于免疫酶反应的新的快速检测系统是食品微生物检测技术的重要发展趋势之一　免疫学技术的优点是可直接选择细菌，而不需要对细菌进行分离，直接通过免疫法进行细菌的筛选。免疫法具备非常高的精确度，被检测食品可通过增菌后，在短时间中便能检测到，而且更为突出的一点便是，抗原与抗体之间的反应时间相当短。免疫磁珠分离法、免疫乳胶试剂、免疫胶体金技术、免疫电泳技术的快速准确及以免疫酶技术为基础的Mini-VIDAS全自动免疫荧光酶标仪对大量样品进行微生物或毒素快速筛选检测的优势，使用该仪器操作简便，只加一次样品，按一次键整个检测过程都由仪器自动完成。多数试验50min内结束（不含增菌过程），无交叉污染。为当前食品安全检测提供了良好的前景。

近年来兴起的基因探针技术及全自动微生物检测系统，将从根本上改变微生物的检测方法，具有非常广阔的应用前景。自动化的微生物鉴定和药敏试验分析系统在临床微生物实验室的应用，为微生物检验工作者对病原菌的快速诊断和药敏试验提供了有力工具。鉴定系统的工作原理因不同的仪器和系统而异。不同的细菌对底物的反应不同是生化反应鉴定细菌的基础，而试验结果的准确度取决于鉴定系统配套培养基的制备方法、培养物浓度、孵育条件和结果判定等。大多鉴定系统采用细菌分解底物后反应液中pH的变化，色原性或荧光原性底物的酶解，测定挥发或不挥发酸，或识别是否生长等方法来分析鉴定细菌。

药敏试验分析系统的基本原理是将抗生素微量稀释在条孔或条板中，加入菌悬液孵育后放入仪器或在仪器中直接孵育，通过测定细菌生长的浊度，或测定培养基中荧光指示剂的强度或荧光原性物质的水解，观察细菌的生长情况。在含有抗生素的培养基中，浊度的增加提示细菌生长，根据判断标准解释敏感或耐药。

(3) 以PCR代表的分子生物学技术的发展及自动化仪器的应用现代食品微生物检测技术的发展趋势之一　近年来兴起的PCR技术及全自动微生物检测系统，从分子水平对微生物进行检测，从根本上改变了微生物的检测方法。PCR技术灵敏度高，理论上可以检出一个细菌的拷贝基因，因此在细菌的检测中只需短时间增菌甚至不增菌，即可通过PCR进行筛选，节约了大量时间，而且其最大的优势在于可对人工无法培养的微生物进行检测，目前，已有自动化PCR检测试剂盒对仪器，使用方便，如美国杜邦快立康公司的BAX病原菌检测系统，可检测多种致病菌。近年来兴起的基因芯片技术其检测时间与PCR技术相比，大大缩短。基因芯片检测技术的发展极大地推动了食品微生物检测技术的发展。PCR技术及基因芯片技术是一项全新的技术，快速、灵敏、准确，在致病菌鉴定方面具有广阔的前景。

(4) 快速检测培养基、快速测试片现代食品微生物检测技术的发展趋势之一　微生物检测产品更新很快，新技术变化日新月异，快速检测不限于快速的检测系统，快速检测培养基、快速测试片现代食品微生物检测技术的发展趋势之一，目前最常用的是显色培养基、简易测试片培养基等，大大缩短了检测时间，节省了劳动力，提高了检测效率，加速了产品的市场流通，增加了资金流动。而且更重要的是快速检测培养基、快速测试片使用方便、简单，价格相对较便宜，这就使得这方面的快速检测产品在微生物检测实验室首先得到最广泛的推广应用，其良好的应用现状必将推动更快捷、更方便、更准确的新产品的出现。

总之，食品微生物检验技术的发展方向是向着更新的快速检测系统、快速检测培养基和快速测试片方向发展，这些新的检测技术必须能体现以下特点：①能提高检验效率，更方便、快速和大批量；②简化检测步骤，从而使检测中人为的误差降至最低；③试验条件标准化；④高精度和高灵敏度。

阅读资料

菌落原位印迹杂交（*colony in situ hybridization*）是将细菌从培养平板转移到硝酸纤维素滤膜上，然后将滤膜上的菌落进行裂菌以释出 DNA。将 DNA 烘干固定于膜上与放射性标记的探针杂交，放射自显影检测菌落杂交信号，并与平板上的菌落比对位置。根据杂交信号结果就能在平板上找到所需的阳性菌落。该技术使用的探针通常有由 ^{32}P 标记，其原理与方法和核酸分子杂交相同，只是在杂交前需将菌落"复印"至指定的滤膜上，然后对菌落进行裂解、洗脱备用。

思考与练习

1. 简述免疫技术在微生物快速检测中的分类和应用。
2. 在微生物快速检测中酶联免疫反应的原理及应用如何？
3. 3M 测试片法检测的原理及主要步骤是什么？
4. PCR 技术的基本原理是什么？在食品卫生检验中常用的 PCR 技术是哪两种？
5. 食品中沙门氏菌的 PCR 检测步骤是什么？如何判定食品 PCR 检测结果？
6. 荧光定量 PCR 技术的基本原理是什么？什么叫做 C_t 值？
7. 基因芯片技术的基本原理及其主要步骤是什么？
8. 核酸分子杂交技术的原理和主要操作步骤是什么？
9. BD BBL Crystal™ 细菌鉴定系统的鉴定原理是什么？使用该仪器有哪些注意事项？
10. 如何正确使用 CrystalSpec 比浊仪？
11. Mini VIDAS 全自动检测系统的原理及注意事项如何？
12. 生物传感器技术的原理是什么？
13. 生物传感器技术在食品安全检测中的应用如何？有什么特点？
14. LAMP 有什么特点？

第7章 常见食品的微生物检验

● [本章提要]

　　本章针对几种常见食品，包括饮用水、肉及肉制品、乳及乳制品、蛋制品和水产食品的检测方法进行了介绍。 包括微生物检验的检样的制备技术、基本程序和要求及几种常见食品中主要微生物的检测方法。

7.1 饮用水的微生物学检验

生活饮用水不仅供日常饮用，也需供日常生活使用。因此，生活饮用水是人们在一生中都需使用的水。在确定有毒物质限值时必须基于饮用者终生用水安全来考虑健康防护，也就是说，饮用者终生使用饮用水，不会带来明显的健康危害。

由于水质直接影响和决定食品的品质，水的检验在食品工作中极为重要，包括物理学性质、化学成分、微生物情况等。

水体是微生物生长和滋生的天然良好培养基，特别是污染的水体中存在大量的有机物质，更适合于各种微生物的生长。水体中的微生物主要来源于土壤以及人类和动物的排泄物及污染；其中的致病性微生物往往是从外界环境污染而来，特别是人和其他温血动物的粪便污染。饮用水中细菌一般来源途径如下。

来源于水的水中细菌有螺旋菌属、弧菌属、假单胞菌属、色杆菌属、变形杆菌、微球菌等。来源于土壤的水中细菌有芽孢杆菌、链球菌、气单胞菌等。

矿泉水中的细菌除了有假单胞菌属、产碱菌、不动杆菌、黄杆菌、柠檬酸杆菌、肠杆菌、哈夫尼亚菌、气单胞菌等常见菌之外，还有交替单胞菌、水螺菌、新月柄杆菌、鞘氨醇蛋胞菌等不常见的细菌。

水中致病菌微生物有致病性大肠埃希氏菌、粪肠球菌、沙门氏菌、产气荚膜梭菌、空肠弯曲菌、幽门螺杆菌、霍乱弧菌、耶尔森氏菌、铜绿假单胞菌、嗜肺军团菌、分枝杆菌、气单胞菌，其他致病菌有阿米巴和藻类。其中，铜绿假单胞菌、嗜肺军团菌、分枝杆菌、气单胞菌能在水中生长。嗜肺军团菌的生长需要水管道中由原生动物形成的生物膜；军团菌在矿泉水中不生长，但铜绿假单胞菌能在矿泉水中生长。其他致病菌一般在水中不生长。

国际上水中微生物检验指标一般如下：①需氧中温菌和冷营菌技术；②大肠菌群计数；③粪大肠菌群和大肠埃希氏菌检验；④粪肠球菌计数；⑤亚硫酸盐还原梭菌检验；⑥铜绿假单胞菌检验；⑦膜过滤法菌落计数。

其中自来水要求大肠菌群、粪大肠菌群、粪肠球菌各<1 个/100 毫升；亚硫酸盐还原梭菌<1 个/20 毫升；矿泉水要求大肠菌群、粪大肠菌群、粪肠球菌各<1 个/250 毫升；亚硫酸盐还原梭菌<1 个/50 毫升；铜绿假单胞菌<1 个/250 毫升。

水质的检测和评价不可能对各种可能存在的致病微生物一一进行检测，而常常利用指示菌作为水质菌相污染的指标。目前世界各国对于控制饮用水的卫生质量，除采用大肠菌群等指标外，一般还采用细菌总数这个指标；水体中的细菌总数（colony forming unit）可表明水体受粪便等污染物污染的情况。饮用水的微生物检验一般包括菌落总数、大肠菌群、耐热大肠菌群和大肠埃希氏菌的检验。

（1）菌落总数　菌落总数是微生物指标之一，水中细菌总数一定程度可指示微生物污染程度，水中大多数细菌并不致病，但自来水消毒后水中细菌总数越少越好。

（2）总大肠菌群　总大肠菌群是饮用水微生物安全性指标，饮用水总大肠菌群未检出，说明饮用水无肠道致病菌存在。

水样未检出总大肠菌群时，不必检验大肠埃希氏菌或耐热大肠菌群。

由于大肠菌群的检出准确理解应为：供水系统水处理不完善和水体中含过多营养物质，因此有的改用大肠埃希氏菌和粪大肠菌群作为粪便污染指示菌。在美国，30%的饮用水中有粪大肠菌群出现。由于粪大肠菌群中常有一部分为气单胞菌，因此有的选择粪肠球菌和产气莢膜梭菌作为粪便污染指示菌。水中气单胞菌主要有豚鼠气单胞菌、嗜水气单胞菌、温和气单胞菌。粪肠球菌和产气莢膜梭菌比大肠菌群具有更强的生存能力，且大多数源于粪便，在水中一般不繁殖。因此可用做粪便污染指示菌。

7.1.1　菌落总数和大肠菌群检验

检测方法参见国家标准：标准生活饮用水标准检验方法 GB/T 5750.12—2006；食品安全国家标准，食品微生物学检验，菌落总数测定 GB 4789.2—2010 和大肠菌群检验 GB 4789.3—2010。

7.1.1.1　样品的采集与保存

采集时注意无菌操作，防止杂菌的污染；盛水的容器在采样前用自来水和洗涤剂洗涤，并用自来水彻底冲洗后用质量分数 10% 的盐酸溶液浸泡过夜，然后依次用自来水和蒸馏水洗净。灭菌可以采用干热灭菌（160℃/2h）和高压蒸汽灭菌（121℃/15min）两种方式。

（1）自来水样　利用干净的纱布擦净水龙头，随后用酒精灯灼烧消毒水龙头周围。将水龙头完全打开，放水 5～10min，关小水龙头，采集水样；经常使用取水的水龙头，可以放水 1～3min。

（2）井水、江水、河水、水库等的样品　将无菌采水样瓶浸入距水面 10～15cm 深处，后拉开瓶塞取水，待水约有 4/5 后，将瓶塞盖好，从水中取出。

（3）采集化学处理的水样（含余氯）　采水样瓶在消毒前，按 125mL 加入 0.1mg $Na_2S_2O_3$ 中和余氯，除去余氯的杀菌作用，121℃、20min 灭菌备用。

水样采集后应该立即送检，一般不要超过 2h，在 0～4℃保存不得超过 4h。

7.1.1.2　水质菌落总数的检测

（1）对生活饮用水　直接用无菌吸管吸取 1mL 水样注于无菌平皿中；随后，倾倒温度 45℃的营养琼脂培养基 10～15mL，混匀，于 37℃培养 24h，进行计数。每个水样做两次重复，另有空白对照。

（2）对水源水　根据实际情况对待测样品进行初步的微生物污染估计，按估计情况对样品进行 10 倍梯度递增稀释。选择 3 个适宜稀释梯度，分别用无菌移液管吸取待检样 1mL，倾倒入无菌平皿，加入温度 45℃的营养琼脂，混匀，冷凝，37℃倒置培养 24h，进行平板菌落计数。每个稀释度做两个平皿，要有空白对照。

（3）菌落计数应选取菌落在 30～300CFU 的平板计数，作为菌落总数的计数的标准。若两个或者三个平板在此范围内，取其平均数；但是，平板内有较大片状菌落时生长时不宜采用；以无片状生的平板计数。具体计数要求和书写方式详见第 3 章。

生活饮用水水质微生物指标及限值（GB 5749—2006）：菌落总数/（CFU/100mL）≤100。

7.1.1.3　水质大肠菌群数的检测（多管发酵法）

（1）初发酵试验　接种量 55.5mL 即初发酵试验接种水样总量 55.5mL，即 10mL 接种 5 管、1mL 接种 5 管、0.1mL 接种 5 管，共采用三个稀释度，15 支发酵管。

① 在 5 支装有 10mL 双料乳糖蛋白胨培养液（内有小倒管）中，无菌操作，各加 10mL 的待测水样；在 5 支装有单料乳糖蛋白胨培养液的 10mL 的试管（内有杜氏倒管）中，无菌操作，加入原水样 1mL；另取待测水样注入无菌生理盐水中，稀释为 10^{-1} 的稀释水样，在 5 支装有 10mL 的单料乳糖蛋白胨培养液的试管（内有杜氏倒管）中，无菌操作加入 10^{-1} 的

待测样品 1mL，即选择三个稀释梯度，每一个稀释梯度接种五支试管，共接种 15 支试管。

②接种管混匀后，置 36℃恒温箱内培养 24h，观察产酸产气情况，记录产气管数；若都不产酸产气，则报告总大肠菌群数阴性；如有产酸产气的话进行分离培养实验。

（2）分离培养　将初发酵的产酸产气的试管划线接种 EMB 培养基，36℃培养 18～24h，观察菌落形态，典型菌落为黑色、中心有光泽或无光泽的菌落；涂片、镜检、革兰氏染色等证实实验。

（3）证实实验　可疑菌落革兰氏阴性、无芽孢，在接种乳糖蛋白胨培养液（内有小倒管）中，每管接种同一初发酵管的最典型菌落者，36℃、24h 培养；产酸产气者，证实为大肠菌群存在。

（4）结果报告　根据发酵实验的阳性管数结合证实实验，查 15 管发酵大肠菌群 MPN 表（表 7-1），即可报 100mL 水样中的 MPN 值。发酵管无一产酸产气则报大肠菌群阴性。

表 7-1　三个稀释度每个稀释度接种 5 管中 100mL 水样的总大肠菌群 MPN 检数表

（总的接种量 55.5mL 5 份 10mL 水样、5 份 1mL 水样、5 份 0.1mL 水样）

阳性管数 10mL	1mL	0.1mL	MPN 100mL	95%可信限 下限	上限	阳性管数 10mL	1mL	0.1mL	MPN 100mL	95%可信限 下限	上限
0	0	0	<2	<1	7	2	2	1	12	4	25
0	0	1	2	<1	7	2	2	2	14	6	34
0	1	0	2	<1	7	2	3	0	12	4	25
0	1	1	4	1	10	2	3	1	14	6	34
0	2	0	4	1	10	2	4	0	15	6	34
0	2	1	6	2	14	3	0	0	13	2	22
0	3	0	6	2	14	3	0	1	11	2	22
1	0	0	2	<1	10	3	0	2	13	6	34
1	0	1	4	<1	10	3	1	0	11	4	25
1	0	2	6	2	14	3	1	1	14	6	34
1	1	0	4	<1	11	3	1	2	17	6	34
1	1	1	6	2	14	3	2	0	14	6	34
1	1	2	8	3	22	3	2	1	17	7	39
1	2	0	6	2	14	3	2	2	20	7	39
1	2	1	8	3	22	3	3	0	17	7	39
1	3	0	8	3	22	3	3	1	21	7	39
1	3	1	10	3	22	3	3	2	24	10	66
1	4	1	11	3	22	3	4	0	21	7	40
2	0	0	5		14	3	4	1	24	10	66
2	0	1	7		15	3	5	0	25	10	66
2	0	2	9	3	22	4	0	0	13	4	34
2	1	0	7		17	4	0	1	17	6	34
2	1	1	9	3	22	4	0	2	21	7	39
2	1	2	12	4	25	4	0	3	25		66
2	2	0	9	3	22	4	1	0	17	6	34
4	1	1	21	7	41	5	2	0	49	15	150
4	1	2	26	10	66	5	2	1	70	22	170
4	1	3	31	10	66	5	2	2	94	34	220
4	2	0	22	7	48	5	3	0	120	30	240
4	2	1	26	10	66	5	3	1	150	60	350
4	2	2	32	10	66	5	3	0	79	23	220

阳性管数			MPN	95%可信限		阳性管数			MPN	95%可信限	
10mL	1mL	0.1mL	100mL	下限	上限	10mL	1mL	0.1mL	100mL	下限	上限
4	2	3	38	13	100	5	3	1	110	30	240
4	3	0	27	10	66	5	3	2	140	50	350
4	3	1	33	10	66	5	3	3	170	70	390
4	3	2	39	13	100	5	3	4	210	70	390
4	4	0	34	13	100	5	4	0	130	30	350
4	4	1	40	13	100	5	4	1	170	60	390
4	4	2	47	14	110	5	4	2	220	70	440
4	5	0	41	13	100	5	4	3	280	100	700
4	5	1	48	14	110	5	4	4	350	100	700
5	0	0	23	7	66	5	4	5	430	150	1100
5	0	1	31	10	66	5	5	0	240	70	700
5	0	2	43	3	100	5	5	1	350	100	1100
5	0	3	58	21	150	5	5	2	540	150	1700
5	1	0	33	10	100	5	5	3	920	230	25000
5	1	1	46	14	110	5	5	4	1600	400	4600
5	1	2	63	21	150	5	5	5	>1600		
5	1	3	84	34	110						

7.1.1.4 饮用水其他测定方法

目前使用 R2A 培养基测定水中细菌。35℃培养 5～7d，至少培养 72h；或 20～28℃培养 7d，至少培养 5d。此培养基的特点是低温培养、低营养和长时间培养，有利于氯处理和受刺激的水中细菌的检验。所得菌落数比营养琼脂高。

由于饮用水中有的细菌处于活动状态，有二氧化碳时，荧光假单胞菌和柄杆菌属（*Caulobacter*）甚至能在超纯水中生长，饮水机中的细菌来源可想而知。饮用水的检验中大肠菌群与一般食品的检验方法基本相同。由于水中大肠菌群一直处于饥饿状态，对抑菌物质敏感，因此不使用抑制剂。

接种：在两个各装有已灭菌的 50mL 三倍浓缩乳糖蛋白陈培养液的大试管或烧瓶中（内有小倒管），以无菌操作各加入水样 100mL。在 10 支装有 5mL 三倍浓缩乳糖蛋白陈培养液的试管（内有倒管）中各加水样 10mL。37℃培养 18～24h。产气者划线于伊红-美蓝平板或远藤氏品红亚硫酸钠平板。在远藤氏品红平板上选取以下菌落进行复发酵。①紫红，具有金属光泽；②深红，不带或略带金属光泽；③淡红，中心色较深的菌落。

远藤氏品红亚硫酸钠平板培养基的碱性复红具有醌氏结构，因此培养基呈深红色。亚硫酸钠能破坏醌氏结构，因此培养基呈粉红色。乳糖被发酵后产生乙醛，乙醛与亚硫酸钠结合，恢复碱性复红具有的醌氏结构，恢复深红色。不发酵乳糖者，呈淡红色或无色。此培养基的缺点是不能久存。

7.1.2 瓶装水中铜绿假单胞菌的检验

7.1.2.1 分类

铜绿假单胞菌也叫绿脓杆菌，属于假单胞菌属，是非发酵性细菌，区别于发酵型的肠杆菌科细菌和弧菌科细菌。

原假单胞菌属是一个非常大的属，其特点是：革兰氏阴性直或弯杆菌，无芽孢；鞭毛极生，单个或丛生；葡萄糖氧化发酵试验为氧化型；氧化酶阳性、触酶阳性。后来根据 rRNA 的同源性已分成 5 个 rRNA 同源群。其中 rRNA 同源群 1 为现在的假单胞菌属，包括荧光假单胞菌、恶臭假单胞菌、铜绿假单胞菌、施氏假单胞菌、门多萨假单胞菌、丁香假单胞菌、产碱假单胞菌、类产碱假单胞菌等。

假单胞菌在食品腐败中最常见。由于假单胞菌能够分解对其他生命体来说难以利用的化合物（包括脂肪族和芳香族碳氢化合物、脂肪酸、杀虫剂及其他污染物），进行有氧分解和生物降解，因此在自然界碳循环中起关键作用。只有极少数化合物不能分解，包括聚四氟乙烯、聚苯乙烯泡沫塑料及单碳有机物（甲烷、醇、甲醛）等。

与许多其他细菌一样，假单胞菌被描述为革兰氏阴性无芽孢杆或微弯的杆菌，用一根或数根鞭毛运动，有的也产生倒毛。这一特征在鉴定时缺乏实用性原因在于有的假单胞菌细胞很短，有的很长。有时尤其在老龄培养基中的大小和形状特殊，甚至会怀疑它是不是纯培养物。一般地，对所有假单胞菌都符合的特征有：化能有机营养、有氧代谢、从不发酵、缺乏光合成、一般不能固氮以及能够利用许多种有机物，个别也发现能固氮。有的进行厌氧呼吸，如铜绿假单胞菌在无氧条件下也能生长。唯一厌氧能力可能是反硝化作用和精氨酸分解为鸟氨酸时。触酶阳性，通常氧化酶阳性，不需要有机生长因子。可能产生扩散性和（或）可溶性的色素。如表 7-2。

表 7-2　假单胞菌与相近属的区别

属　名	特　征
假单胞菌属	通常有动力，氧化酶阳性。在利用许多种不同的低分子量有机物时可以在简单矿物质培养基上生长而不需要有机生长因子
黄单胞菌属	数亿植物病原菌的种产生非水溶性色素，0.1% 的 TTC 可抑制其在营养琼脂上生长。氧化酶微弱阳性或阴性，需要有机生长因子
动胶菌属	年轻时的细胞有动力，在自然水和污水中接触土壤碎块时形成树枝状生长

7.1.2.2　生物学性状

铜绿假单胞菌为革兰氏阴性专性需氧杆菌，$(0.5 \sim 0.8) \mu m \times (1 \sim 3) \mu m$。广泛分布于水、土壤、空气、植物上。运动活泼，大多数为 1 根鞭毛极生。葡萄糖利用氧化型，氧化酶阳性，触酶阳性，还原硝酸盐为亚硝酸盐或氮气，分解尿素，液化明胶，能利用柠檬酸盐为唯一碳源。具有很强的分解蛋白质的能力。利用葡萄糖、木糖产酸不产气，不能利用甘露醇、麦芽糖、乳糖、蔗糖，不产生硫化氢，鸟氨酸脱羧酶和赖氨酸脱羧酶均阴性，精氨酸双水解酶阳性，42℃生长。生长温度为 20～42℃，最适温度为 35℃，55℃ 1h 可杀灭。铜绿假单胞菌对 EDTA（乙二胺四乙酸）有高度敏感性，能被 EDTA 快速溶解。其原因在于细胞壁外膜（革兰氏阴性菌细胞壁有外膜）含高含量磷酸。对 EDTA 不敏感的细菌细胞壁外膜磷酸含量低，因此 EDTA 有时被用做其他菌的选择剂。铜绿假单胞菌具有 O 抗原和 H 抗原。O 抗原分两种：内毒素蛋白和脂多糖。

铜绿假单胞菌产生水溶性色素脓青素（绿脓菌素）为蓝绿色。绿脓菌素具有呼吸酶的功能，还原时变为无色。还产生荧光色素，在紫外灯下显黄绿色荧光，在陈旧培养物中被氧化为黄棕色的脓黄素。某些铜绿假单胞菌产生脓红色素，呈红色。在普通培养基上，形成边线不整齐、扁平湿润且常呈融合状态的菌落，直径为 2～3mm。菌落色彩不一定是固定的，因菌株和培养时间而异。

铜绿假单胞菌在血平板上形成透明溶血圈，菌落大而扁平，有金属光泽，有生姜气味。在液体培养基上均匀浑浊，表面形成菌膜，菌液上层呈蓝绿色。

7.1.2.3 瓶装水中铜绿假单胞菌检验

铜绿假单胞菌为条件致病菌。水中营养浓度很低时能生长。其主要鉴别特征有：在含Cetrimide 的培养基上生长；产生绿脓菌素；氧化酶阳性；紫外灯下有荧光；利用乙酰胺产氨气。检验过程主要参见欧洲标准和国际标准化组织制定的滤膜法，图 7-1 为检验流程。

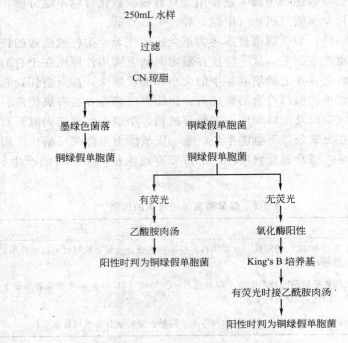

图 7-1　铜绿假单胞菌的检验过程

通过 $0.45\mu m$ 孔径的滤膜抽滤 250mL 的水样（ISO 12780 中使用 100mL 水样，其余相同），使水样中的细菌留在滤膜上。将膜置于含 Cetrimide 的 CN 培养基上 36℃培养（44±4)h 产生绿脓菌素（蓝绿色菌落）的判为铜绿假单胞菌。不产生绿脓菌素的，如果（360±20）μm 紫外灯下有荧光或菌落发红褐色时进行进一步确认。菌落不纯时用营养琼脂划线分纯。

有荧光的菌落通过乙酰胺肉汤检查乙酸胺酶。挑取可疑菌落接种于乙酰胺培养基试管。36℃培养 24h 后滴加奈氏试剂，立即记录结果。铜绿假单胞菌水解乙酰胺严生氨，氨与奈氏试剂反应产生棕红色或棕色沉淀，阴性菌呈黄色。乙酰胺酶阳性时判为铜绿假单胞菌。阴性时判为非铜绿假单胞菌。

红褐色菌落先进行氧化酶试验。阳性时乙酰胺肉汤检查乙酰胺酶，同时接种到 King's B 培养基 36℃培养 22～48h，检测产荧光能力。氧化酶试验阳性，乙酰胺酶试验阳性、有荧光产生时判为铜绿假单胞菌。有一项不符判为非铜绿假单胞菌。

原理：绿脓菌素为铜绿假单胞菌特有，CN 琼脂适合产生绿脓菌素。但仍有约 10% 的菌株不产生绿脓菌素。因此，不产生绿脓菌素者需要进一步的鉴定。含 Cetrimide 的培养基上生长的细菌主要有铜绿假单胞菌、葱头假单胞菌、产碱杆菌、气单胞菌和变形杆菌。葱头假单胞菌和其他杂菌不产生荧光。个别荧光假单胞菌和恶臭假单胞菌也可能生长，产生荧光，但乙酰胺酶阴性。氧化酶阴性时为变形杆菌等肠道杆菌。如表 7-3。

铜绿假单胞菌 42℃生长，4℃不生长。荧光假单胞菌 4℃生长，42℃不生长。

表 7-3　在含 Cetrimide 的平板上生长的部分细菌鉴别

菌名	Cetrimide 上生长	绿脓菌素	硝酸盐产氮气	液化明胶	42℃生长	鞭毛	乙酰胺酶	氧化酶
铜绿假单胞菌	+	(+)	(+)	+	+	单	+	+
葱头假单胞菌	(+)	−	−	+	+	单	+	(+)
荧光假单胞菌	(−)	−	+	+	(+)	多	+	+
恶臭假单胞菌	(−)	−	(−)	−		多	(−)	+
氧化木糖产碱菌	+	−	−	−	+	多	(−)	+
产碱菌属	+	−	−	−	+	周	+	+
粪产碱菌	(−)	−	−	−	+	周	(−)	+
气单胞菌	+	−	−	+	+	蛋	+	+
变形杆菌	+					周		+

注："+"阳性或生长；"−"阴性或不生长；"（　）"多数。

7.2 肉与肉制品的检验

7.2.1 肉的腐败变质

肉中含有丰富的营养物质，但是不宜久存，在常温下放置时间过长，就会发生质量变化，最后引起腐败。肉腐败的原因主要是由微生物作用引起变化的结果。据研究，每平方厘米内的微生物数量达到五千万个时，肉的表面便产生明显的发黏，并能嗅到腐败的气味。肉内的微生物是在畜禽屠宰时，由血液及肠管侵入肌肉里，当温度、水分等条件适宜时，便会高速繁殖而使肉质发生腐败。肉的腐败过程使蛋白质分解成蛋白胨、多肽、氨基酸，进一步再分解成氨、硫化氢、酚、吲哚、粪臭素、胺及二氧化碳等，这些腐败产物具有浓厚的臭味，对人体健康有很大的危害。

对畜禽肉进行感官鉴别时，一般是按照如下顺序进行：首先是眼看其外观、色泽，特别应注意肉的表面和切口处的颜色与光泽，有无色泽灰暗，是否存在淤血、水肿、囊肿和污染等情况。其次是嗅肉品的气味，不仅要了解肉表面上的气味，还应感知其切开时和试煮后的气味，注意是否有腥臭味。最后用手指按压，触摸以感知其弹性和黏度，结合脂肪以及试煮后肉汤的情况，才能对肉进行综合性的感官评价和鉴别。

肉在保存的变化：肉在保存过程中，由于组织酶和外界微生物的作用，一般要经过僵直—成熟—自溶—腐败等一系列变化。

7.2.1.1 热肉

动物在屠宰后初期，尚未失去体温时，称为热肉。热肉呈中性或略偏碱性，pH 7.0～7.2，富有弹性，因未经过成熟，鲜味较差，也不易消化。屠宰后的动物，随着正常代谢的中断，体内自体分解酶活性作用占优势，肌糖原在糖原分解酶的作用下，逐渐发生酵解，产生乳酸，一般宰后 1h，pH 降至 6.2～6.3，经 24h 后 pH 可降至 5.6～6.0。

7.2.1.2 肉的僵直

当肉的 pH 值降至 6.7 以下时，肌肉失去弹性，变得僵硬，这种状态叫做肉的僵直。肌肉僵直出现的早晚和持续时间与动物种类、年龄、环境温度、生前状态及屠宰方法有关。动物宰前过度疲劳，由于肌糖原大量消耗。尸僵往往不明显。处于僵直期的肉，肌纤维粗糙、强韧、保水性低，缺乏风味，食用价值及滋味都差。

7.2.1.3　肉的成熟

继僵直以后，肌肉开始出现酸性反应，组织比较柔软嫩化，具有弹性，切面富有水分，且有愉快的香气和滋味，易于煮烂和咀嚼，肉的食用性改善的过程称为肉的成熟。成熟对提高肉的风味是完全必要的，成熟的速度与肉中肌糖原含量、储藏温度等有密切关系。在10~15℃下，2~3d 即可完成肉的成熟，在 3~5℃下需 7d 左右，0~2℃则 2~3 周才能完成。成熟好的肉表面形成一层干膜，能阻止肉表面的微生物向深层组织蔓延，并能阻止微生物在肉表面生长繁殖。肉在成熟过程中，主要是糖酵解酶类及无机磷酸化酶的作用。

7.2.1.4　肉的自溶

由于肉的保藏不当，肉中的蛋白质在自躺组织蛋白酶的催化作用下发生分解。这种现象叫做肉的自溶。自溶过程只将蛋白质分解为可溶性氮及氨基酸为止。由于成熟和自溶阶段的分解产物，为腐败微生物的生长繁殖提供了良好的营养物质微生物大量繁殖的结果，必然导致肉的腐败分解，腐败分解的产物如腐胺、硫化氢、吲哚等，使肉带有强烈的臭味，胺类有很强的生理活性，这些都可影响消费者的健康。由于肉成分的分解必然使其营养价值显著降低。

7.2.2　鲜肉中的微生物及其检验

7.2.2.1　鲜肉中微生物的来源

一般情况下，健康动物的胴体，尤其是深部组织，本应是无菌的，但从解体到消费要经过许多环节。因此不可能保证屠畜绝对无菌。鲜肉中微生物的来源与许多因素有关，如动物生前的饲养管理条件、机体健康状况及屠宰加工的环境条件、操作程序等。

（1）宰前微生物的污染　健康动物的体表及一些与外界相通的腔道，某些部位的淋巴结内都不同程度地存在着微生物，尤其在消化道内的微生物类群更多。通常情况下，这些微生物不侵入肌肉等机体组织中，在动物机体抵抗力下降的情况下，某些病原性或条件致病性微生物如沙门氏菌，可进入淋巴液、血液，并侵入肌肉组织或实质脏器；有些微生物可经体表的创伤、感染而侵入深层组织。

患传染病或处于潜伏期或未带菌（毒）者，相应的病原微生物可能在生前即蔓延于肌肉和内脏器官，如炭疽杆菌、猪丹毒杆菌、多杀性巴氏杆菌、耶尔森氏菌等。

动物在运输、宰前等过程中由于过度疲劳、拥挤、饥渴等不良因素的影响，可通过个别病畜或带菌动物传播病原微生物，造成宰前对肉品的污染。

（2）屠宰过程中微生物的污染　污染主要来自于健康动物的皮肤和被毛上的微生物、胃肠道内的微生物、呼吸道和泌尿生殖道中的微生物、屠宰加工场所的污染状况等。此外，鲜肉在分割、包装、运输、销售、加工等各个环节，也存在微生物的污染问题。

通过宰前对动物进行淋浴或水浴，坚持正确操作并主要操作人员注意个人卫生可以有效减少过程中的污染。

7.2.2.2　鲜肉中常见的微生物类群

鲜肉中的微生物来源广泛，种类甚多，包括真菌、细菌、病毒等，可分为致病性微生物、致腐性微生物及食物中毒性微生物三大类群。

（1）致腐性微生物 致腐性微生物是在自然界里广泛存在的一类营死物寄生的，能产生蛋白分解酶，使动植物组织发生腐败分解的微生物。包括细菌和真菌等，可引起肉品腐败变质。

细菌是造成鲜肉腐败的主要微生物，常见的致腐性细菌主要包括以下几种。

① 革兰氏阳性产芽孢需氧菌：如蜡样芽孢杆、小芽孢杆菌、枯草杆菌等。

② 革兰氏阴性无芽孢细菌：如阴沟产气杆菌、大肠埃希氏菌、奇异变形杆菌、普通变形杆菌、铜绿假单胞杆菌、荧光假单胞菌、腐败假单胞菌等球菌。

③ 革兰氏阳性菌：如凝聚性细球菌、嗜冷细球菌、淡黄绥茸菌、金黄八联球菌、金黄色葡萄球菌、粪链球菌等。

④ 厌氧性细菌：如腐败梭状芽孢杆菌、双酶梭状芽孢杆菌、溶组织梭状芽孢杆菌、产芽孢梭状芽孢杆菌等。

真菌在鲜肉中不仅没有细菌数量多，而且分解蛋白质的能力也较细菌弱，生长较慢，在鲜肉变质中起一定作用。经常可从肉上分离到的真菌有交链霉、麹霉、青霉、枝孢霉、毛霉，芽孢发霉而以毛霉及青霉为最多。肉的腐败，通常由外界环境中的需氧菌污染肉表面开始，然后沿着结缔组织向深层扩散，因此肉品腐败的发展取决于微生物的种类、外界条件（温度、湿度）以及侵入部位。在1~3℃时，主要生长的为嗜冷菌如无色杆菌、气杆菌、产碱杆菌、色杆菌等，随着进入深度发生菌相的改变，仅嗜氧菌能在肉表面发育，到较深层时，厌氧菌处于占优势。

（2）致病性微生物 人畜共患病的病原微生物如细菌中的炭疽杆菌、布鲁氏菌、李氏杆菌、鼻疽杆菌、土拉杆菌、结核分枝杆菌、猪丹毒杆菌等，病毒中的口蹄疫病毒、狂犬病病毒、水泡性口炎病毒等。另外有只感染畜禽的病原微生物，常见的有多杀性巴氏杆菌、坏死杆菌、猪瘟病毒、兔病毒性出血症病毒、鸡新城疫病毒、鸡传染性支气管炎病毒、鸡传染性法氏囊病毒、鸡马立克氏病毒、鸭瘟病毒等。

（3）食物中毒性微生物 有些致病性微生物或条件致病性微生物，可通过污染食品或细菌污染后产生大量毒素，从而引起以急性过程为主要特征的食物中毒。常见的致病性细菌如沙门氏菌、志贺氏菌、致病性大肠埃希氏菌等；常见的条件致病菌如变形杆菌、蜡样芽孢杆菌等。有的细菌可在肉品中产生强烈的外毒素或产生耐热的肠毒素，也有的细菌在随食品大量进入消化道过程中，能迅速形成芽孢，同时释放肠毒素，如蜡样芽孢杆菌、肉毒梭菌、魏氏梭菌等。常见的致食物中毒性微生物如链球菌、空肠弯曲菌、小肠结肠炎耶尔森氏菌等。另外有一些真菌在肉中繁殖后产生毒素，可引起各种毒素中毒，如麦角菌、赤霉、黄曲霉、黄绿青霉、毛青霉、冰岛青霉等。

7.2.2.3 鲜肉中微生物的检验

肉的腐败是由于微生物大量繁殖导致蛋白质分解的结果，故检查肉的微生物污染情况，不仅可判断肉的新鲜程度，而且反映肉在生产、运输、销售过程中的卫生状况，为及时采取有效措施提供依据。

（1）样品的采集及处理 屠宰后的畜肉开膛后，用无菌刀采取两腿内侧肌肉；冷藏或售卖的生肉，用无菌刀采取腿肉或其他肌肉，也可采取可疑的淋巴结或病变组织。采取后放入无菌容器，立即送检，不超过4h。送样时应冷藏。处理时先将样品放入沸水中进行表面灭菌，再用无菌剪刀剪碎后进行研磨，加入灭菌生理盐水混匀成稀释液。

另外，对表面检查可用消毒滤纸贴于被检肉的表面，然后取下后投入无菌生理盐水和带有玻璃珠的三角瓶内，强力振荡，直至滤纸成细纤维状。

（2）微生物检验 细菌总数测定、大肠菌群MPN测定及病原微生物检查，均按国家规定方法进行。

（3）鲜肉压印片镜检 依据要求从不同部位取样，再从样品中切取3cm³左右的肉块，表面消毒，将肉样切成小块，用镊子夹取小肉块在载玻片上做成压印，用火焰固定或用甲醇固定，瑞士染液（或革兰氏）染色、水洗、干燥、镜检。

（4）评定 新鲜肉看不到细菌，或一个视野中只有几个细菌；次新鲜肉一个视野中的细菌数为20～30个；变质肉视野中的细菌数在30个以上，且以杆菌占多数。

我国现行的食品卫生标准制定鲜肉细菌指标：细菌总数新鲜肉为1万个/克以下；次新鲜肉为1万～100万个/克；变质肉为100万/克以上。在胴体淋巴结中，如果发现鼠伤寒或肠炎沙门氏菌，那么全部胴体和内脏应做工业用或销毁；仅在内脏发现此类细菌时，废弃全部内脏，胴体切块后，进行高温处理。

（5）、肉及肉制品质量鉴别后的食用原则 肉及肉制品在腐败的过程中，由于组织成分被分解，首先使肉品的感官性状发生令人难以接受的改变，因此借助于人的感官来鉴别其质量优劣，具有很重要的现实意义。经感官鉴别后的肉及肉制品，可按如下原则来食用或处理。

① 新鲜或优质的肉及肉制品，可供食用并允许出售，可以不受限制。

② 次鲜或次质的肉及肉制品，根据具体情况进行必要的处理。对稍不新鲜的，一般不限制出售，但要求货主尽快销售完，不宜继续保存。对有腐败气味的，必须经修整、剔除变质的表层或其他部分后，再高温处理，方可供应食用及销售。

③ 腐败变质的肉及肉制品，禁止食用和出售，应予以销毁或改作工业用。

7.2.3 冷藏肉中的微生物及其检验

7.2.3.1 冷藏肉中微生物的来源及类群

冷藏肉的微生物来源，以外源性污染为主，如屠宰、加工、储藏及销售过程中的污染。肉类在低温下储存，能抑制或减弱大部分微生物的生长繁殖。嗜冷性细菌，尤其是霉菌常可引起冷藏肉的污染与变质。能耐低温的微生物还是相当多的，如沙门氏菌在−18℃可存活144d，猪瘟病毒于冻肉中存活366d，炭疽杆菌在低温下也可存活，霉菌孢子在−8℃也能发芽。

冷藏肉类中常见的嗜冷细菌有假单胞杆菌、莫拉氏菌、不动杆菌、乳杆菌及肠杆菌科的某些菌属，尤其以假单胞菌最为常见。常见的真菌有球拟霉母、隐球酵母、红酵母、假丝酵母、毛霉、根霉、枝霉、枝孢霉、青霉等。

冻藏时和冻藏前污染于肉类表面并被抑制的微生物，随着环境温度的升高而逐渐生长发育；解冻肉表面的潮湿和温暖；肉解冻时渗出的组织液为微生物提供了丰富的营养物质等原因可导致解冻肉在较短时间内即可发生腐败变质。

7.2.3.2 冷藏肉中的微生物变化引起的现象

在冷藏温度，高湿度有利于假单胞菌、产碱类菌的生长，较低的湿度适合微球菌和酵母的生长，如果湿度更低，霉菌则生长于肉的表面。

肉表面产生灰褐色改变或形成黏液样物质：在冷藏条件下，嗜温菌受到抑制，嗜冷菌如假单胞菌、明串珠菌、微球菌等继续增殖，使肉表面产生灰褐色改变，尤其在温度尚未降至较低的情况下，降温较慢，通风不良，可能在肉表面形成黏液样物质，手触有滑感，甚至起黏丝，同时发出一种陈腐味甚至恶臭。

有些细菌产生色素，改变肉的颜色：如肉中的"红点"可由黏质沙雷氏菌产生的红色色素引起的，类蓝假单胞菌能使肉表面呈蓝色；微球菌或黄杆菌属的菌种能使肉变黄；蓝黑色杆菌能在牛肉表面形成淡绿蓝色至淡褐黑色的斑点。

在有氧条件下，酵母也能于肉表面生长繁殖，引起肉类发黏、脂肪水解、产生异味和使肉类变色（白色、褐色等）。

7.2.3.3 冷藏肉中微生物的检验

（1）样品的采集　禽肉采样应按五点拭子法从光禽体表采集，家畜冻藏胴体肉在取样时应尽量使样品具有代表性，一般以无菌方法分别从颈、肩胛、腹及臀股部的不同深度上多点采样，每一点取一方形肉块 50～100g。

（2）样品的处理　冻肉应在无菌条件下将样品迅速解冻。由各检验肉块的表面和深层分别制得触片，进行细菌镜检；然后再对各样品进行表面消毒处理，以无菌操作从各样品中间部取出 25g，剪碎匀浆并制备稀释液。

（3）微生物检验　为判断冷藏肉的新鲜程度，单靠感观指标往往不能对腐败初期的肉品做出准确判定。必须通过实验室检查，其中细菌镜检简便、快速，通过对样品中的细菌数目、染色特性以及触片色度三个指标的镜检，即可判定肉的品质，同时也能为细菌、霉菌及致病菌等的检验提供必要的参考依据。

① 触片制备：从样品中切取 3cm³ 左右的肉块，浸入酒精中并立即取出点燃灼烧，如此处理 2～3 次，从表层下 0.1cm 处及深层各剪取 0.5cm³ 大小的肉块，分别进行触片或抹片。

② 染色镜检：将已干燥好的触片用甲醇固定 1min，进行革兰氏染色后，油镜观察 5 个视野。同时分别计算每个视野的球菌和杆菌数，然后求出一个视野中细菌的平均数。

③ 鲜度判定：新鲜肉触片印迹着色不良，表层触片中可见到少数的球菌和杆菌；深层触片无菌或偶见个别细菌；触片上看不到分解的肉组织。次新鲜肉触片印迹着色较好，表层触片上平均每个视野可见到 20～30 个球菌和少数杆菌；深层触片也可见到 20 个左右的细菌；触片上明显可见到分解的肉组织。变质肉触片印迹着色极浓，表层及深层触片上每个视野均可见到 30 个以上的细菌，且大都为杆菌；严重腐败的肉几乎找不到球菌，而杆菌可多至每个视野数百个或不可计数；触片上有大量分解的肉组织。

其他微生物检验可根据实验目的而分别进行细菌总数测定、霉菌总数测定、大肠菌群MPN 检验及有关致病菌的检验等。

7.2.4 肉制品中的微生物及其检验

肉制品的种类很多，一般包括腌腊制品（如腌肉、火腿、腊肉、熏肉、香肠、香肚等）和熟制品（如烧烤、酱卤的熟制品及肉松、肉干等脱水制品）。肉类制品由于加工原料、制作工艺、储存方法各有差异，因此各种肉制品中的微生物来源与种类也有较大区别。

7.2.4.1 肉制品中的微生物来源

（1）熟肉制品中的微生物来源　加热不完全，肉块过大或未完全烧煮透时，一些耐热的细菌或细菌的芽孢仍然会存活下来，如嗜热脂肪芽杆菌、微球菌属、链球菌属、小杆菌属、乳杆菌属、芽孢杆菌及梭菌属的某些种，还有某些霉菌如丝衣霉菌等。通过操作人员的手、衣物、呼吸道和储藏肉的不洁用具等使其受到重新污染。通过空气中的尘埃、鼠类及蝇虫等为媒介而污染各种微生物。由于肉类导热性较差，污染于表层的微生物极易生长繁殖，并不断向深层扩散。

（2）灌肠制品中的微生物来源　灌肠制品种类很多，如香肠、肉肠、粉肠、红肠、雪肠、火腿肠及香肚等。此类肉制品原料较多，由于各种原料的产地、储藏条件及产品质量不同以及加工工艺的差别，对成品中微生物的污染都会产生一定的影响。绞肉的加工设备、操作工艺、原料肉的新鲜度以及绞肉的储存条件和时间等，都对灌肠制品产主重要影响。

（3）腌腊肉制品中微生物的来源　常见的腌腊肉制品有咸肉、火褪，腊肉、板鸭、风鸡等。微生物来源于两方面：一个是原料肉的污染；另一个与盐水或盐卤中的微生物数量有关（盐水和盐卤中，微生物大都具有较强的耐盐性或嗜盐性，如假单胞菌属、不动杆菌属、盐杆菌属、嗜盐球菌属、黄杆菌属、无色杆菌属、叠球菌属及微球菌属的某些细菌及某些真菌、弧菌和脱盐微球菌是最典型的）。许多人类致病菌，如金黄色葡萄球菌、魏氏梭菌和肉毒梭菌可通过盐渍食品引起食物中毒。

腌腊制品的生产工艺、环境卫生状况及工作人员的素质对这类肉制品的污染都具有重要意义。

7.2.4.2　肉制品中的微生物类群

（1）熟肉制品　常见的有细菌和真菌，如葡萄球菌、微球菌、革兰氏阴性无芽孢杆菌中的大肠埃希氏菌、变形杆菌，还可见到需氧芽孢杆菌如枯草杆菌、蜡样芽孢杆菌等；常见的真菌有酵母菌属、毛霉菌属、根霉属及青霉菌属等，致食物中毒是引起食肉中毒的病原菌。

（2）灌肠类制品　耐热性链球菌、革兰氏阴性杆菌及需氧芽孢杆菌属、梭菌属的某些菌类，某些酵母菌及霉菌。这些菌类可引起灌肠制品变色、发霉或腐败变质；如大多数异型乳酸发酵菌和明串珠菌能使香肠变绿。

（3）腌腊制品　多以耐盐或嗜盐的菌类为主，弧菌是极常见的细菌，也可见到微球菌、异型发酵乳杆菌、明串珠菌等。一些腌腊制品中可见到沙门氏菌、致病性大肠埃希氏菌、副溶血性弧菌等致病性细菌；一些酵母菌和霉菌也是引起腌腊制品发生腐败、霉变的常见菌类。

7.2.4.3　肉制品的微生物检验

（1）样品的采集与处理　烧烤制品及酱卤制品可分别采用如下方法采集。

① 烧烤肉块制品用无菌棉拭子进行 6 面 50cm² 取样，即正（表）面擦拭 20cm²、周围四边（面）各 5cm²、背面（里面）拭 10cm²。

② 烧烤禽类制品用无菌棉拭子做 5 点 50cm² 取样，即在胸腹部各拭 10cm²，背部拭 20cm²，头颈及肛门各 1cm²。

③ 其他肉类制品包括熟肉制品（酱卤肉、肴肉）、灌肠类、腌腊制品、肉松等，都采集200g。有时可按随机抽样法进行一定数量的样品采集。

（2）样品的处理　用棉拭采的样品，可先用无菌盐水少许充分洗涤棉拭子，制成原液，再按要求进行 10 倍系列稀释。其他按重量法采集的样品均同鲜肉的处理方法，进行稀释液制备。

（3）微生物检验　根据不同肉制品中常见的不同类群微生物，检测细菌总数、大肠菌群MPN 及致病菌的检验。

7.3 乳及乳制品的检验

原料乳卫生质量的优劣直接关系到乳及乳制品的质量。原料的卫生质量问题主要是病牛乳（结核病、乳房炎牛的乳）、高酸乳、胎乳、初乳、应用抗生素 5d 内的乳、掺伪乳以及变质乳等。微生物的污染是引起乳及乳制品变质的重要原因。在乳及乳制品加工过程中的各个环节如灭菌、过滤、浓缩、发酵、干燥、包装等，都可能因为不按操作规程生产加工而造成微生物污染。所以在乳及乳制品的加工过程中，对所有接触乳及乳制品的容器、设备、管道、工具、包装材料等都要进行彻底的灭菌，防止微生物污染，以保证产品质量。另外在加工过程中还要防止机械杂质和挥发性物质（如汽油）等的混入和污染。

乳营养丰富，特别适合细菌生长繁殖。乳一旦被微生物污染，在适宜条件下，微生物可迅速增殖。引起乳的腐败变质；乳如果被致病性微生物污染，还可引起食物中毒或其他传染病传播，微生物的种类不同，可以引起乳的不同的变质现象，了解其中的变化规律，可以更好地控制乳品生产，为人类提供更多、更好的乳制品。

乳及乳制品的微生物学检验包括细菌总数测定、大肠菌群 MPN 测定和鲜乳中病原菌的检验。细菌总数反映鲜乳受微生物污染的程度；大肠菌群 MPN 说明鲜乳可能被肠道菌污染的情况；乳与乳制品绝不允许检出病原菌。

本章仅对婴儿乳粉中的阪崎肠杆菌、双歧杆菌及鲜乳中抗生素残留检验进行介绍，乳中的其他微生物指标检验可以参照有关章节进行。

7.3.1 鲜乳中的微生物

乳非常容易受微生物污染而变质，污染乳的微生物可来自乳畜本身及生产加工的各个环节。

7.3.1.1 鲜乳中微生物的来源

（1）乳房　一般情况下，乳中的微生物主要来源于外界环境，而非乳房内部，但微生物常常污染乳头开口并蔓延至乳腺管及乳池，挤乳时，乳汁将微生物冲洗下来并带入鲜乳中，一般情况下最初挤出的乳含菌数比最后挤出的多几倍。

（2）乳畜体表　乳畜体表及乳房上常附着粪屑、垫草、灰尘等。挤乳时不注意操作卫生，这些带有大量微生物的附着物就会落入乳中，造成严重污染，这些微生物多为芽孢杆菌和大肠埃希氏菌。

（3）容器和用具　乳生产中所使用的容器及用具，如乳桶、挤乳机、滤乳布和毛巾等不清洁，是造成污染的重要途径，特别在夏秋季节。

（4）空气　畜舍内飘浮的灰尘中常常含有许多微生物。通常每升空气中含有 50～100 个细菌，有尘土者可达 1000 个以上。其中多数为芽孢杆菌及球菌，此外也含有大量的霉菌孢子。空气中的尘埃落入乳中即可造成污染。

（5）水源　用于清洗牛乳房、挤乳用具和乳槽所用的水是乳中细菌的一个来源，井、泉、河水可能受到粪便中细菌的污染，也可能受土壤中细菌的污染，主要是一定数量的嗜冷菌。

（6）蝇、蚊等昆虫　蝇、蚊有时会成为最大的污染源，特别是夏秋季节，由于苍蝇常在垃圾或粪便上停留，所以每个苍蝇体表可存在几百万个甚至几亿个细菌。其中包括各种致病菌，当其落入乳中时就可把细菌带入乳中造成污染。

（7）饲料及褥草　乳被饲料中的细菌污染，主要是在挤乳前分发干草时，附着在干草上的细菌随同灰尘、草屑等飞散在厩舍的空气中，既污染了牛体，又污染了所有用具，或挤乳时直接落入乳桶，造成乳的污染。此外，往厩舍内搬入褥草时，特别是灰尘多的碎褥草，舍内空气可被大量的细菌所污染，因此成为乳被细菌污染的来源。混有粪便的褥草，往往污染乳牛的皮肤和被毛，从而造成对乳的污染。

（8）工作人员　乳业工作人员，特别是挤乳员的手和服装，常成为乳被细菌污染的来源。

7.3.1.2　鲜乳中的微生物类群

鲜乳中污染的微生物有细菌、酵母和霉菌等多种类群。但最常见的而且活动占优势的微生物主要是一些细菌。

（1）能使鲜乳发酵产生乳酸的细菌　这类细菌包括乳酸杆菌和链球菌两大类，约占鲜乳内微生物总数的80%。

（2）能使鲜乳发酵产气的细菌　这类微生物能分解糖类，生成乳酸及其他有机酸，并产生气体（二氧化碳和氢气），能使牛乳凝固，产生多孔气泡，并产生异味和臭味。如大肠菌群、丁酸菌类、丙酸细菌等。

（3）分解鲜乳蛋而发生胨化的细菌　这类腐败菌能分泌凝乳酶，使乳液中的酪蛋白发生凝固，然后又发生分解，使蛋白质水解胨化，变为可溶性状态。如假单胞菌属、产碱杆菌属、黄杆菌属、微球菌属等。

（4）使鲜乳呈碱性的细菌　主要有粪产碱菌和黏乳产碱菌，这两种菌种分解柠檬酸盐为碳酸盐，而使鲜乳呈碱性反应。

（5）引起鲜乳变色的细菌　正常鲜乳呈白色或略带黄色，由于某些细菌的发育可使乳呈现不同颜色。

（6）鲜乳中的嗜冷菌和嗜热菌　嗜冷菌主要是一些荧光细菌、霉菌等。嗜热细菌主要是芽孢杆菌属内的某些菌种和一些嗜热性球菌等。

（7）鲜乳中的霉菌和酵母菌　霉菌以酸腐节卵孢霉为最常见，其他还有乳酪节卵孢霉、多主枝孢霉、灰绿青霉、黑含天霉、异念球霉、灰绿曲霉和黑曲霉等。鲜乳中常见酵母为脆壁酵母、洪氏球拟酵母、高加索乳酒球拟酵母、球拟酵母等。

（8）鲜乳中可能存在的病原菌　包括：①来自乳畜的病原菌，乳畜本身患传染病或乳房炎时，在乳汁中常有病原菌存在。②来自工作人员患病或是带菌者，使鲜乳中带有某些病原菌。③来自饲料被霉菌污染所产生的有毒代谢产物，如乳畜长期食用含有黄曲霉毒素的饲料。

7.3.2　乳制品中的微生物

乳除供鲜食外，还可制成多种制品，乳制品不但具有较长的保存期和便于运输等优点，而且也丰富了人们的生活。常见的乳制品有乳粉、炼乳、酸乳及奶油等。

7.3.2.1　乳粉中的微生物

乳粉是以鲜乳为原料，经消毒、浓缩、喷雾干燥而制成的粉状产品，可分为全脂乳粉、脱脂乳粉、加糖乳粉等。在乳粉制作过程中，绝大部分微生物被清除或杀死，又因乳粉含水量低不利于微生物存活，故经密封包装后细菌不会繁殖。因此，乳粉中含菌量不高，也不会有病原菌存在。如果原料乳污染严重，加工不规范，乳粉中含菌量会很高，甚至有病原菌出现。

乳粉在浓缩干燥过程中，外界温度高达 150～200℃，但乳粉颗粒内部温度只有 60℃左右，其中会残留一部分耐热菌；喷粉塔用后清扫不彻底，塔内残留的乳粉吸潮后会有细菌生长繁殖，成为污染源；乳粉在包装过程中接触的容器、包装材料等可造成第二次污染；原料乳污染严重是乳粉中含菌量高的主要原因。

乳粉中污染的细菌主要有耐热的芽孢杆菌、微球菌、链球菌、棒状杆菌等。乳粉中可能有病原菌存在，最常见的是沙门氏菌和金黄色葡萄球菌。

7.3.2.2　酸乳制品中的微生物

酸乳制品是鲜乳制品经过乳酸菌类发酵而制成的产品，如普通酸乳、嗜酸菌乳、保加利亚酸乳、强化酸乳、加热酸乳、果味酸牛乳、酸乳酒、马乳酒等都是营养丰富的饮料，其中含有大量的乳酸菌、活性乳酸及其他营养成分。

酸乳饮料能刺激胃肠分泌活动，增强胃肠蠕动，调整胃肠道酸碱平衡，抑制肠道内腐败菌群的生长繁殖，维持胃肠道正常微生物区系的稳定，预防和治疗胃肠疾病，减少和防止组织中毒，是良好的保健饮料。

7.3.2.3　干酪中的微生物

干酪是用皱胃酶或胃蛋白酶将原料乳凝集，再将凝块进行加工、成型和发酵成熟而制成的一种营养价值高、易消化的乳制品。在生产干酪时，由于原料乳品质不良、消化不彻底或加工方法不当，往往会使干酪污染各种微生物而引起变质。

干酪常见的变质现象如下。

① 膨胀：这是由于大肠菌类等有害微生物利用乳糖发酵产酸产气而使干酪膨胀，并常伴有不良味道和气味。干酪成熟初期发生膨胀现象，常常是由大肠埃希氏菌之类的微生物引起。如在成熟后期发生膨胀，多半是由于某些酵母菌和丁酸菌引起。并有显著的丁酸味和油腻味。

② 腐败：当干酪盐分不足时，腐败菌即可生长，使干酪表面湿润发黏，甚至整块干酪变成黏液状，并有腐败气味。

③ 苦味：由苦味酵母、液化链球菌、乳房链球菌等微生物强力分解蛋白质后，使干酪产生不快的苦味。

④ 色斑：干酪表面出现铁锈样的红色斑点，可能由植物乳杆菌红色变种或短乳杆菌红色变种所引起。黑斑干酪、蓝斑干酪也是由某些细菌和霉菌所引起。

⑤ 发霉：干酪容易污染霉菌而引起发霉，引起干酪表面颜色变化，产生霉味，还有的可能产生霉菌毒素。

⑥ 致病菌：乳干酪在制作过程中，受葡萄球菌污染严重时，就能产生肠毒素，这种毒素在干酪中长期存在，食后会引起食物中毒。

7.3.3　婴儿乳粉中阪崎肠杆菌的检验

阪崎肠杆菌（*Enterobacter sakazakii*）是存在于自然环境中的一种条件致病菌，已被世界卫生组织和许多国家确定为婴幼儿死亡的致病菌之一。自 1961 年报道了有阪崎肠杆菌引起的败血症以来，在世界范围内报道了由该菌引起的脑膜炎、小肠坏死和败血症。有调查表明，2.5%～15%的婴儿配方乳粉和 0～12%的普通乳粉中含有阪崎肠杆菌，阪崎肠杆菌革兰氏阴性，属于肠杆菌科肠杆菌属，主要在新生儿或早产婴儿中引起病症。在某些情况下，死亡率达到 80%。目前，阪崎肠杆菌在乳粉中的传播过程被关注。

参见 GB 4789.40—2010《食品安全国家标准　食品微生物学检验　阪崎肠杆菌检验》。

7.3.3.1 检验流程

阪崎肠杆菌检验操作程序见图 7-2。

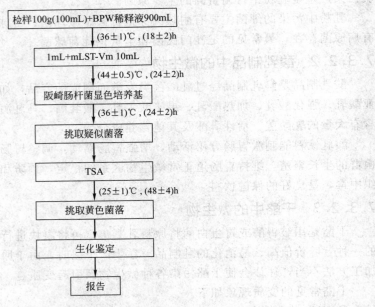

图 7-2 阪崎肠杆菌检验操作程序

7.3.3.2 检验流程

(1) 前增菌和增菌 取检样 100g（或 100mL）加入已预热至 44℃装有 900mL 缓冲蛋白胨水的锥形瓶中，用手缓缓地摇动至充分溶解，(36±1)℃培养 (18±2)h。移取 1mL 转种于 10mL mLST-Vm 肉汤，(44±0.5)℃培养 (24±2)h。

(2) 分离 轻轻混匀 mLST-Vm 肉汤培养物，各取增菌培养物 1 环，分别划线接种于两个阪崎肠杆菌显色培养基平板，(36±1)℃培养 (24±2)h。挑取 1~5 个可疑菌落，划线接种于 TSA 平板。(25±1)℃培养 (48±4)h。

(3) 鉴定 自 TSA 平板上直接挑取黄色可疑菌落，进行生化鉴定。阪崎肠杆菌的主要生化特征见表 7-4。可选择生化鉴定试剂盒或全自动微生物生化鉴定系统。综合菌落形态和

表 7-4 阪崎肠杆菌的生化特性

生化试验	特征
黄色素产生	＋
氧化酶	－
L-赖氨酸脱羧酶	－
L-鸟氨酸脱羧酶	（＋）
L-精氨酸双水解酶	＋
柠檬酸水解	（＋）
D-山梨醇发酵	（－）
L-鼠李糖发酵	＋
D-蔗糖发酵	＋
D-蜜二糖发酵	＋
苦杏仁苷发酵	＋

注：＋为＞99％阳性；－为＞99％阴性；（＋）为 90％~99％阳性；（－）为 90％~99％阴性。

生化特征，报告每 100g（100mL）样品中检出或未检出阪崎肠杆菌。

① 糖类发酵实验：挑取培养物接种于各种糖类发酵培养基，刚好在液体培养基的液面下。30℃±1℃培养 24h±2h，观察结果。糖类发酵试验阳性者，培养基呈黄色，阴性者为红色。

② 氨基酸脱羧酶试验：挑取培养物接种于各种氨基酸脱羧酶培养基，刚好在液体培养基的液面下。30℃±1℃培养 24h±2h，观察结果。试验阳性者，培养基呈紫色，阴性者为黄色。

（4）如果对阪崎肠杆菌计数，需要对不同样品进行稀释、分离、鉴定与检验方法（2）、（3）相同。

① 固体和半固体样品：无菌称取样品 100g、10g、1g 各三份，加入已预热至 44℃分别盛有 900mL、90mL、9mL BPW 中，轻轻振摇使充分溶解，制成 1∶10 样品匀液，置（36±1）℃培养（18±2）h。分别移取 1mL 转种于 10mL mLST-Vm 肉汤，（44±0.5）℃培养（24±2）h。

② 液体样品：以无菌吸管分别取样品 100mL、10mL、1mL 各三份，加入已预热至 44℃分别盛有 900mL、90mL、9mL BPW 中，轻轻振摇使充分混匀，制成 1∶10 样品匀液，置（36±1）℃培养（18±2）h。分别移取 1mL 转种于 10mL mLST-Vm 肉汤，（44±0.5）℃培养（24±2）h。

综合菌落形态、生化特征，根据证实为阪崎肠杆菌的阳性管数，查 MPN 检索表（附录 1），报告每 100g（100mL）样品中阪崎肠杆菌的 MPN 值。

7.3.4 双歧杆菌的检验

双歧杆菌（Bifidobacterium）的最适生长温度为 37～41℃，最低生长温度为 25～28℃，最高生长温度为 43～45℃，初始最适 pH 6.5～7.0，在 pH 4.5～5.0 或 pH 8.0～8.5 不生长。其细胞呈现多样形态，有短杆较规则形、纤细杆状具有尖细末端、球形、长杆弯曲形、分支或分叉形、棍棒状或匙形。单个或链状、V 形、栅栏状排列或聚集成星状。革兰氏阳性，不抗酸，不形成芽孢，不运动。双歧杆菌的菌落光滑、凸圆、边缘整齐，乳脂至白色，闪光并具有柔软的质地。双歧杆菌是人体内的正常生理性细菌，定植于肠道内，是肠道的优势菌群，占婴儿消化道菌群的 92%。该菌与人体终生相伴，其数量的多少与人体健康密切相关，是目前公认的一类对机体健康有促进作用的代表性有益菌。该菌可以在肠黏膜表面形成一个生理性屏障，从而抵御伤寒沙门氏菌、致泻性大肠埃希氏菌、痢疾志贺氏菌等病原菌的侵袭，保持机体肠道内正常的微生态平衡；能激活巨噬细胞的活性，增强机体细胞的免疫力；能合成 B 族维生素、烟酸和叶酸等多种维生素；能控制内毒素血症和防治便秘，预防贫血和佝偻病；可降低亚硝胺等致癌前体的形成，有防癌和抗癌作用；能拮抗自由基、羟自由基及脂质过氧化，具有抗衰老功能。

具体检测方法见 GB 4789.34—2012《食品安全国家标准 食品微生物学检验 双歧杆菌检验》。

7.3.4.1 检验程序

双歧杆菌检验程序见图 7-3。

7.3.4.2 操作步骤

（1）样品制备 样品的全部制备过程均应遵循无菌操作程序。以无菌操作称取 25g

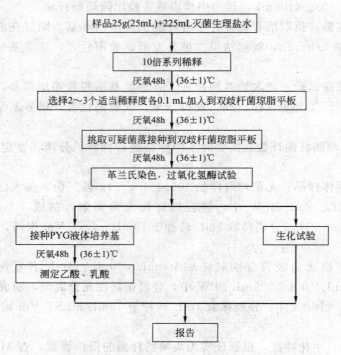

图 7-3 双歧杆菌检验程序

（25mL）样品，置于装有 225mL 生理盐水的灭菌锥形瓶内，制成 1∶10 的样品匀液。

（2）稀释及涂布培养步骤　用 1mL 无菌吸管或微量移液器吸取 1∶10 样品匀液 1.0mL，沿管壁缓慢注于装有 9mL 生理盐水的无菌试管中（注意吸管尖端不要触及稀释液），振摇试管或换用 1 支无菌吸管反复吹打使其混合均匀，制成 1∶100 的样品匀液。

另取 1mL 无菌吸管或微量移液器吸头，按（1）操作顺序，做 10 倍递增样品匀液，每递增稀释一次，即换用 1 次 1mL 灭菌吸管或吸头。

根据待鉴定菌种的活菌数，选择三个连续的适宜稀释度，每个稀释度吸取 0.1mL 稀释液，用 L 棒在双歧杆菌琼脂平板进行表面涂布，每个稀释度作两个平皿。置 36℃±1℃ 温箱内培养 48h±2h，培养后选取单个菌落进行纯培养。

（3）纯培养　挑取 3 个或以上的菌落接种于双歧杆菌琼脂平板，厌氧，36℃±1℃培养 48h±2h。

（4）镜检及生化鉴定

① 涂片镜检：双歧杆菌菌体为革兰氏染色阳性，不抗酸，无芽孢，无动力，菌体形态多样，呈短杆状、纤细杆状或球形，可形成各种分支或分叉形态。

② 生化鉴定：过氧化氢酶试验为阴性。选取纯培养平板上的三个单菌落，分别进行生化反应检测（表 7-5）。

（5）有机酸代谢产物测定　气相色谱法测定双歧杆菌的有机酸代谢产物，参见相关文献。

7.3.4.3　报告

根据镜检及生化鉴定的结果、双歧杆菌的有机酸代谢产物乙酸与乳酸微摩尔之比大于 1，报告双歧杆菌属的种名。

表 7-5　双歧杆菌菌种主要生化反应

编号	项目	两歧双歧杆菌	婴儿双歧杆菌	长双歧杆菌	青春双歧杆菌	动物双歧杆菌	短双歧杆菌
1	甘油	−	−	−	−	−	−
2	赤藓醇	−	−	−	−	−	−
3	D-阿拉伯糖	−	−	−	−	−	−
4	L-阿拉伯糖	−	−	+	+	+	−
5	D-核糖	−	+	−	+	+	+
6	D-木糖	−	+	·	+	+	+
7	L-木糖	−	+	+	d	+	+
8	阿东醇	−	−	−	−	−	−
9	β-甲基-D-木糖甙	−	−	−	−	−	−
10	D-半乳糖	d	+	+	+	d	+
11	D-葡萄糖	+	+	+	+	+	+
12	D-果糖	d	+	+	d	d	+
13	D-甘露糖	−	+	−	−	−	−
14	L-山梨糖	−	−	−	−	−	−
15	L-鼠李糖	−	−	−	−	−	−
16	卫矛醇	−	−	−	−	−	−
17	肌醇	−	−	−	−	−	−
18	甘露醇	−	−	−	−	−	+
19	山梨醇	−	−	−	−	−	−
20	α-甲基-D-甘露糖甙	−	−	−	−	−	−
21	α-甲基-D-葡萄糖甙	−	−	−	+	−	−
22	乙酰葡萄糖胺	−	−	−	−	−	+
23	苦杏仁苷	−	−	−	+	+	+
24	熊果苷	−	−	−	+	+	−
25	七叶灵	−	−	+	+	+	−
26	水杨苷(柳醇)	−	+	−	+	+	−
27	D-纤维二糖	−	+	−	d	−	−
28	D-麦芽糖	−	+	+	+	+	+
29	D-乳糖	+	+	+	+	+	+
30	D-蜜二糖	−	+	+	+	+	+
31	D-蔗糖	−	+	+	+	+	+
32	D-海藻糖(覃糖)	−	−	−	−	−	−
33	菊糖(菊根粉)	−	−	−	−	−	−
34	D-松三糖	−	−	+	+	−	−
35	D-棉籽糖	−	+	+	+	+	+
36	淀粉	−	−	−	−	−	−
37	肝糖(糖原)	−	−	−	−	−	−
38	木糖醇	−	−	−	−	−	−
39	龙胆二糖	−	+	−	+	+	+
40	D-松二糖	−	−	−	−	−	−
41	D-来苏糖	−	−	−	−	−	−
42	D-塔格糖	−	−	−	−	−	−
43	D-岩糖	−	−	−	−	−	−
44	L-岩糖	−	−	−	−	−	−
45	D-阿糖醇	−	−	−	−	−	−
46	L-阿糖醇	−	−	−	−	−	−
47	葡萄糖酸钠	−	−	−	+	−	−
48	2-酮基-葡萄糖酸钠	−	−	−	−	−	−
49	5-酮基-葡萄糖酸钠	−	−	−	−	−	−

注：＋表示 90％以上菌株阳性；－表示 90％以上菌株阴性；d 表示 11％～89％以上菌株阳性。

7.3.5 乳酸菌的检验

乳酸菌（*Lactic acid bacteria*）一类可发酵糖主要产生大量乳酸的细菌的通称。乳酸菌主要为乳杆菌属（*Lactobacillus*）、双歧杆菌属（*Bifidobacterium*）和链球菌属（*Streptococcus*）。

具体检验方法参见 GB 4789.35—2010《食品安全国家标准　食品微生物学检验　食品中乳酸菌检验》。

7.3.5.1 检验程序

乳酸菌检验程序见图 7-4。

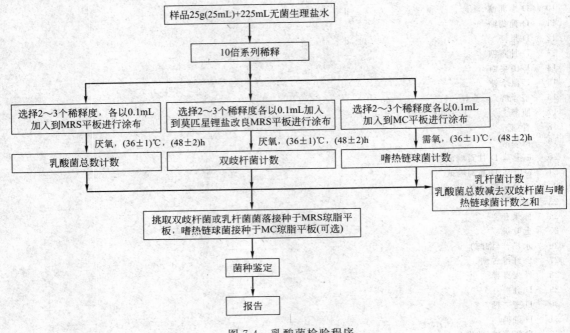

图 7-4　乳酸菌检验程序

7.3.5.2 操作步骤

（1）样品制备和稀释　同双歧杆菌操作。

（2）乳酸菌计数

① 乳酸菌总数：根据待检样品活菌总数的估计，选择 2～3 个连续的适宜稀释度，每个稀释度吸取 0.1mL 样品匀液分别置于 2 个 MRS 琼脂平板，使用 L 棒进行表面涂布。（36±1）℃厌氧培养（48±2）h 后计数平板上的所有菌落数。从样品稀释到平板涂布要求在 15min 内完成。

② 双歧杆菌计数：根据对待检样品双歧杆菌含量的估计，选择 2～3 个连续的适宜稀释度，每个稀释度吸取 0.1mL 样品匀液于莫匹罗星锂盐（Li-Mupirocin）改良 MRS 琼脂平板，使用灭菌 L 棒进行表面涂布，每个稀释度作两个平板。（36±1）℃厌氧培养（48±2）h 后计数平板上的所有菌落数。从样品稀释到平板涂布要求在 15min 内完成。

③ 嗜热链球菌计数：根据待检样品嗜热链球菌活菌数的估计，选择 2～3 个连续的适宜稀释度，每个稀释度吸取 0.1mL 样品匀液分别置于 2 个 MC 琼脂平板，使用 L 棒进行表面

涂布。(36±1)℃需氧培养（48±2)h 后计数。嗜热链球菌在 MC 琼脂平板上的菌落特征为：菌落中等偏小，边缘整齐光滑的红色菌落，直径（2±1)mm，菌落背面为粉红色。从样品稀释到平板涂布要求在 15min 内完成。

④ 乳杆菌计数：乳酸菌总数结果减去双歧杆菌与嗜热链球菌计数结果之和即得乳杆菌计数。

（3）菌落计数　可用肉眼观察，必要时用放大镜或菌落计数器，记录稀释倍数和相应的菌落数量。菌落计数以菌落形成单位（CFU）表示。具体计数要求及计算公式参见第三章食品中菌落总数的测定试验。

（4）乳酸菌的鉴定（可选做）　挑取 3 个或以上单个菌落，嗜热链球菌接种于 MC 琼脂平板，乳杆菌属接种于 MRS 琼脂平板，置（36±1)℃厌氧培养 48h。涂片镜检可见乳杆菌属菌体形态多样，呈长杆状、弯曲杆状或短杆状。无芽孢，革兰氏染色阳性。嗜热链球菌菌体呈球形或球杆状，直径为 0.5～2.0μm，成对或成链排列，无芽孢，革兰氏染色阳性。双歧杆菌的鉴定见本章 7.3.4。乳酸菌菌种主要生化反应见表 7-6 和表 7-7。

表 7-6　常见乳杆菌属内种的糖类反应

菌种	七叶苷	纤维二糖	麦芽糖	甘露醇	水杨苷	山梨醇	蔗糖	棉籽糖
干酪乳杆菌干酪亚种（L. casei subsp. casei）	+	+	+	+	+	+	+	-
德氏乳杆菌保加利亚种（L. delbrueckii subsp. bulgaricus）	-	-	-	-	-	-	-	-
嗜酸乳杆菌（L. acidophilus）	+	+	+	+	+	+	+	d
罗伊氏乳杆菌（L. reuteri）	ND	-	+	-	-	-	+	+
鼠李糖乳杆菌（L. rhamnosus）	+	+	+	+	+	+	-	-
植物乳杆菌（L. plantarum）	+	+	+	+	+	+	+	+

注：+ 为 90% 以上阳性；- 为 90% 以上阴性；d 为 11%～89% 阳性；ND 未测定。

表 7-7　嗜热链球菌生化反应

菌种	菊糖	乳糖	甘露醇	水杨苷	山梨醇	马尿酸	七叶苷
嗜热链球菌	-	+	-	-	-	-	-

注：+ 为 90% 以上阳性；- 为 90% 以上阴性。

7.3.6　鲜乳中抗生素残留的检验

由于大规模使用兽用抗生素，如动物饲喂抗生素饲料，治疗疾病使用的各种抗生素，这样在畜产品及乳内就产生了抗生素残留。当人们长期食用残留有抗生素的食品后，不仅会使在人体内寄生和繁殖的细菌产生耐药性，还能增加人类对抗生素的过敏反应。同时人类长期摄入含有抗生素的食物后抑制了肠道中正常的敏感菌群，而使致病菌、条件致病菌及霉菌、念珠菌大量增殖而导致一系列全身或局部的感染。另外，在牛（羊）乳中，如含有微量抗生素，将给乳品加工带来很多问题。如影响酸乳的正常凝结和乳酪的正常发酵成熟；降低脱脂乳及同类产品的酸度和风味，抑制了发酵菌的繁殖；影响了生产工艺中的质量控制。因此，检查乳中抗生素残留，确保其纯净，成为食品卫生的一项重要工作。

乳中抗生素残留对人类健康存在危害，其中危害最大的是青霉素、链霉素的过敏性休克及抗药性的产生。只要存在微量的抗生素即可能引起，所以原则上乳中是不允许抗生素残留的。但限于检测水平未能达到如此敏感度，故只能以检测阳性者为不合格，阴性者为合格，所以"允许量"实际上等于检测方法本身的敏感度。

目前国际上对乳中抗生素残留规定如下：在乳卫生管理上，许多国家规定乳牛（羊）在最后一次使用抗生素后的72～96h内的乳不可使用，我国规定的最后一次使用5d内的乳不可使用。

目前国际上公认并作为法定检测食品中抗生素残留的几种检测方法，首推嗜热脂肪芽孢杆菌纸片法，此法由Kanfman于1977年创立，后由国际牛乳协会（IDF）证实并推广，美国于1982年起作为法定方法。此外还有藤黄八叠球菌管碟法和TTC法。我国2008年颁布的食品卫生微生物检验国家标准将TTC法和嗜热脂肪芽孢杆菌抑制法列为国标方法。

7.3.6.1 嗜热脂肪芽孢杆菌抑制法

（1）嗜热脂肪芽孢杆菌纸片法具有以下优点。

① 用嗜热脂肪芽孢杆菌芽孢悬浮物代替藤黄八叠球菌过夜肉汤培养物作试验菌，性质更稳定，储存时间更长可达6～8个月。

② 检测敏感度很高，能检出牛乳中青霉素G含量为0.005U/mL。

③ 方法简便、快速、省钱，2.5～4h即可出现抑菌圈。

④ 不仅能检测青霉素G，还能检测其他多种常用抗生素，如氨苄西林、头孢菌素、邻氯青霉素和四环素等。

⑤ 可作定量测定。

⑥ 不受消毒剂干扰。

参见GB/T 4789.27—2008《食品卫生微生物检验　鲜乳中抗生素残留检验》检验方法。

（2）检验程序　见图7-5。

（3）操作步骤

① 芽孢悬液：将嗜热脂肪芽孢杆菌菌种划线接种于营养琼脂平板表面，于（56±2）℃培养24h后挑取乳白色半透明圆形特征菌落，在营养琼脂平板式再次划线培养，于（56±1）℃培养24h后转入（36±1）℃培养3～4d，镜检芽孢产率达到95％以上时进行芽孢悬液的制备。每块平板用1～3mL无菌磷酸盐缓冲液洗脱培养基表面的菌苔（如果使用克氏瓶，每瓶使用无菌磷酸盐缓冲液10～20mL）。将洗脱液5000r/min离心15min，取沉淀物加0.03mol/L的无菌磷酸盐缓冲液（pH 7.2），制成10^9 CFU/mL芽孢悬液，置于（80±2）℃恒温水浴中10min后，密封防止水分蒸发，置于2～5℃备用。

② 测试培养基：在溴甲酚紫葡萄糖蛋白胨培养基中加入适量芽孢悬液，混合均匀，使最终的芽孢浓度为$8×10^5$～$2×10^6$ CFU/mL。混合芽孢悬液的溴甲酚紫葡萄糖蛋白胨培养基分装小试管，每管200μL，密封防止水分蒸发，配置好的测试培养基可以在2～5℃保存6个月。

③ 培养操作：吸取样品100μL加入含有芽孢的测试培养基中，轻轻旋转试管混匀，每份检样做2份，另外再做阴性和阳性对照各一份，阳性对照管为100μL青霉素G参照溶液，阴性对照管为100μL无抗生素的脱脂乳，于（65±2）℃培养2.5h，观察培养基颜色的变化，如果颜色没有变化，必须再于水浴培养30min做最终观察。

④ 判断方法：在白色背景前从侧面和底部观察小试管内培养基颜色，保持培养基原有的紫色为阳性结果，培养基变成黄色或黄绿色为阴性结果，颜色处于两者之间，为可疑结果。对于可疑结果应继续培养30min再进行最终观察。如果培养基颜色仍然处于黄色与紫色之间，表示抗生素浓度接近方法的最低检出限，此时建议重新检测一次。

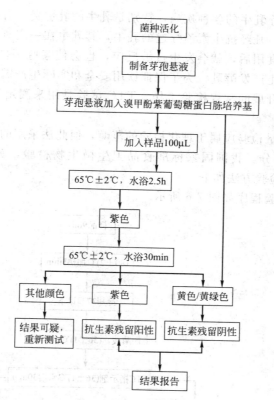

图 7-5　鲜乳中抗生素残留的嗜热脂肪芽孢杆菌抑制法检验程序

7.3.6.2　嗜热链球菌抑制法（2,3,5-氯化三苯四氮唑法——TTC 法）

氯化三苯四氮唑法最早由 Neel 和 Calbert 在 1955 年提出，能检出牛乳中青霉素含量为 0.04U/mL，1959 年 Parks 和 Doan 认为 TTC 法在检测青霉素和氯霉素上敏感度与枯草杆菌纸片大致相同等，但对链霉素不敏感，对新霉素根本不满意。也有人认为消毒剂可干扰试验。1958 年 Dragen 建议 TTC 法加做乳糖发酵产气试验及酵母培养，可以证明抑菌的效果究竟由抗生素还是消毒剂引起。

（1）2,3,5-氯化三苯四氮唑法（TTC 法）原理　细菌生物氧化有三种方式，即加氧、脱氢和脱电子，相反即还原。当乳中加入嗜热链球菌后，如乳中无抗生素，嗜热链球菌就生长繁殖，在新陈代谢过程中进行生物氧化，其中脱出的氢可以和加在乳中的氧化型 TTC 结合而成为还原型 TTC，氧化型 TTC 无色，还原型 TTC 红色，所以可使乳变红色。相反，如乳中存在抗生素，嗜热链球菌就不能生长繁殖，没有氢释放，TTC 也不被还原，仍为无色，乳汁也无色。

选择嗜热链球菌，是因为它对青霉素较敏感，Adamse 于 1955 年、Fleischmann 于 1964 年提出，酸乳培养物较其他菌株对青霉素敏感 10 倍，而酸乳培养物主要是嗜热链球菌，少量是乳杆菌，检测牛乳中的抗生素主要是青霉素，所以选择嗜热链球菌。

TTC 法的特点是方法简便、快速，无须特殊设备，因地制宜，故适于牧场、乳品厂及防疫站采用。但方法敏感度不够高，国外报道对青霉素的检出量为 0.04U/mL，上海市生卫生监督检验所的研究也是 0.04U/mL。此敏感度在 1967 年前是适用的，但随着对牛乳中青霉素残留允许量越趋严格，TTC 法就显得不够敏感了。

牧场常用抗生素治疗乳牛的各种疾病，特别是乳牛的乳房炎，有时用抗生素直接注射乳房部位进行治疗。因此，凡经抗生素治疗过的乳牛，其乳牛在一定时期内仍残存抗生素。对抗生素有过敏体质的人食用后，就会发生过敏反应，也会使某些菌株对抗生素产生耐药性，同时在加工上不能用于生产发酵乳。为了保证饮用安全和实际生产需要，检查乳中有无抗生素残留已成为一项急需开展的常规检验工作。TTC试验是用来测定乳中有无抗生素残留的较简易方法。

鲜乳中抗生素残留量检验应属于理化检验的范畴，但此法采用的是微生物的手段，因此将此法放入微生物学部分。我国国家标准食品卫生微生物检验，鲜乳中抗生素残留检验GB/T 4789.27—2008检验方法如下。

（2）检验程序　检验程序如图7-6所示。

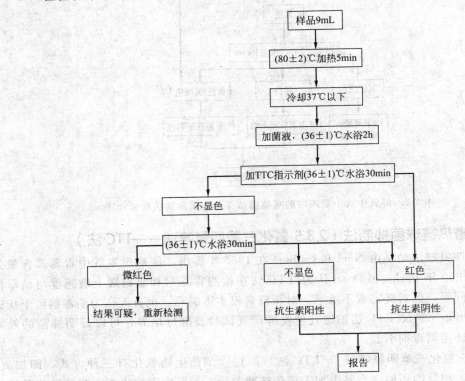

图7-6　鲜乳中抗生素残留嗜热链球菌抑制法检验程序

（3）操作步骤

① 活化菌种：取一接种环嗜热链球菌菌种，接种在9mL灭菌脱脂乳中，置（36±1）℃恒温培养箱中培养12～15h后，置2～5℃冰箱保存备用，每15d转种一次。

② 测试菌液：将经过活化的嗜热链球菌菌种接种灭菌脱脂乳，（36±1）℃培养15h±1h后，加入相同体积的灭菌脱脂乳混匀稀释成为测试菌液。

③ 培养：取样品9mL置于18mm×180mm试管内，每份样品另外做一份平行样，同时再做阴性和阳性对照各一份。阳性对照管用9mL青霉素G参照溶液，阴性对照用9mL灭菌脱脂乳，所用试管于（80±2）℃水浴加热5min，取出冷却37℃以下，加测试菌液1mL，轻轻旋转试管混匀，（36±1）℃培养2h，加4% TTC水溶液0.3mL，在旋涡混匀器上混合15s或振动试管混匀，（36±1）℃水浴避光培养30min，观察颜色变化，如果颜色没

有变化,于水浴中继续避光培养30min做最后观察,观察时要迅速,避免光照过久出现干扰。

④ 判断方法:在白色背景前观察,试管中样品呈乳的原色时,指示剂中有抗生素存在,为阳性结果。试管中样品呈红色为阴性结果。乳最终观察现象仍为可疑,建议重新检测。

⑤ 报告:最终观察时,样品为红色,报告为抗生素残留阴性,样品依然呈乳的原色,报告为抗生素残留阳性。

本方法检测几种常见抗生素的最低检出限为:青霉素0.004U,链霉素0.5U,庆大霉素0.4U,卡那霉素5U。

(4) 注意事项

① 方法敏感度不够高:TTC法本身也是属于生物学效价检定中的稀释法,用来测定抗生素效价所依据的是不同稀释度的检样中细菌是否生长,所以得到的结果只能是一种范围而不是绝对值(例如2倍稀释的试验结果,只能是 X 与 $2X$ 之间的一般范围),要使结果尽可能精确,就越要缩短稀释倍数的间隔,把范围变窄,求得的效价也更精确,然而间隔太近,稀释太微小,对终点的判别就困难,甚至无法判别阳性还是阴性,这就是生物稀释法本身固有的弱点,TTC法也不例外。

事实上TTC法对于青霉素含量为0.03U/mL、0.025U/mL、0.020U/mL也能检出,然而0.020U/mL时会出现时而阳性时而阴性,0.025U/mL时阳性机会多些,0.03U/mL应该说是可以检出的。

② 消毒剂干扰问题:TTC法无特异性,嗜热链球菌生长TTC变红,不生长不变红。消毒剂和抗生素一样能抑制、杀死嗜热链球菌,故从TTC变化上反映不出是何者引起,曾有二位学者建议加做乳糖发酵产气试验及酵母培养试验。但实践经验告诉人们,当进行生乳和消毒乳检验时,不仅做TTC试验,而且同时还要做细菌总数测定。按国家卫生标准生乳细菌总数≤$5×10^5$/mL,消毒乳≤$3×10^4$/mL。如果生乳和消毒乳细菌总数极低或无,TTC又是阳性,应怀疑消毒剂所致。因只有消毒剂才会杀灭多种细菌,抗生素残留只能杀死某种或数种细菌。

③ TTC法对其他抗生素的测定:上海市食品卫生监督检验所的调查研究结果,乳中青霉素检出量是0.04U/mL、链霉素是5U/mL、庆大霉素是4U/mL、卡那霉素是50U/mL(新生霉素未做试验),结果较符合国外报道。

由于当前生乳中非法掺入抗生素屡有发生,故TTC法应进一步推广,以便在快速检出、防止掺杂方面发挥作用。

④ 配制培养基应注意以下问题:培养基必须由经过试验没有抗生素的脱脂乳粉加水复制而成,或者经过试验没有抗生素的生乳、消毒乳经脱脂而成。未经测定抗生素而制成的培养基往往是细菌不生长及TTC失败的原因。

无抗生素的脱脂乳粉按10%(w/v)加蒸馏水调制。

脱脂乳分装后采用间歇高压消毒2次,既减少营养损失又加强消毒效果。

⑤ 配制4% TTC溶液:无菌称取1g TTC溶解于25mL灭菌蒸馏水中,装褐色瓶于4~10℃冰箱储藏,如超过一天或变成褐色、黄色均废弃。也可先配制成20%溶液储藏,临用前取适量以灭菌蒸馏水5倍稀释(体积比)。TTC遇光会自动变色,故避光储藏。

⑥ 菌种的保存:由日本引进的嗜热链球菌,保存3mL 10%脱脂乳中,于4℃冰箱保存,每3周传代一次,于室温保存,每2周传代二次。移种方法是用灭菌毛细滴管从菌种中

吸取 1 滴加入 3mL 菌种培养基中，于 37℃ 培养 15h，因嗜热链球菌能使脱脂乳产酸凝固，故见凝固者表示接种成功。如培养时间过长会有乳清析出，营养消耗太多，不利菌种保存；如培养时间不足，不能凝固，说明菌种不在对数生长期，影响试验效果。菌种保存时，特别在移种时应防止污染，以免影响 TTC 试验。

7.4 蛋及蛋制品的检验

鲜蛋利用其自身防护机制可以抵御外界微生物的入侵，从蛋的外部结构来看，鲜蛋外面有三层结构，即外层蜡状壳膜、壳、内层壳膜。每一层都在不同程度上有抵御微生物入侵的功能。从鸡蛋内部的成分看，蛋白中含有溶菌酶，这种酶能有效抵制革兰氏阳性菌的生长；蛋白中还含有抗生蛋白，能与维生素 H 形成复合物，使得微生物无法利用这一生长所需的维生素。蛋白的 pH 高（pH 约 9.3），并含有伴清蛋白，这种蛋白和铁形成复合物，使其不能被微生物所利用，但另一方面，鲜蛋黄的营养成分和 pH 又为绝大多数微生物提供了良好的生长条件。

鲜蛋通常是无菌的，但是，鲜蛋很容易受到微生物的污染，这主要是由两方面原因造成的。一方面是来自家禽本身，在形成蛋壳之前，排泄腔内细菌向上污染至输卵管，可导致蛋的污染；另一方面来自外界的污染。蛋从禽体排出时温度接近禽的体温，若外界温度低，则蛋内部收缩，周围环境中的微生物即随空气穿过蛋壳而进入蛋内。蛋壳外黏膜曾易被破坏失去屏障作用。蛋壳上有 7000～17000 个 4～40μm 的气孔，外界的各种微生物可从气孔进入蛋内，尤其是储存期长的蛋或洗涤过的蛋，微生物更易于浸入。蛋壳表面上的微生物很多，整个蛋壳表面有 4×10^6～5×10^6 个细菌，污染严重的蛋，表面的细菌数量更高，可达数亿个。蛋壳损伤是造成各种微生物污染蛋的很好机会。

在条件适宜的情况下，一些微生物就可进入蛋内生长并导致蛋的腐败。细菌进入蛋内的速度与储存时间、蛋龄及污染程度有关。使用 CO_2 气体制冷的冷却方法能迅速降低蛋的温度，从而使其内部细菌数量更少，即使 7℃ 下保存 30d 也不会引起明显的质量变化。

高湿度有利于微生物进入鸡蛋，也有利于鸡蛋表面微生物的生长。继而进入蛋壳和内膜。内膜是阻止细菌侵入鸡蛋最重要的屏障，其次是壳和外膜。蛋黄中的细菌要比蛋白中的多，蛋白中微生物数量相对教授的原因可能是蛋白中含有抗生素类物质。另外，经储藏后，卵白厚层将水分传至卵黄，导致淡化变稀和卵白厚层萎缩。这现象使得蛋黄可直接接触蛋壳内膜，从而造成与微生物的直接接触。微生物一旦进入蛋黄，在这种营养介质中细菌能良好地生长，代谢分解蛋白质和氨基酸，产生 H_2S 和其他异臭化合物。这些菌的生长会引起蛋黄变黏和变色。因为霉菌是需氧菌，故一般先在气袋区域繁殖生长。在湿度较高的情况下。在鸡蛋表层可看到有霉菌生长，在温度和适当都较低的情况下，虽然鸡蛋表面霉菌生长的现象可以减少，但鸡蛋会以较快速度脱水，这对产品的销售是不利的。另外，鸡蛋蛋白中还含有卵运铁蛋白和卵黄素蛋白。卵运铁蛋白能与金属离子，尤其是 Fe^{3+} 螯合，卵黄素蛋白结合核黄素。在正常的 pH 为 9.0～10.0 及温度分别为 30℃ 和 39.5℃ 时，蛋白能杀灭革兰氏阳性菌和酵母菌，铁的加入会降低蛋白的抗菌特性。

鸡蛋中存在的菌主要为下列属的以下细菌：假单胞菌、不动细菌、变形杆菌、气单胞菌、产碱杆菌、埃希氏菌、微球菌、沙门氏菌、赛氏杆菌、肠细菌、黄杆菌属和葡萄球菌。常见的霉菌有毛霉、青霉、单胞枝霉等。球拟酵母是唯一能检出的酵母。

7.4.1 鲜蛋的腐败变质

7.4.1.1 腐败

这是由细菌引起的鲜蛋变质。侵入到蛋中的细菌不断生长繁殖，并形成各种相适应的酶，然后分解蛋内的各组成成分，使蛋发生腐败和产生难闻的气味。

蛋白腐败初期，从局部开始，呈现淡绿色，这种腐败是由于假单胞菌，特别是荧光假单胞菌引起的。随后逐渐扩大到全部蛋白，其颜色随之变为灰绿色至淡黄色。此时，韧带断裂，蛋黄不能固定而发生移位。细菌侵入蛋白，使蛋黄膜破裂，蛋黄流出与蛋白混合成浑浊的液体，习惯上称为散蛋黄。如果进一步腐败，蛋黄成分中的核蛋白和卵磷脂也被分解，产生恶臭的硫化氢等气体和其他有机物，整个内含物变为灰色或暗黑色。这种腐败主要有变形杆菌、某些假单胞菌和气单胞菌引起。这种蛋在光照时不透光线。通过气孔还发出恶臭气味。如果蛋内气体积累过多，蛋壳会发生爆炸，流出含有大量腐败菌的液体，有时蛋液变质产生酸臭而呈红色，这种腐败主要是由假单胞菌或沙雷氏菌引起的。

7.4.1.2 霉变

霉变主要由霉菌引起。霉菌菌丝通过蛋壳气孔进入蛋内，一般在蛋壳内壁和蛋白膜上生长繁殖，靠近气室部分，因有较多氧气，所以繁殖最快，形成大小不同的深色斑点，斑点处有蛋液黏着，称为黏蛋壳。不同霉菌产生的斑点不同，如青霉产生蓝绿斑、枝孢霉产生黑斑。在环境湿度比较大的情况下，有利于霉菌的蔓延生长，造成整个禽蛋内外生霉，蛋内成分分解，并有不良霉味产生。

有些细菌也可引起蛋的霉臭味，如浓味假单胞菌（*Pseudomonasgraveolens*）和一些变形杆菌属（*Proteus* spp.）的细菌，其中以前者引起的霉臭味最为典型。当蛋的储藏期较长后，蛋白逐渐失水，水分向蛋黄内转移，从而造成蛋黄直接与蛋壳内膜接触，使细菌更容易进入蛋黄内，导致这些细菌快速生长，产生一些蛋白质和氨基酸代谢的副产物，形成类似于蛋霉变的霉臭味。

鲜蛋在低温储藏的条件下，有时也会出现腐败变质现象。这是由于某些嗜冷性微生物如假单胞菌、枝胞霉、青霉等在低温下仍能生长繁殖而造成的。

7.4.2 鲜蛋的检验

7.4.2.1 样品的采集

① 蛋、糟蛋和皮蛋：用流水冲洗鲜蛋外壳，再用75%酒精棉球涂擦消毒后放入灭菌袋内，加封做好标记后送检。

② 巴氏消毒全蛋粉、蛋黄粉、蛋白片：将包装铁箱上开口处用75%酒精棉球消毒，然后将盖开启，用灭菌的金属制双层旋转式套管采样器斜角插入箱底，使套管旋转收取检样，再将采样器提出箱外，用灭菌小匙自上中下部收取检样，装入灭菌广口瓶中，每个检样质量不少于100g，标记后送检。

③ 巴氏消毒冰全蛋、冰蛋黄、冰蛋白：将包装铁听开口处用75%酒精棉球消毒，然后将盖开启，用灭菌电钻由顶到底斜角钻入，慢慢钻取样品，然后抽出电钻，从中取出检样250g装入灭菌广口瓶中，标记后送检。

④ 对成批产品进行质量简单鉴定时的采样数量：巴氏消毒全蛋粉、蛋黄粉、蛋白片等产品以1日或1班产量为1批检验沙门氏菌时，按每批总量的5%抽样，但每批最少不得少

于 3 个。测定菌落总数和大肠菌群时,每批按装罐过程前、中、后取样 3 次,每次取样 100g,每批合为一个检样。

7.4.2.2 样品的处理

① 鲜蛋、糟蛋、皮蛋外壳:用灭菌生理盐水浸湿的棉拭充分擦拭蛋壳,然后将棉拭直接放入培养基内增菌培养,也可将正整个鲜蛋放入灭菌小烧杯或平皿中,按检样要求加入定量灭菌生理盐水或液体培养基,用灭菌棉拭将蛋壳表面充分擦洗后,用擦洗液为检样。

② 鲜蛋蛋液:将鲜蛋在流水下洗净,待干后再用 75％酒精棉球消毒蛋壳,然后根据检验要求,打开蛋壳取出蛋白、蛋黄或全蛋液,放入带有玻璃珠的灭菌瓶内,充分摇匀检样。

③ 巴氏消毒全蛋粉、蛋黄粉、蛋白片:将检样放入带有玻璃珠的灭菌瓶内,充分摇匀检验。

④ 巴氏消毒冰全蛋、冰蛋黄、冰蛋白:将装有冰蛋检样的瓶子浸泡于流动冰水中,待检样融化后取出,放入带有玻璃珠的灭菌瓶中充分摇匀待检。

⑤ 各种蛋制品沙门氏菌增菌培养:以无菌操作称取检样,接种于亚硒酸盐亮绿或亮绿肉汤等增菌培养基中(此培养基预先置于有适量玻璃珠的灭菌瓶内),盖紧瓶盖,充分摇匀,然后放入(36±1)℃恒温箱中培养(20±2)h。

⑥ 接种以上各种蛋与蛋制品的数量及培养基的数量和成分:凡用亚硒酸盐亮绿增菌培养时,各种蛋和蛋制品的检样接种量为 30g,培养基数量都为 150mL。凡用亮绿肉汤等增菌培养时,检样接种数量、培养基数量和浓度见表 7-8。

表 7-8 检样接种数量、培养基数量和浓度

检样种类	检样接种数量	培养基数量/mL	亮绿浓度/(g/mL)
巴氏消毒全蛋粉	6g(加 24mL 灭菌水)	120	1/6000～1/4000
蛋黄粉	6g(加 24mL 灭菌水)	120	1/6000～1/4000
鲜蛋液	6mL(加 24mL 灭菌水)	120	1/6000～1/4000
蛋白片	6g(加 24mL 灭菌水)	120	1/1000000
巴氏消毒冰全蛋	30g	150	1/6000～1/4000
冰蛋黄	30g	150	1/6000～1/4000
冰蛋白	30g	150	1/6000～1/5000
鲜蛋、糟蛋、皮蛋	30g	150	1/6000～1/4000

注:亮绿应在用时加入肉汤中,亮绿浓度以检样和肉汤的总量计算。

7.4.2.3 检验

根据不同蛋制品中常见的不同类群微生物,检测细菌总数、大肠菌群 MPN 及致病菌的检验。

7.5 水产食品的检验

7.5.1 样品的采集

现场采取水产食品样品时,应按检验目的和水产品的种类确定采样量。除个别大型鱼类和海兽只能割取其局部作为样品外,一般都采取完整的个体,待检验时再按要求在一定部位采取检样。在以判断质量鲜度为目的时,鱼类和体形较大的贝甲类虽然应以一个个体为一件样品,单独采取一个检样,但当对一批水产品做质量判断时,仍需采取多个个体做多件检验

以反映全面质量。一般小型鱼类和对虾、小蟹，因个体过小在检验时只能混合采取检样，在采样时需采数量更多的个体，一般可采 500～1000g；鱼糜制品（如灌肠、鱼丸等）和熟制品采取 250g，放火灭菌容器内。

水产食品含水较多，体内酶的活力也较旺盛，易于变质。因此在采好样品后应在最短时间内送检，在送检过程中一般都应加冰保藏。

7.5.2 检样的处理

7.5.2.1 鱼类

鱼类采取检样的部位为背肌。先用流水将鱼体体表冲净，去鳞，再用 75％酒精棉球擦净鱼背，待干后用灭菌刀在鱼背部沿脊椎切开 5cm，再切开两端使两块背肌分别向两侧翻开，然后用无菌剪子剪取 25g 鱼肉，放入灭菌乳钵内，用灭菌剪子剪碎，加灭菌海砂或玻璃砂研磨（有条件情况下可用均质器），检样磨碎后加入 225mL 灭菌生理盐水，混匀成稀释液。在剪取肉样时要仔细操作，勿触破及粘上鱼皮。鱼糜制品和熟制品则放乳钵内进一步捣碎后，再加生理盐水混匀成稀释液。

7.5.2.2 虾类

虾类采取检样的部位为腹节内的肌肉。将虾体在流水下冲净，摘去头胸节，用灭菌剪子剪除腹节与头胸节连接处的肌肉，然后挤出腹节内的肌肉，取 25g 放入灭菌乳钵内，以后操作同鱼类检样处理。

7.5.2.3 蟹类

蟹类采取检样的部位为胸部肌肉。将蟹体在流水下冲净，剥去壳盖和腹脐，去除鳃条。再置流水下冲净。用酒精棉球擦拭前后外壁，置灭菌搪瓷盘上待干，然后用灭菌剪子剪开成左右两片，再用双手将一片蟹体的胸部肌肉挤出（用手指从足根一端向剪开的一端挤压），称取 25g，置灭菌乳钵内。以后操作同鱼类检样处理。

7.5.2.4 贝壳类

缝中徐徐切入，撬开壳盖，再用灭菌镊子取出整个内容物，称取 25g 置灭菌乳钵内，以后操作同鱼类检样处理。

7.5.3 水产食品检验

根据不同水产食品中常见的不同类群微生物，检测致病菌。

水产食品兼有海洋细菌和陆上细菌的污染，检验时细菌培养温度一般为 30℃。以上采样方法和检验部位均以检验水产食品肌肉内细菌含量从而判断其鲜度质量为目的。如需检验水产食品是否带有某种致病菌时，其检验部位应采胃肠消化道和鳃等呼吸器官，鱼类检取肠管和鳃；虾类检取头脑节内的内脏和腹节外沿处的肠管；蟹类检取胃和鳃条；贝类中的螺类检取腹足肌肉以下的部分；贝类中的双壳类检取覆盖在节足肌肉外层的内脏和瓣鳃。

7.6 罐头食品的检验

罐头食品是将食品或食品原料经预处理，再装入容器，经密封、杀菌而成的食品。罐头食品的种类很多，按 pH 值的不同可分为低酸性罐头、中酸性罐头和高酸性罐头。以动物性食品原料为主的罐头属低酸性罐头，而以植物性食品原料为主的罐头属中酸性或高酸性罐头。罐头食品经密封、加热杀菌等处理后，其中的微生物几乎均被灭活，而外界微生物又无法进入罐内，同时容器内的大部分空气已被抽除，食品中多种营养成分不致被氧化，从而这种食品可保存较长的时间而不变质。

罐内污染了微生物而导致罐头变质，导致罐头食品败坏的微生物主要是某些耐热、嗜热并厌氧或兼性厌氧的微生物，这些微生物的检验和控制在罐头工业中具有相当重要的意义。

7.6.1 罐头食品微生物污染的来源

罐头食品在加工过程中，为了保持产品正常的感官性状和营养价值，在进行加热杀菌时，不可能使罐头食品完全无菌，只强调杀死病原菌和产毒菌，实质上只是达到商业灭菌程度，即罐头内所有的肉毒梭菌芽孢和其他致病菌以及在正常的储存和销售条件下能引起内容物变质的嗜热菌均被杀灭。罐内残留的一些非致病性微生物在一定的保存期限内，一般不会生长繁殖，但是如果罐内条件发生变化，储存条件发生改变，这部分微生物就会生长繁殖，造成罐头变质。经高压蒸汽灭菌的罐头内残留的微生物大都是耐热性的芽孢，如果罐头储存温度不超过43℃，通常不会引起内容物变质。

罐头经杀菌后，若封罐不严则容易造成漏罐致使微生物污染。重要污染源是冷却水，这是因为罐头经热处理后需通过冷却水进行冷却；空气也是造成漏罐污染的污染源，但较次要。

7.6.2 罐头食品污染的微生物种类

7.6.2.1 低酸性罐头污染的微生物

（1）嗜热性细菌 这类细菌抗热能力很强，易形成芽孢，罐头食品由于杀菌不彻底而导致的污染大多数由此类细菌引起。这类细菌通常有平酸腐败细菌（平酸菌）、嗜热性厌氧芽孢菌等。

平酸菌是引起平盖酸败的原因。在43℃以上储存的低酸性罐头食品，可因其内残留的对热有很强抵抗力的嗜热性需氧芽孢菌的生长，而导致内容物变质，但因其能在43℃以上的温度中生长而使罐头内容物变酸，使罐头失去食用价值。由于这类细菌在罐头内活动时，罐听不发生膨胀，而内容物的 pH 值显著偏低之故，因而这种变质通常称为平盖酸败，由能形成芽孢的一类需氧乃至兼性厌氧的细菌引发。根据平酸菌嗜热程度不同，可分为专性嗜热菌和兼性嗜热菌两类，如嗜热脂肪芽孢杆菌和凝结芽孢杆菌。

嗜热性厌氧芽孢菌在43℃以上储存的低酸性罐头食品也可因残留生长而引起罐头食品变质，这种变质由于原因菌的不同可分为以下两种类型。一种产气型变质，通常是指罐听发生膨胀的变质（胖听）而言，这种变质系由专性嗜热的产芽孢厌氧菌——嗜热解糖梭菌所引起。该菌是专性厌氧菌，最适生长温度为55℃，其分解糖的能力很强，能分解葡萄糖、乳糖、蔗糖、水杨苷及淀粉，产生酸和大量的气体，不分解蛋白质，不能使硝酸盐还原，不产生毒素。另一种罐头食品遭受硫化物腐败细菌污染的情况较少见，变质的特征是罐听平坦，内容物发暗，有臭鸡蛋味，通常由专性嗜热的产芽孢厌氧菌——致黑梭菌引起，它分解糖的能力不强，但能分解蛋白质产生硫化氢，硫化氢与罐头容器的马口铁化合生成黑色的硫化物，使食品变黑，罐头内产生的硫化氢因被罐内食品吸收，因而罐听不会发生膨胀。

（2）中温性厌氧细菌 其适宜生长温度约为37℃，有的可在50℃生长。可分为两类：

一类分解蛋白质的能力强，也能分解一些糖，其主要有肉毒梭菌、生胞梭菌、双酶梭菌、腐化梭菌等；另一类分解糖类，如丁酸梭菌、巴氏芽孢梭菌、魏氏梭菌等。

中温性厌氧细菌引起腐败变质，罐听膨胀，内容物有腐败臭味。肉毒梭菌尤为重要，肉毒梭菌分解蛋白质产生硫化氢、氨、粪臭素等导致胖听，内容物呈现腐烂性败坏，并有毒素产生和恶臭味放出，值得注意的是由于肉毒毒素毒性很强，所以如果发现内容物中有带芽孢的杆菌，则不论罐头腐败程度如何，均必须用内容物接种小白鼠以检测肉毒毒素。

（3）中温性需氧菌　这类细菌属芽孢杆菌属，能产生芽孢，其耐热能力较差，许多细菌的芽孢在100℃或更低一些的温度下，短时间内就能被杀死，常见的引起罐头腐败变质的中温性需氧芽孢菌有枯草芽孢杆菌、巨大芽孢杆菌和蜡样芽孢杆菌等。罐头内几乎呈现的真空状态使它们的活动受到抑制，这类细菌可分解蛋白质和糖，糖分解后绝大多数产酸而不产气，因而也为平酸腐败，但多黏芽孢杆菌和浸麻芽孢杆菌能分解糖类、产酸产气，造成胖听。

（4）不产芽孢的细菌　罐头内污染的不产芽孢的细菌有两大类群：一类是肠道细菌如大肠埃希氏菌，它们在罐内生长可造成胖听；另一类是不产芽孢的细菌，主要是链球菌特别是嗜热链球菌和粪链球菌等，这些细菌的抗热能力很强。多见于蔬菜、水果罐头中，它们生长繁殖会产酸并产生气体，造成胖听。在火腿罐头中常可检出粪链球菌和尿链球菌等不产芽孢的细菌。

（5）酵母菌及霉菌　酵母菌污染低酸性罐头的情况较少见，偶尔出现于甜炼乳罐头中。

7.6.2.2 酸性罐头污染的主要微生物

（1）产生芽孢的细菌　这类细菌在腐败变质的水果罐头中较常见，如凝结芽孢杆菌、丁酸梭菌、巴氏芽孢梭菌、多黏芽孢杆菌、浸麻芽孢杆菌等。凝结芽孢杆菌是酸性罐头食品中常见的平酸菌，常在番茄汁罐头中出现，对热抵抗力强，具有兼性厌氧特点，能适应较高的酸度，能分解糖类产酸，但不产气。丁酸梭菌和巴氏芽孢梭菌可分解罐头中的糖类，产生丁酸和二氧化碳及氢气，使产品带有酸臭气味。多黏芽孢杆菌、浸麻芽孢杆菌也可引起水果罐头产酸产气。

（2）不产生芽孢的细菌　这类细菌主要是乳酸菌，如乳酸杆菌和明串珠菌，它可引起水果及水果制品的酸败；又如乳酸杆菌的异型发酵菌种可造成番茄制品的酸败和水果罐头的产气性败坏。

（3）抗热性霉菌及酵母菌　常见的黄色丝衣霉菌，其抗热能力比其他霉菌强，85℃30min仍能存活，且能在氧气不足的环境中存活并生长繁殖，具有强烈的破坏果胶质的作用，如在水果罐头中残留并繁殖，可使水果柔化和解体，它能分解糖产生二氧化碳并造成水果罐头胖听；其次是白色丝衣霉菌，也有抗热性，在76.6℃的温度下能生存30min，也可使罐头败坏，这类抗热性霉菌引起罐头食品的变质，可通过霉臭味、食品褪色或组织结构改变、内容物中有霉菌菌丝以及有时出现罐盖的轻度膨胀得到证实。其他霉菌如青霉、曲霉等也可造成果酱、糖水水果罐头败坏。酵母菌的抗热能力很低，除了杀菌不足或发生漏罐外，罐头食品通过正常的杀菌处理，通常是不会发生酵母菌污染的。

7.6.3 罐头食品的微生物检验

罐头的种类不同，导致腐败变质的原因菌也不同，而且这些原因菌有时也不是单一的，往往是多种细菌同时污染。为了保证罐头食品的安全卫生，必须对罐头产品进行微生物学方面的检验，以杜绝不合格产品。

7.6.3.1 样品的采集

在检验大批罐头食品时，根据厂别、商标，按品种、来源及制造时间分类进行采样；对于生产过程中的罐头食品，可按生产班次采样，每班每个品种取样基数不得少于3罐。也可按杀菌锅采样，每锅取1罐．但每批每个品种不得少于3罐；在仓库或商店储存的成批罐头中，有变形，膨胀、凹陷、罐壁裂缝、生锈和破损等情况时，可根据情况决定抽样数量。

7.6.3.2 罐头食品的常规检验

罐头食品在做无菌检验前，一般应先做密闭试验，然后对密闭良好的罐头进行膨胀试验，再开罐取内容物做无菌试验。

(1) 密闭试验　将被检罐头置于（86±1）℃水浴，让罐头沉入水面以下5cm，然后观察5min，若发现有小气泡连续上升者，表明漏气。玻璃罐头进行试验时，应先浸入温水中，然后放入上述温度的水中，以免骤然爆裂。

(2) 膨胀试验　对于新鲜罐头，一般在（36±1）℃环境中7d，而水果与蔬菜罐头则在20～25℃环境中放置7d，然后观察罐头盖顶和底部有无膨胀现象。

(3) 无菌检验　待检罐头均须冷至室温，经膨胀试验发生胖听的罐头应先放冰箱使之冷却。开罐前应先将待检罐头编号以便于记录。在无菌环境中进行。

对于胖听可用含4%碘的70%酒精溶液消毒，并用灭菌毛巾擦干，不能用点燃的酒精棉球灼烧，以防内部气体受热而使罐听膨胀加剧，以致出现裂隙，内容物喷出。用灭菌的开罐器穿刺罐顶，可设法捕获一些罐内气体，然后通过化学方法鉴定气体性质，是否为二氧化碳、氢气或其他气体。再无菌采取罐头中心部位的样品。

对于外观正常的罐头可用酒精棉球擦去开启端可能存在的污秽和油渍，再用清洁的毛巾擦干，然后用火焰灼烧开启端直至所附水分全部蒸发。用灭菌的开罐器穿刺罐顶，无菌采取罐头中心部位的样品。

① 检验：分别取2管肉汤（或溴甲酚紫葡萄糖肉汤）和2管肝片肉汤（或刚经煮沸使迅速冷却酚疱肉培养基），同时接种检样，接种量液体样品为1～2mL，固体样品为1～2g，二者皆有时，应各取一半。接种后于37℃分别做需氧菌培养检查和厌氧菌培养检查。同时将检样涂片，革兰氏染色（或其他染色）后镜检。

② 结果分析：若所有的需氧培养基管和厌氧培养基管内无细菌生长，则无菌试验合格，不需要做进一步的病原菌检验；若2管需氧培养基内有细菌生长，涂片中也发现细菌，需对检样作致病性球菌和肠道致病菌的检验；若2管厌氧培养基内有细菌生长，涂片中也发现细菌，则对检样做肉毒梭菌、魏氏梭菌的检测；如果膨胀试验阳性，逸气检查为氢气，但是培养不生长，这种膨胀大多由于罐头内容物于罐壁的化学作用产生的氢气所引起即氢胀。如果逸气不是氢气不是二氧化碳，而培养检查呈现阳性，则膨胀因需氧性芽孢菌分解某些肉品罐头中的添加剂——硝酸盐产生的一氧化碳和氮气所引起。

在罐头食品的无菌试验中，若发现球菌，则须进行致病性葡萄球菌和致病性链球菌的检验；若发现革兰氏阴性杆菌，则须进行肠道致病菌如沙门氏菌和大肠埃希氏菌等的检验；若发现革兰氏阳性杆菌，则须进行肉毒梭菌、产气荚膜梭菌及肉毒毒素的检验；若罐头食品无菌试验为阴性或其pH 4.6以下，则不必做食物中毒性细菌的检验。

对疑似平酸腐败的罐头食品应进行平酸菌检验。随机抽取一定数量的样品，置于55℃温箱内保温3d后取出，无菌操作，吸取罐头内容物1g(1mL)接种于溴甲酚紫葡萄糖肉汤培养基中，于55℃培养5d。培养液均匀浑浊、呈酸性反应、无碱性反应者为典型平酸菌的主要特征。平酸菌在溴甲酚紫葡萄糖琼脂平板上，典型的菌落为乳黄色、中心深、扁平而稍突起，边缘整齐或不整齐。另外，在溴甲酚紫葡萄糖肉汤培养基中经55℃培养后无明显的酸性反应或虽有酸性反应，但有碱性逆反应并有菌膜者，这一类平酸菌为非典型平酸菌，如枯草芽孢杆菌、地衣芽孢杆菌等。凡检出的非典型平酸菌，应做酸败证实试验。

分析罐头腐败的原因是，不能仅凭被检出的微生物确定腐败原因。有微生物残留，但经过一段时间保温观察，并不繁殖，不影响罐头品质时为商业无菌。没有微生物残留，但经过一段时间保温观察，食品已经变质为非商业无菌，这是由于原料变质或杀菌后残留菌使食品变质后死亡引起，如果微生物残留，食品也已经变质时，为非商业无菌，残留菌可能是腐败原因菌，也可能不是腐败原因菌，腐败原因菌可能已经死亡。

7.6.3.3 商业无菌检验

罐头食品经过适度的杀菌后，不含有致病性微生物，也不含有在通常温度下能在其中繁殖的非致病性微生物，这种状态叫做商业无菌。

具体检测方法参见 GB 4789.26—2013《食品安全国家标准 食品微生物学检验 商业无菌检验》

（1）检验程序

检验程序如图 7-7 所示。

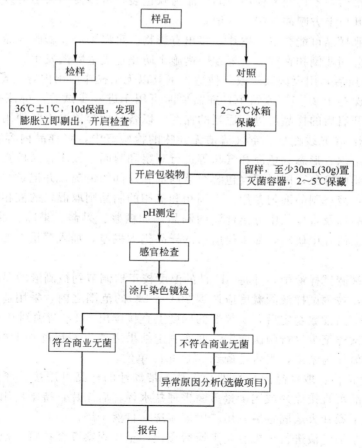

图 7-7 商业无菌检验程序

263

（2）操作步骤

① 样品准备：去除表面标签，在包装容器表面用防水的油性记号笔做好标记，并记录容器、编号、产品性状、泄漏情况、是否有小孔或锈蚀、压痕、膨胀及其他异常情况。

② 称重：1 kg 及以下的包装物精确到 1g，1 kg 以上的包装物精确到 2g，10 kg 以上的包装物精确到 10g，并记录。

③ 保温：每个批次取 1 个样品置 2～5℃冰箱保存作为对照，将其余样品在 36℃±1℃下保温 10 d。保温过程中应每天检查，如有膨胀或泄漏现象，应立即剔出，开启检查。保温结束时，再次称重并记录，比较保温前后样品重量有无变化。如有变轻，表明样品发生泄漏。将所有包装物置于室温直至开启检查。

④ 开启：用冷水和洗涤剂清洗待检样品的光滑面。水冲洗后用无菌毛巾擦干。以含 4%碘的乙醇溶液浸泡消毒光滑面 15min 后用无菌毛巾擦干，在密闭罩内点燃至表面残余的碘乙醇溶液全部燃烧完。

如有膨胀的样品，则将样品先置于 2～5℃冰箱内冷藏数小时后开启。膨胀样品以及采用易燃包装材料包装的样品不能灼烧，以含 4%碘的乙醇溶液浸泡消毒光滑面 30min 后用无菌毛巾擦干。

在超净工作台或百级洁净实验室中开启。带汤汁的样品开启前应适当振摇。使用无菌开罐器在消毒后的罐头光滑面开启一个适当大小的口，开罐时不得伤及卷边结构，每一个罐头单独使用一个开罐器，不得交叉使用。如样品为软包装，可以使用灭菌剪刀开启，不得损坏接口处。立即在开口上方嗅闻气味，并记录。

注：严重膨胀样品可能会发生爆炸，喷出有毒物。可以采取在膨胀样品上盖一条灭菌毛巾或者用一个无菌漏斗倒扣在样品上等预防措施来防止这类危险的发生。

⑤ 留样：开启后，用灭菌吸管或其他适当工具以无菌操作取出内容物至少 30mL（30g）至灭菌容器内，保存于 2～5℃冰箱中，在需要时可用于进一步试验，待该批样品得出检验结论后可弃去。开启后的样品可进行适当的保存，以备日后容器检查时使用。

⑥ 感官检查：在光线充足、空气清洁无异味的检验室中，将样品内容物倾入白色搪瓷盘内，对产品的组织、形态、色泽和气味等进行观察和嗅闻，按压食品检查产品性状，鉴别食品有无腐败变质的迹象，同时观察包装容器内部和外部的情况，并记录。

⑦ pH 测定：液态制品混匀备用，有固相和液相的制品则取混匀的液相部分备用。对于稠厚或半稠厚制品以及难以从中分出汁液的制品（如糖浆、果酱、果冻、油脂等），取一部分样品在均质器或研钵中研磨，如果研磨后的样品仍太稠厚，加入等量的无菌蒸馏水，混匀备用。

将电极插入被测试样液中，并将 pH 计的温度校正器调节到被测液的温度。如果仪器没有温度校正系统，被测试样液的温度应调到 20℃±2℃的范围之内，采用适合于所用 pH 计的步骤进行测定。当读数稳定后，从仪器的标度上直接读出 pH，精确到 0.05 pH 单位。

同一个制备试样至少进行两次测定。两次测定结果之差应不超过 0.1 pH 单位。取两次测定的算术平均值作为结果，报告精确到 0.05 pH 单位。

⑧ 涂片染色镜检：取样品内容物进行涂片。带汤汁的样品可用接种环挑取汤汁涂于载玻片上，固态食品可直接涂片或用少量灭菌生理盐水稀释后涂片，待干后用火焰固定。油脂性食品涂片自然干燥并火焰固定后，用二甲苯流洗，自然干燥。

涂片用结晶紫染色液进行单染色，干燥后镜检，至少观察 5 个视野，记录菌体的形态特征以及每个视野的菌数。与同批冷藏保存对照样品相比，判断是否有明显的微生物增殖现象。菌数有百倍或百倍以上的增长则判为明显增殖。

（3）结果判定

① 样品经保温试验未出现泄漏：保温后开启，经感官检验、pH 测定、涂片镜检，确证无微生物增殖现象，则可报告该样品为商业无菌。

② 样品经保温试验出现泄漏：保温后开启，经感官检验、pH 测定、涂片镜检，确证有微生物增殖现象，则可报告该样品为非商业无菌。

③ 若需核查样品出现膨胀、pH 或感官异常、微生物增殖等原因，可取样品内容物的留样按照 GB 4789.26—2013 附录 B 进行接种培养并报告。若需判定样品包装容器是否出现泄漏，可取开启后的样品按照该标准附录 B 进行密封性检查并报告，在此不再详述。

思考与练习

1. 水质检测时，采集样品的注意事项有哪些？
2. 饮用水主要的致病菌有哪些？目前国际上检测哪几种？
3. 伊红-美蓝平板或远藤氏品红亚硫酸钠平板检测大肠菌群时，呈现什么菌落特征？
4. 为何假单胞菌在食品腐败中最常见并且危害较大？
5. 鲜乳中抗生素残留的检验意义如何？简便方法是什么？我国规定的乳中残留如何？
6. 阪崎肠杆菌在新生儿或早产婴儿中引起病症，检验前如何进行增菌培养？
7. 双歧杆菌菌体的生理生化特征有哪些？
8. 鲜蛋腐败很常见，请问蛋内容物变绿、变散、恶臭都是如何引起的？
9. 各种不同的蛋制品如何进行不同的样品处理？
10. 鲜肉的微生物检验有何实际意义？如果肉质已经不新鲜，如何处理？
11. 判断冷藏肉的新鲜程度，其中细菌镜检的三个指标是什么？各有何研究意义？
12. 肉制品采用方法有哪些？如何做到全面随机采样？
13. 罐头的胖听主要由什么菌引起？该类菌生长有何特征？
14. 罐头食品在无菌检验之前需要进行什么分析？
15. 导致罐头微生物污染的主要途径有哪些？

阅读资料

来自人民网、新华网

2011 年 8 月 18 日美国疾病控制中心日宣布，美境内多个州都发生居民因食用遭沙门氏菌污染鸡蛋而致病的现象。已经有数百患者前往医院接受检查。8 月 20 日，爱荷华州的希兰代尔农场宣布，自愿回收 1.7 亿只可能受到沙门氏菌污染的鸡蛋。鸡蛋在 4 月 10 日至 8 月 19 日这段期间生产和包装。在几天前，爱荷华州的另一家鸡蛋公司已召回总量达 3.8 亿只的遭污染鸡蛋，令全美回收鸡蛋数目逾 5 亿只。

据了解，这些鸡蛋被包装成至少 3 个品牌，销售到包括加州在内的 14 个州。希兰代尔公司在一份声明中说：问题鸡蛋被包装成三个品牌，出售给加州、阿肯色州、爱荷华、伊利诺、印第安纳、堪萨斯、明尼苏达、密苏里、内布拉斯加、北达科他、俄亥俄、南达科他、德克萨斯和威斯康辛等 14 个州的食品批发商，零售店和食品服务公司。这些鸡蛋有 6 颗装，12 颗装，18 颗装，30 颗装和 5 打一颗的。以 15 个和 30 打大盒包装的，也在被污染之列。

之后，明尼苏达、加利福尼亚、亚利桑那、伊利诺伊、内华达、北卡罗来纳、德克萨斯和威斯康星等州都发现了遭污染的鸡蛋和患病的民众。资料显示,沙门氏菌是一种能引起食物中毒的普通细菌。本次污染鸡蛋的沙门氏菌是"普通品种",且不会让母鸡生病。

调查中发现有的餐厅用生鸡蛋制作沙拉,或向餐汤里打入了生鸡蛋,这是人感染沙门氏菌的主要途径。医生介绍,当人食用了未经充分加工的受污染鸡蛋后,可能在8～72h内出现腹泻、肚痛和发热等症状。对免疫系统虚弱的老人与孩子来说,食用遭污染鸡蛋可能带来生命危险。尽管沙门氏菌寄生在鸡蛋内部而不仅仅是在蛋壳上,但如果将鸡蛋彻底煮熟,就能完全杀死此类细菌。

美国食品和药物管理局宣布,随着沙门氏菌疫情在美国多个州持续蔓延,染病人数已上升至1000多人。美国食品和药物管理局在疫情通报中说全美各地接到2000多个可疑病例报告,约一半病例得到确诊,未接到死亡报告。

值得注意的是,普通人根本无法通过肉眼判断哪些鸡蛋被沙门氏菌污染。另外,即便是体内寄生有沙门氏菌的母鸡,也不会经常产下"不健康的鸡蛋"。内部被沙门氏菌污染的鸡蛋只是一种"随机现象"。即便是所谓的"绿色(有机)鸡蛋"也难逃污染厄运。

沙门氏菌是最常见的引发食源性疾病的原因,主要污染肉类食品,鱼、禽、乳、蛋类食品也可受此菌污染。研究人员表示,这些沙门氏菌可以通过多种渠道污染鸡蛋。首先,它能通过鸡粪残余物粘在鸡蛋外壳上。不过,随着清洗和杀菌技术的提高,现在鸡蛋壳上的沙门氏菌已经越来越少了。其次,沙门氏菌可寄生在健康母鸡体内,并直接污染尚未成型的鸡蛋。健康人感染后经常出现发热、腹泻、恶心、呕吐和腹痛等症状。夏季往往是沙门氏菌感染的高发季节,专家建议为避免沙门氏菌,鸡蛋一定要完全煮熟之后再食用,不吃生鸡蛋;保存时将鸡蛋冷藏在7℃以下;同生鸡蛋接触后,用香皂和水洗手并清洗厨房用具;不要让生鸡蛋在常温下保存超过2h等。

2009年,美国还曾数度召回被沙门氏菌和大肠埃希氏菌污染的牛肉馅。一些蔬菜沙拉制品也曾因遭大肠埃希氏菌和沙门氏菌污染被召回。

国内部分食品企业在接受记者采访时均表示,使用国内生产的鸡蛋原料,没有使用进口鸡蛋。东莞徐福记食品有限公司有关人士宣称,该公司多种食品中会使用到鸡蛋原料,但该公司采购的鸡蛋均来自国内。

早在2007年,法国卫生防疫所就提醒公众注意鸡蛋保鲜,并尽量避免生吃鸡蛋,因为该所的一项调查发现,法国近十年来严重食物中毒事件中相当一部分由鸡蛋中的沙门氏菌所致。根据调查报告,在1996年至2005年间的食物中毒事件中,64%由沙门氏菌引起。此外,在所有沙门氏菌导致的食物中毒中,吃生鸡蛋或未煮熟的鸡蛋导致的中毒事件占发生案例的59%。沙门氏菌不但可以污染蛋壳,而且可以穿过蛋壳污染蛋体。在调制沙拉酱、奶油等食品时使用生鸡蛋及食用半生不熟的鸡蛋是引起沙门氏菌感染的主要原因。专家表示,要特别注意鸡蛋的保鲜期和低温保存。此外,年老体弱者和婴幼儿应尽量避免生吃鸡蛋。

英国使用疫苗接种预防沙门氏菌的经验是,沙门氏菌是一种典型的肠道生物体,在大多数家禽感染的病例中不表现临床症状。在这种情况下,由于人工方法刺激局部肠道产生免疫力困难,通过按种疫苗产生的潜在好处能够被人们认识。在实践中,接种疫苗,是全面管理、卫生和生物安全措施的一部分,从两方面来说,对降低感染水平都有有价值的作用。这两方面是:一是从单个鸡群或鸡场中根除感染;二是在不可能根除感染的地方,减少鸡群内的流行、排泄、鸡场环境污染和来自于鸡场的食用产品的污染。在历史上,沙门氏菌活疫苗和灭活疫苗都曾经被用于牛和猪。

附　录

附录1 每克（每毫升）样品中最可能数（MPN）检索

附表1 每克（每毫升）样品中最可能数（MPN）检索表

阳性管数/(g/mL)			MPN	阳性管数/(g/mL)			MPN
0.1	0.01	0.001		0.1	0.01	0.001	
0	0	0	<3.0	2	0	0	9.1
0	0	1	3.0	2	0	1	14
0	0	2	6.0	2	0	2	20
0	0	3	9.0	2	0	3	26
0	1	0	3.0	2	1	0	15
0	1	1	6.1	2	1	1	20
0	1	2	9.2	2	1	2	27
0	1	3	12.0	2	1	3	34
0	2	0	6.2	2	2	0	21
0	2	1	9.3	2	2	1	28
0	2	2	12.0	2	2	2	35
0	2	3	16.0	2	2	3	42
0	3	0	9.4	2	3	0	29
0	3	1	13.0	2	3	1	36
0	3	2	16.0	2	3	2	44
0	3	3	19.0	2	3	3	53
1	0	0	3.6	3	0	0	23
1	0	1	7.2	3	0	1	38
1	0	2	11.0	3	0	2	64
1	0	3	15.0	3	0	3	95
1	1	0	7.4	3	1	0	43
1	1	1	11.0	3	1	1	75
1	1	2	15.0	3	1	2	120
1	1	3	19.0	3	1	3	160
1	2	0	11.0	3	2	0	93
1	2	1	15.0	3	2	1	150
1	2	2	20.0	3	2	2	230
1	2	3	24.0	3	2	3	290
1	3	0	16.0	3	3	0	240
1	3	1	20.0	3	3	1	640
1	3	2	24.0	3	3	2	1100
1	3	3	29.0	3	3	3	>1100

注1：本表采用3个稀释度［0.1g（mL）、0.01g（mL）和0.001g（mL）］，每个稀释度接种3管。

2：表内所列样品量如改为1g（mL）、0.1g（mL）、0.01g（mL）时，表内数字应相应降低10倍；如改为0.01g（mL）、0.001g（mL）、0.0001g（mL）时，则表内数字相应增加10倍，其余可类推。

附录 2 染色剂和指示剂配制

1. 结晶紫染色液（革兰氏染色用）

a. 成分

结晶紫	1.0g
95％乙醇	20.0mL
1％草酸铵水溶液	80.0mL

b. 制法：将结晶紫完全溶解于乙醇中，然后与草酸铵溶液混合，静置 48h 后使用。

2. 革兰氏碘液（Lugol 碘液）（革兰氏染色用）

a. 成分

碘	1.0g
碘化钾	2.0g
蒸馏水	300.0mL

b. 制法：将碘与碘化钾先进行混合，加入蒸馏水少许充分振摇，待完全溶解后，再加蒸馏水至 300mL。

3. 沙黄复染液（革兰氏染色用）

a. 成分

沙黄	0.25g
95％乙醇	10.0mL
蒸馏水	90.0mL

b. 制法：将沙黄溶解于乙醇中，然后用蒸馏水稀释。

4. 石炭酸复红染色液

a. 成分

A 液：碱性复红（basic fuchsin）	0.4g
95％酒精	10mL
B 液：石炭酸	5.0g
蒸馏水	100mL

b. 制法：将碱性复红在研钵中研磨后，逐渐加入 95％酒精，溶解后可储存于密闭的棕色瓶中，继续研磨使其溶解，配成 A 液。将石炭酸溶解于蒸馏水中，配成 B 液。混合 A 液 10mL 及 B 液 90mL 即成，通常可将此混合液稀释 5～10 倍使用，稀释液易变质失效，一次不宜多配。

5. 中性红染色液（活细胞染色用）

a. 成分

中性红	0.1g
蒸馏水	100mL

b. 制法：将石炭酸溶解于蒸馏水中。使用时再稀释 10 倍左右。

6. 芽孢染色液

（1）5％孔雀绿（malachite green）溶液：孔雀绿 0.5g；蒸馏水 10mL。

（2）0.5％沙黄溶液：沙黄 0.5g；蒸馏水 100mL。

7．苏丹黑染液：苏丹黑-B（Sudan black B）0.5g；70％的酒精 100mL。

8．0.1％美蓝液：美蓝 0.1g；蒸馏水 100mL。

9．0.5％番红水溶液：番红 0.1g；蒸馏水 100mL。

10．乳酸石炭酸棉蓝染液（霉菌形态观察用）

a．成分

石炭酸	2.0g
甘油	40mL
乳酸(密度 1.21)	20mL
蒸馏水	20mL
棉蓝(cotton blue)	0.05g

b．制法：石炭酸在蒸馏水中加热溶解，然后加入乳酸和甘油，最后加入棉蓝，使其溶解即成。

11．溴甲酚绿指示液：取溴甲酚绿 0.1g，加 0.05mol/L 氢氧化钠溶液 2.8mL 使溶解，再加水稀释至 200mL，即得。变色范围，pH 3.6～5.2（黄→蓝）。

12．溴麝香草酚蓝指示液：取溴麝香草酚蓝 0.1g 加 0.05mol/L 氢氧化钠溶液 3.2mL 使溶解，再加水稀释至 200mL，即得。变色范围 pH 6.0～7.6（黄→蓝）。

13．麝香草酚酞指示液：取麝香草酚酞 0.1g 加乙醇 100mL 使溶解，即得。变色范围 pH 9.3～10.5g（无色→蓝）。

14．麝香草酚蓝指示液：取麝香草酚蓝 0.1g 加 0.05mol/L 氢氧化钠溶液 4.3mL 使溶解，再加水稀释至 200mL 即得。变色范围，pH 1.2～2.8（红→黄）；pH 8.0～9.6（黄→紫蓝）。

15．石蕊指示液：取石蕊粉末 10g 加乙醇 40mL 回流煮沸 1h 静置，倾去上层清液，再用同一方法处理 2 次，每次用乙醇 30mL，残渣用水 10mL 洗涤，倾去洗液，再加水 50mL 煮沸，放冷，滤过，即得。变色范围，pH 4.5～8.0（红→蓝）。

16．甲基红指示液：取甲基红 0.1g，加 0.05mol/L 氢氧化钠溶液 7.4mL 使溶解，再加水稀释至 200mL，即得。变色范围，pH 4.2～6.3（红→黄）。

17．结晶紫指示液：取结晶紫 0.5g 加冰醋酸 100mL 使溶解，即得。

18．萘酚苯甲醇指示液：取 α-萘酚苯甲醇 0.5g 加冰醋酸 100mL 使溶解，即得。变色范围，pH 8.5～9.8（黄→绿）。

19．酚酞指示液：取酚酞 1g 加乙醇 100mL 使溶解，即得。变色范围 pH 8.3～10.0（无色→红）。

20．淀粉指示液：取可溶性淀粉 0.5g 加水 5mL 搅匀后，缓缓倾入 100mL 沸水中，随加随搅拌，继续煮沸 2min，放冷，倾取上层清液，即得。本液应临用新制。

21．溴甲酚紫指示液：取溴甲酚紫 0.1g，加 0.02mol/L 氢氧化钠溶液 20mL 使溶解，再加水稀释至 100mL，即得。变色范围，pH 5.2～6.8（黄→紫）。

22．溴酚蓝指示液：取溴酚蓝 0.1g 加 0.05mol/L 氢氧化钠溶液 3.0mL 使溶解，再加水稀释至 200mL，即得。变色范围 pH 2.8～4.6（黄→蓝绿）。

附录 3 生化试验培养基和试剂

1. 糖发酵管（糖发酵试验用）

a. 成分

（1）糖发酵基础液

牛肉膏	5.0g
蛋白胨	10.0g
氯化钠	3.0g
磷酸氢二钠（含 $12H_2O$）	2.0g
0.2%溴麝香草酚蓝溶液	12.0mL
蒸馏水	1000mL

（2）0.5%糖发酵液　　葡萄糖 0.5g；鼠李糖 0.5g；麦芽糖 0.5g；木糖 0.5g；甘露醇 0.5g。

b. 制法：葡萄糖发酵管按上述成分配好后，按 0.5%加入葡萄糖，在 25℃ 下校正 pH 7.1±0.2，分装于有一个倒置小管的小试管内，121℃ 高压灭菌 15min。

其他各种糖发酵管可按上述成分配好后，分装每瓶 100mL，121℃ 高压灭菌 15min。另将各种糖类分别配好 10%溶液，同时高压灭菌。将 5mL 糖溶液加入于 100mL 培养基内，以无菌操作分装小试管。

注：蔗糖不纯，加热后会自行水解者，应采用过滤法除菌。

2. 蛋白胨水（靛基质试验——沙门氏菌、志贺氏菌用）

a. 成分

蛋白胨（或胰蛋白胨）	20.0g
氯化钠	5.0g
蒸馏水	1000mL

b. 制法：将上述成分加入蒸馏水中，煮沸溶解，调节 pH 7.4±0.2，分装小试管，121℃ 高压灭菌 15min。

3. 蛋白胨水（靛基质试验——大肠埃希氏菌用）

a. 成分

胰胨或胰酪胨	10.0g
蒸馏水	1000mL

b. 制法：加热搅拌溶解胰胨或胰酪胨于蒸馏水中。分装试管，每管 5mL。121℃ 高压灭菌 15min。最终 pH 6.9±0.2。

4. Kovacs 靛基质试剂（靛基质试验用）

a. 成分

对二甲氨基甲醛	5.0g
戊醇	75.0mL
浓盐酸	25.0mL

b. 制法：将对二甲氨基甲醛溶解于戊醇中，然后缓慢加入浓盐酸。

5. Voges-Proskauer（VP）试剂（VP 试验用）

（1）甲液：5％ α-萘酚-乙醇溶液

a. 成分

α-萘酚	5.0g
无水乙醇	100.0mL

b. 制法：取 α-萘酚 5.0g 溶解于 100mL 无水乙醇中。

（2）乙液：40％氢氧化钾溶液

a. 成分

氢氧化钾	40.0g
蒸馏水	100.0mL

b. 制法：氢氧化钾用蒸馏水定容至 100.0mL。

6. 缓冲葡萄糖蛋白胨水（BPW）（MR-VP 试验用）

a. 成分

多胨	7.0g
葡萄糖	5.0g
磷酸氢二钾	5.0g
蒸馏水	1000mL

b. 制法：将各成分溶于蒸馏水中，调 pH 7.0，分装试管，121℃高压灭菌 15min。

7. 甲基红试剂

a. 成分

甲基红	10mg
95％乙醇	30.0mL
蒸馏水	20.0mL

b. 制法：甲基红溶于 95％乙醇中，然后加入 20mL 蒸馏水。

8. 七叶苷发酵管

a. 成分

蛋白胨	5.0g
磷酸氢二钾	1.0g
七叶苷	3.0g
柠檬酸铁	0.5g
1.6％溴甲酚紫酒精溶液	1.4mL
蒸馏水	100mL

b. 制法

将上述成分加入蒸馏水中，加热溶解，121℃高压灭菌 15～20min。

9. ONPG 试剂

（1）缓冲液

a. 成分

磷酸二氢钠（NaH$_2$PO$_4$·H$_2$O）	6.9g
蒸馏水	50.0mL

b. 制法：将磷酸二氢钠溶于蒸馏水中，调节 pH 值至 7.0。缓冲液置 2～5℃冰箱保存。

（2）ONPG 溶液

a. 成分

邻硝基酚-β-D-半乳糖苷（ONPG）	0.08g
蒸馏水	15.0mL
缓冲液	5.0mL

b. 制法：将 ONPG 在 37℃的蒸馏水中溶解，加入缓冲液。ONPG 溶液置 2～5℃冰箱保存，试验前，将所需用量的 ONPG 溶液加热至 37℃。

10. β-D 半乳糖苷培养基（ONPG 法）（β-半乳糖苷酶试验用）

a. 成分

邻硝基酚 β-D-半乳糖苷（ONPG）	60.0mg
0.01mol/L 磷酸钠缓冲液（pH 7.5±0.2）	10.0mL
1%蛋白胨水（pH 7.5±0.2）	30.0mL

b. 制法：将 ONPG 溶于缓冲液内，加入蛋白胨水，以过滤法除菌，分装于无菌的 10mm×75mm 小试管内，每管 0.5mL，用橡皮塞塞紧。

11. β-D 半乳糖苷培养基（X-Gal 培养基）（β-半乳糖苷酶试验用）

a. 成分

蛋白胨	20.0g
氯化钠	3.0g
5-溴-4-氯-3-吲哚-β-D-半乳糖苷（X-Gal）	200.0mg
琼脂	15.0g
蒸馏水	1000.0mL

b. 制法

将上述各成分加热煮沸于 1000mL 水中，冷却至 25℃左右校正调至 pH 7.2±0.1，115℃ 高压灭菌 10min。倾注平板避光冷藏备用。

12. H$_2$S 试验用培养基

a. 成分

蛋白胨	20g
NaCl	5g
柠檬酸铁铵	0.5g
Na$_2$S$_2$O$_3$	0.5g
琼脂	15～20g
蒸馏水	1000mL

b. 制法：先将琼脂、蛋白胨溶化，冷至 60℃加入其他成分，调节 pH 7.2，分装试管，115℃灭菌 15min，备用。

13. Hugh-Leifson 培养基-氧化-发酵 （O/F） 试验

a. 成分

蛋白胨	2g
氯化钠	5g
磷酸氢二钾	0.3g
琼脂	4g
葡萄糖	10g
0.2%溴麝香草酚蓝溶液	12mL
蒸馏水	1000mL

b. 制法：将蛋白胨和盐类加水溶解后，校正 pH 至 7.2，加入葡萄糖、琼脂煮沸，溶化琼脂，然后加入指示剂。混匀后，分装试管，121℃高压灭菌 15min，直立凝固备用。

14. 尿素琼脂培养基（尿素酶试验用）

a. 成分

蛋白胨	1.0g
氯化钠	5.0g
葡萄糖	1.0g
磷酸二氢钾	2.0g
0.4%酚红	3.0mL
琼脂	20.0g
蒸馏水	900mL
20%尿素溶液	100mL

b. 制法：除酚红和尿素外的其他成分加热溶解，冷却至 25℃左右校正调至 pH 7.2±0.1，加入酚红指示剂，混匀，于 121℃灭菌 15min。冷至约 55℃，加入 0.22μm 过滤膜除菌的 20%尿素水溶液 100mL，混匀，以无菌操作分装灭菌试管，每管 3～4mL，制成斜面后放冰箱备用。

15. 氨基酸脱羧酶培养基

a. 成分

蛋白胨	5.0g
酵母浸膏	3.0g
葡萄糖	1.0g
蒸馏水	1000mL
1.6%溴甲酚紫-乙醇溶液	1.0mL
L-氨基酸(或 DL-氨基酸)	0.5(或 1g)/100mL

b. 制法：除氨基酸以外的成分加热溶解后，分装每瓶 100mL，分别加入各种氨基酸：赖氨酸、精氨酸和鸟氨酸。L-氨基酸按 0.5%加入，DL-氨基酸按 1% 加入，再行校正 pH 至 6.8±0.2。对照培养基不加氨基酸，分装于灭菌的小试管内，每管 0.5mL，上面滴加一层液体石蜡，115℃高压灭菌 10min.

16. 苯丙氨酸琼脂培养基（苯丙氨酸脱氨试验）

a. 成分

磷酸氢二钠	1g
氯化钠	5g

酵母浸膏	3g
琼脂	12～15g
DL-苯丙氨酸（或 L-苯丙氨酸）	2g（或 1g）
蒸馏水	1000mL

b. 制法：除琼脂外，取各成分溶于水，调 pH 值使灭菌后为 7.3±0.1，再加入琼脂，加热溶胀，分装试管，121℃ 灭菌 15min，制成长斜面。

17. 明胶培养基（明胶液化试验用）

a. 成分

蛋白胨	5g
牛肉膏	3g
明胶	120g
蒸馏水	1000mL

b. 制法：将上述成分混合，置流动蒸气灭菌器内，加热溶解，校正 pH 至 7.4±0.2，用绒布过滤。分装试管，121℃灭菌 15min，垂直放置，待培养基凝固后，备用。

18. 硝酸盐还原（亚硝酸盐）试剂（硝酸盐还原试验用）

（1）甲液（对氨基苯磺酸溶液）

a. 成分

| 对氨基苯磺酸 | 8g |
| 5mol/L 乙酸 | 1000mL |

b. 制法：将对氨基苯磺酸溶解在 5mol/L 乙酸中。

（2）乙液（α-萘酚乙酸溶液）

a. 成分

| α-萘酚 | 5g |
| 5mol/L 乙酸 | 1000mL |

b. 制法：将 α-萘酚溶解在 5mol/L 乙酸中。

19. 硝酸盐肉汤（硝酸盐还原试验）

a. 成分

蛋白胨	5.0g
硝酸钾	0.2g
蒸馏水	1000mL

b. 制法：加热溶解，校正 pH 至 7.4，分装试管，每管 5mL。121℃高压灭菌 15min。

20. 氧化酶试剂（氧化酶试验）

a. 成分

| N,N,N',N'-四甲基对苯二胺盐酸盐 | 1.0g |
| 蒸馏水 | 100.0mL |

b. 制法：将 N,N,N',N'-四甲基对苯二胺盐酸盐溶于蒸馏水（少量新鲜配制），于 2～5℃冰箱内避光保存，在 7d 之内使用。

21. 氰化钾（KCN）培养基

a. 成分

蛋白胨	10.0g
氯化钠	5.0g
磷酸二氢钾	0.225g
磷酸氢二钠	5.64g
蒸馏水	1000mL
0.5％氯化钾	20.0mL

pH 7.6

b. 制法：将除氰化钾以外的成分加入蒸馏水中，煮沸溶解，分装后121℃高压灭菌15min。放在冰箱内使其充分冷却。每100mL培养基加入0.5％氰化钾溶液2.0mL（最后浓度为1：10000），分装于无菌试管内，每管约4mL，立刻用无菌橡皮塞塞紧，放在4℃冰箱内，至少可保存2个月。同时，将不加氰化钾的培养基作为对照培养基，分装试管备用。

22. 西蒙氏柠檬酸盐培养基

a. 成分

磷酸二氢铵	1.0g
磷酸氢二钾	1.0g
氯化钠	5.0g
$MgSO_4 \cdot 7H_2O$	0.2g
柠檬酸钠	2.0g
琼脂	8.0～18.0g
蒸馏水	1000mL
溴百里香酚蓝	0.08g

b. 制法：将上述各成分加热溶解后，调 pH 6.8±0.2，然后加入指示剂，摇匀，用脱脂棉过滤。制成后为黄绿色，分装试管，每管10mL，121℃灭菌15min后制成斜面。

23. 西蒙氏柠檬酸盐培养基（志贺氏菌用）

a. 成分

氯化钠	5.0g
硫酸镁（$MgSO_4 \cdot 7H_2O$）	0.2g
磷酸二氢铵	1.0g
磷酸氢二钾	1.0g
柠檬酸钠	5.0g
琼脂	20g
0.2％溴麝香草酚蓝溶液	40mL
蒸馏水	1000mL

b. 制法：先将盐类溶解于水内，调至 pH 6.8±0.2，加入琼脂，加热溶化。然后加入指示剂，混合均匀后分装试管，121℃灭菌15min。制成斜面备用。

24. 丙二酸钠培养基（M）

a. 成分

| 酵母浸膏 | 1.0g |
| 硫酸铵 | 2.0g |

磷酸氢二钾	0.6g
磷酸二氢钾	0.4g
氯化钠	2.0g
丙二酸钠	3.0g
0.2%溴麝香草酚蓝溶液	12.0mL
蒸馏水	1000mL

b. 制法：除溴麝香草酚蓝外，将其他成分加入蒸馏水中，搅拌均匀，静置约 10min，加热煮沸至完全溶解，调至 pH 6.8±0.1，加入溴麝香草酚蓝，再混匀，分装试管（12mm×100mm），每管 1～1.5mL，121℃高压灭菌 15min。

25. 醋酸盐琼脂培养基

a. 成分

醋酸钠	2g
氯化钠	5g
硫酸镁	2g
磷酸氢铵	1g
磷酸氢二钾	1g
琼脂	20g
0.2%溴麝香草酚蓝溶液	12.0mL
蒸馏水	1000mL

b. 制法：除溴麝香草酚蓝外，将其他成分加入蒸馏水中，搅拌均匀，静置约 10min，加热煮沸至完全溶解，调至 pH 6.8±0.2，加入溴麝香草酚蓝，再混匀，分装试管，121℃灭菌 15min，制成斜面备用。

26. 黏液酸盐培养基（黏液酸利用试验）

a. 成分

蛋白胨	10.0g
0.1mol/L NaOH 水溶液	25.0mL
0.2%溴麝香草酚蓝溶液	12.0mL
蒸馏水	1000mL
黏液酸	10mL

b. 制法：除指示剂外将各成分加热溶解，冷却至 25℃左右校正调至 pH 7.4±0.1，加入指示剂后混匀、分装 100mL 试剂瓶，然后将黏液酸加入使之浓度为 1.0%。混匀后重新调整 pH，分装试管，每管约 3mL，于 115℃高压灭菌 15min。

27. 马尿酸钠培养基（马尿酸钠水解试验用）

a. 成分

马尿酸钠	1g
肉浸液	100mL

b. 制法：将马尿酸钠溶解于肉浸液内，分装于小试管内，每管 0.4mL，并于管壁画一横线。以标志管内液面高度，高压灭菌 121℃ 20min。冻存备用。

28. 马尿酸钠水解试剂（马尿酸钠水解试验）

（1）马尿酸钠溶液

a. 成分

马尿酸钠	10.0g
磷酸盐缓冲液（PBS）组分：	
氯化钠	8.5g
磷酸氢二钠	8.98g
磷酸二氢钠	2.71g
蒸馏水	1000.0mL

b. 制法：将马尿酸钠溶于磷酸盐缓冲溶液中，过滤除菌。用合适的试管进行无菌分装，每管 0.4mL，储存于－20℃。

（2）3.5%（水合）茚三酮溶液（w/v）

a. 成分

（水合）茚三酮（ninhydrin）	1.75g
丙酮	25.0mL
丁醇	25.0mL

b. 制法：将（水合）茚三酮溶解于丙酮/丁醇混合液中。该溶液在避光冷藏时最多不超过 7d。

29. 血琼脂平板（溶血试验）

a. 成分

豆粉琼脂(pH 7.4～7.6)	100mL
脱纤维羊血（或兔血）	5～10mL

b. 制法：加热溶化琼脂，冷却至 50℃，以无菌操作加入脱纤维羊血，摇匀，倾注平板。

注：血一般保存在 4℃，使用时应一定要先拿出来在室温下平衡一段时间再加入到融化的琼脂中，否则极易局部琼脂迅速降温凝固，形成大的凝块。

将血液加入琼脂培养基时务必须掌握好温度，灭菌培养基温度降至 45～50℃时进行操作，温度过高会使血液变色或使红细胞破裂，不利于观察细菌溶血现象。

血平板一般用 pH 6.8，这样可提高血红细胞的保存性。

30. 卵黄琼脂平板（卵磷脂酶试验用）

（1）卵黄乳液

制法：用硬刷刷洗鲜蛋，沥干，放 70%乙醇中浸泡 1h。以无菌操作取出蛋黄，加等体积无菌 0.85%氯化钠溶液，混合置 4℃储存。

（2）卵黄琼脂培养基基础

a. 成分

牛肉膏粉	5g
蛋白胨	15g
氯化钠	5g
葡萄糖	10g
琼脂	15g

蒸馏水	1000mL

b. 制法：将上述各成分加入蒸馏水（或去离子水），搅拌加热煮沸至完全溶解，调至 pH 7.5±0.2，分装三角瓶，121℃灭菌。冷至50℃左右，每100mL培养基加入50％的无菌卵黄盐水悬液 10~15mL，摇匀立即倾注平皿，凝固后备用。

31. 磷酸酚酞琼脂平板（磷酸酶试验用）

a. 成分

含磷酸酚酞的营养琼脂培养基 1000mL。

b. 制法：将上述营养琼脂培养基加热溶化，待冷却至45℃时，加入滤过除菌的 10g/L 磷酸酚酞溶液1mL，摇匀后倾注平板。

32. 0.2％ DNA 琼脂平板（DNA 耐热酶实验）

a. 成分

蛋白胨	1.0g
牛肉膏	0.3g
NaCl	0.5g
琼脂	1.5g
蒸馏水	100mL
脱氧核糖核酸(DNA)	0.2g
8％$CaCl_2$ 水溶液	1mL

b. 制法：上述成分缓缓加热溶解于100mL蒸馏水中（避免形成不溶性丝状物），116℃高压灭菌15min，冷至50℃左右时，倾入无菌平皿。

33. 三糖铁（TSI）琼脂

a. 成分

蛋白胨	20.0g
牛肉膏	5.0g
乳糖	10.0g
蔗糖	10.0g
葡萄糖	1.0g
硫酸亚铁铵[$(NH_4)_2Fe(SO_4)_2 \cdot 6H_2O$]	0.2g
酚红	0.025g 或 5.0g/L 溶液 5.0mL
氯化钠	5.0g
硫代硫酸钠	0.2g
琼脂	12.0g
蒸馏水	1000mL

b. 制法：除酚红和琼脂外，将其他成分加入400mL蒸馏水中，搅拌均匀，静置约10min，加热煮沸至完全溶解，调节pH 7.4±0.2。另将琼脂加入600mL蒸馏水中，搅拌均匀，静置约10min，煮沸溶解。

将上述两溶液混合均匀后，再加入指示剂，混匀，分装试管，每管2~4mL，高压灭菌121℃ 10min或115℃ 15min，灭菌后置成高层斜面，呈橘红色。

34. 半固体琼脂

a. 成分

牛肉膏	0.3g
蛋白胨	1.0g
氯化钠	0.5g
琼脂	0.3～0.7g
蒸馏水	100mL

b. 制法：按以上成分配好，煮沸溶解，调节 pH 7.4±0.2。分装小试管。121℃高压灭菌 15min。直立凝固备用。

注：供动力观察、菌种保存、H 抗原位相变异试验等用。

35. 紫乳培养基

a. 成分

石蕊	8g
40％乙醇	100mL
1mol/L 盐酸	少量
新鲜脱脂牛乳	100mL

b. 制法：石蕊在 30mL 40％乙醇中研磨，吸出上清液，再如此用乙醇操作两次。加 40％乙醇到总量为 100mL，并煮沸 1min。取用上清液，必要时可加几滴 1mol/L 盐酸使其达紫色。现在多应用溴甲酚紫代替石蕊，即于 100mL 脱脂乳中加入 1.2mL 的 1.6％溴甲酚紫的乙醇溶液。

加石蕊酒精饱和溶液于新鲜脱脂牛乳中，使达浅紫色，分装于小试管，用流动蒸汽灭菌，每天 1 次，每次 1h，共 3d。紫乳培养基中的主要成分为干酪素、乳糖及指示剂等。培养芽孢梭菌时加微量无菌铁粉。

36. 3％过氧化氢（H$_2$O$_2$）溶液

a. 成分

30％过氧化氢（H$_2$O$_2$）溶液	100mL
蒸馏水	900mL

b. 制法：吸取 30％过氧化氢（H$_2$O$_2$）溶液溶于蒸馏水中，混匀分装备用。

37. 葡萄糖铵培养基

a. 成分

氯化钠	5.0g
硫酸镁（MgSO$_4$·7H$_2$O）	0.2g
磷酸二氢铵	1.0g
磷酸氢二钾	1.0g
葡萄糖	2.0g
琼脂	20.0g
0.2％溴麝香草酚蓝水溶液	40.0mL
蒸馏水	1000mL

b. 制法：先将盐类和糖溶解于水内，校正 pH 6.8±0.2，再加琼脂加热溶解，然后加入指示剂。混合均匀后分装试管，121℃高压灭菌 15min。制成斜面备用。

注：容器使用前应用清洁液浸泡。再用清水、蒸馏水冲洗干净，并用新棉花做成棉塞，干热灭菌后使用。如果操作时不注意，有杂质污染时，易造成假阳性的结果。

38. 淀粉培养基（淀粉水解试验）

a. 成分

蛋白胨	10g
NaCl	5g
牛肉膏	5g
可溶性淀粉	2g
蒸馏水	1000mL
琼脂	15～20g

b. 制法：将各成分加热溶解，冷却后分装试管，121℃灭菌20min。

附录4 食品微生物检验实验用试剂及培养基

1. 无菌 1mol/L NaOH

a. 成分

NaOH	40.0g
蒸馏水	1000mL

b. 制法：称取40g氢氧化钠溶于1000mL蒸馏水中，121℃高压灭菌15min。

2. 无菌 1mol/L HCl

a. 成分

HCl	90mL
蒸馏水	1000mL

b. 制法：移取浓盐酸90mL，用蒸馏水稀释至1000mL，121℃高压灭菌15min。

3. 磷酸盐缓冲液

a. 成分

磷酸二氢钾（KH_2PO_4）	34.0g
蒸馏水	500mL

b. 制法

储存液：称取34.0g的磷酸二氢钾溶于500mL蒸馏水中，用大约175mL的1mol/L氢氧化钠溶液调节pH 7.2，用蒸馏水稀释至1000mL后储存于冰箱。

稀释液：取储存液1.25mL，用蒸馏水稀释至1000mL，分装于适宜容器中，121℃高压灭菌15min。

4. 无菌生理盐水

a. 成分

氯化钠	8.5g
蒸馏水	1000mL

b. 制法：称取8.5g氯化钠溶于1000mL蒸馏水中，121℃高压灭菌15min。

5. 0.1%蛋白胨水

a. 成分

蛋白胨	1.0g
水	1000.0mL

b. 制法：将蛋白胨溶解于水中，pH 值调至 7.0± 0.2（25℃），121℃高压灭菌 15min。

6. 1mol/mL 硫代硫酸钠（$Na_2S_2O_3$）溶液

a. 成分

硫代硫酸钠（无水）	160g
碳酸钠（无水）	2.0g
蒸馏水	1000mL

b. 制法：称取硫代硫酸钠和碳酸钠溶于 1000mL 蒸馏水中，缓缓煮沸 10min，冷却。

7. 牛肉膏蛋白胨培养基（培养细菌用）

a. 成分

牛肉膏	3g
蛋白胨	10g
NaCl	5g
蒸馏水	1000L

b. 制法：将上述成分加于蒸馏水中，煮沸溶解，调节 pH 7.0～7.2。分装试管或锥形瓶，121℃高压灭菌 15min。

8. 淀粉琼脂培养基（高氏 1 号培养基，培养放线菌用）

a. 成分

可溶性淀粉	20g
KNO_3	1g
NaCl	0.5g
K_2HPO_4	0.5g
$MgSO_4$	0.5g
$FeSO_4$	0.01g
琼脂	20g
蒸馏水	1000mL

pH 7.2～7.4

b. 制法：配制时，先用少量冷水，将淀粉调成糊状，在火上加热，边搅拌边加水及其他成分，溶化后，补足水分至 1000mL，121℃灭菌 20min。

9. 察氏培养基（培养霉菌用）

a. 成分

$NaNO_3$	2.0g
K_2HPO_4	1.0g
KCl	0.5g
$MgSO_4$	0.5g

FeSO$_4$	0.01g
蔗糖	30.0g
琼脂	15~20g
蒸馏水	1000mL

b. 制法：121℃灭菌 20min。

10. 马丁氏（Martin）琼脂培养基（分离真菌用）

a. 成分

葡萄糖	10g
蛋白胨	5g
KH$_2$PO$_4$	1g
MgSO$_4$·7H$_2$O	0.5g
1/3000 孟加拉红（rose bengal, 玫瑰红水溶液）	100mL
琼脂	15~20g
蒸馏水	800mL

b. 制法：115℃灭菌 30min。

临用前加入 0.03％链霉素稀释液 100mL，使每毫升培养基中含链霉素 30μg。

11. 马铃薯培养基

a. 成分

马铃薯	200g
蔗糖（或葡萄糖）	20g
琼脂	15~20g
蒸馏水	800mL

b. 制法：马铃薯去皮，切成块煮沸半小时，然后用纱布过滤，再加糖及琼脂，溶化后补足水至 1000mL，121℃灭菌 20min。

12. 麦芽汁琼脂培养基（酵母菌培养用）

① 取大麦或小麦若干，用水洗净，浸水 6~12h，置 15℃阴暗处发芽，上盖纱布 1 块，每日早、中、晚淋水 1 次，麦根伸长至麦粒的 2 倍时，即停止发芽，摊开晒干或烘干，储存备用。

② 将干麦芽磨碎，1 份麦芽加 4 份水，在 65℃水浴锅中糖化 3~4h，糖化程度可用碘滴定之。

③ 将糖化液用 4~6 层纱布过滤，滤液如浑浊不清，可用鸡蛋白澄清，方法是将 1 个鸡蛋白加水约 20mL，调匀至生泡沫时为止，然后倒在糖化液中搅拌煮沸后再过滤。

④ 将滤液稀释到 5~6 波美度，pH 约 6.4，加入 2％琼脂即成。121℃灭菌 20min。

13. 葡萄糖-醋酸盐培养基

a. 成分

葡萄糖	1g
酵母浸膏	2.5g
醋酸钠	8.2g
琼脂	15g

蒸馏水	1000mL

pH 4.8

b. 制法：分装试管，115℃灭菌 20min 后制成斜面。

14. 豆芽汁蔗糖（或葡萄糖）培养基

a. 成分

黄豆芽	100g
蔗糖（或葡萄糖）	50g
蒸馏水	1000mL

b. 制法：称新鲜豆芽 100g，放入烧杯中，加水 1000mL，煮沸约半小时，用纱布过滤。用水补足原量，再加入蔗糖（或葡萄糖）50g，煮沸溶化，121℃灭菌 20min。

15. 营养肉汤（NB）（用于分离菌落、做成纯培养物及供做靛基质试验用）

a. 成分

蛋白胨	15.0g
牛肉膏	3.0g
NaCl	5.0g
蒸馏水	1000.0mL

b. 制法：配好后 pH 7.2±0.2，高压灭菌 121℃ 20min，备用。

16. 营养琼脂（nutrient agar plate）（用于细菌纯培养）

a. 成分

蛋白胨	10.0g
牛肉膏	3.0g
NaCl	5.0g
琼脂	15g
蒸馏水	1000mL

b. 制法：除琼脂以外的各成分溶解于蒸馏水内，加入 15% 氢氧化钠溶液约 2mL，校正 pH 至 7.2～7.4。加入琼脂，加热煮沸，使琼脂溶化。分装烧瓶或 13mm×130mm 试管，121℃高压灭菌 15～20min，备用。

17. 营养琼脂斜面（用于细菌保存菌种）大肠

a. 成分

牛肉膏	3.0g
蛋白胨	5.0g
琼脂	15.0g
蒸馏水	1000.0mL

b. 制法：将上述成分加于蒸馏水中，煮沸溶解，调节 pH 7.3±0.1。分装合适的试管，121℃高压灭菌 15min。灭菌后摆成斜面备用。

18. 平板计数琼脂（PCA）培养基（菌落总数计数用）

a. 成分

胰蛋白胨	5.0g

酵母浸膏	2.5g
葡萄糖	1.0g
琼脂	15.0g
蒸馏水	1000mL

b. 制法：将上述成分加于蒸馏水中，煮沸溶解，调节 pH 7.0±0.2。分装试管或锥形瓶，121℃高压灭菌 15min。

（以下为大肠菌群、粪大肠菌群、大肠埃希氏菌用培养基）

19. 月桂基硫酸盐胰蛋白胨（lauryl sulfate tryptose，LST）肉汤（大肠菌群、粪大肠菌群、大肠埃希氏菌用培养基）

a. 成分

胰蛋白胨或胰酪胨	20.0g
氯化钠	5.0g
乳糖	5.0g
磷酸氢二钾（K_2HPO_4）	2.75g
磷酸二氢钾（KH_2PO_4）	2.75g
月桂基硫酸钠	0.1g
蒸馏水	1000mL

b. 制法：将上述成分溶解于蒸馏水中，调节 pH 6.8±0.2。分装到有玻璃小倒管的试管中，每管 10mL，121℃高压灭菌 15min。

20. 亮绿乳糖胆盐（BGLB）肉汤（大肠菌群用培养基）

a. 成分

蛋白胨	10.0g
乳糖	10.0g
牛胆粉（oxgall 或 oxbile）溶液	200mL
0.1%亮绿水溶液	13.3mL
蒸馏水	800mL

b. 制法：将蛋白胨、乳糖溶于约 500mL 蒸馏水中，加入牛胆粉溶液 200mL（将 20.0g 脱水牛胆粉溶于 200mL 蒸馏水中，调节 pH 至 7.0～7.5），用蒸馏水稀释到 975mL，调节 pH 7.2±0.1，再加入 0.1%亮绿水溶液 13.3mL，用蒸馏水补足到 1000mL，用棉花过滤后，分装到有玻璃小倒管的试管中，每管 10mL。121℃高压灭菌 15min。

21. EC 肉汤（*E. coli* broth）（粪大肠菌群、大肠埃希氏菌用培养基）

a. 成分

胰蛋白胨	20.0g
3 号胆盐（或混合胆盐）	1.5g
乳糖	5.0g
磷酸氢二钾	4.0g
磷酸二氢钾	1.5g
氯化钠	5.0g
蒸馏水	1000.0mL

b. 制法：将上述成分混合，溶解后，分装到有发酵小倒管的 16mm×150mm 试管中，每管 8mL，121℃高压灭菌 15min，最终 pH 为 6.9±0.1。

22. 伊红-美蓝（EMB）琼脂（用于大肠埃希氏菌等肠道菌的选择性分离）

a. 成分

蛋白胨	10.0g
乳糖	10.0g
磷酸氢二钾	2.0g
琼脂	15.0g
伊红	0.4g 或 2%伊红水溶液 20mL
美蓝	0.065g 或 0.5%美蓝水溶液 13mL
蒸馏水	1000mL

b. 制法：将蛋白胨、磷酸盐和琼脂溶解于 1000mL 蒸馏水中，分装于三角烧瓶内，每瓶 100mL 或 200mL，121℃高压灭菌 15min 备用。最终 pH 7.1±0.2。临用时加热溶化琼脂，于每 100mL 琼脂中加 5mL 灭菌的 20%乳糖水溶液、2mL 的 2%伊红水溶液和 1.3mL 的 0.5%美蓝水溶液，摇匀，冷至 45～50℃，倾注平板。

23. 结晶紫中性红胆盐琼脂（VRBA）

a. 成分

蛋白胨	7.0g
酵母膏	3.0g
乳糖	10.0g
氯化钠	5.0g
胆盐或 3 号胆盐	1.5g
中性红	0.03g
结晶紫	0.002g
琼脂	15～18g
蒸馏水	1000mL

b. 制法：将上述成分溶于蒸馏水中，静置几分钟，充分搅拌，调节 pH 7.4±0.1。煮沸 2min，将培养基冷却至 45～50℃倾注平板。使用前临时制备，不得超过 3h。

（以下为肠球菌用培养基）

24. 叠氮化钠葡萄糖肉汤（azide dextrose broth）

a. 成分

胰蛋白胨	15.0g
牛肉浸粉	4.5g
氯化钠	7.5g
葡萄糖	7.5g
叠氮钠	0.2g
蒸馏水	1000mL

b. 制法：称取各成分，加入 1000mL 蒸馏水中，加热煮沸溶解，分装，121℃高压灭菌 15min，冷至室温，每 100mL 无菌加入过滤除菌的 2%叠氮化钠溶液 1mL 摇匀，分装灭菌

试管中备用。

25. KF 链球菌琼脂

a. 成分

多胨	10g
酵母浸膏粉	10g
氯化钠	5g
甘油磷酸钠	10g
乳糖	1g
麦芽糖	20g
琼脂	20g
溴甲酚紫	0.015g
吐温 80	7g
叠氮钠	0.4g
氯化三苯四氮唑	0.1g
蒸馏水	1000mL

b. 制法：将各成分加入 1000mL 蒸馏水中，加入叠氮钠 0.4g 煮沸溶解，调节 pH 值 7.2±0.1，121℃高压灭菌 15min，冷至 50～60℃时加入氯化三苯四氮唑 TTC，摇匀，分装无菌平皿，备用。

26. 肠球菌琼脂（胆盐-七叶苷-叠氮钠琼脂）（用于肠球菌和肠道致病菌的分离培养）

a. 成分

牛肉浸粉	3.0
胰酪蛋白胨	17.0
酵母粉	5.0
牛胆粉	10.0
氯化钠	5.0
七叶苷	1.0
柠檬酸铁铵	0.5
叠氮化钠	0.25
柠檬酸钠	1.0
琼脂	13.5
蒸馏水	1000mL

b. 制法：将各成分加入 1000mL 蒸馏水中，煮沸溶解，调节 pH 7.1±0.2，121℃高压灭菌 15min。

（以下为沙门氏菌培养用）

27. 缓冲蛋白胨水（BPW）

a. 成分

蛋白胨	10.0g
氯化钠	5.0g
磷酸氢二钠（含 $12H_2O$）	9.0g

| 磷酸二氢钾 | 1.5g |
| 蒸馏水 | 1000mL |

b. 制法：将各成分加入蒸馏水中，搅混均匀，静置约 10min，煮沸溶解，调节 pH 7.2±0.1，高压灭菌 121℃ 15min。

28. 四硫黄酸钠亮绿（TTB）增菌液

（1）基础液

a. 成分

蛋白胨	10.0g
牛肉膏	5.0g
氯化钠	3.0g
碳酸钙	45.0g
蒸馏水	1000mL

b. 制法：除碳酸钙外，将各成分加入蒸馏水中，煮沸溶解，再加入碳酸钙，调节 pH 7.0±0.2，高压灭菌 121℃ 20min。

（2）硫代硫酸钠溶液

a. 成分

| 硫代硫酸钠（含 5H$_2$O） | 50.0g |
| 蒸馏水 | 100mL |

b. 制法：将各成分加入蒸馏水中，煮沸溶解后高压灭菌 121℃ 20min。

（3）碘溶液

a. 成分

碘片	20.0g
碘化钾	25.0g
蒸馏水	加至 100mL

b. 制法：将碘化钾充分溶解于少量的蒸馏水中，再投入碘片，振摇玻瓶至碘片全部溶解为止，然后加蒸馏水至规定的总量，储存于棕色瓶内，塞紧瓶盖备用。

（4）0.5％亮绿水溶液

a. 成分

| 亮绿 | 0.5g |
| 蒸馏水 | 100mL |

b. 制法：溶解后存放暗处，不少于 1d，使其自然灭菌。

（5）牛胆盐溶液

a. 成分

| 牛胆盐 | 10.0g |
| 蒸馏水 | 100mL |

b. 制法：加热煮沸至完全溶解，高压灭菌 121℃ 20min。

（6）TTB 增菌液制备

a. 成分

| 基础液 | 900mL |

硫代硫酸钠溶液	100mL
碘溶液	20.0mL
亮绿水溶液	2.0mL
牛胆盐溶液	50.0mL

b. 制法：临用前，按上列顺序，以无菌操作依次加入基础液中，每加入一种成分，均应摇匀后再加入另一种成分。

29. 亚硒酸盐胱氨酸（SC）增菌液

a. 成分

蛋白胨	5.0g
乳糖	4.0g
磷酸氢二钠	10.0g
亚硒酸氢钠	4.0g
L-胱氨酸	0.01g
蒸馏水	1000mL

b. 制法：除亚硒酸氢钠和L-胱氨酸外，将各成分加入蒸馏水中，煮沸溶解，冷至55℃以下，以无菌操作加入亚硒酸氢钠和1g/L L-胱氨酸溶液10mL（称取0.1g L-胱氨酸，加1mol/L氢氧化钠溶液15mL，使溶解，再加无菌蒸馏水至100mL即成，如为DL-胱氨酸，用量应加倍），摇匀，调节pH 7.0±0.1。

30. 亚硫酸铋（BS）琼脂

a. 成分

蛋白胨	10.0g
牛肉膏	5.0g
葡萄糖	5.0g
硫酸亚铁	0.3g
磷酸氢二钠	4.0g
亮绿	0.025g 或 5.0g/L 水溶液 5.0mL
柠檬酸铋铵	2.0g
亚硫酸钠	6.0g
琼脂	18.0～20.0g
蒸馏水	1000mL

b. 制法：将前3种成分加入300mL蒸馏水（制作基础液），硫酸亚铁和磷酸氢二钠分别加入20mL和30mL蒸馏水中，柠檬酸铋铵和亚硫酸钠分别加入另一20mL和30mL蒸馏水中，琼脂加入600mL蒸馏水中。然后分别搅拌均匀，煮沸溶解。冷至80℃左右时，先将硫酸亚铁和磷酸氢二钠混匀，倒入基础液中，混匀。将柠檬酸铋铵和亚硫酸钠混匀，倒入基础液中，再混匀。调节pH 7.5±0.2，随即倾入琼脂液中，混合均匀，冷至50～55℃。加入亮绿溶液，充分混匀后立即倾注平皿。

注：本培养基不需要高压灭菌，在制备过程中不宜过分加热，避免降低其选择性，贮于室温暗处，超过48h会降低其选择性，本培养基宜于当天制备，第二天使用。

31. HE（hektoen enteric agar）琼脂

a. 成分

牛肉膏	3.0g
蛋白胨	12.0g
乳糖	12.0g
蔗糖	12.0g
水杨素	2.0g
胆盐	20.0g
氯化钠	5.0g
琼脂	18.0～20.0g
蒸馏水	1000mL
0.4%溴麝香草酚蓝溶液	16.0mL
Andrade 指示剂	20.0mL
甲液	20.0mL
乙液	20.0mL

b. 制法：将前面七种成分溶解于 400mL 蒸馏水内作为基础液；将琼脂加入于 600mL 蒸馏水内。然后分别搅拌均匀，煮沸溶解。加入甲液和乙液于基础液内，调节 pH 7.5± 0.2，再加入指示剂，并与琼脂液合并，待冷至 50～55℃倾注平皿。

注：① 本培养基不需要高压灭菌，在制备过程中不宜过分加热，避免降低其选择性。

② 甲液的配制

硫代硫酸钠	34.0g
柠檬酸铁铵	4.0g
蒸馏水	100mL

③ 乙液的配制

去氧胆酸钠	10.0g
蒸馏水	100mL

④ Andrade 指示剂

酸性复红	0.5g
1mol/L 氢氧化钠溶液	16.0mL
蒸馏水	100mL

将复红溶解于蒸馏水中，加入氢氧化钠溶液。数小时后如复红褪色不全，再加氢氧化钠溶液 1～2mL。

32. 木糖赖氨酸脱氧胆盐（XLD）琼脂

a. 成分

酵母膏	3.0g
L-赖氨酸	5.0g
木糖	3.75g
乳糖	7.5g
蔗糖	7.5g

去氧胆酸钠	2.5g
柠檬酸铁铵	0.8g
硫代硫酸钠	6.8g
氯化钠	5.0g
琼脂	15.0g
酚红	0.08g
蒸馏水	1000mL

b. 制法：除酚红和琼脂外，将其他成分加入 400mL 蒸馏水中，煮沸溶解，调节 pH 7.4±0.2。另将琼脂加入 600mL 蒸馏水中，煮沸溶解。

将上述两溶液混合均匀后，再加入指示剂，待冷至 50~55℃ 倾注平皿。

注：本培养基不需要高压灭菌，在制备过程中不宜过分加热，避免降低其选择性，贮于室温暗处。本培养基宜于当天制备，第二天使用。

（以下为志贺氏菌培养用）

33. 志贺氏菌增菌肉汤-新生霉素（*Shigella* broth）

（1）志贺氏菌增菌肉汤

a. 成分

胰蛋白胨	20.0g
葡萄糖	1.0g
磷酸氢二钾	2.0g
磷酸二氢钾	2.0g
氯化钠	5.0g
吐温 80	1.5mL
蒸馏水	1000mL

b. 制法：将以上成分混合加热溶解，冷却至 25℃ 左右校正调至 pH 7.0±0.2，分装适当的容器，121℃ 灭菌 15min。取出后冷却至 50~55℃，加入除菌过滤的新生霉素溶液（0.5μg/mL），分装 225mL 备用。（注：如不立即使用，在 2~8℃ 条件下可储存 1 个月。）

（2）新生霉素溶液

a. 成分

新生霉素	25.0mg
蒸馏水	1000mL

b. 制法：将新生霉素溶解于蒸馏水中，用 0.22μm 过滤膜除菌，如不立即使用，在 2~8℃ 条件下可储存 1 个月。

（3）临用时每 225mL 志贺氏菌增菌肉汤加入 5mL 新生霉素溶液，混匀。

34. 麦康凯琼脂（MAC）

a. 成分

蛋白胨	20.0g
乳糖	10.0g
3 号胆盐	1.5g
氯化钠	5.0g

中性红	0.03g
结晶紫	0.001g
琼脂	15.0g
蒸馏水	1000mL

b. 制法：将以上成分混合加热溶解，冷却至25℃左右校正调至pH 7.2±0.2，分装，121℃高压灭菌15min。冷却至45～50℃，倾注平板。（注：如不立即使用，在2～8℃条件下可储存2周。）

35. 木糖赖氨酸脱氧胆酸盐琼脂（XLD）

a. 成分

酵母浸膏	3.0g
L-赖氨酸	5.0g
木糖	3.75g
乳糖	7.5g
蔗糖	7.5g
脱氧胆酸钠	1.0g
氯化钠	5.0g
硫代硫酸钠	6.8g
柠檬酸铁铵	0.8g
酚红	0.08g
琼脂	15.0g
蒸馏水	1000mL

b. 制法：除酚红和琼脂外，将其他成分加入400mL蒸馏水中，煮沸溶解，校正pH 7.4±0.2。另将琼脂加入600mL蒸馏水中，煮沸溶解。将上述两溶液混合均匀后，再加入指示剂，待冷却至50～55℃倾注平皿。

注：本培养基不需要高压灭菌，在制备过程中不宜过分加热，避免降低其选择性，贮于室温暗处。本培养基宜于当天制备，第二天使用。使用前必须去除平板表面上的水珠，在37～55℃温度下，琼脂面向下、平板盖亦向下烘干。另外如配制好的培养基不立即使用，在2～8℃条件下可储存2周。

（以下为副溶血弧菌培养用）

36. 3%氯化钠碱性蛋白胨水

a. 成分

蛋白胨	10.0g
氯化钠	30.0g
蒸馏水	1000mL

b. 制法：将上述成分溶于蒸馏水中，调节pH 8.5±0.2，121℃高压灭菌10min。

37. 硫代硫酸盐-柠檬酸盐-胆盐-蔗糖（TCBS）琼脂

a. 成分

蛋白胨	10.0g
酵母浸膏	5.0g

柠檬酸钠(C₆H₅O₇Na₃·2H₂O)	10.0g

柠檬酸钠$(C_6H_5O_7Na_3 \cdot 2H_2O)$	10.0g
硫代硫酸钠$(Na_2S_2O_3 \cdot 5H_2O)$	10.0g
氯化钠	10.0g
牛胆汁粉	5.0g
柠檬酸铁	1.0g
胆酸钠	3.0g
蔗糖	20.0g
溴麝香草酚蓝	0.04g
麝香草酚蓝	0.04g
琼脂	15.0g
蒸馏水	1000mL

b. 制法：将上述成分溶于蒸馏水中，调节 pH 8.6±0.2，加热煮沸至完全溶解。冷至50℃左右倾注平板备用。

38. 3%氯化钠胰蛋白胨大豆琼脂

a. 成分

胰蛋白胨	15.0g
大豆蛋白胨	5.0g
氯化钠	30.0g
琼脂	15.0g
蒸馏水	1000mL

b. 制法：将上述成分溶于蒸馏水中，调节 pH 7.3±0.2，121℃高压灭菌 15min。

39. 3%氯化钠三糖铁琼脂

a. 成分

蛋白胨	15.0g
胨蛋白胨	5.0g
牛肉膏	3.0g
酵母浸膏	3.0g
氯化钠	30.0g
乳糖	10.0g
蔗糖	10.0g
葡萄糖	1.0g
硫酸亚铁$(FeSO_4)$	0.2g
苯酚红	0.024g
硫代硫酸钠$(Na_2S_2O_3)$	0.3g
琼脂	12.0g
蒸馏水	1000mL

b. 制法：将上述成分溶于蒸馏水中，调节 pH 7.4±0.2。分装到适当容量的试管中。121℃高压灭菌 15min。制成高层斜面，斜面长 4~5 cm，高层深度为 2~3 cm。

40. 嗜盐性试验培养基

a. 成分

胰蛋白胨	10.0g
氯化钠	按不同量加入
蒸馏水	1000mL

b. 制法：将上述成分溶于蒸馏水中，调节 pH 7.2±0.2，共配制 5 瓶，每瓶 100mL。每瓶分别加入不同量的氯化钠：不加、3g、6g、8g、10g。分装试管，121℃高压灭菌 15min。

41. 3%氯化钠甘露醇试验培养基

a. 成分

牛肉膏	5.0g
蛋白胨	10.0g
氯化钠	30.0g
磷酸氢二钠($Na_2HPO_4 \cdot 12H_2O$)	2.0g
溴麝香草酚蓝	0.024g
甘露醇	5.0g
蒸馏水	1000mL

b. 制法：将上述成分溶于蒸馏水中，调节 pH 7.4±0.2，分装每瓶 100mL，121℃高压灭菌 10min。

42. 3%氯化钠赖氨酸脱羧酶试验培养基

a. 成分

蛋白胨	5.0g
酵母浸膏	3.0g
葡萄糖	1.0g
溴甲酚紫	0.02g
L-赖氨酸	5.0g
氯化钠	30.0g
蒸馏水	1000mL

b. 制法：除赖氨酸以外的成分溶于蒸馏水中，调节 pH 6.8±0.2。再按 0.5%的比例加入赖氨酸，对照培养基不加赖氨酸。分装小试管，每管 0.5mL，121℃高压灭菌 15min。

43. 3%氯化钠 MR-VP 培养基

a. 成分

多胨	7.0g
葡萄糖	5.0g
磷酸氢二钾(K_2HPO_4)	5.0g
氯化钠	30.0g
蒸馏水	1000mL

b. 制法：将上述成分溶于蒸馏水中，调节 pH 6.9±0.2，分装试管，121℃高压灭菌 15min。

44. 3%氯化钠溶液

a. 成分

氯化钠	30.0g
蒸馏水	1000mL

b. 制法：将氯化钠溶于蒸馏水中，调节 pH 7.2±0.2，121℃高压灭菌 15min。

45. 我妻氏血琼脂

a. 成分

酵母浸膏	3.0g
蛋白胨	10.0g
氯化钠	70.0g
磷酸氢二钾（K_2HPO_4）	5.0g
甘露醇	10.0g
结晶紫	0.001g
琼脂	15.0g
蒸馏水	1000mL

b. 制法：将上述成分溶于蒸馏水中，调节 pH 8.0±0.2，加热至100℃，保持30min，冷至45～50℃，与50mL预先洗涤的新鲜人或兔红细胞（含抗凝血剂）混合，倾注平板。彻底干燥平板，尽快使用。

（以下为大肠埃希氏菌 O157：H7 用）

46. 改良 EC 肉汤 （mEC＋n）

a. 成分

胰蛋白胨	20.0g
乳糖	5.0g
3 号胆盐	1.12g
磷酸氢二钾	4.0g
磷酸二氢钾	1.5g
氯化钠	5.0g
新生霉素钠盐溶液(20mg/mL)	1.0mL
蒸馏水	1000mL

b. 制法：制备新生霉素钠盐溶液（20mg/mL）储备液，过滤除菌。除新生霉素外，所有成分溶解于蒸馏水中，加热煮沸，校正 pH 值 6.9±0.1，分装三角瓶，121℃高压灭菌 15min，冷至50℃后，按每1000mL培养基中加入新生霉素钠盐溶液（20mg/mL）1.0mL，混匀。

47. 月桂基硫酸盐胰蛋白胨 MUG 培养基 （ MUG-LST 肉汤）

a. 成分

胰蛋白胨	20.0g
乳糖	5.0g
月桂基硫酸钠	0.1g
磷酸氢二钾	2.75g
磷酸二氢钾	2.75g

氯化钠	5.0g
4-甲基伞形酮-β-D 葡萄糖醛酸苷（MUG）	0.1g
蒸馏水	1000mL

b. 制法：将上述成分加热溶解，调节 pH 6.8±0.2，分装到有倒立发酵管的试管中，每瓶 10mL，121℃高压灭菌 15min。

（以下为金黄色葡萄球菌培养用）

48. 10%氯化钠胰酪胨大豆肉汤

a. 成分

胰酪胨（或胰蛋白胨）	17.0g
植物蛋白胨（或大豆蛋白胨）	3.0g
氯化钠	100.0g
磷酸氢二钾	2.5g
丙酮酸钠	10.0g
葡萄糖	2.5g
蒸馏水	1000mL

b. 制法：将上述成分混合，加热，轻轻搅拌并溶解，调节 pH 7.3±0.2，分装，每瓶 225mL，121℃高压灭菌 15min。

49. 7.5%氯化钠肉汤

a. 成分

蛋白胨	10.0g
牛肉膏	5.0g
氯化钠	75g
蒸馏水	1000mL

b. 制法

将上述成分加热溶解，调节 pH 7.4，分装，每瓶 225mL，121℃高压灭菌 15min。

50. Baird-Parker 琼脂平板

a. 成分

胰蛋白胨	10.0g
牛肉膏	5.0g
酵母膏	1.0g
丙酮酸钠	10.0g
甘氨酸	12.0g
氯化锂（LiCl·6H$_2$O）	5.0g
琼脂	20.0g
蒸馏水	950mL

b. 制法

增菌剂的配法：30%卵黄盐水 50mL 与经过除菌过滤的 1%亚碲酸钾溶液 10mL 混合，保存于冰箱内。

将各成分加到蒸馏水中，加热煮沸至完全溶解，调节 pH 7.0±0.2。分装每瓶 95mL，

121℃高压灭菌15min。

临用时加热溶化琼脂，冷至50℃，每95mL加入预热至50℃的卵黄亚碲酸钾增菌剂5mL摇匀后倾注平板。培养基应是致密不透明的。使用前在冰箱储存不得超过48h。

51. 兔血浆

取柠檬酸钠3.8g，加蒸馏水100mL，溶解后过滤，装瓶，121℃高压灭菌15min。

兔血浆制备：取3.8%柠檬酸钠溶液一份，加兔全血四份，混好静置（或以3000 r/min离心30min），

使血液细胞下降，即可得血浆。

（以下为溶血性链球菌检验用）

52. 改良胰蛋白胨大豆肉汤培养基（modified tryptone soybean broth，mTSB）

（1）基础培养基

a. 成分

胰蛋白胨	17.0g
大豆蛋白胨	3.0g
氯化钠	5.0g
磷酸二氢钾（无水）	2.5g
葡萄糖	2.5g
蒸馏水	1000mL

b. 制法：称取30.0g培养基于1000mL蒸馏水中，加热溶解，调节pH为7.3±0.2，121℃灭菌15min，分装备用。

（2）多黏菌素溶液 称取10mg多黏菌素B于10mL灭菌蒸馏水中，振摇混匀，充分溶解后过滤除菌。

（3）萘啶酮酸钠溶液 称取10mg萘啶酮酸于10mL 0.05mol/L氢氧化钠溶液中，振摇混匀，充分溶解后过滤除菌。

（4）完全培养基

a. 成分

胰蛋白胨大豆肉汤（TSB）	1000.0mL
多黏菌素溶液	10.0mL
萘啶酮酸钠溶液	10.0mL

b. 制法：无菌条件下，将上述各成分进行混合，充分混匀，分装备用。

53. 哥伦比亚CNA血琼脂（Columbia CNA blood agar）

a. 成分

胰酪蛋白胨	12.0g
动物组织蛋白消化液	5.0g
酵母提取物	3.0g
牛肉提取物	3.0g
玉米淀粉	1.0g
氯化钠	5.0g
琼脂	13.5g

多黏菌素	0.01g
萘啶酸	0.01g
蒸馏水	1000mL

b. 制法：称取各成分溶于 1000mL 蒸馏水中，加热溶解，调节 pH 为 7.3±0.2，121℃ 灭菌 12min，待冷却至 50℃ 左右时加 50mL 无菌脱纤维绵羊血，摇匀后倒平板。

54. 哥伦比亚血琼脂（Columbia blood agar）

（1）基础培养基

a. 成分

动物组织酶解物	23.0g
淀粉	1.0g
氯化钠	5.0g
琼脂	8.0～18.0g
蒸馏水	1000.0mL

b. 制法：将基础培养基成分溶解于水中，加热促其溶解。分装至合适的三角瓶内，121℃ 高压灭菌 15min。

（2）无菌脱纤维绵羊血　无菌操作条件下，将绵羊血加入到盛有灭菌玻璃珠的容器中，振摇约 10min，静置后除去附有血纤维的玻璃珠即可。

（3）完全培养基

a. 组分

| 基础培养基 | 1000.0mL |
| 无菌脱纤维绵羊血 | 50mL |

b. 制法：当基础培养基的温度为 45℃ 左右时，无菌加入绵羊血，混匀。将完全培养基的 pH 值调至 7.2±0.2（25℃）。倾注 15mL 于无菌平皿中，静置至培养基凝固。使用前需预先干燥平板。可将平皿盖打开，使培养基面朝下，置于干燥箱中约 30min，直到琼脂表面干燥。预先制备的平板未干燥时在室温放置不得超过 4h，或在 4℃ 左右冷藏不得超过 7d。

55. 胰蛋白胨大豆肉汤（tryptone soybean broth，TSB）

a. 成分

胰蛋白胨	17.0g
大豆蛋白胨	3.0g
氯化钠	5.0g
磷酸二氢钾	2.5g
葡萄糖	2.5g
蒸馏水	1000mL

b. 制法：称取各成分溶于 1000mL 蒸馏水中，加热溶解，调节 pH 为 7.3±0.2，121℃ 灭菌 15min，分装备用。

56. 0.25% 氯化钙溶液

a. 成分

| 氯化钙（无水） | 22.2g |
| 蒸馏水 | 1000mL |

b. 制法：称取氯化钙溶于 1000mL 蒸馏水中，分装备用。

57. 草酸钾血浆

a. 成分

草酸钾	0.01g
人血	5.0mL

b. 制法：草酸钾 0.01g 放入灭菌小试管中，再加入 5mL 人血，混匀，经离心沉淀，吸取上清液即为草酸钾血浆。

（以下为单核细胞增生李斯特氏菌用）

58. 含 0.6％酵母浸膏的胰酪胨大豆肉汤（TSB-YE）

a. 成分

胰胨	17.0g
多价胨	3.0g
氯化钠	5.0g
磷酸氢二钾	2.5g
葡萄糖	2.5g
酵母浸膏	6.0g
蒸馏水	1000mL

b. 制法：将各成分加热煮沸溶解冷却后，调整至 pH 7.3 ± 0.1，分装于三角瓶中，每瓶 225mL，于 121℃高压灭菌 15min。

59. 含 0.6％酵母膏的胰酪胨大豆琼脂（TSA-YE）

a. 成分

胰胨	17.0g
多价胨	3.0g
氯化钠	5.0g
磷酸氢二钾	2.5g
葡萄糖	2.5g
酵母浸膏	6.0g
琼脂	15.0g
蒸馏水	1000mL

b. 制法：除琼脂外，将其他各成分加热煮沸溶解，冷却后调整至 pH 7.3 ± 0.1，再加入琼脂，于 121℃高压灭菌 15min，供制备平板和斜面使用。

60. 李氏增菌液（LB1，LB2）（Listeria enrichment broth）

（1）李氏增菌液基础

a. 成分

胰胨	5.0g
多价胨	5.0g
酵母膏粉	5.0g
氯化钠	20.0g
磷酸二氢钾	1.4g

磷酸氢二钠	12.0g
七叶苷	1.0g
蒸馏水	1000mL

b. 制法：将上述各成分加入蒸馏水，搅拌加热煮沸，溶解冷却后，调整至 pH 7.3±0.1，分装三角瓶 225mL 和试管 200mL，121℃灭菌 15min，待用。

（2）1％吖啶黄溶液

a. 成分

| 盐酸吖啶黄素 | 1mg |
| 灭菌蒸馏水 | 100mL |

b. 制法：振荡摇匀，充分溶解后过滤除菌。

（3）1％萘啶酮酸溶液

a. 成分

| 萘啶酮酸 | 1mg |
| 0.05mol/L 氢氧化钠溶液 | 100mL |

b. 制法：振荡摇匀，充分溶解后过滤除菌。

（4）0.05mol/L 氢氧化钠溶液

a. 成分

| 氢氧化钠 | 0.1g |
| 灭菌蒸馏水 | 50mL |

b. 制法：振荡摇匀，充分溶解。

（5）李氏增菌液 LB1

a. 成分

李氏增菌液基础	225mL
1％吖啶黄溶液	0.30mL
1％萘啶酮酸溶液	0.50mL

b. 制法：使用前加放吖啶黄溶液和萘啶酮酸溶液，充分振摇，混合均匀。

（6）李氏增菌液 LB2

a. 成分

李氏增菌液基础	200mL
1％吖啶黄溶液	0.50mL
1％萘啶酮酸溶液	0.40mL

b. 制法：使用前加放吖啶黄溶液和萘啶酮酸溶液，充分振摇，混合均匀，无菌分装于 10mL 大试管中。

61. PALCAM

（1）基础培养基

a. 成分

酵母膏	8.0g
玉米淀粉	1.0g
氯化钠	5.0g

甘露醇	10.0g
七叶苷	0.8g
葡萄糖	0.5g
氯化锂	15.0g
酪蛋白胰酶消化物	10.0g
心胰酶消化物	3.0g
肉胃酶消化物	5.0g
酚红	0.1g
柠檬酸铁铵	0.5g
琼脂	15.0g
蒸馏水	1000mL

b. 制法：将所有成分加热溶解，冷却后调整 pH 7.3±0.1，于 121℃高压灭菌 15min，冷却至 50℃，备用。

（2）PALCAM 选择性添加剂

多黏菌素 B	5.0mg
盐酸吖啶黄	2.5mg
头孢他啶	10.0mg
无菌蒸馏水	500mL

（3）完全培养基　将 PALCAM 基础培养基溶化后冷却到 50℃，加入 2mL PALCAM 选择性添加剂，混匀后倾倒在无菌的平皿中，备用。

62. SIM 动力培养基

a. 成分

胰胨	20.0g
多价胨	6.0g
硫酸铁铵	0.2g
硫代硫酸钠	0.2g
琼脂	3.5g
蒸馏水	1000mL

b. 制法：将上述各成分加热混匀，调节 pH 7.2，分装小试管，121℃高压灭菌 15min，备用。

63. 牛津琼脂（Oxford agar，OXA）

a. 成分

哥伦比亚琼脂	30.0g
多黏菌素 B	0.02g
七叶苷	1.0g
盐酸吖啶黄素	0.005g
柠檬酸铁铵	0.5g
头孢双硫唑甲氧	0.002g
氯化锂	15.0g

磷霉素	0.01g
放线菌酮	0.4g
蒸馏水	1000mL

b. 制法：除头孢双硫唑甲氧和磷霉素外，将所有成分加热溶解，冷却后调整 pH 7.3±0.2，于 121℃高压灭菌 15min，冷却至 50℃，无菌操作，加入用适量水溶解的头孢双硫唑甲氧和磷霉素，摇匀，倾注平板。4℃可保存 14d。

64. 改良缓冲蛋白胨水（MBP）

a. 成分

缓冲蛋白胨水	225mL
盐酸吖啶黄溶液	1.8mL
萘啶酮酸溶液	1.1mL

b. 制法：使用前加入盐酸吖啶黄溶液和萘啶酮酸溶液，充分振摇，混合均匀。

（以下为产气荚膜梭菌培养用）

65. 胰胨-亚硫酸盐-环丝氨酸（TSC）琼脂

（1）成分

a. 基础成分

胰胨	15.0g
大豆胨	5.0g
酵母粉	5.0g
焦亚硫酸钠	1.0g
柠檬酸铁铵	1.0g
琼脂	15.0g
蒸馏水	900.0mL

b. D-环丝氨酸溶液：溶解 1g D-环丝氨酸于 200mL 蒸馏水，膜过滤除菌后，于 4℃冷藏保存备用。

（2）制法　将基础成分加热煮沸至完全溶解，调节 pH 7.6±0.2，分装到 500mL 烧瓶中，每瓶 250mL，121℃高压灭菌 15min，于 50℃±1℃保温备用。临用前每 250mL 基础溶液中加入 20mL D-环丝氨酸溶液，混匀，倾注平皿。

66. 液体硫乙醇酸盐培养基（FTG）

a. 成分

胰蛋白胨	15.0g
L-胱氨酸	0.5g
酵母粉	5.0g
葡萄糖	5.0g
氯化钠	2.5g
硫乙醇酸钠	0.5g
刃天青	0.001g
琼脂	0.75g
蒸馏水	1000.0mL

b. 制法：将以上成分加热煮沸至完全溶解，冷却后调节 pH 7.1±0.2，分装试管，每管 10mL，121℃高压灭菌 15min。临用前煮沸或流动蒸汽加热 15min，迅速冷却至接种温度。

67. 缓冲动力-硝酸盐培养基

a. 成分

蛋白胨	5.0g
牛肉粉	3.0g
硝酸钾	5.0g
磷酸氢二钠	2.5g
半乳糖	5.0g
甘油	5.0mL
琼脂	3.0g
蒸馏水	1000mL

b. 制法：将以上成分加热煮沸至完全溶解，调节 pH 7.3±0.2，分装试管，每管 10mL，121℃高压灭菌 15min。如果当天不用，置 4℃左右冷藏保存。临用前煮沸或流动蒸汽加热 15min，迅速冷却至接种温度。

68. 乳糖-明胶培养基

a. 成分

蛋白胨	15.0g
酵母粉	10.0g
乳糖	10.0g
酚红	0.05g
明胶	120.0g
蒸馏水	1000.0mL

b. 制法：加热溶解蛋白胨、酵母粉和明胶于 1000mL 蒸馏水中，调节 pH 7.5±0.2，加入乳糖和酚红。分装试管，每管 10mL，121℃高压灭菌 10min。如果当天不用，置 4℃左右冷藏保存。临用前煮沸或流动蒸汽加热 15min，迅速冷却至接种温度。

69. 含铁牛乳培养基

a. 成分

新鲜全脂牛乳	1000.0mL
硫酸亚铁($FeSO_4 \cdot 7H_2O$)	1.0g
蒸馏水	50.0mL

b. 制法：将硫酸亚铁溶于蒸馏水中，不断搅拌，缓慢加入 1000mL 牛乳中，混匀。分装大试管，每管 10mL，118℃高压灭菌 12min。本培养基必须新鲜配制。

70. 缓冲甘油-氯化钠溶液

a. 成分

甘油	100.0mL
氯化钠	4.2g
磷酸氢二钾（无水）	12.4g

| 磷酸二氢钾（无水） | 4.0g |
| 蒸馏水 | 900.0mL |

b. 制法：将以上成分加热至完全溶解，调节 pH 7.2±0.1，121℃高压灭菌 15min。配制双料缓冲甘油溶液时，用甘油 200mL 和蒸馏水 800mL。

（以下为小肠结肠炎耶尔森氏菌培养用）

71. 改良磷酸盐缓冲液

a. 成分

磷酸氢二钠	8.23g
磷酸二氢钠	1.2g
氯化钠	5.0g
三号胆盐	1.5g
山梨醇	20g

b. 制法：将磷酸盐及氯化钠溶于蒸馏水中，再加入三号胆盐及山梨醇，溶解后校正 pH 为 7.6，分装试管，于 121℃高压灭菌 20min 备用。

72. CIN-1 培养基

（1）基础培养基

a. 成分

胰胨	20.0g
酵母浸膏	2.0g
甘露醇	20.0g
氯化钠	1.0g
去氧胆酸钠	2.0g
硫酸镁（$MgSO_4 \cdot 7H_2O$）	0.01g
琼脂	12.0g
蒸馏水	950mL

b. 制法：将基础培养基调 pH 7.5±0.1，于 121℃高压灭菌 15min，备用。

（2）Irgasan 以 95%的乙醇作溶剂，溶解二苯醚，配成 0.4%的溶液。待基础培养基冷至 80℃时，加入 0.4%二苯醚 1mL 混匀。冷至 50℃时，加入

中性红（3mg/mL）	10.0mL
结晶紫（0.1mg/mL）	10.0mL
头孢菌素（1.5mg/mL）	10.0mL
新生霉素（0.25mg/mL）	10.0mL

最后不断搅拌着加入 10.0mL 的 10%氯化锶，倾注平皿。

73. 改良 Y 培养基

a. 成分

| 蛋白胨 | 15.0g |
| 氯化钠 | 5.0g |

乳糖	10.0g
草酸钠	2.0g
去氧胆酸钠	6.0g
三号胆盐	5.0g
丙酮酸钠	2.0g
孟加拉红	40mg
水解酪蛋白	5.0g
琼脂	17.0g
蒸馏水	1000mL

b. 制法：将上述成分混合，校正 pH 7.4±0.1，于 121℃ 高压灭菌 15min，待冷至 45℃ 左右时，倾注平皿。

74. 改良克氏双糖培养基

a. 成分

蛋白胨	20g
牛肉膏	3g
酵母膏	3g
山梨醇	20g
葡萄糖	1g
氯化钠	5g
柠檬酸铁铵	0.5g
硫代硫酸钠	0.5g
琼脂	12g
酚红	0.025g
蒸馏水	1000mL

b. 制法：将除琼脂和酚红以外的各成分溶解于蒸馏水中，校正 pH 7.4。加入 0.02% 酚红水溶液 12.5mL，摇匀。分装试管，装量宜多些，以便得到比较高的底层。121℃ 高压灭菌 15min，放置高层斜面备用。

75. 尿素培养基

a. 成分

尿素	20.0g
酵母浸膏	0.1g
磷酸二氢钾	0.091g
磷酸氢二钠	0.095g
酚红	0.01g
蒸馏水	1000mL

b. 制法：将上述成分溶解于蒸馏水，校正调至 pH 6.8±0.2，不要加热，过滤除菌。以无菌操作分装于灭菌试管，每管 3～4mL。

76. 碱处理液

将 0.5% 氯化钠溶液和 0.5% 氢氧化钾等量混合。

（以下为蜡样芽孢杆菌培养用）

77. 甘露醇卵黄多黏菌素琼脂培养基（MYP）

a. 成分

蛋白胨	10.0g
牛肉粉	1.0g
D-甘露醇	10.0g
氯化钠	10.0g
琼脂粉	12～15g
0.2%酚红溶液	13.0mL（配成溶液加入）
50%卵黄液	50mL
多黏菌素B	100000U
蒸馏水	稀释至950.0mL

b. 制法：将前5种成分加入950mL蒸馏水中加热溶解，校正pH至7.3±0.1，加入酚红溶液，混匀后分装烧瓶中，每瓶95mL。121℃高压灭菌15min。临用时加热溶化，冷至50℃后每瓶加入50%卵黄液5mL和1mL浓度为10000U多黏菌素B溶液，混匀后倾注灭菌平皿，每皿15～18mL。用前应将平板置室温约24h。

注：50%卵黄液为取鲜鸡蛋，用硬刷将蛋壳彻底洗净，沥干，放于70%酒精溶液中浸泡30min，以无菌操作取出卵黄，加入等量灭菌生理盐水，混匀后备用。

多黏菌素B溶液为在50mL灭菌蒸馏水中溶解500000U的无菌硫酸盐多黏菌素B。

78. 胰酪胨大豆多黏菌素肉汤

a. 成分

胰酪胨	17.0g
植物胨	3.0g
氯化钠	5.0g
磷酸氢二钾	2.5g
葡萄糖	2.5g
多黏菌素B	100U
蒸馏水	稀释至1000mL
pH	7.3±0.1

b. 制法：将前五种成分溶解在蒸馏水中，煮沸2min，分装大试管，每管15mL，121℃高压灭菌15min。临用时每管加入多黏菌素B溶液，混匀即可。

注：多黏菌素B溶液配制同MYP培养基。

79. 硝酸盐肉汤

a. 成分

蛋白胨	5.0g
硝酸钾	1.0g
蒸馏水	稀释至1000mL

b. 制法：将各成分溶解于蒸馏水并稀释至1000mL。校正pH 7.4后分装试管，每管5mL，121℃高压灭菌15min。

80. 酪蛋白琼脂

a. 成分

酪蛋白	10.0g
牛肉膏	3.0g
氯化钠	5.0g
无水磷酸氢二钠	2.0g
琼脂粉	12.0～15.0g
蒸馏水	1000mL
0.4％溴麝香草酚蓝溶液	12.5mL

b. 制法：除溴麝香草酚蓝溶液外，将上述各成分溶于蒸馏水中加热溶解（酪蛋白不会溶解）。校正 pH 至 7.4±0.2，加入溴麝香草酚蓝溶液，121℃高压灭菌 15min 后倾注平板。

81. 硫酸锰营养琼脂培养基

a. 成分

胰蛋白胨	5.0g
葡萄糖	5.0g
酵母浸膏	5.0g
磷酸氢二钾	4.0g
3.08％硫酸锰（$MnSO_4 \cdot H_2O$）	1.0mL
琼脂粉	12.0～15.0g
蒸馏水	1000mL

b. 制法：将上述成分溶解于蒸馏水。校正 pH 至 7.2±0.2。121℃高压灭菌 15min，备用。

82. 溶菌酶营养肉汤

a. 成分

牛肉膏	3.0g
蛋白胨	5.0g
蒸馏水	稀释至1000mL
0.1％溶菌酶溶液	10.0mL

b. 制法：将上述成分（溶菌酶溶液除外）溶解于蒸馏水并稀释至 1000mL，校正 pH 6.8±0.1，分装于烧瓶中，每瓶 99mL；121℃高压灭菌 15min。每瓶中加入 0.1％溶菌酶溶液 1mL，混匀后分装灭菌试管，每管 2.5mL。

注：0.1％溶菌酶溶液：在 65mL 灭菌的 0.1mol/L 盐酸中加 0.1g 溶菌液，煮沸 20min 溶解后，再用灭菌的 0.1mol/L 盐酸稀释至 100mL。或者称取 0.1g 溶菌酶溶于 100mL 的无菌蒸馏水后，用孔径为 0.45μm 硝酸纤维膜过滤。使用前测试是否无菌。

83. VP 培养基

a. 成分

磷酸氢二钾	5.0g
蛋白胨	7.0g
葡萄糖	5.0g

| 氯化钠 | 5.0g |
| 蒸馏水 | 1000mL |

b. 制法：将上述各成分溶解于蒸馏水中。校正 pH 7.0±0.2 后分装试管，每管 1mL。115℃高压灭菌 20min 备用。

84. 动力培养基

a. 成分

胰酪胨（或酪蛋白胨）	10.0g
酵母膏	2.5g
葡萄糖	5.0g
磷酸氢二钠（无水）	2.5g
琼脂粉	3.0～5.0g
蒸馏水	1000mL

b. 制法：将上述各成分溶解于蒸馏水加热溶解并稀释至 1000mL。校正 pH 7.2±0.2 后，分装试管，每管 2～3mL；115℃高压灭菌 20min 备用。

85. 胰酪胨大豆羊血琼脂（TSSB）

a. 成分

胰酪胨（或酪蛋白胨）	15.0g
植物胨	5.0g
氯化钠	5.0g
葡萄糖	2.5g
磷酸氢二钾（无水）	2.5g
琼脂	12.0～15.0g
蒸馏水	10000mL

b. 制法：将上述各成分溶解于蒸馏水加热溶解。校正 pH 7.2±0.2 后，分装烧瓶，每瓶 100mL。121℃高压灭菌 15min。水浴中冷至 45～50℃加入 5mL 无菌脱纤维羊血，混匀后倾注平板，每皿 18～20mL。

（以下为空肠弯曲菌用）

86. Bolton 肉汤（Bolton broth）

（1）基础培养基

a. 成分

动物组织酶解物	10.0g
乳白蛋白水解物	5.0g
酵母浸膏	5.0g
氯化钠	5.0g
丙酮酸钠	0.5g
偏亚硫酸氢钠	0.5g
碳酸钠	0.6g
α-酮戊二酸	1.0g
蒸馏水	1000mL

b. 制法：用水溶解基础培养基成分，如需要可使用加热促其溶解。将基础培养基分装至合适的锥形瓶内，121℃灭菌15min。

（2）无菌裂解脱纤维绵羊或马血　对无菌脱纤维绵羊或马血通过反复冻融进行裂解或使用皂角苷进行裂解。

（3）抗生素溶液

a. 成分

头孢哌酮	0.02g
万古霉素	0.02g
三甲氧苄胺嘧啶乳酸盐	0.02g
两性霉素 B	0.01g
多黏菌素 B	0.01g
乙醇/灭菌水（50/50,v/v）	5.0mL

b. 制法：将上述成分溶解于乙醇/灭菌水混合溶液中。

（4）完全培养基

a. 成分

基础培养基	1000.0mL
无菌裂解脱纤维绵羊或马血	50.0mL
抗生素溶液	5.0mL

b. 制法：当基础培养基的温度约为45℃左右时，无菌加入绵羊或马血和抗生素溶液，混匀，将 pH 值调至 7.4±0.2（25℃），将培养基无菌分装至合适的试管或锥形瓶中备用。配制的增菌液在常温下放置不得超过 4h，或在 4℃左右避光保存不得超过 7d。

87. 改良 CCD 琼脂 （modified charcoal cefoperazone deoxycholate agar, mCCDA）

（1）基础培养基

a. 成分

肉浸液	10.0g
动物组织酶解物	10.0g
氯化钠	5.0g
木炭	4.0g
酪蛋白酶解物	3.0g
去氧胆酸钠	1.0g
硫酸亚铁	0.25g
丙酮酸钠	0.25g
琼脂	8.0～18.0g
蒸馏水	1000mL

b. 制法：用水溶解基础培养基成分，煮沸。分装至合适的三角瓶内，121℃ 高压灭菌 15min。

（2）抗生素溶液

a. 成分

头孢哌酮	0.032g

两性霉素 B	0.01g
利福平	0.01g
乙醇/灭菌水(50/50,v/v)	5.0mL

b. 制法：将上述成分溶解于乙醇/灭菌水混合溶液中。

（3）完全培养基

a. 成分

| 基础培养基 | 1000.0mL |
| 抗生素溶液 | 5.0mL |

b. 制法：当基础培养基的温度约为45℃左右时，加入抗生素溶液，混匀。将完全培养基的 pH 值调至7.4±0.2（25℃）。倾注约15mL 于无菌平皿中，静置至培养基凝固。使用前需预先干燥平板。可将平皿盖打开，使培养基面朝下，置于干燥箱中约30min，直到琼脂表面干燥。预先制备的平板未干燥时在室温放置不得超过4h，或在4℃左右冷藏不得超过7d。

88. 哥伦比亚血琼脂（Columbia blood agar）

（1）基础培养基

a. 成分

动物组织酶解物	23.0g
淀粉	1.0g
氯化钠	5.0g
琼脂	8.0～18.0g
蒸馏水	1000.0mL

b. 制法：将基础培养基成分溶解于水中，加热促其溶解。分装至合适的三角瓶内，121℃高压灭菌15min。

（2）无菌脱纤维绵羊血　无菌操作条件下，将绵羊血倒入盛有灭菌玻璃珠的容器中，振摇约10min，静置后除去附有血纤维的玻璃珠即可。

（3）完全培养基

a. 成分

| 基础培养基 | 1000.0mL |
| 无菌脱纤维绵羊血 | 50.0mL |

b. 制法：当基础培养基的温度为45℃左右时，无菌加入绵羊血，混匀。将完全培养基的 pH 值调至7.3±0.2（25℃）。倾注15mL 完全培养基于无菌平皿中，静置至培养基凝固。使用前需预先干燥平板。可将平皿盖打开，使培养基面朝下，置于干燥箱中约30min，直到琼脂表面干燥。预先制备的平板未干燥时在室温放置不得超过4h，或在4℃左右冷藏不得超过7d。

89. 布氏肉汤（Brucella broth）

a. 成分

酪蛋白酶解物	10.0g
动物组织酶解物	10.0g
葡萄糖	1.0g

酵母浸膏	2.0g
氯化钠	5.0g
亚硫酸氢钠	0.1g
蒸馏水	1000.0mL

b. 制法：将基础培养基成分溶解于水中，如需要可加热促其溶解。将高压灭菌后培养基的 pH 值调至 7.0±0.2（25℃）。将培养基分装至合适的试管中，每管 10mL，121℃高压灭菌 15min。

90. 吲哚乙酸酯纸片

a. 成分

| 吲哚乙酸酯 | 0.1g |
| 丙酮 | 1.0mL |

b. 制法：将吲哚乙酸酯溶于丙酮中，吸取 25～50μL 溶液于空白纸片上（直径为 0.6～1.2cm）。室温干燥，用带有硅胶塞的棕色试管/瓶于 4℃保存。

91. Skirrow 血琼脂（Skirrow blood agar）

(1) 基础培养基

a. 成分

蛋白胨	15.0g
胰蛋白胨	2.5g
酵母浸膏	5.0g
氯化钠	5.0g
琼脂	15.0g
蒸馏水	1000.0mL

b. 制法：将基础培养基成分溶解于水中，加热并搅拌促其溶解，121℃高压灭菌 15min。

(2) FBP 溶液

a. 成分

丙酮酸钠	0.25g
焦亚硫酸钠	0.25g
硫酸亚铁	0.25g
蒸馏水	5.0mL

b. 制法：将各成分溶于 100mL 水中，经 0.22μm 滤膜过滤除菌。FBP 最好根据需要量现用现配，在 −70℃ 储存不超过 3 个月或 −20℃ 储存不超过 1 个月。

(3) 抗生素溶液

a. 成分

头孢哌酮	0.032g
两性霉素 B	0.01g
利福平	0.01g
乙醇/灭菌水(50/50,v/v)	5.0mL

b. 制法：将上述成分溶解于乙醇/灭菌水混合溶液中。

（4）无菌脱纤维绵羊血　无菌操作条件下，将绵羊血倒入盛有灭菌玻璃珠的容器中，振摇约 10min，静置后除去附有血纤维的玻璃珠即可。

（5）完全培养基

a. 成分

基础培养基	1000.0mL
FBP 溶液	5.0mL
抗生素溶液	5.0mL
无菌脱纤维绵羊血	50.0mL

b. 制法：当基础培养基的温度约为 45℃左右时，加入 FBP 溶液、抗生素溶液与冻融的无菌脱纤维绵羊血，混匀。将完全培养基的 pH 值调至 7.4±0.2（25℃）。倾注约 15mL 于无菌平皿中，静置至培养基凝固。使用前需预先干燥平板。可将平皿盖打开，使培养基面朝下，置于干燥箱中约 30min，直到琼脂表面没有可见潮湿。预先制备的平板未干燥时在室温放置不得超过 4h，或在 4℃左右冷藏不得超过 7d。

（以下为肉毒梭状芽孢杆菌检验用）

92. 明胶磷酸盐缓冲液

a. 成分

明胶	2g
磷酸氢二钠	4g
蒸馏水	1000mL

b. 制法：加热溶解校正 pH 至 6.2，121℃高压灭菌 15min。

93. 庖肉培养基

a. 成分

牛肉浸液	1000mL
蛋白胨	30g
酵母膏	5g
磷酸二氢钠	5g
葡萄糖	3g
可溶性淀粉	2g
碎肉渣	适量

b. 制法：称取新鲜除脂肪和筋膜的碎牛肉 500g 加蒸馏水 1000mL 和 1mol/L 氢氧化钠溶液 25mL 搅拌煮沸 15min 充分冷却除去表层脂肪澄清过滤加水补足至 1000mL。加入除碎肉渣外的各种成分校正 pH 7.8。

碎肉渣经水洗后晾至半干，分装 15mm×150mm 试管 2～3cm 高，每管加入还原铁粉 0.1～0.2g 或铁屑少许。将上述液体培养基分装至每管内超过肉渣表面约 1cm，上面覆盖溶化的凡士林或液体石蜡 0.3～0.4cm，121℃高压灭菌 15min。

94. 卵黄琼脂培养基

（1）成分

a. 基础培养基

肉浸液	1000mL

蛋白胨	15g
氯化钠	5g
琼脂	25～30g

pH 7.5

b. 50%葡萄糖水溶液。

c. 50%卵黄盐水悬液。

（2）制法　制备基础培养基分装每瓶100mL。121℃高压灭菌15min。临用时加热溶化琼脂冷至50℃每瓶内加入50%葡萄糖水溶液2mL和50%卵黄盐水悬液10～15mL摇匀倾注平板。

（以下用于霉菌和酵母菌试验）

95. 马铃薯-葡萄糖-琼脂

a. 成分

马铃薯（去皮切块）	300g
葡萄糖	20.0g
琼脂	20.0g
氯霉素	0.1g
蒸馏水	1000mL

b. 制法：将马铃薯去皮切块，加1000mL蒸馏水，煮沸10～20min。用纱布过滤，补加蒸馏水至1000mL。加入葡萄糖和琼脂，加热溶化，分装后，121℃灭菌20min。倾注平板前，用少量乙醇溶解氯霉素加入培养基中。

96. 孟加拉红培养基

a. 成分

蛋白胨	5.0g
葡萄糖	10.0g
磷酸二氢钾	1.0g
硫酸镁（无水）	0.5g
琼脂	20.0g
孟加拉红	0.033g
氯霉素	0.1g
蒸馏水	1000mL

b. 制法：上述各成分加入蒸馏水中，加热溶化，补足蒸馏水至1000mL，分装后，121℃灭菌20min。倾注平板前，用少量乙醇溶解氯霉素加入培养基中。

（以下为阪崎肠杆菌用培养基）

97. 改良月桂基硫酸盐胰蛋白胨肉汤-万古霉素（mLST-Vm）

（1）改良月桂基硫酸盐胰蛋白胨（mLST）肉汤

a. 成分

氯化钠	34.0g
胰蛋白胨	20.0g
乳糖	5.0g

磷酸二氢钾	2.75g
磷酸氢二钾	2.75g
十二烷基硫酸钠	0.1g
蒸馏水	1000mL

b. 制法：加热搅拌至溶解，调节 pH 6.8±0.2。分装每管 10mL，121℃高压灭菌 15min。

（2）万古霉素溶液

a. 成分

| 万古霉素 | 10.0mg |
| 蒸馏水 | 10.0mL |

b. 制法：10.0mg 万古霉素溶解于 10.0mL 蒸馏水，过滤除菌。万古霉素溶液可以在 0～5℃保存 15 天。

（3）改良月桂基硫酸盐胰蛋白胨肉汤-万古霉素　每 10mL mLST 加入万古霉素溶液 0.1mL，混合液中万古霉素的终浓度为 10μg/mL。

注：mLST-Vm 必须在 24h 之内使用。

98. 胰蛋白胨大豆琼脂（TSA）

a. 成分

胰蛋白胨	15.0g
植物蛋白胨	5.0g
氯化钠	5.0g
琼脂	15.0g
蒸馏水	1000mL

b. 制法：加热搅拌至溶解，煮沸 1min，调节 pH 7.3±0.2，121℃高压 15min。

99. L-精氨酸双水解酶培养基

a. 成分

L-精氨酸盐酸盐	5.0g
酵母浸膏	3.0g
葡萄糖	1.0g
溴甲酚紫	0.015g
蒸馏水	1000mL

b. 制法：将各成分加热溶解，必要时调节 pH 6.8±0.2，管分装 5mL，121℃高压 15min。

100. 糖类发酵培养基（阪崎肠杆菌用）

（1）基础培养基

a. 成分

酪蛋白（酶消化）	10.0g
氯化钠	5.0g
酚红	0.02g

蒸馏水	1000mL

b. 制法：将各成分加热溶解，必要时调节 pH 6.8±0.2。每管分装 5mL，121℃高压 15min。

（2）糖类溶液（D-山梨醇、L-鼠李糖、D-蔗糖、D-蜜二糖、苦杏仁苷）

a. 成分

某种糖	8.0g
蒸馏水	100mL

b. 制法：分别称取 D-山梨醇、L-鼠李糖、D-蔗糖、D-蜜二糖、苦杏仁苷等糖类成分各 8g，溶于 100mL 蒸馏水中，过滤除菌，制成 80mg/mL 的糖类溶液。

（3）完全培养基

a. 成分

基础培养基	875mL
糖类溶液	125mL

b. 制法：无菌操作，将每种糖类溶液加入基础培养基，混匀；分装到无菌试管中，每管 10mL。

101. 乳糖蛋白胨培养液

a. 成分

蛋白胨	10g
乳糖	3g
氯化钠	5g
1.6％溴甲酚紫乙醇溶液	1mL
蒸馏水	1000mL

b. 制法：将除 1.6％溴甲酚紫乙醇溶液的各成分加热溶解于 1000mL 的蒸馏水中，校正到 pH 7.2～7.4 后，加入指示剂，分装试管，加入小倒管。115℃ 20min 灭菌。储存于暗处备用。双料乳糖蛋白胨培养液的成分加倍，蒸馏水的两步变化；三倍乳糖蛋白胨培养液的成分三份，而蒸馏水的量不变。

（以下为乳酸菌用培养基）

102. 莫匹罗星锂盐（Li-Mupirocin）改良 MRS 培养基

（1）MRS 培养基

a. 成分

蛋白胨	10.0g
牛肉粉	5.0g
酵母粉	4.0g
葡萄糖	20.0g
吐温 80	1.0mL
$K_2HPO_4 \cdot 7H_2O$	2.0g
醋酸钠 · $3H_2O$	5.0g
柠檬酸三铵	2.0g

MgSO$_4$·7H$_2$O	0.2g
MnSO$_4$·4H$_2$O	0.05g
琼脂粉	15.0g

b. 制法：将上述成分加入到 1000mL 蒸馏水中，加热溶解，调节 pH 6.2，分装后 121℃高压灭菌 15～20min。

（2）莫匹罗星锂盐（Li-Mupirocin）储备液制备 称取 50mg 莫匹罗星锂盐加入到 50mL 蒸馏水中，用 0.22μm 微孔滤膜过滤除菌。

（3）莫匹罗星锂盐（Li-Mupirocin）改良 MRS 培养基 将 MRS 培养基各成分加入到 950mL 蒸馏水中，加热溶解，调节 pH，分装后于 121℃高压灭菌 15～20min。临用时加热熔化琼脂，在水浴中冷至 48℃，用带有 0.22μm 微孔滤膜的注射器将莫匹罗星锂盐储备液加入到熔化琼脂中，使培养基中莫匹罗星锂盐的浓度为 50μg/mL。

103. MC 培养基

a. 成分

大豆蛋白胨	5.0g
牛肉粉	3.0g
酵母粉	3.0g
葡萄糖	20.0g
乳糖	20.0g
碳酸钙	10.0g
琼脂	15.0g
蒸馏水	1000mL
1%中性红溶液	5.0mL

b. 制法：将前面 7 种成分加入蒸馏水中，加热溶解，调节 pH 6.0，加入中性红溶液。分装后 121℃高压灭菌 15～20min。

104. 乳酸杆菌糖发酵管

a. 基础成分

牛肉膏	5.0g
蛋白胨	5.0g
酵母浸膏	5.0g
吐温 80	0.5mL
琼脂	1.5g
1.6%溴甲酚紫酒精溶液	1.4mL
蒸馏水	1000mL

b. 制法：按 0.5%加入所需糖类，并分装小试管，121℃高压灭菌 15～20min。

（以下为双歧杆菌检验用）

105. 双歧杆菌琼脂培养基

（1）半胱氨酸盐溶液的配制 称取半胱氨酸 0.5g，加入 1.0mL 盐酸，使半胱氨酸全部溶解，配制成半胱氨酸盐溶液。

（2）番茄浸出液的制备 将新鲜的番茄洗净后称重切碎，加等量的蒸馏水在 100℃水浴中加热，搅拌 90min，然后用纱布过滤，校正 pH 7.0，将浸出液分装后，121℃高压灭菌 15～20min。

（3）完全培养基

a. 成分

蛋白胨	15.0g
酵母浸膏	2.0g
葡萄糖	20.0g
可溶性淀粉	0.5g
氯化钠	5.0g
番茄浸出液	400mL
吐温 80	1.0mL
肝粉	0.3g
琼脂粉	15.0～20.0g
加蒸馏水至	1000mL

b. 制法：将所有成分加入蒸馏水中，加热溶解，然后加入半胱氨酸盐溶液，校正 pH 6.8±0.2。分装后 121℃高压灭菌 15～20min。临用时加热熔化琼脂，冷至 50℃时使用。

106. PYG 液体培养基

（1）盐溶液的配制　称取无水氯化钙 0.2g，硫酸镁 0.2g，磷酸氢二钾 1.0g，磷酸二氢钾 1.0g，碳酸氢钠 10.0g，氯化钠 2.0g，加蒸馏水至 1000mL。

（2）氯化血红素溶液（5mg/mL）的配制　称取氯化血红素 0.5g 溶于 1mol/L 氢氧化钠 1.0mL 中，加蒸馏水至 1000mL，121℃高压灭菌 15～20min。

（3）维生素 K_1 溶液的配制　称取维生素 K_1 1.0g，加无水乙醇 99mL，过滤除菌，冷藏保存。

（4）完全培养基

a. 成分

蛋白胨	10.0g
葡萄糖	2.5g
酵母粉	5.0g
半胱氨酸-HCl	0.25g
盐溶液	20.0mL
维生素 K_1 溶液	0.5mL
氯化血红素溶液 5mg/mL	2.5mL
加蒸馏水至	500.0mL

b. 制法：除氯化血红素溶液和维生素 K_1 溶液外，其余成分加入蒸馏水中，加热溶解，校正 pH 6.0，加入中性红溶液。分装后 121℃高压灭菌 15～20min。临用时加热熔化琼脂，加入氯化血红素溶液和维生素 K_1 溶液，冷至 50℃使用。

（鲜乳中抗生素检测用培养基）

107. 青霉素 G 参照溶液

a. 成分

青霉素 G 钾盐	30.0mg

| 无菌磷酸盐缓冲溶液 | 适量 |
| 无抗生素的脱脂乳 | 适量 |

b. 制法：精确称量 30mg 青霉素 G 钾盐标准品，溶解于足够量的 pH 6 磷酸盐缓冲溶液中，以得到浓度为 100～1000U/mL。再将该溶液用灭菌的无抗生素的脱脂乳稀释到 0.006U/mL 分装于无菌小试管中，密封备用。在 2～10℃暗处储藏，不超过 2d。—20℃保存不超过 6 个月。

无抗生素的脱脂乳 115℃高压灭菌 20min 即可。

108. 无菌磷酸盐缓冲溶液

a. 成分

磷酸二氢钠	2.83g
磷酸氢二钾	1.36g
蒸馏水	1000mL

b. 制法：将上述成分混合，调解 pH 至 7.3±0.1，121℃高压灭菌 20min。

109. 4% 2,3,5-氯化三苯四氮唑法（TTC）水溶液

a. 成分

| 2,3,5-氯化三苯四氮唑法（TTC） | 1.0mg |
| 灭菌蒸馏水 | 5mL |

b. 制法：称取 TTC，溶于灭菌蒸馏水中，装褐色瓶于 2～5℃保存，临用时用灭菌蒸馏水 5 倍稀释。

附录 5　食品质量与安全有关网站

1. 国家有关食品安全、质量相关网站

① 中华人民共和国卫生部 http://www.moh.gov.cn/

② 中国食品标准信息网 http://www.cfsi.cn/

③ 食品安全网 http://www.foodsafe.net/

④ HACCP 安全网 http://www.haccpchina.com/

⑤ 中国质量检验检疫总局 http://www.aqsiq.gov.cn/

⑥ 中国质量认证中心 http://www.cqc.com.cn/

⑦ 中国质量信息网 http://www.cqi.net.cn/

⑧ 国家认证认可监督管理委员会 http://www.cnca.gov.cn/

⑨ 微生物快速鉴定系统及技术支持 http://www.changyuan88.com/

⑩ 国际标准化机构介绍 http://www.wto-tbt.gov.cn/

⑪ 食品伙伴网 http://www.foodmate.net

2. 国际有关食品安全、质量的网站

① 国际食品法典委员会（CAC）http://www.codexalimentarius.net/

② 世界卫生组织（WHO）http://www.who.int/home-page/

③ 世界卫生组织食品安全网 http://www.who.int/fsf

④ 联合国粮农组织（FAO）http://www.fao.org

⑤ 联合国粮农组织食品安全网 http://www.fao.org/es/ESN/control.html

⑥ 世界贸易组织（WTO）http://www.wto.org/

⑦ FAO/WHO 食品添加剂联合委员会（JECFA）http://www.fao.org/es/ESN/jecfa/jecfa.html

⑧ FAO/WHO 农药残留联合会议（JMPR）http://www.fao.org/VAICENT/FAO-INFO/AGRICULT/agp/agpp/pesticid/default.html

⑨ 全球食品安全管理者论坛 http://www.foodsafetyforum.org/global/index-en.html

⑩ 泛美卫生组织食品安全网 http://www.inppaz.org.ar/IIdex.html

⑪ 经济合作与发展组织食品安全网 http://www.oecd.org/EN/home/0EN-home-32-nodirectorate-no-no--3200.ht ml

⑫ 国际标准化组织（ISO）http://www.iso.ch/iso/en/ISOOnline.openerpage

⑬ 欧盟委员会食品网 http://www.europa.eu.int/comm/food/index _ en.html

⑭ 欧盟食品安全局 http://www.efsa.eu.int/

⑮ 欧盟委员会卫生与消费者保护总局 http://www.europa.eu.int/comm/dgs/health _ consumer/index _ en.html

⑯ 联合国欧洲经济委员会（UN/ECE）http://www.unece.org/trade/agr/

3. 其他各国有关食品安全、质量的网站

① 美国 FDA 食品安全与应用营养中心（CFSAN）http://vm.cfsan.fda.gov/list.html

② 美国农业部食品安全监督服务局（FSIS）http://www.fsis.usda.gov/

③ 美国食品法典办公室 http://www.fsis.usda.gov/oa/codex/index.html

④ 澳大利亚新西兰食品局 http://www.anzfa.gov.au/

⑤ 日本厚生劳动省 http://www.mhlw.go.jp/english/index.html

⑥ 英国食品标准局 http://www.food.gov.uk/

⑦ 爱尔兰食品安全局 http://www.fsai.ie/

⑧ 加拿大卫生部（食品与营养）http://www.hc-sc.gc.ca/english/lifestyles/food _ nutr.html

⑨ 加拿大食品监督局 http://www.inspection.gc.ca/english/toce.s.html

⑩ 丹麦兽医与食品局 http://www.lst.min.dk/java _ enab/f _ uk.html

附录 6 美国 FDA 细菌学分析手册（BAM）第 8 版修订版 A 目录

(FDA's Bacteriological Analytical Manual)

章节号	标题	作者
导则/操作流程：		
1	食品的取样及样品的均质	W. H. ANDREWS and T. S. HAMMACK
2	食品微生物学检验及显微镜的使用和养护	J. R. BRYCE and P. L. POELMA
3	菌落计数	L. J. MATURIN and J. T. PEELER
25	食品与疾病	G. J. JACKSON, J. M. MADDEN, W. E. HILL, and K. C. KLONTZ
病原体的检测方法：		
4	大肠埃希氏菌和大肠菌群	P. FENG, S. D. WEAGANT, and M. A. GRANT
4a	致腹泻性大肠埃希氏菌	P. FENG and S. D. WEAGANT

参 考 文 献

[1] 岳秀娟，余利岩，张月琴. 自然界中处于 VBNC 状态微生物的研究进展 [J]. 微生物学通报，2004，31（02）：108-111.

[2] 陈天寿. 微生物培养基的制造和应用 [M]. 北京：农业出版社，1995.

[3] 郝林. 食品微生物学实验技术 [M]. 北京：中国农业出版社，2001.

[4] 赵贵明. 食品微生物实验室工作指南 [M]. 北京：中国标准出版社，2005.

[5] 中华人民共和国国家质量监督检验检疫总局. 中国国家标准化管理委员会. 2005.

[6] 孟昭赫. 真菌毒素研究进展 [M]. 北京：人民卫生出版社，1979.

[7] 秦翠丽，李松彪，侯玉泽. 食品微生物检测技术 [M]. 北京：兵器工业出版社，2008

[8] 苏世彦. 食品微生物检验手册 [M]. 北京：中国轻工业出版社，1998.

[9] 江涛，王环宇，高秀芬，等. 抗赫曲霉素 A 单克隆杂交瘤细胞系的建立及特性研究 [J]. 中国食品卫生杂志，2001，16（1）：14-17.

[10] 宋艳，李建林，郑铁松. 食源性致病菌 PCR 检测中常用的靶基因及其参考引物 [J]. 食品工业科技，2011，32（01）：371-376.

[11] 宫小明，郝莹，等. 真菌毒素检测技术的研究进展 [J]. 检验检疫学刊，2011，20（2）：67-69.

[12] 张伟，袁耀武. 现代食品微生物检测技术 [M]. 北京：化学工业出版社，2007.

[13] 王晶，王林，黄晓蓉. 食品安全快速检测技术 [M]. 北京：化学工业出版社，2002.

[14] 史贤明，食品安全与卫生 [M]. 北京：中国农业出版社，2002.

[15] 卢圣栋. 现代分子生物学实验技术 [M]. 北京：中国协和医科大学出版社，1999.

[16] 李志明. 食品卫生微生物检验学 [M]. 北京：化学工业出版社，2009.

[17] 马立人，蒋中华. 生物芯片 [M]. 北京：化学工业出版社，2002.

[18] 焦振全，郭运昌，裴晓燕，等. 食源性致病菌检测方法研究进展-Ⅱ. 分子生物学检验方法 [J]. 中国食品卫生杂志. 2007，10（2）：153-157.

[19] 李平兰，贺稚非. 食品微生物实验原理与技术 [M]. 北京：中国农业出版社，2005.

[20] 刘用成. 食品检验技术（微生物部分）[M]. 北京：中国轻工业出版社，2006.

[21] 李松涛. 食品微生物学检验 [M]. 北京：中国计量出版社，2008.

[22] 魏明奎，段鸿斌. 食品微生物检验技术 [M]. 北京：化学工业出版社，2008.

[23] 王兰兰. 临床免疫学和免疫检验 [M]. 北京：人民卫生出版社，2003.

[24] 王叔淳. 食品卫生检验技术手册 [M]. 北京：化学工业出版社，2002.

[25] 张也，刘以祥. 酶联免疫技术与食品安全快速检测 [J]. 食品科学. 2003，24（8）：200-204.

[26] 许文娟，焦晨旭. 生物传感器的发展应用及前景 [J]. 化工中间体. 2010（11）.

[27] 谢佳胤，李捍东，王平，等. 微生物传感器的应用研究 [J]. 现代农业科技. 2010（6）.

[28] 陈继冰. 生物传感器在食品安全检测中的应用与研究进展 [J]. 食品研究与开发. 2010（30）.

[29] 杨玉星. 生物医学传感器与检测技术 [M]. 北京：化学工业出版社，2005.

[30] 兰全学，刘衡川，张勇. 冷冻食品中损伤大肠菌群的修复探讨 [J]. 现代预防医学，2003，（30）4：504-505.

[31] 吕志平. 国内外技术法规和标准中食品微生物限量. 北京：中国标准出版社，2002.

[32] 雷质文. 肉及肉制品微生物监测应用手册. 北京：中国标准出版社，2008.

[33] 雷质文，姜英辉，梁成珠，等. 食源微生物检验用样品的抽取和制备手册 [M]. 北京：中国标准出版社，2010.

[34] 张雪茹. 微生物检验样品采集应注意的问题 [J]. 河南职工医学院学报，2010，22（4）：477-479.

[35] 宋红海. 国标与行标中微生物检验方法比较探讨 [J]. 食品安全导刊，2010.17（4）：58-60.

[36] 陈思强，曾镇兴，钟伟强. 关于中国进出口 SN0168-92 标准中几个问题的探讨 [J]. 广州食品工业科技，2003.19（4）：91.

[37] 江迎鸿，刘垚，谭贵良，等. LAMP 技术及其在食品安全检测中的应用 [J]. 广东农业科学. 2010，7：220-222.

[38] 马立人，蒋中华主编. 生物芯片 [M]. 北京：化学工业出版社，2002.

[39] 焦振全，郭运昌，裴晓燕，等. 食源性致病菌检测方法研究进展-Ⅱ. 分子生物学检验方法 [J]. 中国食品卫生杂志. 2007，10（2）：153-157.